量子ウォークの新展開

［数理構造の深化と応用］

今野紀雄・井手勇介　共編著

培風館

はじめに

「存在物の存在夢を二重に透視せよ.」(数理芸術 2019 January)

これは最近開催された我々研究室恒例の数理芸術展のタイトルである. 横浜三渓園の桜を眺めながら, この「はじめに」の文章を考えていたとき, ふと思い出したのが上記のタイトルだった. 粗くではあるが, ランダムウォークの量子版といわれる量子ウォーク (quantum walk) と照応したのだ. 量子ウォークは, 観測されて浮かび上がる表の世界 (測度の世界) と観測される前の裏の世界 (振幅の世界) を結びつける数理モデルで, まさに「二重に透視する」ことにより, 理解を深めることが可能となる.

さて, 量子ウォークに関する邦書は, 拙著の 2 冊を含めて 4 冊ある. 拙著のは, 連続時間まで扱った量子ウォーク最初の成書『量子ウォークの数理』(2008) と, 離散時間量子ウォーク研究の解説書『量子ウォーク』(2014) の 2 冊. 残りの 2 冊は, 町田拓也氏による, 初心者向けの入門書『図で解る量子ウォーク入門』(2015) とフーリエ解析に基づいた専門書『量子ウォーク—基礎と数理—』(2018) である. ただしこれらは単著の本であるがために, 扱っているテーマも自ずと限られてくる. 他方, 2002 年頃から本格的な研究が始まった量子ウォークの研究テーマは広範囲なものとなり, 一人の力では主要なテーマですら細やかに扱うのは厳しくなってきた. このような大きな拡がりのなかで新しい展開をみせている量子ウォークについて, 一線で活躍する若手研究者を中心に, 数学分野の方には従来の数学との関連を意識しつつ, また数学以外の分野の方には応用的側面を解説してもらったのが本書である.

近年の主に巨大 IT 企業, 具体的には, IBM, グーグル, インテル, マイクロソフト, アリババなどによる量子コンピュータの急速なハード開発により, 量子ウォークに基づくアルゴリズムが量子コンピュータ上で動くことが現実のものとなりつつあり, 新しい局面に入ってきた. 特に, 小さなサイズの量子ウォークであれば，無料のクラウド上の量子コンピュータにアクセスして動かすことが可能である．例えば，IBMの量子コンピュータ実機「IBM Q」が有名である．上記のような昨今の量子コンピュータブームという時機を得て，さらには量子ウォークの研究もさまざまな分野で新展開をみせはじめているこのときに，本書を上梓することは望外の幸せである．

本書は，多面的な量子ウォークの数理の新しい展開を，読者の方がよりよく理解できるように，大きく分けて，代数的側面，幾何的側面，解析的側面，確率論的側面，応用的側面の 5 つに分類した．厳密に分けられない部分もあるが，本書のあらい鳥瞰図をつくったので，一つの目安として参考にしていただきたい (なお，章タイトルは省略形で記した)．もちろん，最初から最後まで通読されても結構だが，各章は基本的には独立な章立てになっているので，興味のあるいくつかのテーマを拾い読みされることも可能であろう．読者の嗜好に従って，量子ウォークを堪能していただければ，うれしい限りである．

本書の鳥瞰図

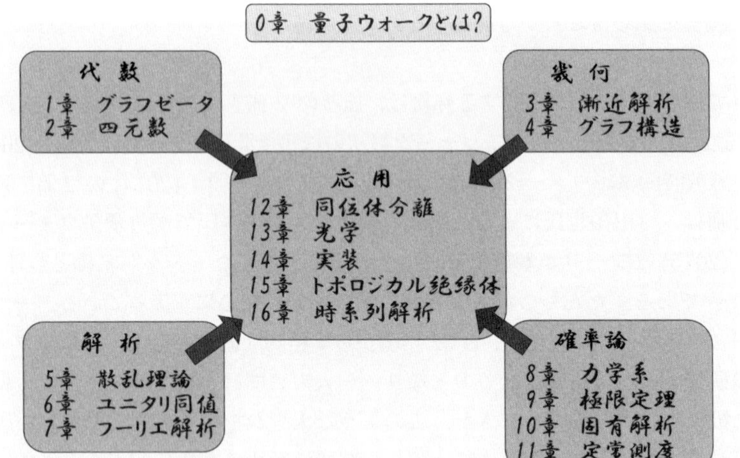

0章　量子ウォークとは?

代数
1章　グラフゼータ
2章　四元数

幾何
3章　漸近解析
4章　グラフ構造

応用
12章　同位体分離
13章　光学
14章　実装
15章　トポロジカル絶縁体
16章　時系列解析

解析
5章　散乱理論
6章　ユニタリ同値
7章　フーリエ解析

確率論
8章　力学系
9章　極限定理
10章　固有解析
11章　定常測度

最後になったが，本書の出版企画を快諾され，またその後の過程でいろいろとお世話になった，培風館編集部の岩田誠司さんに深く謝意を表したい．

令和元年を迎える桜吹雪の中で　編著者を代表して

今 野 紀 雄

目　次

第II部　幾 何 的 側 面

第III部　解 析 的 側 面

第IV部　確率論的側面

第Ⅴ部　応 用 的 側 面

0 章

量子ウォークとは何か？

［今野紀雄］

本書への導入の章として，量子ウォークの歴史的背景などにふれたのち，その特徴的な性質について，1 次元モデルを例に簡単に紹介する．

0.1　出会いとその周辺

量子ウォークは一つの神秘であった．

0.1.1　ファースト・コンタクト

まず，**量子ウォーク** (quantum walk) と筆者との出会いについて記す．じつは，それは偶然の要素もあるのだが，一方でその背景に存在する必然性に関してもふれたい．具体的には，“無限粒子系から量子ウォークへの個人的な研究の転換期”である．

量子ウォークとのファースト・コンタクトは，2002 年の正月に，検索サイトに偶然打ち込んだ「quantum random walk」(当時はそうよばれていた) により，ネット上に数編しかなかった論文がヒットしたことによる．最初は，**無限粒子系**[1]の量子版，例えば「quantum oriented percolation」や「quantum directed percolation」はあるのかと思って入力してみたが，当時まったくヒットしなかったので，それでは「quantum random walk」はどうかなと，遊び心で打ち込んだのが，そもそものきっかけである．

それ以前の 2001 年までは，まるでその偶然の機会を予期していたかのごとく，筆者は無限粒子系の量子力学的アプローチの研究周辺を彷徨っていた．具体的には，Sudbury and Lloyd による 90 年代の一連の論文 [63, 64] を読み込

1)　無限粒子系 (interacting particle system) とは，有限個あるいは無限個の粒子たちが確率的に相互作用しながら時間発展するモデルである．無限粒子系に関する本として，例えば，Liggett [45], Durrett [7] がある．

んだり，著者の一人の Sudbury 氏 (当時 Monash 大学) を訪問し議論をすることで理解を深めていた．そのようないわばアイドリングの時期が背景にあり，量子ウォークをネットで偶然知るという触媒により，その方面での研究がやっと沈黙を破り活動期に入ることが可能となった．いま思い返しても，この不思議な符合に驚くしかない．

以下では，それ以降の初期の研究の流れをまとめておこう[2]．

最初の筆者の量子ウォークに関する論文は Konno, Namiki and Soshi [41] で，2002 年 5 月に arXiv に投稿した．その後，6 月の**弱収束極限定理**の論文 Konno [25] をへて，8 月には前述の Sudbury 氏も加わった Konno, Namiki, Soshi and Sudbury [41] を arXiv に投稿した．一方，それと並行してほぼ同じ頃，無限粒子系の量子力学的手法が筆者の頭の中で重低音のように鳴り響く状況もあり，無限粒子系の双対性に関しての結果を 2 編の論文 Konno [22, 23] にまとめることができた[3]．また，同じ頃に，量子ウォークと無限粒子系とのテンソル表現の類似性を示唆する論文として，Katori, Konno, Sudbury and Tanemura [17] がある．その流れの一端として，量子ウォークのエンタングルメントを彷彿とさせるような符号付測度を用いて，non-attractive 性をもつ無限粒子系の極限定理を求めた論文，Katori, Konno and Tanemura [18] も存在する．少し前の 2000 年ではあるが，Katori and Konno [16] では，無限粒子系のグラフ表現についてまとめたが，これは量子ウォークの確率測度の表現との類似性が興味深い．このように 2002 年は，自身の研究史で，まさに，無限粒子系の量子力学的アプローチと量子ウォークとが交差した歴史的瞬間であった．

その後 2008 年には，それまでの無限粒子系と量子ウォークに関する研究を本にまとめ，それぞれ，『無限粒子系の科学』[29] と『量子ウォークの数理』[28] として出版することができた．さらに同年，複雑ネットワークに関する数学的側面から，『複雑ネットワーク入門』[30] も出版した[4]．現在では，複雑ネットワーク上の量子ウォークの解析は重要な研究テーマの一つである．「無限粒子系」「量子ウォーク」そして「複雑ネットワーク」という 3 つの研究テーマのなかの，そして，それら相互のいくつかの欠けていたピースがやっと埋まりは

---

2) 研究内容および研究者の交錯が興味ある点でもあるので，あえて著者名を明記する．

3) 同時期の日本語の解説として，今野 [24] もある．特に，2 状態の場合しか得られていなかった双対性を多状態の場合まで拡張することが可能となった [23]．これは，2 状態の量子ウォークと 3 状態以上の多状態量子ウォークとの違いどうしの関係も示唆しているのかもしれない

4) 複雑ネットワークについては，すでに 2005 年に日本語での最初の本 [50] を，そして，2010 年にさらにその発展系である [51] を上梓した．じつは，2008 年にはシミュレーションがベースの図解本 [31] も出版している．

じめ，すべてが結びついてきた感がある．まさに，3 冊の本を執筆した 2008 年頃は，個人的には 50 歳を迎えた年でもあり，3 つの研究テーマが融合した本格的な出発点ともいえる．

0.1.2　出会いの前後

さて，量子ウォークへのアイデアを提案した文献として頻繁に引用されるのは，1993 年の Aharonov らの論文である [1] [5]．しかし，2001 年の Ambainis らの論文 [3] によって，量子ウォークの研究が開花したといっても過言ではない．じつは，それらの文献の前後に，例えば，1988 年の Gudder による著書『Quantum Probability』[10] では量子ウォークのモデルが定義され，簡単な性質を紹介している．同様に，1996 年頃に量子ゲームの発案者としても有名である Meyer も同じモデルを量子セルオートマトンとして提案し [54]，2 年ほど関連の論文がでたが進展はなかった．このように現れては消えていった量子ウォークは，最終的には，近時の量子コンピュータの研究が追い風となり，上記 2001 年の Ambainis らの本格的な研究論文などで，多数の目にとまるようになった．

初めにもふれたように，2002 年 1 月に数編程しか arXiv で入手できなかった量子ウォーク関連の論文を偶然みつけたのが，筆者と量子ウォークとの出会いである．単純そうではあるが，一見するとわかりづらい定義の "量子ウォーク" なるものに興味をもった．なぜなら，ランダムウォークの量子版といわれて導入されたこのモデルが，ランダムウォークと異なる性質をもっていたからである．一つ目は，ランダムウォークの確率測度が 2 項分布で表され，出発点の確率が高い単峰型であるのに対し，量子ウォークの確率測度は，粗くいうとその逆の，出発点の確率が最も低く，2 つの端点に近い場所の確率が高い逆釣鐘型であること (両者の違いについては，図 0.1 を参考にしていただきたい)．そして，二つ目は，ランダムウォークの分散が時刻に比例するのに対して，量子ウォークの場合は時刻の 2 乗に比例することである．

5)　Y. Aharonov は，量子力学におけるアハロノフ–ボーム効果，弱測定の研究でも有名である．量子ウォークは，量子モデルとしては簡単に定義できるモデルなので，Feynman をはじめとし，おそらく多くの人達によって同様のモデルが提案されてきたと思われる．例えば，Feynman and Hibbs [9] で量子ウォークの原型となるモデルにふれられている．なお，名称は，量子ウォークに落ち着いてきたが，以前は，量子ランダムウォーク (quantum random walk) も使用された．じつは，量子ウォークには離散時間と連続時間の 2 種類あるが，本章では，離散的にユニタリ作用素によって逐次状態を遷移させる離散時間のモデルに絞る．連続時間のモデルに関しては，本書の 10 章を参照されたい．

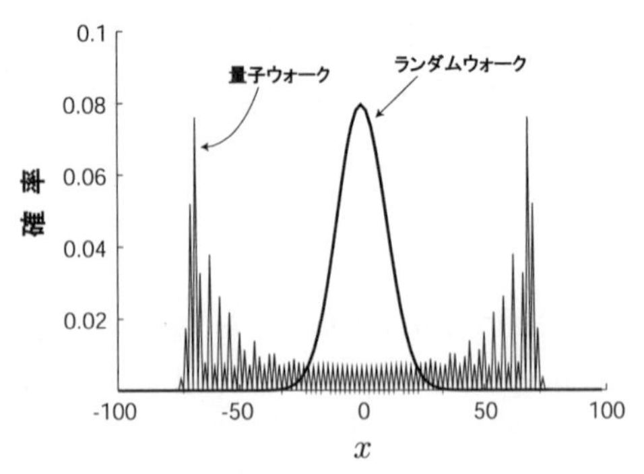

図 0.1 時刻 100 での量子ウォークとランダムウォークの分布の違い

2002 年当時，まだ本格的な研究がはじまった時期だけに，確率測度の明示的な表現やランダムウォークの中心極限定理に対応する弱収束極限は知られていなかった．いまや 1 次元系の基本的な結果となったが，組合せ論的な手法で弱収束極限を得ることに成功し，2002 年の 6 月には第一報を投稿することができ [25]，その後まとまった論文として完成した [26]．現在では，理論的な側面だけでなく，量子ウォークの実現方法のさまざまな提案 [49] や応用，例えば，強相関電子系 [58]，トポロジカル絶縁体 [20, 57]，放射性廃棄物低減 [12, 52, 53]，光学 [13]，量子テレポーテーション [70]，量子鍵配送 [69] など，さかんに研究されている．量子ウォークに関するレヴュー，あるいは書籍はすでにいくつかあり，例えば，Venegas-Andraca [68]，Konno [27]，Cantero *et al.* [6]，Manouchehri and Wang [49]，Portugal [59] [6]がある．邦書に関しては，本書の「はじめに」で紹介したとおりである[7]．

最後に，私見であるが，なぜ量子ウォークが注目され続けているのかについて，いくつかの転機をリストアップしてみる[8]．

6) 第 2 版が 2018 年に出版された．特に，staggered model [60] や element distinctness の問題 [2] などに関しても加筆されている．

7) 念のため重複するが記す．量子ウォークに関する邦書として，連続時間まで扱った量子ウォーク最初の成書 (今野 [28]) と，最近までの離散時間量子ウォーク研究の解説書 (今野 [33]) がある．また，フーリエ解析に基づいた専門書として町田 [47] もある．さらに，入門書として町田 [46] が出版されている．

8) 2002 年から約 16 年刊行されている量子情報科学系の雑誌「Quantum Information Processing」の twitter で，第 1 巻 (2002 年) に掲載された単著で書いた最初の量子ウォークの論文 (弱収束極限定理) [25] が「Fine Fifteen」の 3 番目に選出．さらに，選ばれた全 15 編の論文のうち，4 編，すなわち，1, 3, 11, 15 番目が量子ウォーク関連の論文であり，これは量子ウォークが量子情報科学の分野で非常に重要であることを示すものである．一方，量子ウォークを主とした国際会議が 2011 年より毎年度開催されている．また，RIMS や IMI でも関連する研究会が継続的に行われている．

(1)	2000 年頃	Ambainis らの量子ウォークに関する論文の発表 [3]
(2)	2002 年	弱収束極限定理の証明 [25]
(3)	2004 年	局在化の証明 [14]
(4)	2005 年	局在化と弱収束極限定理との関係を発見 [15]
(5)	2008 年頃	光合成のメカニズムの説明への応用 [56]
(6)	2009 年頃	物理的実装手法の種々の提案 [49]
(7)	2010 年	CGMV 法の誕生 [4]
(8)	2010 年	新たな局在化の発見 (一欠陥モデル) [32]
(9)	2010 年頃	トポロジカル絶縁体への応用 [57, 20]
(10)	2011 年	レーザー同位体分離への応用 [52, 12, 53]
(11)	2012 年	グラフゼータ関数との関係の発見 [43]
(12)	2014 年	定常測度の本格的な解析 [34]
(13)	2014 年	スペクトル写像定理とグラフの幾何構造の関係 [11]
(14)	2015 年	四元数量子ウォークの導入 [35, 36]
(15)	2016 年	スペクトル･散乱理論による解析法の発見 [66]
(16)	2016 年	量子ウォークのグラフ理論的構成法の提案 [60]
(17)	2019 年	時系列解析への応用 [38]

本章では，以下で量子ウォークの特徴的な性質である “**線形的拡散**[9)]” と “**局在化**” について，簡単な 1 次元モデルで解説する．次節では線形的拡散について，整数全体の集合 ℤ 上の最近接点に移動する 2 状態量子ウォークにより説明する．それに続く節では，3 状態量子ウォークを例として局在化について述べ，その後，一般の場合のモデルに簡単にふれる[10)]．

0.2 ℤ 上の 2 状態量子ウォーク

まず一般の場合の定義を与える．**量子コイン** (quantum coin) ともよばれる U を $M \times M$ のユニタリ行列とし，$P_k\,(k = 1, 2, \ldots, M)$ を (k, k) 成分だけ 1 で，他の成分はすべて 0 の M 次正方行列とする．このとき，P_k は射影 $(P_k^2 = P_k,\, P_k^* = P_k)$ で，$\sum_{k=1}^{M} P_k = I_M$ となる．ただし，I_M は M 次の単位行列である．ここで，$A_k = P_k U\,(k = 1, 2, \ldots, M)$ を考え，この M 個の行列が各点から M 個の異なる場所への移動に対応するものと考えると，一般の場

9)　「線形的拡がり」ともよばれる．

10)　本章で扱いきれなかった研究の詳細の一部は最近の解説 (今野 [37]) の文献等を参考にしていただきたい．

合の量子ウォークが定義できる．

さて，$\mathbb{Z}$ 上の 2 状態量子ウォークの場合には，以下の量子コインを考える．この行列は**コイン行列**ともよばれる．

$$U = \begin{bmatrix} a & b \\ c & d \end{bmatrix}.$$

ただし，$a, b, c, d \in \mathbb{C}$ とする．ここで，$\mathbb{C}$ は複素数全体の集合である．特に，量子ウォークのなかで最も多く研究されているモデルは，**アダマールウォーク** (Hadamard walk) で，そのユニタリ行列 U は以下のアダマールゲート

$$H = \frac{1}{\sqrt{2}} \begin{bmatrix} 1 & 1 \\ 1 & -1 \end{bmatrix}$$

で決まる[11)]．この量子ウォークは，“左向き” $|L\rangle$ と “右向き” $|R\rangle$ の 2 つの内部状態をもち，それぞれ，量子ウォーカーの動く向きに対応していると解釈できる．ここでは，$|L\rangle = {}^T[1,0]$, $|R\rangle = {}^T[0,1]$ とおく．ただし，T は転置を表す．このとき，$|L\rangle$ と $|R\rangle$ で張られる空間 $\mathrm{Span}\{|L\rangle, |R\rangle\} = \mathbb{C}^2$ は**コイン空間**といわれる．ランダムウォークの確率 p (左に移動)，q (右に移動) に対して，次の行列 $A_1 = P_1 U$, $A_2 = P_2 U$ を与える．

$$A_1 = \begin{bmatrix} a & b \\ 0 & 0 \end{bmatrix}, \quad A_2 = \begin{bmatrix} 0 & 0 \\ c & d \end{bmatrix}.$$

ここで, $U = A_1 + A_2$ の関係に注意されたい．量子ウォークの移動は何種類か考えられるが, **moving** 型と **flip-flop** 型が多く用いられる．本章では前者を採用するが, 量子コインを適宜変換することにより, flip-flop 型ともみなせる．また, 一般のグラフ上で考えるときは, flip-flop 型が定義しやすい．じつは, 量子ウォークのダイナミクスが図 0.2 のようになることは, 前述の定義から導かれる[12)]．このとき, U のユニタリ性から $|a|^2 + |c|^2 = |b|^2 + |d|^2 = 1$ などが成立することに注意しよう．時刻 n での量子ウォークの状態を $\Psi_n = [\ldots, \Psi_n(-1), \Psi_n(0), \Psi_n(1), \ldots]$ とする．ただし, 時刻 n で場所 x での状態 $\Psi_n(x)$ は $\Psi_n(x) = {}^T[\Psi_n^L(x), \Psi_n^R(x)]$ とおく．右肩の L, R がそれぞれ $|L\rangle$ と $|R\rangle$ の状態を表す．このとき，量子ウォークの時間発展を

$$\Psi_{n+1}(x) = A_1 \Psi_n(x+1) + A_2 \Psi_n(x-1)$$

---

11) これは**アダマールコイン**ともよばれる．

12) $\mathbb{Z}$ 上の各点の量子ウォーカーの状態は $\mathbb{C}^2$ で与えられる．

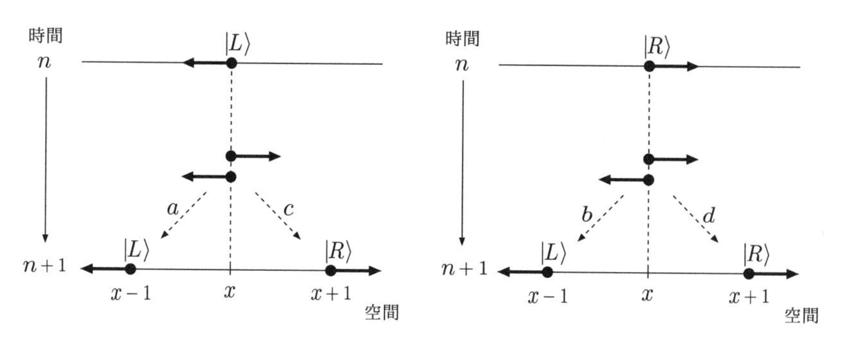

図 0.2　ダイナミクス

で定める．したがって，量子ウォークの系全体のダイナミクスを与える行列表示 $U^{(s)}$ が，以下で得られる．

$$U^{(s)} = \begin{bmatrix} \ddots & \vdots & \vdots & \vdots & \vdots & \vdots & \cdots \\ \cdots & O & A_1 & O & O & O & \cdots \\ \cdots & A_2 & O & A_1 & O & O & \cdots \\ \cdots & O & A_2 & O & A_1 & O & \cdots \\ \cdots & O & O & A_2 & O & A_1 & \cdots \\ \cdots & O & O & O & A_2 & O & \cdots \\ \cdots & \vdots & \vdots & \vdots & \vdots & \vdots & \ddots \end{bmatrix}, \quad \text{ただし，} O = \begin{bmatrix} 0 & 0 \\ 0 & 0 \end{bmatrix}.$$

ゆえに，n ステップ後の状態 Ψ_n は，$\Psi_n = (U^{(s)})^n \Psi_0$ である．

このような準備のもとで，時刻 n，場所 x に対する “$X_n = x$” の確率を，

$$P(X_n = x) = \|\Psi_n(x)\|^2 = |\Psi_n^L(x)|^2 + |\Psi_n^R(x)|^2$$

で定義する．ただし，量子ウォークは時刻 n ごとの確率測度の列 $\{P(X_n = \cdot) : n = 0, 1, 2, \ldots\}$ が与えられているだけで，確率過程として定義されてはいないことに注意されたい．さらに，次の写像 $\phi : (\mathbb{C}^2)^{\mathbb{Z}} \to \mathbb{R}_+^{\mathbb{Z}}$ を導入する．ここで，$\mathbb{R}_+ = [0, \infty)$ とおく．具体的には，

$$\Psi = {}^T\left[\ldots, \begin{bmatrix} \Psi_n^L(-1) \\ \Psi_n^R(-1) \end{bmatrix}, \begin{bmatrix} \Psi_n^L(0) \\ \Psi_n^R(0) \end{bmatrix}, \begin{bmatrix} \Psi_n^L(1) \\ \Psi_n^R(1) \end{bmatrix}, \ldots\right] \in (\mathbb{C}^2)^{\mathbb{Z}}$$

に対して，

$$\phi(\Psi)(x) = |\Psi^L(x)|^2 + |\Psi^R(x)|^2 \qquad (x \in \mathbb{Z})$$

とおく．しばしば，$\phi(\Psi(x))$ と $\phi(\Psi)(x)$ を同一視する．そして，場所 x での測度を $\mu(x)=\phi(\Psi(x))$ で定める．ここで，量子ウォークの定常測度全体の集合

$$\mathcal{M}_s=\Big\{\mu\in\mathbb{R}_+^{\mathbb{Z}}\setminus\{\mathbf{0}\}:\ \text{任意の } n\geq 0 \text{ に対して，} \phi((U^{(s)})^n\Psi_0)=\mu \\ \text{が成り立つような初期状態 } \Psi_0\in(\mathbb{C}^2)^{\mathbb{Z}} \text{ が存在する}\Big\}$$

を導入する．ただし，$\mathbf{0}$ はゼロベクトルである．すなわち，時刻 n の測度 $\mu_n=\phi((U^{(s)})^n\Psi_0)$ が時刻 $n\,(\geq 0)$ に依存しない測度のことを**定常測度**という[13)]．次に，時刻 n，場所 x での測度を $\mu_n(x)=\phi(\Psi_n(x))$ とおき，**極限測度** $\mu_\infty(x)$ を $\mu_\infty(x)=\lim_{n\to\infty}\mu_n(x)$ で (右辺が存在するとき) 定める．さらに，**時間平均極限測度**を $\overline{\mu}_\infty(x)$ とおく．

さて，$\Psi_0^{\{0\}}=\Psi_0^{\{0\}}(\alpha,\beta)$ を，原点での量子ビット状態が $\varphi={}^T[\alpha,\beta]$ $(|\alpha|^2+|\beta|^2=1)$，その他の場所では ${}^T[0,0]$ の初期状態とする．このとき，原点での φ を初期量子ビットとよぶこともある[14)]．

一方，組合せ論的手法により，原点から出発した場合の量子ウォーク X_n の確率測度が得られるが，形が煩雑なので割愛する (例えば，今野 [33] の補題 2.2 を参照)．そして，確率測度の具体的な組合せ論的表現とヤコビ多項式に関する漸近挙動の結果を用いると，X_n に対する弱収束の極限定理が得られる (Konno [25, 26])．この $\mathbb{Z}$ 上の 2 状態量子ウォークの**線形的拡散**を表す**弱収束極限定理**[15)]は，対応するランダムウォークの中心極限定理に比する重要な結果である[16)]．

定理 0.1. $abcd\neq 0$ のとき[17)]，$\text{w-}\lim_{n\to\infty}(X_n/n)=W$ で，W の密度関数 $f(x)$ は

$$f(x)=\left\{1-\left(|\alpha|^2-|\beta|^2+\frac{a\alpha\overline{b\beta}+\overline{a\alpha}b\beta}{|a|^2}\right)x\right\}f_K(x;|a|).$$

ここで，$\text{w-}\lim_{n\to\infty}(X_n/n)$ は，X_n/n に対する弱収束極限測度を表す．また，$0<r<1$ に対して，

13) 通常のマルコフ過程と異なり，$\mu_1=\mu_0$ から $\mu_n=\mu_0\,(n\geq 0)$ が導けず，実際 $\mu_1=\mu_0$ で，$\mu_2\neq\mu_1$ の例もある [44].

14) 極限測度全体の集合，時間平均極限測度全体の集合，弱収束極限測度全体の集合を，それぞれ $\mathcal{M}_\infty^{\{0\}}$, $\overline{\mathcal{M}}_\infty^{\{0\}}$, $\mathcal{M}^{(w,\{0\})}$ とおく．種々の量子ウォークに対して，$\mathcal{M}_s$, $\mathcal{M}_\infty^{\{0\}}$, $\overline{\mathcal{M}}_\infty^{\{0\}}$, $\mathcal{M}^{(w,\{0\})}$ を求め，それらの間の関係を明らかにすることが，最近の研究テーマの一つとなっている．

15) 「弱収束定理」とよばれることもある．

16) 量子ウォークの大偏差原理に関しては，Sunada and Tate [65] がある．

17) $abcd=0$ のときは自明な場合になる．

$$f_K(x;r) = \frac{\sqrt{1-r^2}}{\pi(1-x^2)\sqrt{r^2-x^2}} I_{(-r,r)}(x).$$

ただし，$I_A(x) = 1\,(x \in A),\ = 0\,(x \notin A)$ である．

上記の $f_K(x;r)$ は**今野関数** (Konno function) ともよばれる．また，極限測度は**今野分布** (Konno distribution) ともいわれる．

この極限定理より，W は初期量子ビット $\varphi = {}^T[\alpha, \beta]$ に強く依存することがわかる．また，極限の密度関数の $f_K(x;r)$ は，さまざまなグラフ上の多状態モデルの極限の密度関数にも現れ，中心極限定理のガウス分布に対応したものである．アダマールウォークの場合には，分布を対称にする初期量子ビットとして，例えば $\varphi = {}^T[1/\sqrt{2}, i/\sqrt{2}]$ をとると，対称なランダムウォークとは異なり，極限の密度関数は以下で与えられる (グラフは図 0.3 を参照).

$$f_K(x;1/\sqrt{2}) = \frac{1}{\pi(1-x^2)\sqrt{1-2x^2}} I_{(-1/\sqrt{2},1/\sqrt{2})}(x).$$

この場合，$\mathrm{var}(X_n)/n^2 \to (2-\sqrt{2})/2$ が得られる．ただし，$\mathrm{var}(X)$ は X の分散である．上記の結果からも，古典の場合には，対応する分散が n のオーダーで大きくなるのに対し，量子ウォークの場合は n^2 のオーダーで大きくなることがわかる[18].

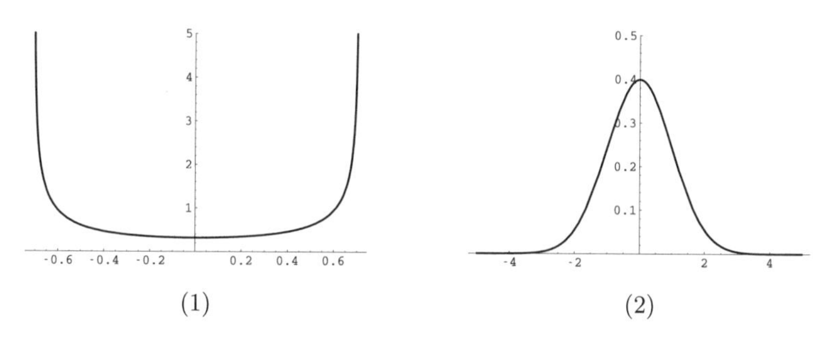

図 0.3 (1) アダマールウォークの極限分布 (対称な場合，$\varphi = {}^T[1/\sqrt{2}, i/\sqrt{2}]$), (2) ランダムウォークの極限分布，すなわち，ガウス分布 (平均 0，分散 1).

18) この違いなどをうまく利用し，空間構造をもった探索問題 [61] や element distinctness の問題 [2] への応用が試みられている．

ここで紹介した方法は組合せ論的手法であったが，量子ウォークの解析手法には，その他，フーリエ解析，母関数 [8]，転送行列 [19]，グラフゼータ，スペクトル写像定理，スペクトル・散乱理論を用いた方法などがある[19]．

0.3 $\mathbb{Z}$ 上の 3 状態量子ウォーク

本節では，量子ウォークの特徴的な性質の一つである局在化について，$\mathbb{Z}$ 上の 3 状態グローバーウォーク (Grover walk) を例に解説する[20]．この量子ウォーカーは，$|L\rangle, |0\rangle, |R\rangle$ の 3 状態をもち，$|L\rangle$ と $|R\rangle$ とはそれぞれ左へのジャンプ，右へのジャンプに対応し，$|0\rangle$ は同じ場所に留まることを表す．次に，$\Psi_n(x) = {}^T[\Psi_n^L(x), \Psi_n^0(x), \Psi_n^R(x)]$ を場所 $x \in \mathbb{Z}$ で時刻 n のそれぞれ $|L\rangle, |0\rangle, |R\rangle$ に対応する状態とする．さらに，3×3 のグローバー行列[21] U_G を量子コインとする．すなわち，

$$U_G = \frac{1}{3}\begin{bmatrix} -1 & 2 & 2 \\ 2 & -1 & 2 \\ 2 & 2 & -1 \end{bmatrix}.$$

そして，2 状態の A_1, A_2 のように，$A_1 = P_1 U_G, A_2 = P_2 U_G, A_3 = P_3 U_G$ は，

$$A_1 = \frac{1}{3}\begin{bmatrix} -1 & 2 & 2 \\ 0 & 0 & 0 \\ 0 & 0 & 0 \end{bmatrix},\ A_2 = \frac{1}{3}\begin{bmatrix} 0 & 0 & 0 \\ 2 & -1 & 2 \\ 0 & 0 & 0 \end{bmatrix},\ A_3 = \frac{1}{3}\begin{bmatrix} 0 & 0 & 0 \\ 0 & 0 & 0 \\ 2 & 2 & -1 \end{bmatrix}$$

となる．このとき，A_1 が左に，A_3 が右にジャンプすることに対応し，A_2 が同じ場所に留まることに対応する．また，このモデルの時間発展は，

$$\Psi_{n+1}(x) = A_1\Psi_n(x+1) + A_2\Psi_n(x) + A_3\Psi_n(x-1)$$

で与えられる．

19) CMV 行列に基づいた解析手法 (CGMV 法とよぶ) は，系全体を記述する無限次元のユニタリ行列のスペクトルと固有ベクトルを求めることが可能なので，半直線上などの 1 次元系の局在化を議論するには強力である [6]．CMV 行列，CGMV 法については，今野 [33] の第 9 章を参照されたい．

20) 「グローバーウォーク」は，「グローヴァアーウォーク」とも表される．

21) グローバーのアルゴリズムと関係があるので，グローバー行列とよばれる．$n \times n$ のグローバー行列は，$U_G(k,k) = (2-n)/n$, $U_G(j,k) = 2/n\ (j \neq k)$ である．

初期状態として，原点での量子ビット状態が $\varphi = {}^T[\alpha, \beta, \gamma]$ $(|\alpha|^2+|\beta|^2+|\gamma|^2 = 1)$，その他の場所では ${}^T[0,0,0]$ としたときの，時刻 n での量子ウォーク X_n を考えると，その極限測度 $\mu_\infty(x)$ が求まり，場所 x からの距離に対して指数的に減少していることがわかる (例えば，Konno [27])．“場所 x で**局在化**が起こる” とは，“ $\limsup_{n\to\infty} \mu_n(x) > 0$ ” と定義すると，じつは，$\mu_\infty(x)$ の表現から，局在化の有無が α, β, γ に依存することが導かれる．また，特に場所を断らないときは，出発点で局在化が起きるときを，簡単に “局在化が起こる” ということにする．一般には，$0 \le \sum_{x\in\mathbb{Z}} \mu_\infty(x) \le 1$ である．つまり，必ずしも $\sum_{x\in\mathbb{Z}} \mu_\infty(x) = 1$ とならないことが肝要な点である．

一方，対応する古典モデル，**レイジー・ランダムウォーク** (lazy random walk) では，$\mu_\infty(x) = 0\,(x \in \mathbb{Z})$ となり，局在化は起きない．さらに，フーリエ解析の手法により，以下のような，任意の初期状態に対する 3 状態のグローバーウォークの弱収束極限定理を得る (Konno [27])．

定理 0.2. $\text{w-}\lim_{n\to\infty}(X_n/n) = Y$ で，Y は次の測度で定まる．

$$\mu(dx) = \Delta\,\delta_0(dx) + (c_0 + c_1 x + c_2 x^2)\, f_K\big(x; 1/\sqrt{3}\big)\, dx.$$

ここで，$\delta_0(dx)$ は原点でのデルタ測度で，Δ, c_0, c_1, c_2 は α, β, γ によって決まる定数である．

上記の結果に関連して重要なことは，$\Delta = \sum_{x\in\mathbb{Z}} \mu_\infty(x; \alpha, \beta, \gamma)$ が成立していることである．したがって，極限測度の全空間 $\mathbb{Z}$ での和 (右辺) が，弱収束極限定理の δ_0 のマス (左辺) に等しいことが確かめられた．つまり，$\mu_\infty(x) = \lim_{n\to\infty} P(X_n = x)$ と $\text{w-}\lim_{n\to\infty}(X_n/n)$ の 2 段階の極限定理を得ることにより，局在化して，しかも，線形に拡がる量子ウォーク特有の性質が，定量的にとらえられる．

0.4 一般の場合

前節で扱った 3 状態の定理 0.2 や他のモデルの結果などを考慮すると，一般に，$\text{w-}\lim_{n\to\infty}(X_n/n)$ の弱収束極限測度は，有理関数 $w(x)$，定数 $C \in [0,1)$ と $r \in (0,1)$ が存在し，

$$C\delta_0(dx) + (1-C)w(x)f_K(x;r)\,dx$$

のように表されると期待できる．つまり，その極限測度は，出発点である原点でのデルタ測度 $\delta_0(dx)$ と $f_K(x;r)$ で特徴づけられる絶対連続な部分の $w(x)f_K(x;r)\,dx$ の凸結合になっている．そして，このクラスに属する量子ウォークのモデル全体が，量子ウォークのユニバーサリティクラスの一つとして Konno *et al.* [39] で提案されている．現時点で知られている量子ウォークのモデルでこのクラスに属しているものは多数知られており，その場合の有理関数は比較的次数の低い多項式で表現される．

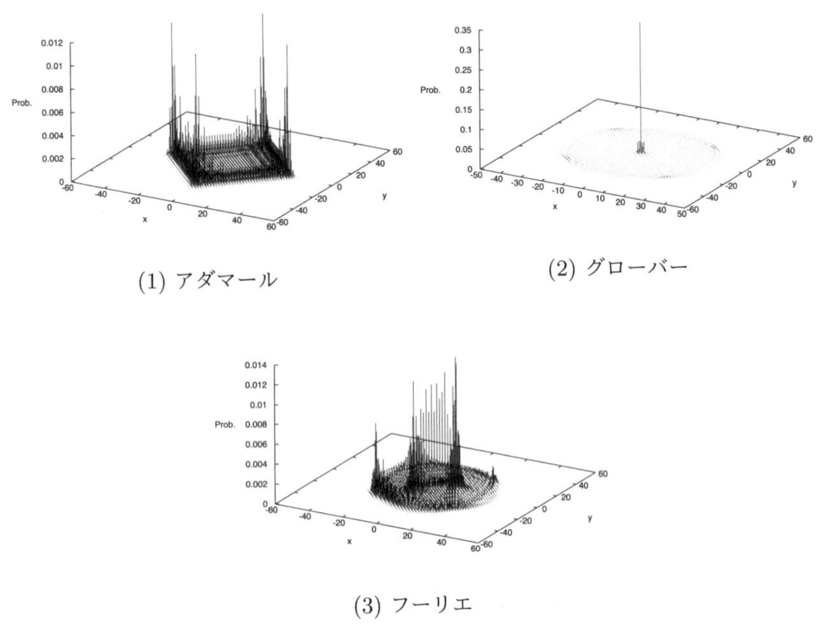

(1) アダマール

(2) グローバー

(3) フーリエ

図 0.4　2 次元の量子ウォークの確率測度 (ステップ数は 50)

また，一般の多状態の量子ウォークに関する結果は現時点では限られている．例えば，[55] では，1 次元の多状態量子ウォークのあるクラスについて，弱収束の極限定理を得ている．2 次元の量子ウォークに関しては，モデルによりさまざまな挙動をとるので，その一端を以下に紹介する (図 0.4 参照)．ダイナミクスは，各点で量子ウォーカーは 4 つの状態をとり，$A_1 = P_1U$, $A_2 = P_2U$, $A_3 = P_3U$, $A_4 = P_4U$ としたとき，それぞれ，A_1 が上向きに移動し，A_2 が右向きに移動し，A_3 が左向きに移動し，A_4 が下向きに移動すると解釈する．数値シミュレーションにより，2 次元の量子ウォークで局在化が起こりえることは報告されていたが [48, 67]，それに対する証明は [14] で与えられ，さらに弱収束極限定理が [71] で得られた．$\mathbb{Z}^d$ 上のモデルの定常測度に関しては，[21] がある．

一般のグラフ上の離散時間量子ウォークの挙動については，例えば周期性など，スペクトル写像定理等を用いて，その数学的な解析は進展している．量子コインが場所に依存するモデルを数学的に解析することは一般に非常に難しい．しかし，1 次元格子上でアダマールウォークの量子コインを一カ所だけ変えた "**一欠陥モデル** (one defect model)" でも局在化が起こりえることが，はじめて 2010 年に示された (Konno [32])．このことは粗くいうと，ランダムな環境下で局在化が起こりうるアンダーソン局在とは対極をなすので興味深い．一般的な一欠陥のある設定での局在化の判定条件については [5] で精緻に調べられている．さらに，空間依存，時間依存，時空間依存の量子ウォークの数学的研究も着実に進んでいる．

0.5 最後に

量子ウォークの解析にはすでに述べたようにさまざまな手法があり，それら相互の関係を明らかにすることにより，多状態や一般のグラフの上の挙動に関する詳しい研究がさらに可能である．そのことは，無限粒子系も含めた古典系のマルコフ過程理論に対応する量子系の理論を構築する足がかりになる．本章で扱えなかった最近の種々のテーマについては，引き続く各章でそれぞれ解説されているので，それらを読んでいただきたい．

このように，量子ウォークは，数学の問題だけでなく，量子コンピュータなどによる応用も含め，今後もさまざまな分野で魅力あるテーマであり続けることは疑う余地がない．そして現在の我々には一見断片的とも思われる個々の研究テーマが，じつは統一的数理構造をもつという深い理解を得ることの至福を共有することが，いつの日か実現するであろう．

参考文献

[1] Y. Aharonov, L. Davidovich and N. Zagury, Quantum random walks, Phys. Rev. A, **48** (1993), 1687–1690.

[2] A. Ambainis, Quantum walk algorithm for element distinctness, SIAM Journal on Computing, **37** (2007), 210–239.
[3] A. Ambainis, E. Bach, A. Nayak, A. Vishwanath and J. Watrous, One-dimensional quantum walks. In: Proceedings of the 33rd Annual ACM Symposium on Theory of Computing, pp.37–49, 2001.
[4] M. J. Cantero, F. A. Grünbaum, L. Moral and L. Velázquez, Matrix valued Szegő polynomials and quantum random walks. Comm. Pure Appl. Math., **63** (2010), 464–507.
[5] M. J. Cantero, F. A. Grünbaum, L. Moral and L. Velázquez, One-dimensional quantum walks with one defect, Reviews in Math. Phys., **24** (2012), No.02.
[6] M. J. Cantero, F. A. Grünbaum, L. Moral and L. Velázquez, The CGMV method for quantum walks, Quantum Inf. Process., **11** (2012), 1149–1192.
[7] R. Durrett, Lecture Notes on Particle Systems and Percolation, Wadsworth, Inc., 1988.
[8] S. Endo, T. Endo, N. Konno, E. Segawa and M. Takei, Limit theorems of a two-phase quantum walk with one defect, Quantum Inf. Comput., **15** (2015), 1373–1396.
[9] R. P. Feynman and A. R. Hibbs, Qunatum Mechanics and Path Integrals, McGraw-Hill Inc., 1965.
[10] S. P. Gudder, Qunatum Probability, Academic Press Inc., 1988.
[11] Yu. Higuchi, N. Konno, I. Sato and E. Segawa, Spectral and asymptotic properties of Grover walks on crystal lattice, J. Funct. Anal., **267** (2014), 4197–4235.
[12] A. Ichihara, L. Matsuoka, Y. Kurosaki and K. Yokoyama, An analytic formula for describing the transient rotational dynamics of diatomic molecules in an optical frequency comb, Chin. J. Phys., **51** (2013), 1230–1240.
[13] Y. Ide, N. Konno, S. Matsutani and H. Mitsuhashi, New theory of diffusive and coherent nature of optical wave via a quantum walk, Ann. Phys., **383** (2017), 164–180.
[14] N. Inui, Y. Konishi and N. Konno, Localization of two-dimensional quantum walks, Phys. Rev. A, **69** (2004), 052323.
[15] N. Inui, N. Konno and E. Segawa, One-dimensional three-state quantum walk, Phys. Rev. E, **72** (2005), 056112.
[16] M. Katori and N. Konno, Extension of the Arrowsmith-Essam formula to the Domany-Kinzel model, J. Statist. Phys., **101** (2000), 747–774.
[17] M. Katori, N. Konno, A. Sudbury and H. Tanemura, Dulalities for the Domany-Kinzel model, J. Theoret. Probab., **17** (2004), 131–144.
[18] M. Katori, N. Konno and H. Tanemura, Limit theorems for the non-attractive Domany-Kinzel model, Ann. Probab., **30** (2002), 933–947.
[19] H. Kawai, T. Komatsu and N. Konno, Stationary measure for two-state space-inhomogeneous quantum walk in one dimension, Yokohama Mathematical Journal, **64** (2018), 111–130.
[20] T. Kitagawa, Topological phenomena in quantum walks: elementary introduction to the physics of topological phases, Quantum Inf. Process., **11** (2012), 1107–1148.
[21] T. Komatsu and N. Konno, Stationary amplitudes of quantum walks on the higher-dimensional integer lattice, Quantum Inf. Process., **16** (2017), 291.
[22] N. Konno, Dualities for a class of finite range probabilistic cellular automata in one dimension, J. Statist. Phys., **106** (2002), 915–922.
[23] N. Konno, Self-duality for multi-state probabilistic cellular automata with finite range interactions, J. Statist. Phys., **106** (2002), 923–930.
[24] 今野紀雄，格子確率モデルの双対性，電子情報通信学会誌 **85** (2002)，510–514.
[25] N. Konno, Quantum random walks in one dimension, Quantum Inf. Process., **1** (2002), 345–354.
[26] N. Konno, A new type of limit theorems for the one-dimensional quantum random walk, J. Math. Soc. Japan, **57** (2005), 1179–1195.

[27] N. Konno, Quantum Walks. In: Quantum Potential Theory, Franz, U., and Schürmann, M., Eds., Lecture Notes in Mathematics: Vol.1954, pp. 309–452, Springer-Verlag, 2008.
[28] 今野紀雄，量子ウォークの数理，産業図書，2008.
[29] 今野紀雄，無限粒子系の科学，講談社，2008.
[30] 今野紀雄・井手勇介，複雑ネットワーク入門，講談社，2008.
[31] 今野紀雄・町田拓也，図解入門 よくわかる複雑ネットワーク，秀和システム，2008.
[32] N. Konno, Localization of an inhomogeneous discrete-time quantum walk on the line, Quantum Inf. Process., **9** (2010), 405–418.
[33] 今野紀雄，量子ウォーク，森北出版，2014.
[34] N. Konno, The uniform measure for discrete-time quantum walks in one dimension, Quantum Inf. Process., **13** (2014), 1103–1125.
[35] N. Konno, Quaternionic quantum walks, Quantum Stud.: Math. Found., **2** (2015), 63–76.
[36] 今野紀雄，四元数，森北出版，2016.
[37] 今野紀雄，量子ウォークの数理，数学 **69** (2017)，70–90.
[38] N. Konno, A new time-series model based on quantum walk, Quantum Stud.: Math. Found., **6** (2019), 61–72.
[39] N. Konno, T. Łuczak and E. Segawa, Limit measures of inhomogeneous discrete-time quantum walks in one dimension, Quantum Inf. Process., **12** (2013), 33–53.
[40] N. Konno, T. Namiki and T. Soshi, Symmetry of distribution for the one-dimensional Hadamard walk, Interdisciplinary Information Sciences, **10** (2004), 11–22, quant-ph/0205065.
[41] N. Konno, T. Namiki, T. Soshi and A. Sudbury, Absorption problems for quantum walks in one dimension, J. Phys. A: Math. Gen., **36** (2003), 241–253, quant-ph/0208122.
[42] N. Konno, H. Mitsuhashi and I. Sato, The discrete-time quaternionic quantum walk on a graph, Quantum Inf. Process., **15** (2016), 651–673.
[43] N. Konno and I. Sato, On the relation between quantum walks and zeta functions, Quantum Inf. Process., **11** (2012), 341–349.
[44] N. Konno and M. Takei, The non-uniform stationary measure for discrete-time quantum walks in one dimension, Quantum Inf. Comput., **15** (2015), 1060–1075.
[45] T. M. Liggett, Stochastic Interacting Systems: Contact, Voter and Exclusion Processes, Springer-Verlag, 1999.
[46] 町田拓也，図で解る量子ウォーク入門，森北出版，2015.
[47] 町田拓也，量子ウォーク——基礎と数理——，裳華房，2018.
[48] T. D. Mackay, S. D. Bartlett, L. T. Stephenson and B. C. Sanders, Quantum walks in higher dimensions, J. Phys. A: Math. Gen., **35** (2002), 2745–2753.
[49] K. Manouchehri and J. Wang, Physical Implementation of Quantum Walks, Springer-Verlag, 2013.
[50] 増田直紀・今野紀雄，複雑ネットワークの科学，産業図書，2005.
[51] 増田直紀・今野紀雄，複雑ネットワーク——基礎から応用まで——，近代科学社，2010.
[52] L. Matsuoka, T. Kasajima, M. Hashimoto and K. Yokoyama, Numerical study on quantum walks implemented on cascade rotational transitions in a diatomic molecule, J. Korean Phys. Soc., **59** (2011), 2897–2900.
[53] L. Matsuoka and K. Yokoyama, Physical implementation of quantum cellular automaton in a diatomic molecule, J. Compu. Theo. Nanosci., **10** (2013), 1617–1620.
[54] D. A. Meyer, From quantum cellular automata to quantum lattice gases, J. Statist. Phys., **85** (1996), 551–574.
[55] T. Miyazaki, M. Katori and N. Konno, Wigner formula of rotation matrices and quantum walks, Phys. Rev. A, **76** (2007), 012332.
[56] M. Mohseni, P. Rebentrost, S. Lloyd and A. Aspuru-Guzik, Environment-assisted quantum walks in photosynthetic energy transfer, J. Chem. Phys., **129** (2008),

174106.

[57] H. Obuse and N. Kawakami, Topological phases and delocalization of quantum walks in random environments, Phys. Rev. B, **84** (2011), 195139.

[58] T. Oka, N. Konno, R. Arita and H. Aoki, Breakdown of an electric-field driven system: a mapping to a quantum walk, Phys. Rev. Lett., **94** (2005), 100602.

[59] R. Portugal, Quantum Walks and Search Algorithms, Springer-Verlag, 2013.

[60] R. Portugal, Staggered quantum walks on graphs, Phys. Rev. A, **93** (2016) 062335.

[61] N. Shenvi, J. Kempe and K. B. Whaley, Quantum random-walk search algorithm, Phys. Rev. A, **67** (2003), 052307.

[62] A. W. Sudbury, Dual families of interacting particle systems on graphs, J. Theoret. Probab., **13** (2000), 695–716.

[63] A. W. Sudbury and P. Lloyd, Quantum operators in classical quantum theory. II, The concept of duality in interacting particle systems, Ann. Probab., **23** (1995), 1816–1830.

[64] A. W. Sudbury and P. Lloyd, Quantum operators in classical quantum theory. IV. Quasi-duality and thinnings of interacting particle systems, Ann. Probab., **25** (1997), 96–114.

[65] T. Sunada and T. Tate, Asymptotic behavior of quantum walks on the line, J. Funct. Anal., **262** (2012), 2608–2645.

[66] A. Suzuki, Asymptotic velocity of a position-dependent quantum walk, Quantum Inf. Process., **15** (2016), 103–119.

[67] B. Tregenna, W. Flanagan, R. Maile and V. Kendon, Controlling discrete quantum walks: coins and initial states, New J. Phys., **5** (2003), 83.

[68] S. E. Venegas-Andraca, Quantum walks: a comprehensive review, Quantum Inf. Process., **11** (2012), 1015–1106.

[69] C. Vlachou, W. Krawec, P. Mateus, N. Paunkovic and A. Souto, Quantum key distribution with quantum walks, Quantum Inf. Process., **17** (2018), 288.

[70] Y. Wang, Y. Shang and P. Xue, Generalized teleportation by quantum walks, Quantum Inf. Process., **16** (2017), 221.

[71] K. Watabe, N. Kobayashi, M. Katori and N. Konno, Limit distributions of two-dimensional quantum walks, Phys. Rev. A, **77** (2008), 062331.

第 I 部
代数的側面

1章

量子ウォークとグラフゼータ函数～「今野–佐藤の定理」からの眺望

［佐藤 巌・森田英章］

本章は，編者から課せられた「グラフゼータ函数を用いた量子ウォークの研究」に関する叙述の要請のもとに書かれている．このテーマをいただいたとき刹那に脳裏に浮かんだのが，本書の編者の一人と本章の執筆者の一人が見いだした一つの定理である．その定理は現在「**今野–佐藤の定理**」とよばれている．量子ウォークとグラフゼータは「今野–佐藤の定理」において交錯する．本章ではその後も発展を続けるグラフゼータの観点から，この予期されぬ邂逅の場に視線を向け，両者の今後を問う立脚点の見定めを試みたいと思う．

1.1 はじめに

「今野–佐藤の定理」は，量子ウォークとグラフゼータが関連する話題において，研究の動向や具体的な問題の策定における中心的な指針の一つとなっている．ただ，その現状を有体に申し述べれば，「グラフゼータ函数を用いた量子ウォークの研究」というよりは，「量子ウォークに動機づけされたグラフゼータの研究」と表現すべきかもしれない．今野–佐藤の定理をひとことで要言すると，「グローバー遷移行列の特性多項式の決定」となる．グローバー遷移行列は，与えられた有限グラフ Γ の組合せ論的情報を用いて定義される．そして，それを時間発展行列にもつ Γ 上の量子ウォークをグローバーウォークという．その概要もしくは詳細は後にゆずるとして，今野–佐藤の定理について，いま少しその細部にふみ込んでみたい[1]．

ことの発端は 2006 年に出版された Emms, Hancock, Severini, Wilson らに

1) 以後，「ゼータ函数」は単に「ゼータ」とよぶことにする．たとえば，「グラフゼータ函数」は「グラフゼータ」と略すことにする．また，「グローバー遷移行列」も単に「グローバー行列」とよぶことにする．

よる論文 [5] に求めることができる．その主な動機は「グラフの同型問題」，すなわちグラフの同型類を特徴づける不変量を決定せよ，という問題にある．後の展開のために Emms らの予想について，若干の詳細を込めてその概略を述べておく．有限グラフ Γ から定まるグローバー行列を U_Γ で表す．また，一般に正方行列 M に対して，M^+ でその "正台" を，$\mathrm{Spec}(M)$ でその重複度も込めた固有値全体のなす集合を表すことにする．"正台" や以下に現れる "強正則" の意味は後ほど詳述する．彼らの予想は以下のとおりである．パラメータを等しくする 2 つの有限強正則グラフ Γ, Γ' に対して

$$\Gamma \cong \Gamma' \Leftrightarrow \mathrm{Spec}((U_\Gamma^3)^+) = \mathrm{Spec}((U_{\Gamma'}^3)^+),$$

ただし $\Gamma \cong \Gamma'$ はグラフの同型を表す．

一般の有限グラフに対して，このような同型を特徴づけることは手をつけづらい難問に抵触することが知られている (例えば [7])．Emms らの予想においても，有限グラフに "**強正則**" という強い条件を課している点に，その困難さの一端を感じとることができよう．この予想に到達する途上で，彼らは U_Γ, U_Γ^+, $(U_\Gamma^2)^+$ の固有値を決定していることに注意を向けておきたい．これらは予想の解決に向けた予備的な考察のように見受けられるが，一方では，ここが量子ウォークとグラフゼータの接点でもあったのである．彼らの結果 [5] では，グラフの組合せ論的情報から固有ベクトルを直接構成することによって U_Γ 等の固有値を決定しており，その議論は特性多項式を求めるには及んでいない．むろんそれら固有値を根にもつ多項式が U_Γ の特性多項式だといういい分もあるかもしれないが，それで満足できる場合は稀であろう．少なくとも多項式として整理された表式は必要であると思われるし，仮にそれを得ることができたとしても，さらに何らかの意味付け・価値付けをみることができて初めて，納得に向けた必要条件が整うとしたものである．

量子ウォークとグラフゼータは，この間隙を突き予期せぬ邂逅を迎えることになる．今野–佐藤による一連の定理 ([17] 他) は U_Γ, U_Γ^+, $(U_\Gamma^2)^+$ の特性多項式を決定し，それが一様に "**佐藤ゼータ**"(**第二種荷重ゼータ**) により記述できることを主張する．佐藤ゼータは数あるグラフゼータの一種であり，Sato [20] により定義された．

ここでグラフゼータの歴史について，その概略を述べておく．それをもって，今後の展開や問題設定の足がかりとしよう．グラフゼータの原型は "**伊原ゼー**

タ” である．当初，伊原ゼータは整数論における問題の要請のもとに，ある種の離散群の共役類の数え上げに付随して，1966 年に Ihara [10] により導入された．その後，Serre [21]，Sunada [23]，Hashimoto [9]，Bass [1] をへて，近年では有限グラフに対して定義される対象として認識されるようになる．そこでは有限グラフにおける閉路の数え上げ母関数として理解され，現在に至るまで数え上げの対象を変えたり増やしたり，あるいは荷重を与えたり，さらには変数を増やしたりしながら，Mizuno-Sato [19]，Stark-Terras [22]，Bartholdi [3] らによってさまざまな形への展開を迎えることになった．さらには，Terras によるグラフゼータを単一のテーマとした本 [24] が出版されたことにも言及すべきであろう．一方，現在では有向グラフに対して定義される対象として認識することが，より本質的であるとする立場 [11, 18] もあるが，この点についてはまた後でふれることにしたい．いずれにしても，さまざまな立場や視点からグラフゼータは新規の展開を与えられてきたが，そのなかに本章で本質的な役割を果たす佐藤ゼータがある．特に，佐藤ゼータの “伊原表示” が具体的にはグローバー行列 (およびその正台など) の特性多項式を与えるものとなるのである．

伊原表示は，グラフゼータがもつ二種類の行列式表示のうちの一つである．Ihara [10] から連なるグラフゼータの研究は，Hashimoto [9] によってその黎明期にいったんの終止符を打つことになるが，その後わが国では，佐藤を中心としてグラフゼータにさまざまな展開が与えられてきた．そこでの主題が伊原表示である[2)]．グラフゼータの伊原表示とは何か．それを語るにはまず定義も必要であろうが，定義を知るだけではその理解において不十分である．今野–佐藤の定理における伊原表示の理解，およびその後の展開をみすえた議論を進めるうえで，少なくともグラフゼータがもつ種々の表示について一通りの知見が必要となろう．そこでまずはこのグラフゼータの表示に関する問題からはじめたいと思う．

---

2)　佐藤は諸々の状況に応じて出現するグラフゼータに対して伊原表示の存在を問い，その構成を研究の主眼として数多の結果を導出している．すなわち佐藤は，伊原表示をその切っ先に据えて黎明期以降のグラフゼータを切り拓いてきた開拓者といえよう．一方で，自身の述懐 [15] にもあるように，今野もその黎明期より量子ウォークの研究に取り組み，根本的な結果 [13, 14] を含め数々の論文を発表し，斯界をリードし続けてきた開拓者である．この二人の開拓者の幸運な出会いと，それに続く展開を間近で見続ける機会を得たことに深い感慨を禁じ得ない．

1.2　グラフゼータの表示式

グラフゼータの「表示」の話をするまえに，当然まずは「定義」をしなければならないが，「定義」を述べようとすれば，それは逆に「表示」の話になってしまう.

1.2.1　三種の表示と伊原表示

グラフゼータは伝統的に "**オイラー積表示**" で定義されることが多い. オイラー積表示の詳細は後にゆずるが，いずこに現れるオイラー積同様，この場合もグラフに対して定まる「素なるもの」全体にわたる積の形をとる. むろん「素なるもの」の重要性に鑑みれば，オイラー積表示で定義するのが正統かつ伝統的な立場であろう. しかし，本章ではゼータの表式自体にその主な視軸をおく. そして，こと後に述べる「三種の表示の鼎立」をみるグラフゼータに対しては，定義式として採用するにあたって，本章の立場に基づく限り他のものに比し特段の配慮を払うべき表式であるとはいい難い. 実際に，この手のゼータでは他の表示式で定義されることも少なからずある. いまそしらぬ顔で「他の表示式」と申し上げた. グラフゼータの定義式に採用される表式には，オイラー積表示の他に "**指数表示**" と "**橋本表示**" がある. 本章では，これらオイラー積表示・指数表示・橋本表示をあわせて「**三種の表示**」とよぶことにする. 以下，伊原表示を含め，簡便さと呼称のバランスを保つため，オイラー積表示を単に「**オイラー表示**」とよぶことにする.

三種の表示に比して，伊原表示は格別の地位を与えられているように見受けられる. これはあくまで「現状においては」という但し書きをつけるべきなのかもしれないが，以下に述べるように，三種の表示と伊原表示は一線を画すとみる. 既存のグラフゼータにおいては三種の表示は同値な表示 [18] であるのに対し，伊原表示は現在のところその枠に収まりきらない，もしくは，その枠からずれているようにみえることがその理由である. また，グラフゼータの研究では，三種の表示のいずれかによりゼータを定義し，その伊原表示を求めることが主流の一つをなしている [3, 20, 25]. 伊原による原典 [10] では，伊原ゼータをオイラー表示で導入し，その伊原表示を導出しているが，それもグラフゼータの研究において伊原表示が里程標の一つとして尊重されている理由の一つであろう. しかし，今野–佐藤の定理では，三種の表示のいずれでもなく，まさに伊原表示こそが本質的な役割を果たしていることをみても，そこに表式の関係や歴史的経緯以上の何か興味深い背景が存在することに期待を寄せることは，決して不自然ではあるまい．

1.2.2 定義そして指数表示

これまでグラフゼータは，その名のとおりグラフに対して定義されてきたが，じつは有向グラフに対して定義するのが基本的であるとするのが本章の立場である．後に明らかになるが，知られているグラフゼータは，“特別な” 有向グラフのゼータとして理解される．

有向グラフ $\Delta = (V, A)$ を考える．すなわち，V は集合であり，A は順序対 $a = (u, v)$ $(u, v \in V)$ からなる重複集合である．V の元を Δ の**頂点**，A の元を Δ の**有向辺**もしくは**アーク** (arc) とよぶ．一般にアークには 1 以上の重複度が許される．また，アーク (u, v) においては $u = v$ の場合も許される．このようなアークを特に**ループ**とよぶ．ループはアークの特別な場合なので，ループに対しても重複度を想定していることに注意してもらいたい．アーク $a = (u, v)$ は頂点 u から発し，頂点 v に向かう「矢印」として理解される．それゆえ，頂点 u を a の**尾** (tail) とよび $\mathfrak{t}(a)$ で表す．また，頂点 v を a の**頭** (head) とよび $\mathfrak{h}(a)$ で表す．ループにしても，一般のアークにしても重複度を想定している．例えば，アーク (u, v) の重複度が 2 であるとき，尾 u から頭 v に向けた 2 本の矢印が描かれていることになる．これら 2 本の矢印は，異なるアークとして認識されることに注意を払おう．アークの列 $x = (a_1, a_2, \ldots, a_m)$ で，各 $i = 1, 2, \ldots, m$ に対して $\mathfrak{h}(a_i) = \mathfrak{t}(a_{i+1})$ を満たすものを，Δ の**路** (path) とよび，m をその**長さ**とよんで $|x|$ で表す．また，$\mathfrak{h}(a_m) = \mathfrak{t}(a_1)$ を満たすものを，特に**閉路**とよぶ．長さ m の閉路全体の集合を X_m で表し，閉路全体の集合を X で表す．

R を可換 $\mathbb{Q}$-代数とし，写像 $\chi : X \to R$ が与えられているとする．これを Δ 上の**荷重写像**，あるいは単に**荷重**とよぶ．荷重 χ に対して $N_m(\chi)$ を和 $\sum_{x \in X_m} \chi(x)$ で定義する．

定義 1.1. 有限有向グラフ Δ およびその荷重 χ に対して，次の形式的冪級数

$$\exp\left(\sum_{m \geq 1} \frac{N_m(\chi)}{m} t^m\right)$$

を有向グラフ Δ の**荷重ゼータ**とよび $Z_\Delta(t; \chi)$ で表す．ただし，t は不定元である．

ここで与えたゼータの表式 $Z_\Delta(t;\chi)$ を**指数表示**とよぶ．これはかなり一般的な設定のもとでの定義である (c.f., [18])．このまま χ に何も条件を課さなければオイラー表示や橋本表示はもちえない．既存のグラフゼータの場合では，χ が良い性質を満たすがゆえに，三種の表示をもち，さらには伊原表示が従う．その「良い性質」とは何か．それを探るため，まずはオイラー表示に向けて歩を進めてみよう．

1.2.3 オイラー表示

有限有向グラフ $\Delta=(V,A)$ の閉路 x を k 個連結して得られる閉路を x^k で表し，閉路 x^k を x の k **乗**，あるいは単に**冪**とよぶ．閉路 x の長さが m であれば x^k の長さは km となる．閉路 x が真に短い閉路 y に対して y の冪で表すことができないとき，x は**素閉路**とよばれる．長さ m の素閉路全体のなす集合を P_m で表し，素閉路全体の集合を P で表す．したがって，$P=\bigcup_{m\geq 1} P_m$ である．長さ m の 2 つの閉路 $x=(a_i)$, $y=(b_i)$ が**同値**であるとは，巡回置換 $c=(1,2,\ldots,m)$ に対して整数 k が存在し，$b_i=a_{c^k(i)}$ がすべての i に対して成立するときにいう．このとき $x\sim y$ で表し，その同値類 $\overline{x}$ を**サイクル**もしくは**循環**とよぶ．長さが異なる閉路は同値ではない．循環 $\xi=\overline{x}$ の代表元 x の長さを循環 ξ の**長さ**とよび $|\xi|$ で表す．明らかに $\sim$ は X_m 上の同値関係でもあり，$\mathcal{X}_m=X_m/\sim$ は長さ m の循環全体の集合をなす．循環全体の集合 $\mathcal{X}=X/\sim$ は和集合 $\bigcup_{m\geq 1}\mathcal{X}_m$ への分解をもつ．素閉路に同値な閉路はふたたび素閉路となることは明らかであろう．すなわち $\sim$ は P_m 上の同値関係でもある．商集合 $\mathcal{P}_m=P_m/\sim$ の元を，長さ m の**素サイクル**もしくは**素循環**とよび，素循環全体の集合を $\mathcal{P}$ で表す．Δ 上の荷重 χ が**不変**であるとは，$x\sim y$ ならば $\chi(x)=\chi(y)$ を満たすときにいう．荷重 χ が不変であれば，循環 $\xi=\overline{x}$ の荷重 $\chi(\xi)$ を $\chi(x)$ により与えることができ，次の形式的冪級数が定義される．これを $E_\Delta(t;\chi)$ で表す：

$$\prod_{\xi\in\mathcal{P}}\frac{1}{1-\chi(\xi)t^{|\xi|}}.$$

また，荷重 χ が**乗法的**であるとは，任意の閉路 x と任意の正整数 k に対して $\chi(x^k)=\chi(x)^k$ であるときにいう．不変かつ乗法的な荷重のことを，今後は**指標**とよぶことにしよう．この表式を $Z_\Delta(t;\chi)$ の**オイラー表示**とよぶ．

命題 1.2 ([18]). 有限有向グラフ Δ 上の荷重 χ が指標であれば

$$Z_\Delta(t;\chi) = E_\Delta(t;\chi)$$

が成立する.

1.2.4 橋本表示

橋本表示を得るためにはさらに条件が必要である. 有限有向グラフ $\Delta = (V, A)$ の辺集合 A に全順序を与えておく. 並べ方にはこだわらない. とにかく一列に並んでいればそれでよい. これまでどおり R は可換 $\mathbb{Q}$-代数を表すことにする. ここで R に成分をもつ正方行列 $M = (m_{aa'})_{a,a' \in A}$ を考えよう. 行列 M の成分は A の元で添字付けられている. A 上の語 $w = a_1 a_2 \cdots a_r$ に対して, M の成分の積 $m_{a_1 a_2} m_{a_2 a_3} \cdots m_{a_{r-1} a_r} m_{a_r a_1}$ を, A の w に沿った**循環積**とよび $\mathrm{circ}_M(w)$ で表す. 語 $u = a_1 \cdots a_r$ と語 $v = b_1 \cdots b_s$ が**循環同値**であるとは, $r = s$ でありかつ巡回置換 $c = (1, 2, \ldots, r)$ に対して $b_i = a_{c^k(i)}$ が任意の i に対して成立するような整数 k が存在するときにいう. このとき v を $c^k u$ で表す. 循環積の定義から, u と v が循環同値であれば $\mathrm{circ}_M(u) = \mathrm{circ}_M(v)$ が成り立つことに注意する. したがって, A に成分をもつ列 $x = (a_1, \ldots, a_m)$ と A 上の語 $w = a_1 \cdots a_m$ を同一視すれば, Δ の循環 $\xi = \overline{x}$ に沿った循環積 $\mathrm{circ}_M(\xi)$ が $\mathrm{circ}_M(w)$ により定義できる. そして不変荷重 χ が与えられているとき, 行列 M が対 (Δ, χ) に対する**循環条件**を満たすとは, 次の 2 条件を満たすときにいう. 循環 $\xi \in \mathcal{X}$ に対して

- $\xi \in \mathcal{X}$ ならば $\mathrm{circ}_M(\xi) = \chi(\xi)$,
- $\xi \notin \mathcal{X}$ ならば $\mathrm{circ}_M(\xi) = 0$.

したがって, 行列 M が循環条件を満たせば, $\xi \in \mathcal{P}$ に対して $\mathrm{circ}_M(\xi) = \chi(\xi)$ である. (Δ, χ) に対する循環条件を満たす行列 M は一意的には定まらないが, Foata-Zeilberger の定理 [6] (命題 1.4) により,

$$\det(I - tM)$$

は M のとり方によらず, (Δ, χ) に対して一意的に定まることがわかる. そこでこれを $H_\Delta(t;\chi)$ で表す.

命題 1.3 ([18]). 有限有向グラフ Δ およびその上の指標 χ のなす対 (Δ, χ) に対して, 循環条件を満たす行列 $M = (m_{aa'})_{a,a' \in A}$ が存在すれば,

$$Z_\Delta(t;\chi) = H_\Delta(t;\chi)$$

が成立する．

命題 1.3 で得た新たな表式 $H_\Delta(t;\chi)$ を $Z_\Delta(t;\chi)$ の**橋本表示**とよぶ．以上，指数表示 $Z_\Delta(t;\chi)$ からはじめ，荷重 χ の不変性と乗法性のもとにオイラー表示 $E_\Delta(t;\chi)$ に至り，さらには循環条件によって橋本表示 $H_\Delta(t;\chi)$ にたどり着いた．一方，この逆の含意は一般的に成立することが知られている．したがって，三種の表示のなかでは橋本表示が「最強」の表示であり，指数表示が「最弱」の表示ということになる．次の節ではこのことを概観しよう．

1.2.5　Foata-Zeilberger の定理

全順序集合 A 上の語全体のなす集合を A^* で表す．すると A の全順序 $<$ から誘導される辞書式順序によって A^* も全順序集合になる．この辞書式順序も $<$ で表すことにしよう．語 $w = a_1 a_2 \cdots a_m \in A^*$ が与えられたとする．このとき，長さ m の巡回置換 $c = (1, 2, \ldots, m)$ に対して，m 個の元をもつ重複集合 $\{c^k w \mid k = 0, 1, \ldots, m-1\}$ を $\mathrm{Re}\,(w)$ で表し，w の**循環類**とよぶことにする．語 $w \in A^*$ が**リンドン語**であるとは，w がその循環類 $\mathrm{Re}\,(w)$ のなかで，A^* の辞書式順序に関して最小元であるときにいう．A 上のリンドン語全体のなす集合を $\mathrm{Lyn}\,(A)$ で表す．Foata-Zeilberger の定理 [6] は，以下の命題 1.4 に掲げた形式的冪級数としての等式を主張する．リンドンの分解定理 (Lyndon factorization theorem) [4] により，リンドン語は半群 A^* における「素なるもの」に相当することが知られている．分解定理を一言でいえば，半群における素因数分解とその一意性定理ということになる．したがって，この式の右辺はまさにオイラー表示であると解釈することができる．ここで変数 t を用意して，行列 M の代わりに tM を用いてこの等式を運用すれば，この定理は橋本表示が常にオイラー表示に変換できることを主張する定理であると理解できよう．

命題 1.4 ([6])**.** 可換環 R に成分をもつ正方行列 $M = (m_{aa'})_{a,a' \in A}$ に対して

$$\frac{1}{\det(I - M)} = \prod_{l \in \mathrm{Lyn}\,(A)} \frac{1}{1 - \mathrm{circ}_M(l)}$$

が成立する．

さらにオイラー表示 $\prod_{\xi \in \mathcal{P}} (1 - \chi(\xi) t^{|\xi|})^{-1}$ は，$N_m = \sum_{\substack{\xi \in \mathcal{P} \\ |\xi| \mid m}} |\xi| \chi(\xi)^{m/|\xi|}$ とおけば，指数表示 $\exp\left(\sum_{m \geq 1} m^{-1} N_m t^m\right)$ に変換できることがわかる．すなわち，

橋本表示が与えられたら，そこから自動的にオイラー表示と指数表示が順次導出されることになる．先の「橋本表示が最強で，指数表示が最弱」という一節は，このことを表してる．また，橋本表示 $\det(I-tM)^{-1}$ は $N_m = \operatorname{tr} M^m$ とおくことにより，指数表示に直接変換できることが知られている．

このことからも理解されるように，この手のゼータを扱う際にはまず指数表示で定義し，そこからオイラー表示そして橋本表示を導出することが基本的な手筋となる．

1.2.6　統一的構成法

現在知られているグラフゼータや，その他の離散構造に付随するゼータの多くは，一つの統一的な構成法のもとに扱うことができる [18]．そしてこの構成法のもとに扱われるゼータに対しては，荷重の不変性や乗法性そして循環条件が自然に整い，もって三種の表示の鼎立を得る次第となる．これまで同様，$\Delta = (V, A)$ は有限有向グラフとし，R は可換 $\mathbb{Q}$-代数とする．写像 $\theta : A \times A \to R$ に対して，閉路 $x = (a_1, a_2, \ldots, a_m)$ に R の元 $\theta(a_1, a_2) \cdots \theta(a_{m-1}, a_m)\theta(a_m, a_1)$ を対応させる荷重 $X \to R$ を circ_θ で表す．荷重 circ_θ はその定義より明らかに指標となり，したがって，荷重ゼータ $Z_\Delta(t; \mathrm{circ}_\theta)$ はオイラー表示 $E_\Delta(t; \mathrm{circ}_\theta)$ をもつ．指標 circ_θ を θ から誘導される**循環指標**とよび，循環指標 circ_θ により定義されるゼータ $Z_\Delta(t; \mathrm{circ}_\theta)$ を，単に $Z_\Delta(t; \theta)$ で表すことにする．これにあわせて，そのオイラー表示も単に $E_\Delta(t; \theta)$ で表すことにしよう．また，$\theta(a, a') \neq 0$ であれば常に $\mathfrak{h}(a) = \mathfrak{t}(a')$ が成立するとき，θ は**隣接条件**を満たすという．写像 θ が隣接条件を満たすとき，正方行列 $M = (\theta(a, a'))_{a, a' \in A}$ は $(\Delta, \mathrm{circ}_\theta)$ に対して循環条件を満たす．このことは読者自ら確認してもらいたい．

定理 1.5 ([18])**.** 写像 $\theta : A \times A \to R$ が隣接条件を満たせば，荷重ゼータ $Z_\Delta(t; \theta)$ はオイラー表示 $E_\Delta(t; \theta)$ および橋本表示 $H_\Delta(t; \theta)$ をもつ．

本章の主題の一つである佐藤ゼータや，その原型である伊原ゼータ，あるいはそれに連なる諸々のグラフゼータは，すべてこの枠組にそって構成される．したがって，これらのゼータに対しては三種の表示の鼎立が自然な形で得られるのである．2 つの写像 $\tau : A \to R^* = R \setminus \{0\}$, $\upsilon : A \to R$ を用意しておき，写像

$$\theta^{\mathrm{GS}} : A \times A \to R$$

を，$\theta^{\mathrm{GS}}(a,a') = \tau(a')\delta_{\mathfrak{h}(a)\mathfrak{t}(a')} - \upsilon(a')\delta_{a^{-1}a'}$ で定義する．ただし，δ はクロネッカーのデルタを表す．次の補題も証明は容易であろう．

補題 1.6. 写像 θ^{GS} は隣接条件を満たす．

この補題により，荷重ゼータ $Z_\Delta(t;\theta^{\mathrm{GS}})$ に対する三種の表示の鼎立

$$Z_\Delta(t;\theta^{\mathrm{GS}}) = E_\Delta(t;\theta^{\mathrm{GS}}) = H_\Delta(t;\theta^{\mathrm{GS}})$$

が保証される．このゼータを**一般佐藤ゼータ**とよぶ．一般佐藤ゼータは既存の主だったグラフゼータを統括する．本章で取り上げる佐藤ゼータは $\upsilon = 1$ の場合である．ちなみに，$\upsilon = 0$ とすれば**水野–佐藤ゼータ**，$\tau = \upsilon$ のときを**被約水野–佐藤ゼータ**とよぶ．また，$\tau = 1, \upsilon = 0$ の場合は **Bowen-Lanford ゼータ** [2] とよばれ，$\tau = \upsilon = 1$ の場合を**伊原ゼータ**とよぶ．すなわち，

$$\theta^{\mathrm{BL}}(a,a') = \delta_{\mathfrak{h}(a)\mathfrak{t}(a')},$$

$$\theta^{\mathrm{I},\flat}(a,a') = \delta_{\mathfrak{h}(a)\mathfrak{t}(a')} - \delta_{a^{-1}a'},$$

$$\theta^{\mathrm{MS}}(a,a') = \tau(a')\delta_{\mathfrak{h}(a)\mathfrak{t}(a')},$$

$$\theta^{\mathrm{MS},\flat}(a,a') = \tau(a')(\delta_{\mathfrak{h}(a)\mathfrak{t}(a')} - \delta_{a^{-1}a'}),$$

$$\theta^{\mathrm{S}}(a,a') = \tau(a')\delta_{\mathfrak{h}(a)\mathfrak{t}(a')} - \delta_{a^{-1}a'}$$

と表したとき，$Z_\Delta(t;\theta)$ は $\theta = \theta^{\mathrm{BL}}, \theta^{\mathrm{I},\flat}, \theta^{\mathrm{MS}}, \theta^{\mathrm{MS},\flat}, \theta^{\mathrm{S}}$ とすれば，それぞれ Bowen-Lanford，伊原，水野–佐藤，被約水野–佐藤，佐藤の各ゼータとなる．その他，Bartholdi ゼータ [3]，辺ゼータ [9, 22] も同様の枠組みのうえで理解される [18]．

以上，佐藤ゼータを含む一連のゼータを有限有向グラフ Δ のゼータとして定義したが，Δ として有限グラフから定まる “対称有向グラフ” をとれば，いずれのゼータもそれらの原典 [10, 19, 20] におけるものと一致する．有限グラフ $\Gamma = (V,E)$ を考える．すなわち，V は有限集合であり，E はその 2 元部分集合 $\{u,v\}$ $(u,v \in V)$ からなる重複集合である．V の元を**頂点**，E の元を**辺**とよぶ．辺として $\{u,u\}$ も許し，これを**ループ**とよぶ．有限グラフ $\Gamma = (V,E)$ の各辺 $e = \{u,v\}$ に対して，2 つのアーク $(u,v), (v,u)$ を対応させ，それら

のなす重複集合を A で表す．すなわち，$A = \{(u,v),(v,u) \mid \{u,v\} \in E\}$ とおく．すると，有限有向グラフ (V, A) を得るが，これを Γ の**対称有向グラフ**とよび，$\Delta(\Gamma)$ で表すことにする．このとき，写像 $\theta : A \times A \to R$ から定まる $\Delta(\Gamma)$ のゼータ $Z_{\Delta(\Gamma)}(t;\theta)$ を，以後 $Z_\Gamma(t;\theta)$ で表すことにする．同様に，この場合のオイラー表示，橋本表示を，それぞれ $E_\Gamma(t;\theta)$, $H_\Gamma(t;\theta)$ で表すことにする．Ihara [10] において導入された伊原ゼータのオリジナル版は，$Z_\Gamma(t;\theta^{\mathrm{I},\flat})$ で特に Γ が単純な場合にあたる．佐藤ゼータにおいてもそのオリジナル版 [20] は有限単純グラフ Γ に対する $Z_\Gamma(t;\theta^S)$ である．

1.2.7　伊 原 表 示

本章の主題はグローバーウォークと佐藤ゼータの関連である．そして佐藤ゼータに関しては，“**伊原表示**” がその文脈のなかで本質的な役割を果たす．伊原表示は，まずグラフゼータの原型である伊原ゼータ $Z_\Gamma(t;\theta^{\mathrm{I},\flat})$ に対して，Ihara [10] により導出された行列式表示である．一般の有限グラフに対しては Bass [1] を待つことになるが，伊原による原典 [10] においてすでにその姿を明瞭にみることができる．この結果が里程標となったのか，その後も伊原表示を導出することが一つの価値として認識されたようである．事実，本章において既出のグラフゼータに対しても同様に，伊原表示の導出をその主題とする多数の論文が認められる [3, 20, 25]．ここでは [11] に基づき，有限グラフの伊原ゼータに対する伊原表示 [1, 10] とその導出過程を紹介することにしよう．簡明さを期すため，有限グラフ $\Gamma = (V, E)$ は**単純**なものを考える．すなわち，Γ はループをもたず，かつ各辺の重複度は 1 であると仮定する．

有限単純グラフ Γ の二頂点 $u, v \in V$ に対して，α_{uv} を $\{u,v\} \in E$ のとき 1，$\{u,v\} \notin E$ のとき 0 と定める．このとき，$|V|$ 次正方行列 $(\alpha_{uv})_{u,v\in V}$ を Γ の**隣接行列**とよび，A_Γ で表す．また，Γ の頂点 $v \in V$ の**次数** $\deg v$ とは，辺 $e \in E$ で $v \in e$ を満たすものの個数をいう．辺は V の 2 元部分集合であることに注意していただきたい．このとき，$|V|$ 次対角行列 $(\delta_{uv} \deg v)_{u,v\in V}$ を Γ の**次数行列**とよび，D_Γ で表す．伊原ゼータ $Z_\Gamma(t;\theta^{\mathrm{I},\flat})$ は，これらを用いて以下のように表すことができる．この行列式表示を $Z_\Gamma(t;\theta^{\mathrm{I},\flat})$ の**伊原表示**という．

定理 1.7 ([1, 10]).

$$Z_\Gamma(t;\theta^{\mathrm{I},\flat})^{-1} = (1-t^2)^{|E|-|V|} \det(I - tA_\Gamma + t^2(D_\Gamma - I)).$$

行列式中の I は $|V|$ 次単位行列を表す．以下，定理 1.7 の証明を概観しておこう．補題 1.6 より写像 $\theta^{\mathrm{I},\flat}$ は隣接条件を満たす．したがって，定理 1.5 より伊原ゼータ $Z_\Gamma(t;\theta^{\mathrm{I},\flat})$ に対して三種の表示が鼎立し，特に $Z_\Gamma(t;\theta^{\mathrm{I},\flat})$ は橋本表示 $H_\Gamma(t;\theta^{\mathrm{I},\flat})$ をもつ．ここで循環条件を満たす行列は，$2|E|$ 次正方行列 $M=(\theta^{\mathrm{I},\flat}(a,a'))_{a,a'\in A}$ で与えられる．まず，頂点集合 V に全順序 $<$ を与えておく．いま，各辺 $\{u,v\}\in E$ に対し，アークの集合 $\{(u,v),(v,u)\}$ を $A(u,v)$ で表し，そこに含まれるアーク (u,v) で特に $u<v$ を満たすものを a_{uv} で表すと，当然であるが他方はその逆アーク a_{uv}^{-1} となる．これら代表元 $\{a_{uv}\in A \mid A(u,v)\neq\emptyset\}$ を一列に並べ，かつ各代表元 a_{uv} の直後に $a_{uv}^{-1}=a_{vu}$ を挿入することにより，A 全体にも全順序を与えておく．以下，$A(u,v)$ と書いたら常に $u<v$ であると規約しておく．写像 $\theta^{\mathrm{I},\flat}$ に呼応して行列 H,J を

$$H=(\delta_{\mathfrak{h}(a)\mathfrak{t}(a')})_{a,a'\in A},\qquad J=(\delta_{a^{-1}a'})_{a,a'\in A}$$

で定めれば $M=H-J$ となる．ここで A に与えた全順序により，行列 J は 2×2 小行列

$$\begin{pmatrix} 0 & 1 \\ 1 & 0 \end{pmatrix}$$

からなる $2|E|\times 2|E|$ 次のブロック対角行列となる．これから $\det(I+tJ)=(1-t^2)^{|E|}$ となり，$I+tJ$ は正則行列であることがわかる．したがって，$I-tM=(I+tJ)-tH$ に注意すれば，橋本表示 $H_\Gamma(t;\theta^{\mathrm{I},\flat})$ の分母 $\det(I-tM)$ は

$$(1-t^2)^{|E|}\det(I-t(I+tJ)^{-1}H)$$

と変形することができる．一方，$\delta_{\mathfrak{h}(a)\mathfrak{t}(a')}=\sum_{v\in V}\delta_{\mathfrak{h}(a)v}\delta_{v\mathfrak{t}(a')}$ であることに注意すれば，

$$K=(\delta_{\mathfrak{h}(a)v})_{a\in A,v\in V},\quad L=(\delta_{v\mathfrak{t}(a')})_{v\in V,a'\in A}$$

と定めることにより $H=KL$ を得る．すると，線型代数のよく知られた結果を用いて，

$$\det(I-t(I+tJ)^{-1}H)=\det(I-tL(I+tJ)^{-1}K)$$

を得る．ただし，右辺の行列式中にある単位行列 I の次数は $|V|$ であることに注意する．ここで $I+tJ$ はブロック対角行列なので，その逆行列 $X=(I+tJ)^{-1}$ もブロック対角行列である．$X=(x_{aa'})_{a,a'\in A}$ とおくと，その各ブロック小行列は，$A(u,v)\neq\emptyset$ を満たす u,v に対して，$X(u,v):=(x_{aa'})_{a,a'\in A(u,v)}$ で与

えられ，それらは等しく

$$\begin{pmatrix} (1-t^2)^{-1} & -t(1-t^2)^{-1} \\ -t(1-t^2)^{-1} & (1-t^2)^{-1} \end{pmatrix}$$

となる．ここで $\Phi_\Gamma = \{(u,v) \in V \times V \mid A(u,v) \neq \emptyset\}$ とおく．直和分解

$$X = \bigoplus_{(u,v)\in\Phi_\Gamma} X(u,v)$$

に注意する．いま，X のブロック分割において $X(u,v)$ 以外のブロックをすべて零行列においたものを $\overline{X}(u,v)$ で表せば，$|V|$ 次正方行列 $L\overline{X}(u,v)K = (y_{rs})_{r,s\in V}$ の成分 y_{rs} は，y_{uu}, y_{uv}, y_{vu}, y_{vv} 以外すべて 0 である．かつこれらの成分のうち，対角成分 y_{uu}, y_{vv} は $-t(1-t^2)^{-1}$ に等しく，非対角成分 y_{uv}, y_{vu} は $(1-t^2)^{-1}$ に等しい．そして $LXK = L(I+tJ)^{-1}K$ は，和

$$\sum_{(u,v)\in\Phi_\Gamma} L\overline{X}(u,v)K$$

に等しいことを考慮すれば，その対角成分 z_{rr} $(r \in V)$ は $-t(1-t^2)^{-1}\deg r$ に等しく，また非対角成分 z_{rs} $(r,s \in V,\ r \neq s)$ は，$A(r,s) \neq \emptyset$ あるいは $A(s,r) \neq \emptyset$ であれば $(1-t^2)^{-1}$，それ以外であれば 0 であることを示している．よって $L(I+tX)^{-1}K = (1-t^2)^{-1}(A_\Gamma - tD_\Gamma)$ が従う．これより

$$\begin{aligned} \det(I - tL(I+tJ)^{-1}K) &= \det(I - t(1-t^2)^{-1}(A_\Gamma - tD_\Gamma)) \\ &= (1-t^2)^{-|V|}\det((1-t^2)I - t(A_\Gamma - tD_\Gamma)) \\ &= (1-t^2)^{-|V|}\det(I - tA_\Gamma + t^2(D_\Gamma - I)) \end{aligned}$$

となり，$Z_\Gamma(t;\theta^{\mathrm{I},\flat})^{-1} = (1-t^2)^{|E|-|V|}\det(I - tA_\Gamma + t^2(D_\Gamma - I))$ を得る．

1.2.8 佐藤の定理

佐藤ゼータ $Z_\Gamma(t;\theta^{\mathrm{S}})$ に対しては，Sato [20] においてその伊原表示が得られている．佐藤の結果は有限単純グラフに対して与えられたが，現在では重複辺(および重複ループ) も許す一般の有限グラフに対して拡張されている．ただ，ここでは簡明さのためにも当初の条件に従い，有限単純グラフ Γ に対する佐藤ゼータの伊原表示を紹介することにしよう．

$\Delta = (V, A)$ を Γ の対称有向グラフとする．ここでも V，A にはともに全順序を定めておくことにする．Γ の単純性を仮定しているので，$u, v \in V$ に対し

て $(u,v) \in A$ であればこれを a_{uv} と表し，かつこのとき $A(u,v) = \{a_{uv},\, a_{vu}\}$ であることを思い出しておく．また，これまでと同様に R は単位的可換 $\mathbb{Q}$-代数とし，$R^* := R \setminus \{0\}$ とおく．写像 $\tau : A \to R^*$ が与えられたとき，それを $V \times V$ 上の写像 $\overline{\tau}$ として次のように拡張する．$(u,v) \in V \times V$ に対して

$$\overline{\tau}(u,v) = \delta((u,v) \in A)\tau(a_{uv}).$$

ここで $|V|$ 次正方行列 $(\overline{\tau}(u,v))_{u,v\in V}$ を $A_\Gamma(\tau)$ で表し，τ から誘導される Γ の**荷重隣接行列**とよぶ．定義より $\overline{\tau}(u,v) \neq 0$ のとき $\{u,v\} \in E$ であるので，荷重隣接行列 $A_\Gamma(\tau)$ は隣接行列 A_Γ の一般化であることがわかる．特に $\tau = 1$ の場合が隣接行列そのものを与える．頂点 $u \in V$ に対して $A_{u*} = \{a \in A \mid \mathfrak{t}(a) = u\}$ とおく．このとき，$\deg_\tau(u) = \sum_{a \in A_{u*}} \tau(a)$ を成分とする対角行列 $(\delta_{uv} \deg_\tau(u))_{u,v\in V}$ を $D_\Gamma(\tau)$ で表し，τ から誘導される Γ の**荷重次数行列**とよぶ．通常の次数行列は $D_\Gamma(1)$ で与えられる．佐藤ゼータ $Z_\Gamma(t;\theta^{\mathrm{S}})$ の伊原表示とは，これら $A_\Gamma(\tau)$, $D_\Gamma(\tau)$ を用いた次の表式をいう．等式左辺の θ^{S} は τ を用いて定義される写像 $A \times A \to R$，すなわち $\theta^{\mathrm{S}}(a,a') = \tau(a')\delta_{\mathfrak{h}(a)\mathfrak{t}(a')} - \delta_{a^{-1}a'}$ を表している．

定理 1.8 ([20])**.** 有限単純グラフ Γ に対して

$$Z_\Gamma(t;\theta^{\mathrm{S}})^{-1} = (1-t^2)^{|E|-|V|} \det(I - tA_\Gamma(\tau) + t^2(D_\Gamma(\tau) - I)).$$

ただし，右辺における I は $|V|$ 次の単位行列を表す．

任意の $a \in A$ に対して $\tau(a) \neq 0$ が仮定されていることから，θ^{S} は隣接条件を満たす．したがって，この場合 $Z_\Gamma(t;\theta^{\mathrm{S}})$ は三種の表示を，特に橋本表示をもつことがわかる (定理 1.5)．証明 [20] は，橋本表示を伊原表示まで変形していく過程を記述している．

1.3　今野–佐藤の定理

今野–佐藤の定理は，グローバー行列 U_Γ の特性多項式が，Γ の佐藤ゼータ関数 $Z_\Gamma(t;\theta^{\mathrm{S}})$ で記述できることを主張する．その結果を Konno-Sato [17] (あるいは今野 [16]) に従い概観する．まずは，ことの経緯を眺めてみよう．その発端は Emms *et al.* [5] に求めることができる．

1.3.1　グローバー行列

$\Gamma = (V, E)$ を有限単純グラフとする．さらにここでは Γ に連結性を仮定する．Γ の対称有向グラフを $\Delta = (V, A)$ で表す．Γ は連結であるから，任意の $v \in V$ に対して $\deg v > 0$ である．次で定義される行列 $U_\Gamma = (U_{aa'})_{a,a \in A}$ を，Γ 上の**グローバー行列**という：

$$U_{aa'} = \begin{cases} \dfrac{2}{\deg \mathfrak{t}(a')} - \delta_{a^{-1}a'}, & \text{ただし } \mathfrak{h}(a) = \mathfrak{t}(a') \text{ の場合}, \\ 0, & \text{その他の場合}. \end{cases}$$

そして，U_Γ によって定義される Γ 上の離散時間量子ウォークを**グローバーウォーク**とよぶ[3)]．U_Γ により量子ウォークを定めるというのであるから，U_Γ にはユニタリであることが求められる．事実，それは以下のように保証される．

補題 1.9. グローバー行列 U_Γ は直交行列である．

証明しておこう．まず Γ が単純であることから，その対称有向化 $\Delta(\Gamma) = (V, A)$ において，$A(u, v) = \{a_{uv}, a_{vu}\}$ が任意の異なる二頂点 $u, v \in V$ で $\{u, v\} \in E$ を満たすものに対して成り立つことに注意する．グローバー行列 U_Γ の第 a 行ベクトルを U_{a*} で表すとき，示すべきことは $(U_{a*}, U_{a'*}) = \delta_{aa'}$ が任意の $a, a' \in A$ に対して成り立つことである．ただし，$(U_{a*}, U_{a'*})$ は U_{a*} と $U_{a'*}$ の標準内積を表す．

$a \neq a'$ の場合を考えよう．ここで示すべきは $(U_{a*}, U_{a'*}) = 0$ であるが，これを $\mathfrak{h}(a) = \mathfrak{h}(a')$ である場合とそうではない場合に分けて示そう．まずは $\mathfrak{h}(a) \neq \mathfrak{h}(a')$ の場合から．この場合は，任意の $b \in A$ に対して $U_{ab}U_{a'b} = 0$ となる．仮に $U_{ab}U_{a'b} \neq 0$ を満たす b が存在するとすれば，$\mathfrak{h}(a) = \mathfrak{t}(b)$ かつ $\mathfrak{h}(a') = \mathfrak{t}(b)$ が必要であるが，これは $\mathfrak{h}(a) = \mathfrak{h}(a')$ を意味するので仮定に反する．よって，この場合に $(U_{a*}, U_{a'*}) = 0$ であることが示せた．次に $\mathfrak{h}(a) = \mathfrak{h}(a')$ の場合．これらを u とおいて証明を進める．すると内積の値 $\sum_{b \in A} U_{ab}U_{a'b}$ は，U_Γ の定義により $\sum_{b \in A_{u*}} U_{ab}U_{a'b}$ に等しい．Γ は単純なので，a および a' の逆アーク a^{-1}, a'^{-1} は a, a' に対してそれぞれ一意的に定まる．$a^{-1} \neq a'^{-1}$ かつ $a^{-1}, a'^{-1} \in A_{u*}$ に注意しよう．そして

---

3)　量子ウォークに関する一般的な事項は，例えば今野 [16] を参照していただきたい．特にこの節は，[16] の第 10 章の概説に相当する．

$$(U_{a*}, U_{a'*}) = U_{aa^{-1}}U_{a'a^{-1}} + U_{aa'^{-1}}U_{a'a'^{-1}} + \sum_{b \in A_{u*} \setminus \{a^{-1}, a'^{-1}\}} U_{ab}U_{a'b}$$

に直に成分を代入して計算することにより

$$\left(\frac{2}{d} - 1\right)\frac{2}{d} \times 2 + (d-2)\left(\frac{2}{d}\right)^2 = 0,$$

すなわち $(U_{a*}, U_{a'*}) = 0$ を得る．ただし d は $\deg u$ を表している．

次に $a = a'$ の場合を考えよう．示すべきは $(U_{a*}, U_{a'*}) = 1$ である．この場合は $(U_{a*}, U_{a*}) = U_{aa^{-1}}U_{aa^{-1}} + \sum_{b \in A_{u*} \setminus \{a^{-1}\}} U_{ab}U_{ab}$ に注意すれば，$\left(\frac{2}{d} - 1\right)^2 + (d-1)\left(\frac{2}{d}\right)^2 = 1$ より $(U_{a*}, U_{a*}) = 1$ を得る．

以上により，U_Γ が直交行列であることを得る．

1.3.2　強正則同型予想

グラフの同型問題は世に知られた難問であるが，Emms *et al.* [5] は，「強正則グラフの同型問題はグローバー行列を用いて解決できるかもしれない」という予想を提出している．“**強正則グラフ**”を仮定することは必要である．事実，この仮定を満たさない場合には反例があることが，彼ら自身によって指摘されている．そしてここでいう「グラフの同型問題」とは，

“有限グラフの同型類を特徴づける不変量を探せ”

という問題である．そしてそのような不変量は現在発見されていない．例えば，伊原ゼータ $Z_\Gamma(t; \theta^{\mathrm{I},\flat})$ などがその不変量であってくれたら喜ばしいが，残念ながらそうではない．すなわち，2 つのグラフ Γ, Γ' が同型 $\Gamma \cong \Gamma'$ ではないのに，$Z_\Gamma(t; \theta^{\mathrm{I},\flat}) = Z_{\Gamma'}(t; \theta^{\mathrm{I},\flat})$ なものが存在することが知られている．

Emms らの予想は，考える有限グラフの族を小さく絞り，この問題の部分的解決をめざしたものである．有限グラフ $\Gamma = (V, E)$ が d **正則**であるとは，任意の頂点 $v \in V$ に対して $\deg v = d$ となることをいう．また，2 頂点 $u, v \in V$ が**隣接する**とは，$\{u, v\} \in E$ であるときにいう．有限単純グラフ $\Gamma = (V, E)$ が d 正則のとき，それがさらに**強正則**であるとは，Γ のみに依存する 2 つの正整数 r, s が存在し，

1) 任意の隣接する 2 頂点は，ともに r 個の頂点と隣接する，

2) 任意の隣接しない 2 頂点は，ともに s 個の頂点と隣接する，

ときにいう．特に $|V| = n$ のとき，これを (n, d, r, s) **強正則**といい，(n, d, r, s) を強正則グラフ Γ の**パラメータ**という．ただし条件 1) において，頂点 u, v が

隣接するとき，条件にある r 個の隣接する頂点のなかには，u, v は互いに含まれないことに注意する．正方行列 M に対して M の固有値全体のなす重複集合を $\mathrm{Spec}\,(M)$ で表す．これを M の**スペクトラム**とよぶ．

予想 1.10 ([5])**.** 同じパラメータをもつ強正則グラフ Γ, Γ' に対して以下が成り立つ：

$$\Gamma \cong \Gamma' \Leftrightarrow \mathrm{Spec}\,((U_\Gamma^3)^+) = \mathrm{Spec}\,((U_{\Gamma'}^3)^+).$$

すなわち，パラメータが固定されている場合，強正則グラフの同型類は，グローバー行列の 3 乗の正台のスペクトラムで特徴づけられる，という予想である．のちにこの予想には反例 [8] が提示されたとはいえ，予想の肯定的解決に向けた Emms らの試論は，正則グラフ Γ に対するグローバー行列およびその正台 $U_\Gamma, U_\Gamma^+, (U_\Gamma^2)^+$ のスペクトラムを与え，今野–佐藤の定理が発現するための土壌を醸成したことには，高い価値がおかれてしかるべきであろう．有限グラフ $\Gamma = (V, E)$ に対して，$|V|$ 次正方行列 $T_\Gamma = (T_{uv})_{u,v \in V}$ を次で定義する．各 $u, v \in V$ に対して

$$T_{uv} = \begin{cases} 1/\deg u, & \{u, v\} \in E \text{ の場合,} \\ 0, & \text{その他の場合.} \end{cases}$$

定理 1.11 ([5])**.** 有限単純グラフ Γ に対し，そのスペクトラム $\mathrm{Spec}\,(U_\Gamma)$ は以下で与えられる：

$$\left\{\lambda \pm i\sqrt{1-\lambda^2} \mid \lambda \in \mathrm{Spec}\,(T_\Gamma)\right\} \sqcup \left\{\pm 1^{|E|-|V|}\right\}.$$

この定理で，$\mathrm{Spec}\,(U_\Gamma)$ のうち，$\mathrm{Spec}\,(T_\Gamma)$ により記述されている部分は，$\mathrm{Spec}\,(T_\Gamma)$ が重複集合であることに対応し，その部分も重複集合と理解する．すなわち，$\mathrm{Spec}\,(T_\Gamma)$ は $|V|$ 個の元からなる重複集合であるから，その部分は $2|V|$ 個の元からなる重複集合を表している．また，$\left\{\pm 1^{|E|-|V|}\right\}$ は 1 および -1 をそれぞれ $|E|-|V|$ 個含む重複集合を表す．これらの合計 $2|V|+2(|E|-|V|) = 2|E|$ 個の元からなる重複集合として $\mathrm{Spec}\,(U_\Gamma)$ は記述される．Emms らは，$\mathrm{Spec}\,(U_\Gamma^+)$, $\mathrm{Spec}\,((U_\Gamma^2)^+)$ に対しても同様の記述を与えている．これらの議論において，彼らは固有ベクトルを直接考察することでこれらの記述を得ており，それぞれの行列の特性多項式の記述は行っていない．

1.3.3　今野–佐藤の定理

特性多項式の記述を与えていないとはいえ，固有値はその重複度を込めてすべて記述できている．であれば，それらの固有値を根にもつ 1 次式の総積が特性多項式だろう，という言い分にはそれなりに首肯せねばならない部分もないわけではないが，それが巷にいう「特性多項式を求める」こととして，誰しもが認めるものではないこともまた確かであろう．今野–佐藤の定理 [17] はまさにこの点を突く．グローバー行列がグラフの辺行列である点に向けられた彼らの眼差しの先で，Emms *et al.* [5] は佐藤ゼータを用いた記述にまで昇華することになる．この結果を紹介することで本章の結びとしたい．

ここでの状況にあわせてもう一度設定を思い出しておこう．有限単純グラフ $\Gamma = (V, E)$ の対称有向化 $\Delta = \Delta(\Gamma) = (V, A)$ を考える．写像 $\tau : A \to \mathbb{C}$ が与えられたとき，それにより誘導される写像 $\theta^{\mathrm{S}} : A \times A \to \mathbb{C}$ を考える．このとき $Z_\Gamma(t; \theta^{\mathrm{S}})$ を Γ の佐藤ゼータとよぶ．写像 τ が任意の $a \in A$ に対して $\tau(a) \neq 0$ を満たすとすれば，θ^{S} は隣接条件を満たすので，佐藤ゼータ $Z_\Gamma(t; \theta^{\mathrm{S}})$ は三種の表示，特に橋本表示 $H_\Gamma(t; \theta^{\mathrm{S}}) = 1/\det(I - tM)$ をもつことを思い出そう．すなわち $Z_\Gamma(t; \theta^{\mathrm{S}}) = H_\Gamma(t; \theta^{\mathrm{S}})$ である．ただし M は $(\theta^{\mathrm{S}}(a, a'))_{a, a' \in A}$ で与えられる $|A|$ 次正方行列である．

有限単純グラフ Γ のグローバー行列 U_Γ は，写像 $\tau : A \to \mathbb{C}$ を

$$\tau(a) = \frac{2}{\deg \mathfrak{t}(a)}$$

で与えた場合の辺行列 $(\theta^{\mathrm{S}}(a, a'))_{a, a' \in A}$ に一致する．実際，$\theta^{\mathrm{S}}(a, a')$ の定義 $\tau(a')\delta_{\mathfrak{h}(a)\mathfrak{t}(a')} - \delta_{a^{-1}a'}$ を思い出せばこれは明らかであろう．グローバー行列 U_Γ の特性多項式を直接考えるまえに，まず $\det(I - tU_\Gamma)$ から議論をはじめよう．これは佐藤ゼータの橋本表示 $H_\Gamma(t; \theta^{\mathrm{S}})$ における分母を与えている．ここで U_Γ が辺行列を与えていること，および佐藤の定理 (定理 1.8) により，橋本表示 $\det(I - tU_\Gamma)$ は伊原表示

$$(1 - t^2)^{|E| - |V|} \det\bigl(I - tA_\Gamma(\tau) + t^2(D_\Gamma(\tau) - I)\bigr)$$

に書き換えることができる．ただし $A_\Gamma(\tau)$ と $D_\Gamma(\tau)$ は，それぞれ τ から誘導される Γ の荷重隣接行列，荷重次数行列である．また，橋本表示 $\det(I - tU_\Gamma)$ における I は $2|E|$ 次の単位行列，伊原表示のそれは $|V|$ 次の単位行列を表す．$A_\Gamma(\tau)$ は V で添字付けられる $|V|$ 次正方行列であり，各 $u, v \in V$ に対

してその (u,v) 成分 w_{uv} は $w_{uv}=\delta((u,v)\in A)\tau(a_{uv})$ で与えられる．これは $\{u,v\}\in E$ のとき $w_{uv}=2/\deg u$，$\{u,v\}\notin E$ であれば $w_{uv}=0$ となり $A_\Gamma(\tau)=2T_\Gamma$ を得る．一方，$D_\Gamma(\tau)$ は $|V|$ 次の対角行列であり，各 $u\in V$ に対してその (u,u) 成分 d_{uu} は $\sum_{a\in A_{u*}}\tau(a)$ で与えられた．よって τ の定義から $d_{uu}=\deg u\times\frac{2}{\deg u}=2$ となり，$D_\Gamma(\tau)-I=I$ を得る．以上より $\det(I-tU_\Gamma)$ は

$$(1-t^2)^{|E|-|V|}\det\left((1+t^2)I-2tT_\Gamma\right)$$

に等しい．あとは $t=1/\lambda$ とおいて，両辺の行列の次数に注意しながらちょっとした計算を施せば

$$\det(\lambda I-U_\Gamma)=(\lambda^2-1)^{|E|-|V|}\det\left((\lambda^2+1)I-2\lambda T_\Gamma\right)$$

となる．

得られた結果を以下にまとめておこう．この結果から，U_Γ の固有値に ±1 がそれぞれ重複度 $|E|-|V|$ ででてくることは明白に理解できる．また，それ以外の U_Γ の固有値も，$\det((\lambda^2+1)I-2\lambda T_\Gamma)$ の根となっていることが容易に確認できよう．

定理 1.12 (Konno-Sato [17])**.** 有限単純グラフ Γ に付随するグローバー行列の特性多項式は

$$(\lambda^2-1)^{|E|-|V|}\det((\lambda^2+1)I-2\lambda T_\Gamma)$$

で与えられる．

証明のなかでも明確に主張されているが，U_Γ の特性多項式は本質的に佐藤ゼータの伊原表示である．これは，量子ウォーク由来の概念がグラフゼータと高い親和性を示したと理解するための依代とみることができよう．現在，伊原表示はより広いグラフゼータのクラスに対して与えられている．例えば Ide *et al.* [12] により，有限単純グラフ Γ に対する一般佐藤ゼータ $Z_\Gamma(t;\theta^{\mathrm{GS}})$ の伊原表示がすでに与えられている．また，Ishikawa *et al.* [11] により，多重アークや多重ループを許す一般の有限有向グラフ Δ に対して，佐藤ゼータ $Z_\Delta(t;\theta^{\mathrm{S}})$ の伊原表示がその Bartholdi 型も含めて得られている．量子ウォークにおいてこれらに対応する構造があるかどうかはわからないが，もしあるとするならば興味深いことになるのではなかろうか．

謝辞： 原稿を精読していただいたうえ数々の有益な論評をお寄せいただいた石川彩香さん (横浜国立大学) に深く感謝する．特に，定理 1.7 および補題 1.9 の整理された証明は石川さんとの議論に多くを負うことを申し添えておく．さらには，文書整形に関する多大な作業をご負担いただいたことにも，あわせて深い感謝の意を表させていただきたい．

参 考 文 献

[1] H. Bass, The Ihara-Selberg zeta function of a tree lattice, *Internat. J. Math.*, **3** (1992), 717–797.
[2] R. Bowen and O. Lanford, Zeta functions of restrictions of the shift transformation, *Proc. Sympos. Pure Maths.*, **14** (1970), 43–50.
[3] L. Bartholdi, Counting paths in graphs, *Eiseign. Math.*, **45** (1999), 83–131.
[4] K. Chen, R. Fox and R. Lyndon, Free differential calculus IV - The quotient groups of the lower central series, *Ann. Math.*, **68** (1958), 81–95.
[5] D. Emms, E. Hancock, S. Severini and R. Wilson, A matrix representation of graphs and its spectrum as a graph invariant, *Electr. J. Comb.*, **13** (2006).
[6] D. Foata and D. Zeilberger, A combinatorial proof of Bass's evaluations of the Ihara-Selberg zeta function for graphs, *Trans. Amer. Math. Soc.*, **1** (1999), 2257–2274.
[7] M. Garey and D. Johnson, *Computers and Intractability:A Guide to the theory of NP-Completeness*, W. H. Freeman, New York, 1979.
[8] C. Godsil, K. Guo and Tor G. J. Myklebust, Quantum walks on generalized quadrangles, *Electr. J. Combin.*, **24** (2017), P4.16
[9] K. Hashimoto, On the zeta- and L-functions of finite graphs, *Internat. J. Math.*, **1** (1990), 381–396.
[10] Y. Ihara, On discrete subgroups of the two projective linear group over p-adic fields, *J. Math. Soc. Japan*, **18** (1966), 219–235.
[11] A. Ishikawa, H. Morita and I. Sato, The Ihara expression for a generalized weighted zeta function of Bartholdi type for a finite digraph, in preparation.
[12] Y. Ide, A. Ishikawa, H. Morita, I. Sato and E. Segawa, The Ihara expression for the generalized Sato zeta function for a finite simple graph, in preparaion.
[13] N. Konno, Quantum random walks in one dimension, *Quantum Inf. Process.*, **1** (2002), 345–354.
[14] N. Konno, A new type of limit theorems for the one-dimensional quantum random walk, *J. Math. Soc. Japan* **57** (2005), 1179–1195.
[15] 今野紀雄，量子ウォークの数理，数学 **69** (2017), 70–90，岩波書店．
[16] 今野紀雄，量子ウォーク，森北出版，2014.
[17] N. Konno and I. Sato, On the relation between quantum walks and zeta functions, *Quantum Inf. Process.*, **11** (2012), no. 2, 341–349.
[18] H. Morita, Ruelle zeta functions for finite digraphs, preprint.
[19] H. Mizuno and I. Sato, The weighted zeta functions for graphs, *J. Comb. Theory, Ser. B*, **91** (2004), 169–183.
[20] I. Sato, A new Bartholdi zeta function of a graph, *Int. J. Algebra*, **1** (2007), no. 5-8, 269–281.
[21] J. -P. Serre, *Trees*, Springer-Verlag, New York, 1980.
[22] H. M. Stark and A. A. Terras, Zeta functions of finite graphs and coverings, *Adv. Math.* **121**, 124–165.
[23] T. Sunada, L-functions in geometry and some applications, in Lecture Notes in Math., vol.1201, pp.266–284, Springer-Verlag, New York, 1986.

[24] A. Terras, *Zeta functions of graphs - A stroll through the garden*, Cambridge University Press, Cambridge, 2011.
[25] Y. Watanabe and K. Fukumizu, Graph zeta function in the Bethe free energy and loopy belief propoagation, Advances in Neural Information Processing System **22**, pp.2017–2025, 2010.

2 章

四元数量子ウォーク

[三橋秀生]

離散時間量子ウォークはユニタリ行列で記述されるグラフ上の量子プロセスであるが，2015 年に Konno [17] は，1 次元格子上の離散時間量子ウォークを拡張したモデルである，四元数量子ウォークを定式化し，その性質や特徴について論じている．その後，有限連結グラフ上の離散時間四元数量子ウォークが定式化され，その固有値問題などが現在進展中である．四元数量子ウォークが誕生してから日が浅いこともあってまだ黎明期の段階であり，通常の量子ウォークにはない四元数量子ウォークならではの課題が山積している．本章では，四元数量子ウォークの概要について，その背景となる四元数量子力学のあらましをふまえて解説し，グラフ上の離散時間四元数量子ウォークの現状について述べたい．なお，本章で扱う量子ウォークおよび四元数量子ウォークはすべて離散時間であるので，離散時間量子ウォークや離散時間四元数量子ウォークを単に量子ウォーク，四元数量子ウォークとよぶことにする．

2.1 四元数行列と固有値問題

本節では Hamilton の四元数と四元数行列および四元数行列式について概観し，後の議論に必要な部分に限って解説を行う[1)]．四元数は 1843 年，W.R. Hamilton によって発見され，その後，数学，物理学そして工学等において重要な役割を果たしている．

Hamilton の四元数からなる集合 $\mathbb{H}$ は，$\mathbb{R}$ 上 4 次元ベクトル空間で，

$$\boldsymbol{i}^2 = \boldsymbol{j}^2 = \boldsymbol{k}^2 = \boldsymbol{ijk} = -1$$

を満たす 3 つの元 $\boldsymbol{i}, \boldsymbol{j}, \boldsymbol{k}$ および 1 が基底をなす．$x = x_0 + x_1\boldsymbol{i} + x_2\boldsymbol{j} + x_3\boldsymbol{k} \in \mathbb{H}$ に対し，$x^* = x_0 - x_1\boldsymbol{i} - x_2\boldsymbol{j} - x_3\boldsymbol{k}$ を x の (四元数) **共役**という．$(xy)^* = y^*x^*$ $(x, y \in \mathbb{H})$ であることに注意する．$|x| = \sqrt{xx^*} = \sqrt{x_0^2 + x_1^2 + x_2^2 + x_3^2}$ を x

1) 詳細は，今野 [18] とそこにある参考文献を参照してほしい．

のノルムという．$\mathbb{H}$ の非零元 x に対し，その逆元は $x^{-1} = x^*/|x|^2$ であるから，$\mathbb{H}$ は非可換体である．一般に，$M \times N$ 四元数行列 $\mathbf{M} \in \mathbf{M}(M \times N, \mathbb{H})$ は 2 つの複素行列 $\mathbf{A}, \mathbf{B} \in \mathbf{M}(M \times N, \mathbb{C})$ を用いて，$\mathbf{M} = \mathbf{A} + \boldsymbol{j}\mathbf{B}$ と一意に表すことができ，$\psi : \mathbf{M}(M \times N, \mathbb{H}) \longrightarrow \mathbf{M}(2M \times 2N, \mathbb{C})$ を

$$\psi(\mathbf{M}) = \begin{bmatrix} \mathbf{A} & -\overline{\mathbf{B}} \\ \mathbf{B} & \overline{\mathbf{A}} \end{bmatrix} \quad (\overline{\mathbf{A}} \text{ は } \mathbf{A} \text{ の成分を複素共役にした行列})$$

で定めれば，ψ は単射 $\mathbb{R}$-線形写像である．このとき $\mathbf{M} \in \mathbf{M}(L \times M, \mathbb{H})$, $\mathbf{N} \in \mathbf{M}(M \times N, \mathbb{H})$ に対して $\psi(\mathbf{MN}) = \psi(\mathbf{M})\psi(\mathbf{N})$ が成り立ち，特に $M = N$ のときは ψ は $\mathbf{M}(M, \mathbb{H})$ から $\mathbf{M}(2M, \mathbb{C})$ への単射 $\mathbb{R}$-代数準同型写像である．$\mathbf{M} \in \mathbf{M}(M \times N, \mathbb{H})$ の共役 $\mathbf{M}^* \in \mathbf{M}(N \times M, \mathbb{H})$ は

$$(\mathbf{M}^*)_{ij} = (\mathbf{M}_{ji})^*$$

で定義する．N 次正方行列 $\mathbf{M} \in \mathbf{M}(N, \mathbb{H}) = \mathbf{M}(N \times N, \mathbb{H})$ が $\mathbf{MM}^* = \mathbf{M}^*\mathbf{M} = \mathbf{I}_N$ (ここで $\mathbf{I}_N$ は N 次単位行列) を満たすとき，$\mathbf{M}$ を N 次の**四元数ユニタリ行列**とよび，その全体を $\mathbf{U}(N, \mathbb{H})$ と表すことにする．

四元数行列式を定める試みは，Hamilton が四元数を発見してほどなくはじまった[2)]．ここでは，Study が [32] で与えた四元数行列式 (ここでは **Study 行列式**とよぶ) についての要点を述べる．Study 行列式は次式で定義される[3)]．

$$\mathrm{Sdet}(\mathbf{M}) = \det(\psi(\mathbf{M})).$$

Sdet は非負実数値をとる $\mathbb{R}$-代数 $\mathbf{M}(N, \mathbb{H})$ 上の汎関数である．また，定義から，Sdet は行や列の入れ替えで不変であることや，$\mathbf{M} \in \mathbf{M}(N, \mathbb{C})$ のときは $\mathrm{Sdet}(\mathbf{M}) = |\det(\mathbf{M})|^2$ であることがわかる．Aslaksen [3] では，通常の行列式からの類推により，$\mathbf{M}(N, \mathbb{H})$ から $\mathbb{H}$ への写像 $d : \mathbf{M}(N, \mathbb{H}) \longrightarrow \mathbb{H}$ で以下の (A1), (A2), (A3) を満たすものを**四元数行列式**とよんでいる．

(A1) $d(\mathbf{M}) = 0 \Leftrightarrow \mathbf{M}$ は特異行列．

(A2) $d(\mathbf{MN}) = d(\mathbf{M})d(\mathbf{N})$.

(A3) $d((\mathbf{I}_N + \lambda\mathbf{E}_{rs})\mathbf{M}) = d(\mathbf{M}(\mathbf{I}_N + \lambda\mathbf{E}_{rs})) = d(\mathbf{M})$.

ただし，$\mathbf{M}, \mathbf{N} \in \mathbf{M}(N, \mathbb{H})$，$\mathbf{E}_{rs}$ は行列単位で $r \neq s$，$\lambda \in \mathbb{H}$ とする．Sdet は (A1), (A2), (A3) を満たす．

2) 詳細については Aslaksen の概説 [3] を参照してほしい．
3) 文献によっては，Sdet の平方根を Study 行列式とするものもあるので注意してほしい．

四元数行列はその成分が非可換であることから，右固有値と左固有値が存在する．$\mathbf{M} \in \mathbf{M}(N, \mathbb{H})$ に対して，$\lambda \in \mathbb{H}$ と零ベクトルでない $\mathbf{u} \in \mathbb{H}^N$ が存在して $\mathbf{Mu} = \mathbf{u}\lambda$ が成り立つとき，λ を $\mathbf{M}$ の**右固有値**，$\mathbf{u}$ を λ に対する**右固有ベクトル**といい，$\mathbf{Mu} = \lambda\mathbf{u}$ が成り立つとき，λ を $\mathbf{M}$ の**左固有値**，$\mathbf{u}$ を λ に対する**左固有ベクトル**という．$\mathbf{M}$ の右 (左) 固有値の集合を $\sigma_r(\mathbf{M})$ $(\sigma_l(\mathbf{M}))$ と表す．一般に $\sigma_r(\mathbf{M}) \neq \sigma_l(\mathbf{M})$ である．右固有値と左固有値の例を表 2.1 に示す．

表 2.1　右固有値と左固有値の例

$\mathbf{M} \in \mathbf{M}(2, \mathbb{H})$	右固有値	左固有値
$\begin{bmatrix} 0 & 1 \\ -1 & 0 \end{bmatrix}$	$\lambda^2 = -1$	$\lambda^2 = -1$
$\begin{bmatrix} 0 & \boldsymbol{i} \\ -\boldsymbol{i} & 0 \end{bmatrix}$	$\lambda = \pm 1$	$\lambda = \lambda_0 + \lambda_2\boldsymbol{j} + \lambda_3\boldsymbol{k}$ $\lambda_0^2 + \lambda_2^2 + \lambda_3^2 = 1$
$\begin{bmatrix} 0 & \boldsymbol{i} \\ \boldsymbol{j} & 0 \end{bmatrix}$	$\lambda^4 = -1$	$\lambda = \pm\frac{1}{\sqrt{2}}(\boldsymbol{i} + \boldsymbol{j})$

右固有値はよく研究されているが，左固有値について知られていることはあまり多くない．ここで $\lambda \in \mathbb{H}$ が $\mathbf{M}$ の右固有値，$\mathbf{u}$ が λ に対応する右固有ベクトルとする．任意の $x \in \mathbb{H}$ $(x \neq 0)$ に対して $\mathbf{Mu}x = \mathbf{u}xx^{-1}\lambda x$ であるから $x^{-1}\lambda x$ は $\mathbf{M}$ の右固有値で，$\mathbf{u}x$ は対応する右固有ベクトルであることに注意する．四元数行列の右固有値は，以下の定理に従って求めることができる．

定理 2.1. 任意の四元数行列 $\mathbf{M} \in \mathbf{M}(N, \mathbb{H})$ に対し，重複度を込めて $2N$ 個の複素右固有値 $\lambda_1, \cdots, \lambda_N, \overline{\lambda_1}, \cdots, \overline{\lambda_N}$ が存在し，それらは固有方程式 $\det(\lambda\mathbf{I}_{2N} - \psi(\mathbf{M})) = 0$ を解くことで得られる．$\mathbf{M}$ の右固有値集合 $\sigma_r(\mathbf{M})$ は $\sigma_r(\mathbf{M}) = \lambda_1^{\mathbb{H}^*} \cup \cdots \cup \lambda_N^{\mathbb{H}^*}$ で与えられる．ここで，$\lambda^{\mathbb{H}^*} = \{h^{-1}\lambda h \mid h \in \mathbb{H}^* = \mathbb{H}\backslash\{0\}\}$ である．

$\lambda^{\mathbb{H}^*}$ を $[\lambda]$ と表し，λ の属する**同値類**とよぶ．右固有ベクトルは次の命題から得ることができる．

命題 2.2. $\mathbf{M} \in \mathbf{M}(N, \mathbb{H})$, $p \in \mathbb{C}$ とする．このとき

$$\mathbf{M}\mathbf{v} = \mathbf{v}p \Leftrightarrow \psi(\mathbf{M}) \begin{bmatrix} \mathbf{u} \\ \mathbf{w} \end{bmatrix} = \begin{bmatrix} \mathbf{u} \\ \mathbf{w} \end{bmatrix} p, \quad \text{ただし，} \mathbf{v} = \mathbf{u} + \boldsymbol{j}\mathbf{w}\ (\mathbf{u}, \mathbf{w} \in \mathbb{C}^N).$$

一方，四元数行列の左固有値は方程式

$$\mathrm{Sdet}(\lambda \mathbf{I}_N - \mathbf{M}) = 0 \tag{2.1}$$

を満たす四元数 λ を求めることで得られるが，(2.1) の左辺は λ の多項式ではなく，その計算は一般には容易ではない．

2.2 四元数量子力学のあらまし

本節では，**四元数量子力学**の概要を後の議論に必要な範囲に限って，Adler [1] に従い概観する[4)]．四元数量子力学は 1936 年の Birkhoff と von Neumann の論文 [5] に起源をもつ．彼らは論理学的な手法で量子力学を公理化したが，それは土台となる体として Hamilton の四元数体を許容するものであり，その公理はヒルベルト空間による定式化と実用上同等である．これにより四元数量子力学の可能性が拓かれ，その後，Finkelstein-Jauch-Speiser [8] や Finkelstein *et al.* [7]，Adler [1]，そしてさまざまな研究者の努力によって発展を遂げている．

四元数量子力学の状態は，次の公理 (I)〜(III) で定義される**四元数ヒルベルト空間** $\mathscr{H}_{\mathbb{H}}$ の元で記述される [1] [5)]．

(I) $\mathscr{H}_{\mathbb{H}}$ は $\mathbb{H}$ 上の右ベクトル空間である．

(II) **スカラー積**とよばれる以下の条件を満たす写像 $(\ ,\ ) : \mathscr{H}_{\mathbb{H}} \times \mathscr{H}_{\mathbb{H}} \longrightarrow \mathbb{H}$ が存在する．

$(\mathbf{f}, \mathbf{g})^* = (\mathbf{g}, \mathbf{f})$,

$(\mathbf{f}, \mathbf{f})$ は非負実数値であり，さらに $(\mathbf{f}, \mathbf{f}) = 0 \Leftrightarrow \mathbf{f} = 0$,

$(\mathbf{f}, \mathbf{g} + \mathbf{h}) = (\mathbf{f}, \mathbf{g}) + (\mathbf{f}, \mathbf{h})$,

任意の $\lambda \in \mathbb{H}$ に対し $(\mathbf{f}, \mathbf{g}\lambda) = (\mathbf{f}, \mathbf{g})\lambda$.

$\sqrt{(\mathbf{f}, \mathbf{f})}$ を $\|\mathbf{f}\|$ で表し，$\mathbf{f}$ のノルムとよぶ．

---

4) 四元数量子力学の詳細にわたる体系的な解説については [1] を参照してほしい．

5) なお，文献 [1] では四元数量子力学の状態空間は右ベクトル空間とし，考察する固有値は右固有値としていることに注意する．

(III) $\mathscr{H}_{\mathbb{H}}$ は可分で完備な空間である．

通常の量子力学と同様，四元数量子力学でも**ブラケット**記法を用いる．**ケット**状態は $|\mathbf{f}\rangle$ で表され，任意の $\lambda \in \mathbb{H}$ に対して $|\mathbf{f}\lambda\rangle = |\mathbf{f}\rangle\lambda$ が成り立ち，**ブラ**状態は $\langle\mathbf{f}|$ で表され，任意の $\lambda \in \mathbb{H}$ に対して $\langle\mathbf{f}\lambda| = \lambda^*\langle\mathbf{f}|$ が成り立つ．スカラー積は矛盾なく $(\mathbf{f}, \mathbf{g}) = \langle\mathbf{f}|\mathbf{g}\rangle$ と表すことができ，これを**内積**または**確率振幅**とよぶ．確率振幅 $\langle\mathbf{g}|\mathbf{f}\rangle$ に対し，確率は次式で定まる．

$$P_{\mathbf{gf}} = |\langle\mathbf{g}|\mathbf{f}\rangle|^2.$$

$|\omega| = 1$ を満たす $\omega \in \mathbb{H}$ に対して，$|\langle\mathbf{g}|\mathbf{f}\omega\rangle|^2 = |\langle\mathbf{g}|\mathbf{f}\rangle|^2$ だから，任意の $\mathbf{g} \in \mathscr{H}_{\mathbb{H}}$ に対して $P_{\mathbf{g}(\mathbf{f}\omega)} = P_{\mathbf{gf}}$ が成り立ち，物理状態は $\mathscr{H}_{\mathbb{H}}$ の次式で定まる単位ベクトルからなる集合と 1 対 1 に対応する．

$$\{|\mathbf{f}\omega\rangle \,|\, \omega \in \mathbb{H}, |\omega| = 1\}.$$

$\mathscr{H}_{\mathbb{H}}$ 上の**作用素** $\mathbf{U}$ は左から作用するものとし，$\mathbf{U}|\mathbf{f}\rangle$ と表す．このとき，$\mathbf{U}$ の作用は次の性質を満たす．

$$\mathbf{U}|\mathbf{f} + \mathbf{g}\rangle = \mathbf{U}|\mathbf{f}\rangle + \mathbf{U}|\mathbf{g}\rangle, \quad \mathbf{U}(|\mathbf{f}\rangle\lambda) = (\mathbf{U}|\mathbf{f}\rangle)\lambda \quad (\lambda \in \mathbb{H}).$$

この作用素 $\mathbf{U}$ に対し，**共役作用素** $\mathbf{U}^\dagger$ を次で定義する．

$$(\mathbf{f}, \mathbf{U}\mathbf{g}) = (\mathbf{U}^\dagger\mathbf{f}, \mathbf{g}).$$

ここで $\mathbf{f}, \mathbf{g}$ は適当な定義域の元である．作用素 $\mathbf{U}$ は $\mathbf{U}^\dagger = \mathbf{U}$ を満たすとき**四元数自己共役**であるといい，$\mathbf{U}\mathbf{U}^\dagger = \mathbf{U}^\dagger\mathbf{U} = \mathbf{1}$ を満たすとき**四元数ユニタリ**であるという．$\mathscr{H}_{\mathbb{H}}$ が N 次元の場合は，$|\mathbf{f}\rangle$ と $\langle\mathbf{f}|$ はそれぞれ

$$|\mathbf{f}\rangle = \begin{bmatrix} f_1 \\ f_2 \\ \vdots \\ f_N \end{bmatrix}, \quad \langle\mathbf{f}| = \begin{bmatrix} f_1^* & f_2^* & \cdots & f_N^* \end{bmatrix} \quad (f_1, f_2, \cdots, f_N \in \mathbb{H})$$

と表され，内積とノルムはそれぞれ次式で与えられる．

$$(\mathbf{f}, \mathbf{g}) = \langle\mathbf{f}|\mathbf{g}\rangle = \sum_{\ell=1}^{N} f_\ell^* g_\ell, \quad ||\mathbf{f}|| = \sqrt{(\mathbf{f}, \mathbf{f})}. \tag{2.2}$$

四元数ユニタリ作用素は N 次四元数ユニタリ行列のことである．また，複素の場合と同様，四元数自己共役作用素の右固有値は実数値をとる．

時刻 t における任意の 2 つの状態 $|\mathbf{f}(t)\rangle, |\mathbf{g}(t)\rangle$ と，時刻 $t' = t + \delta t$ における $|\mathbf{f}(t')\rangle, |\mathbf{g}(t')\rangle$ の間には $|\langle\mathbf{f}(t)|\mathbf{g}(t)\rangle| = |\langle\mathbf{f}(t')|\mathbf{g}(t')\rangle|$ が成り立っている．適当な四元数位相因子を選ぶことにより，ある四元数ユニタリ作用素 $\mathbf{U}(t', t)$ によって**時間発展**を

$$|\mathbf{f}(t')\rangle = \mathbf{U}(t', t)|\mathbf{f}(t)\rangle \tag{2.3}$$

と表すことができる．$\mathbf{U}(t', t)$ を**時間発展作用素**といい，(2.3) を**時間発展方程式**という．$\mathscr{H}_{\mathbb{H}}$ が N 次元の場合は，$\mathbf{U}(t', t)$ は N 次四元数ユニタリ行列で表される．本章で扱うような時間発展作用素が時間によらない四元数量子ウォークの場合は，時間発展作用素を単に $\mathbf{U}$ などと表し，時刻 n おける状態 $|\mathbf{f}_n\rangle$ $(n = 0, 1, 2, \cdots)$ は

$$|\mathbf{f}_n\rangle = \mathbf{U}|\mathbf{f}_{n-1}\rangle = \mathbf{U}^2|\mathbf{f}_{n-2}\rangle = \cdots = \mathbf{U}^n|\mathbf{f}_0\rangle$$

と記述される．

2.3 1 次元格子上の四元数量子ウォーク

本節では，Konno [17] が定義した 1 次元格子上の四元数量子ウォークを概観する[6)]．四元数量子ウォークの状態には**カイラリティ**とよばれる左向き $|L\rangle$ と右向き $|R\rangle$ の 2 つの状態があり，それらを $\mathbb{H}^2$ の 2 つのベクトル

$$|L\rangle = \begin{bmatrix} 1 \\ 0 \end{bmatrix}, \qquad |R\rangle = \begin{bmatrix} 0 \\ 1 \end{bmatrix}$$

で表す．$\mathbb{H}^2$ の内積とノルムは (2.2) で与えられる．また，2 次の四元数ユニタリ行列 $\mathbf{C} \in \mathbf{U}(2, \mathbb{H})$ を次のように表す．

$$\mathbf{C} = \begin{bmatrix} a & b \\ c & d \end{bmatrix} = \mathbf{P} + \mathbf{Q} \qquad \left(\text{ただし，} \mathbf{P} = \begin{bmatrix} a & b \\ 0 & 0 \end{bmatrix}, \quad \mathbf{Q} = \begin{bmatrix} 0 & 0 \\ c & d \end{bmatrix}\right).$$

$\mathbb{Z}$ 上の $\mathbb{H}^2$ 値 2 乗総和可能な四元数ヒルベルト空間

$$\ell^2(\mathbb{Z}; \mathbb{H}^2) = \left\{\Psi : \mathbb{Z} \to \mathbb{H}^2 \;\middle|\; \sum_{x\in\mathbb{Z}} ||\Psi(x)||^2 < \infty\right\}$$

6) 四元数量子ウォークに関する日本語による解説が今野 [18] の付録にあるので，興味のある読者は参照してほしい．

を状態空間 $\mathscr{H}_{\mathbb{H}}$ とする．$\ell^2(\mathbb{Z};\mathbb{H}^2)$ の内積は $\Phi = {}^T[\Phi(x)]_{x\in\mathbb{Z}}$, $\Psi = {}^T[\Psi(x)]_{x\in\mathbb{Z}} \in \ell^2(\mathbb{Z},\mathbb{H}^2)$ に対して

$$(\Phi,\Psi) = \sum_{x\in\mathbb{Z}} \Phi(x)^*\Psi(x)$$

で定める．ここで $\Phi(x) = {}^T[\Phi^L(x),\ \Phi^R(x)]$, $\Psi(x) = {}^T[\Psi^L(x),\ \Psi^R(x)] \in \mathbb{H}^2 = \mathbf{M}(2{\times}1,\mathbb{H})$ であり，^{T} は転置記号である．時刻 $n \in \mathbb{Z}_{\geq 0} = \{x \in \mathbb{Z} \mid x \geq 0\}$ での状態 Ψ_n は位置 $x \in \mathbb{Z}$ におけるカイラリティ

$$\Psi_n(x) = \begin{bmatrix} \Psi_n^L(x) \\ \Psi_n^R(x) \end{bmatrix} = |L\rangle\Psi_n^L(x) + |R\rangle\Psi_n^R(x) \in \mathbb{H}^2$$

を用いて

$$\begin{aligned}
\Psi_n &= {}^T\left[\cdots,\ \Psi_n^L(-1),\ \Psi_n^R(-1),\ \Psi_n^L(0),\ \Psi_n^R(0),\ \Psi_n^L(1),\ \Psi_n^R(1),\ \cdots\right] \\
&= {}^T[\cdots,\ \Psi_n(-1),\ \Psi_n(0),\ \Psi_n(1),\ \cdots] \\
&= {}^T\left[\cdots,\ \begin{bmatrix} \Psi_n^L(-1) \\ \Psi_n^R(-1) \end{bmatrix},\ \begin{bmatrix} \Psi_n^L(0) \\ \Psi_n^R(0) \end{bmatrix},\ \begin{bmatrix} \Psi_n^L(1) \\ \Psi_n^R(1) \end{bmatrix},\ \cdots\right]
\end{aligned}$$

と表現する．このとき，四元数量子ウォークの時間発展を

$$\Psi_{n+1}(x) = \mathbf{P}\Psi_n(x+1) + \mathbf{Q}\Psi_n(x-1)$$

で定義する．この定義から，時間発展作用素 $\mathbf{U}$ は無限次行列

$$\mathbf{U} = \begin{bmatrix}
\ddots & \vdots & \vdots & \vdots & \vdots & \vdots & \iddots \\
\cdots & \mathbf{O} & \mathbf{P} & \mathbf{O} & \mathbf{O} & \mathbf{O} & \cdots \\
\cdots & \mathbf{Q} & \mathbf{O} & \mathbf{P} & \mathbf{O} & \mathbf{O} & \cdots \\
\cdots & \mathbf{O} & \mathbf{Q} & \mathbf{O} & \mathbf{P} & \mathbf{O} & \cdots \\
\cdots & \mathbf{O} & \mathbf{O} & \mathbf{Q} & \mathbf{O} & \mathbf{P} & \cdots \\
\cdots & \mathbf{O} & \mathbf{O} & \mathbf{O} & \mathbf{Q} & \mathbf{O} & \cdots \\
\iddots & \vdots & \vdots & \vdots & \vdots & \vdots & \ddots
\end{bmatrix} \qquad \left(\text{ただし，}\ \mathbf{O} = \begin{bmatrix} 0 & 0 \\ 0 & 0 \end{bmatrix}\right)$$

で表される四元数ユニタリ作用素であることが従う．この $\mathbf{U}$ と初期状態 Ψ_0 を用いて，時刻 n の状態 Ψ_n は $\Psi_n = \mathbf{U}^n\Psi_0$ で表される．時刻 n における各頂点 x の測度 $\mu_n(x)$ を

$$\mu_n(x) = ||\Psi_n(x)||^2 = |\Psi_n^L(x)|^2 + |\Psi_n^R(x)|^2$$

で与え，さらに $\Psi \in \ell^2(\mathbb{Z},\mathbb{H}^2)$ に対して，$\phi(\Psi) \in (\mathbb{R}_{\geq 0})^{\mathbb{Z}}$ を

$$\phi(\Psi) = {}^T\left[\cdots, ||\Psi(-1)||^2, ||\Psi(0)||^2, ||\Psi(1)||^2, \cdots\right]$$

と定義する．任意の時刻 $n \in \mathbb{Z}_{\geq 0}$ に対して $\phi(\mathbf{U}^n\Psi_0)$ が一定値 $\mu \in (\mathbb{R}_{\geq 0})^{\mathbb{Z}} \setminus \{\mathbf{0}\}$ ($\mathbf{0}$ はゼロベクトル) となるような $\Psi_0 \in \ell^2(\mathbb{Z}, \mathbb{H}^2)$ が存在するとき，μ を四元数量子ウォークの**定常測度**といい，すべての定常測度からなる集合を $\mathcal{M}_s$ または $\mathcal{M}_s(\mathbf{U})$ と表す．この $\mathcal{M}_s$ を決定するために，四元数量子ウォークの右固有値問題は有効である．$\mathbf{U}\Psi = \Psi\lambda$ $(\lambda \in \mathbb{H})$ であるとき，$\mathbf{U}^n\Psi = \Psi\lambda^n$ であり，四元数ユニタリ作用素の固有値の絶対値は 1 であることから $\phi(\Psi) \in \mathcal{M}_s$ を得る．ゆえに，右固有値問題を解くことは定常測度を求めることにつながるので重要である[7)]．

2.4 有限グラフ上の四元数量子ウォーク

本節では，有限グラフ上の四元数量子ウォークについて，その概要を Konno *et al.* [20] にそって概説する[8)]．$G = (V, E)$ を V を頂点集合，E を辺集合とする有限な連結単純グラフとし，$|V| = n$, $|E| = m$ とする．$uv \in E$ $(u, v \in V)$ に対し，有向辺を (u, v) で表し，$D(G) = \{(u,v), (v,u) \,|\, uv \in E\}$ とする．$D(G)$ の元を**アーク (arc)** とよぶ．$e = (u, v)$ に対し $o(e) = u$ を e の始点，$t(e) = v$ を e の終点とし，$e^{-1} = (v, u)$ と表すことにする．また，$u \in V$ に対し d_u を u の次数とする．状態空間 $\mathscr{H}_{\mathbb{H}}$ は，$D(G)$ の元を正規直交基底とする $2m$ 次元四元数ヒルベルト空間

$$\mathscr{H}_{\mathbb{H}} = \bigoplus_{e \in D(G)} |e\rangle\mathbb{H}$$

とする．このとき，G 上の四元数量子ウォークの時間発展作用素 $\mathbf{U}$ は，以下の 2 つの作用素 $\mathbf{C}$ と $\mathbf{S}$ の合成 $\mathbf{U} = \mathbf{SC}$ で定義される．

(1) 各 $u \in V$ に対し，$\mathscr{H}_{\mathbb{H}}$ の部分空間

$$\mathscr{H}_u = \sum_{\substack{e \in D(G) \\ t(e) = u}} |e\rangle\mathbb{H}$$

上の四元数ユニタリ作用素 $\mathbf{C}_u$ を与え，$\mathbf{C}$ はそれらの直和

---

7) $\mathbb{Z}$ 上の四元数量子ウォークの定常測度については [17] を参照してほしい．

8) 本節で紹介する四元数量子ウォークの定義は，Ambainis [2] で述べられているグラフ上の量子ウォークの定義を四元数へ拡張したものである．量子探索への応用を念頭においたグラフ上の量子ウォークの解説については Ambainis [2] や Portugal [26] を参照してほしい．

$$\mathbf{C} = \bigoplus_{u \in V} \mathbf{C}_u$$

で定義する．$\mathbf{C}$ を**コイン作用素**という．

(2) $\mathbf{S}$ は，すべての $e \in D(G)$ に対し，$\mathbf{S}|e\rangle = |e^{-1}\rangle$ で定義される．$\mathbf{S}$ を**シフト作用素**という．

$\mathbf{C}_u$ が量子探索問題と関係の深いグローバーの拡散行列 [11]，すなわち，

$$\mathbf{C}_u = \begin{bmatrix} -1+\frac{2}{d_u} & \frac{2}{d_u} & \cdots & \frac{2}{d_u} \\ \frac{2}{d_u} & -1+\frac{2}{d_u} & \cdots & \frac{2}{d_u} \\ \cdots & \cdots & \cdots & \cdots \\ \frac{2}{d_u} & \frac{2}{d_u} & \cdots & -1+\frac{2}{d_u} \end{bmatrix} \in \mathbf{M}(d_u, \mathbb{R}) \tag{2.4}$$

であるときの時間発展作用素を $\mathbf{U}^{\mathrm{Gro}} = (\mathbf{U}^{\mathrm{Gro}}_{ef})_{e,f \in D(G)}$ とおくと，次式が成り立つ．

$$\mathbf{U}^{\mathrm{Gro}}_{ef} = \begin{cases} 2/d_{t(f)} - \delta_{e^{-1}f}, & t(f) = o(e) \text{ の場合}, \\ 0, & \text{それ以外}. \end{cases}$$

ここで，$\delta_{e^{-1}f}$ はクロネッカーのデルタである．$\mathbf{U}^{\mathrm{Gro}}$ を**グローバー行列**という．この $\mathbf{U}^{\mathrm{Gro}}$ は通常のユニタリ行列でもあるから，通常の量子ウォークの状態空間 $\mathscr{H}$ として

$$\mathscr{H} = \bigoplus_{e \in D(G)} \mathbb{C}|e\rangle$$

をとり，$\mathbf{U}^{\mathrm{Gro}}$ を通常の量子ウォークの時間発展作用素としたものをグラフ上の**グローバーウォーク**といい，よく研究されているモデルのひとつである．グローバーウォークの固有値問題は Emms *et al.* [6] によって論じられ，グラフの同形問題に応用されている [6, 10]．固有値に関する結果は次のとおりである．$\mathbf{T} = (\mathbf{T}_{uv})_{u,v \in V(G)}$ を以下で与えられる $n \times n$ 行列とする．

$$\mathbf{T}_{uv} = \begin{cases} 1/d_u, & (u,v) \in D(G) \text{ の場合}, \\ 0, & \text{それ以外}. \end{cases}$$

このとき，次が成り立つ．

定理 2.3 ([6])．G を n 個の頂点と m 個の辺をもつ連結単純グラフとし，頂点次数の最小値は 3 であるとする．このときグローバーウォークの時間発展作用素 $\mathbf{U}^{\mathrm{Gro}}$ は次の形の $2n$ 個の固有値をもつ．

$$\lambda = \lambda_{\mathbf{T}} \pm \boldsymbol{i}\sqrt{1-\lambda_{\mathbf{T}}^2}\,.$$

ただし，$\lambda_{\mathbf{T}}$ は $\mathbf{T}$ の固有値．さらに残りの $2(m-n)$ 個の固有値は 1 と -1 であり，それらの重複度は等しい．

定理 2.3 については，その後，Konno-Sato [23] により，グラフの第二種重み付きゼータ関数を用いた簡明な証明が与えられている．

より一般のコイン作用素を考える．$D(G)$ から $\mathbb{H}$ への写像 $w : D(G) \to \mathbb{H}$ に対し，G 上のグローバーウォークの四元数的拡張を，次の時間発展作用素 $\mathbf{U} = (\mathbf{U}_{ef})_{e,f\in D(G)} \in \mathbf{M}(2m, \mathbb{H})$ で定義する．

$$\mathbf{U}_{ef} = \begin{cases} w(e) - \delta_{e^{-1}f}, & t(f) = o(e) \text{ の場合}, \\ 0, & \text{それ以外}. \end{cases} \tag{2.5}$$

この $\mathbf{U}$ が四元数ユニタリであるための必要十分条件は次のとおりである．

定理 2.4 ([20])**.** $\mathbf{U}$ が四元数ユニタリであるための必要十分条件は，$d_{o(e)}|w(e)|^2 = 2\,\mathrm{Re}\,w(e)$ でかつ，$o(e) = o(f)$ を満たす任意の $e, f \in D(G)$ に対して $w(e) = w(f)$ が成り立つことである．

便宜上，ここでは (2.5) で定まる四元数量子ウォークを**グローバー型四元数量子ウォーク**とよぶことにする．

2.5 有限グラフの第二種重み付きゼータ関数 (佐藤ゼータ関数)

グラフのゼータ関数は，Ihara [15] により導入された伊原ゼータ関数が起源である．**伊原ゼータ関数**は，$SL(2, \mathbb{Q}_p)$ のねじれのない余コンパクトな離散部分群 Γ に付随するセルバーグゼータ関数としてオイラー積で定義され，母関数型表示と行列式表示をもつことが示された [15]．その後，伊原ゼータ関数は Serre [30] により，$SL(2, \mathbb{Q}_p)$ に付随したブリュア–ティッツ木の Γ による商グラフのゼータ関数であることが指摘され，砂田によるグラフのゼータ関数の定式化 [33] の後，大きく発展した[9]．

9) 量子ウォークへの応用を念頭に，関連する主な発展を要約すると次のとおりである．
(1) 有限グラフの基本群のユニタリ表現に付随する伊原ゼータ関数 (L-関数) の研究 [33, 34]
(2) 有限多重グラフの多変数ゼータ関数 (L-関数)，特に二部多重グラフの場合の研究 [12, 13]

伊原ゼータ関数とグローバー行列の正台，そしてグラフの同型問題の関係を最初に指摘したのは Ren *et al.* [27] であった．その後，Konno-Sato [23] は，有限グラフ上のグローバーウォークのスペクトル解析において，佐藤の第二種重み付きゼータ関数 [29] が重要な役割を果たすことを明らかにし，その後のグラフ上の量子ウォークの大きな進展をもたらした．佐藤は [29] において，伊原ゼータ関数の辺行列による行列式表示を一般化することで第二種重み付きゼータ関数を定義した．G の各アーク $e=(u,v)$ $(e \in D(G))$ に，重みとよばれる複素数 $w(e)=w(u,v)$ を与え，$n \times n$ 行列 $\mathbf{W}=(\mathbf{W}_{uv})_{u,v\in V}$ を

$$\mathbf{W}_{uv} = \begin{cases} w(u,v), & (u,v) \in D(G) \text{ の場合}, \\ 0, & \text{それ以外} \end{cases}$$

で定める．$\mathbf{W}$ を G の**重み付き隣接行列**または単に**重み行列**という．さらに，$2m \times 2m$ 行列 $\mathbf{B}_w = (\mathbf{B}_{ef}^{(w)})_{e,f\in D(G)}$ と $\mathbf{J}_0 = (\mathbf{J}_{ef})_{e,f\in D(G)}$ を次式で定義する．

$$\mathbf{B}_{ef}^{(w)} = \begin{cases} w(f), & t(e)=o(f) \text{ の場合}, \\ 0, & \text{それ以外}, \end{cases} \qquad \mathbf{J}_{ef} = \begin{cases} 1, & f=e^{-1} \text{ の場合}, \\ 0, & \text{それ以外}. \end{cases}$$

このとき，t を複素変数として G の**第二種重み付きゼータ関数** (**佐藤ゼータ関数**) は以下で定義される．

$$\mathbf{Z}_1(G,w,t) = \det(\mathbf{I}_{2m} - t(\mathbf{B}_w - \mathbf{J}_0))^{-1}. \tag{2.6}$$

ここで $w \equiv 1$ (すべての $e \in D(G)$ に対して $w(e)=1$) であるとき $\mathbf{Z}_1(G,1,t)$ は G の伊原ゼータ関数に一致し，$\mathbf{B}_1 - \mathbf{J}_0$ は**ペロン–フロベニウス作用素**，あるいは**辺行列** (edge matrix) とよばれる．また，$\mathbf{Z}_1(G,w,t)$ は Bass [4] で定義された edge-indexed グラフのゼータ関数の一般化でもある．$\mathbf{Z}_1(G,w,t)$ の重み行列による行列式表示を以下に示す．

定理 2.5 ([29])**.** G を n 個の頂点と m 個の辺をもつ連結単純グラフとし，$\mathbf{W}$ を G の重み行列とする．このとき

$$\mathbf{Z}_1(G,w,t)^{-1} = (1-t^2)^{m-n} \det(\mathbf{I}_n - t\mathbf{W} + t^2(\mathbf{D}_w - \mathbf{I}_n)).$$

---

(3) 伊原の結果の一般のグラフへの拡張 [4] と別方法による証明 [9, 24, 31]

(4) 重み付きグラフのゼータ関数の研究 [31, 25]

(5) グラフの第二種重み付きゼータ関数 (佐藤ゼータ関数) [29]

グラフのゼータ関数に関する多くの優れた研究があるが，要約の簡潔化のため，十分に盛り込むことができなかった．基本文献として Terras [35] をあげておく．

ただし，$\mathbf{D}_w = (\mathbf{D}_{uv}^{(w)})_{u,v \in V(G)}$ は $\mathbf{D}_{uu}^{(w)} = \sum_{e:o(e)=u} w(e)$ で与えられる対角行列である．

定理 2.5 より，

$$\det(\mathbf{I}_{2m} - t(\mathbf{B}_w - \mathbf{J}_0)) = (1-t^2)^{m-n} \det(\mathbf{I}_n - t\mathbf{W} + t^2(\mathbf{D}_w - \mathbf{I}_n)) \quad (2.7)$$

が成り立つ．$\mathbf{Z}_1(G, w, t)$ の定義や定理 2.5，そして (2.7) は行列の行番号と列番号を定めるアークの並べ方や頂点の並べ方によらないことに注意する．

2.6 有限グラフ上の四元数量子ウォークの右固有値集合

本節では，有限グラフ上のグローバー型四元数量子ウォークの右固有値問題について解説する[10]．準備として，有限グラフ上の (通常の) グローバーウォークの固有値問題に第二種重み付きゼータ関数がどのようにかかわるのかをみてみよう．

いま，$D(G)$ の要素の列 $e_1, e_2, \cdots, e_{2m}$ を $e_{2i} = e_{2i-1}^{-1}$ となるように並べ，この順序に従って $\mathbf{U}^{\mathrm{Gro}}$, $\mathbf{B}_w$, $\mathbf{J}_0$ を表示するとき，(2.6) において，$w(f) = 2/d_{o(f)}$ $(f \in D(G))$ とおけば，$\mathbf{U}^{\mathrm{Gro}} = {}^T(\mathbf{B}_w - \mathbf{J}_0)$ と $\mathbf{D}_w = 2\mathbf{I}_n$ が成り立つから，(2.7) においてこれらを代入し，$t = 1/\lambda$ とおくことにより

$$\begin{aligned}\det(\lambda\mathbf{I}_{2m} - \mathbf{U}^{\mathrm{Gro}}) &= (\lambda^2-1)^{m-n}\det(\lambda^2\mathbf{I}_n - \lambda\mathbf{W} + \mathbf{I}_n) \\ &= (\lambda^2-1)^{m-n}\det(\lambda^2\mathbf{I}_n - 2\lambda\mathbf{T} + \mathbf{I}_n) \\ &= (\lambda^2-1)^{m-n}\prod_{\mu \in \mathrm{Sp}(\mathbf{T})}(\lambda^2 - 2\lambda\mu + 1)\end{aligned}$$

が得られる．ここで，$\mathrm{Sp}(\mathbf{T})$ は $\mathbf{T}$ の重複度込みの固有値からなる多重集合である．これより定理 2.3 が導かれる[11]．

有限グラフ上のグローバー型四元数量子ウォークの右固有値問題に取り組むにあたり，第二種重み付きゼータ関数の応用を念頭に，次の条件を課すことにする．

---

10) 詳細については Konno *et al.* [20] を参照してほしい．

11) 詳細は Konno-Sato [23] または今野 [16] を参照してほしい．また，グローバーウォークを包含する，より一般的なモデルである Szegedy ウォークの場合は Higuchi *et al.* [14] で議論されている．

$$\sum_{e:o(e)=u} w(e) \text{ は } u \text{ によらない}. \tag{2.8}$$

有限グラフ上の四元数量子ウォークは，一般にはこの条件を満たさなくてもよいが，グローバーウォークはこの条件を満たしており，その意味でこの条件を満たすグローバー型四元数量子ウォークはグローバーウォークの特性をよく引き継いでいるものといえる．(2.8) より，ある $\alpha = \alpha_0 + \alpha_1 \boldsymbol{i} + \alpha_2 \boldsymbol{j} + \alpha_3 \boldsymbol{k} \in \mathbb{H}$ が存在して，任意の $u \in V(G)$ に対して，$\sum_{e:o(e)=u} w(e) = \alpha$ である．定理 2.4 と (2.8) より，$w(e) = \alpha/d_{o(e)}$ となり，α の純四元数部 $\alpha' = \alpha_1 \boldsymbol{i} + \alpha_2 \boldsymbol{j} + \alpha_3 \boldsymbol{k}$ が 0 ならば，すべての $e \in D(G)$ に対し $w(e) = 0$ であるか，または $\mathbf{U} = \mathbf{U}^{\mathrm{Gro}}$ でなければならない．したがって，$\mathbf{U}^{\mathrm{Gro}}$ は (2.8) を満たすグローバー型四元数量子ウォークの時間発展作用素のうち，成分が実数であるような唯一の非自明な例といえる．

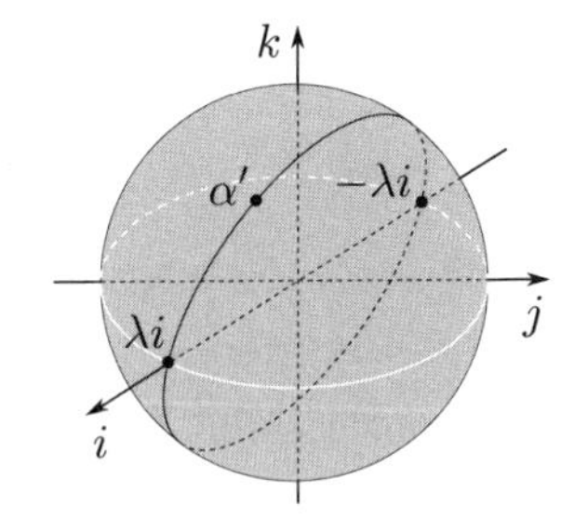

$\mathbf{U}$ と $h \in \mathbb{H}^*$ に対して，$\mathbf{U}^h = h^{-1}\mathbf{U}h$ と定める．一般に，四元数 $x \in \mathbb{H}$ を $x^h = h^{-1}xh$ へ移す写像は $\mathbb{H}$ の純四元数部分空間

$$\mathbb{H}_P = \mathbb{R}\boldsymbol{i} + \mathbb{R}\boldsymbol{j} + \mathbb{R}\boldsymbol{k}$$

内の原点を中心とした回転を引き起こし，$\mathbb{H}^*$ はすべての回転を与えることが知られている．ゆえに，$\lambda = \sqrt{\alpha_1^2 + \alpha_2^2 + \alpha_3^2}$ としたとき，α' が 0 でないならば $\alpha^{\mathbb{H}^*}$ はちょうど 2 つの互いに共役な複素数 $\alpha_\pm = \alpha_0 \pm \lambda \boldsymbol{i}$ を含んでいる．$h_\pm^{-1} \alpha h_\pm = \alpha_\pm$ となる $h_\pm \in \mathbb{H}^*$ に対し，$\mathbf{U}_\pm$ を $\mathbf{U}_\pm = \mathbf{U}^{h_\pm}$ で定めれば

$$(\mathbf{U}_\pm)_{ef} = \begin{cases} \dfrac{\alpha_\pm}{d_{o(e)}} - \delta_{e^{-1}f}, & t(f) = o(e) \text{ の場合}, \\ 0, & \text{それ以外} \end{cases}$$

が成り立つ．$\mathbf{U}_\pm$ はともに複素行列であることに注意する．このとき，

$$\det(\lambda \mathbf{I}_{4m} - \psi(\mathbf{U})) = \det(\lambda \mathbf{I}_{2m} - \mathbf{U}_+) \det(\lambda \mathbf{I}_{2m} - \mathbf{U}_-) \tag{2.9}$$

となるから，$\mathbf{U}$ の複素右固有値は $\mathbf{U}_+$ の固有値と $\mathbf{U}_- = \overline{\mathbf{U}_+}$ の固有値の合併である．$\mathbf{B}_w$ と $\mathbf{W}$ の定義で，$w(e) = \alpha_\pm/d_{o(e)}$ とおいたものをそれぞれ $\mathbf{B}_{w\pm}$, $\mathbf{W}_\pm$ とおく．すると $\mathbf{U}_\pm = {}^T(\mathbf{B}_{w\pm} - \mathbf{J}_0)$ となるから，(2.7) を用いると $\mathbf{U}$ の右固有値に関して以下の結果が得られる．

定理 2.6 ([20]). $\mu, \nu \in \mathbb{C}$ に対し,

$$\lambda_{\pm}(\mu, \nu) = \frac{\mu \pm \sqrt{\mu^2 - 4(\nu - 1)}}{2}$$

とおく. G を n 個の頂点と m 個の辺をもつ単純連結グラフとするとき, $\mathrm{Sp}(\psi(\mathbf{U}))$ は $4m$ 個の元をもつ. G が木でないときは, これらのうち $4n$ 個の固有値は $\lambda_{\pm}(\mu_+, \alpha_+)$, $\lambda_{\pm}(\mu_-, \alpha_-)$ ($\mu_{\pm} \in \mathrm{Sp}({}^T\mathbf{W}_{\pm})$) で与えられる. 残りの $4(m-n)$ 個は ± 1 で各々等しい重複度をもつ. G が木の場合は, $\mathrm{Sp}(\psi(\mathbf{U}))$ は以下で与えられる.

$$\mathrm{Sp}(\psi(\mathbf{U})) = \left\{ \lambda_{\pm}(\mu_+, \alpha_+),\ \lambda_{\pm}(\mu_-, \alpha_-) \;\middle|\; \mu_{\pm} \in \mathrm{Sp}({}^T\mathbf{W}_{\pm}) \right\} \setminus \{1, 1, -1, -1\}.$$

そして, $\mathbf{U}$ の右固有値集合 $\sigma_r(\mathbf{U})$ は $\sigma_r(\mathbf{U}) = \bigcup_{\lambda \in \mathrm{Sp}(\psi(\mathbf{U}))} \lambda^{\mathbb{H}^*}$ で与えられる.

2.7　有限グラフ上のグローバー型四元数量子ウォークの例

本節では, グラフ上のグローバー型四元数量子ウォークの例を紹介し, 前節で示した結果を用いて時間発展作用素の右固有値を求める.

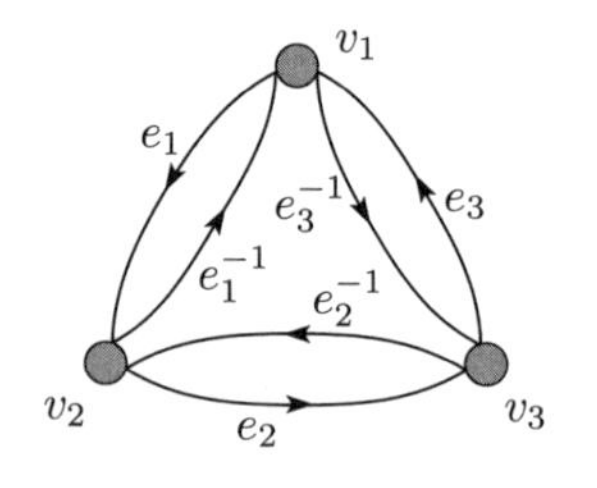

G を 3 頂点からなる完全グラフ K_3 とし, $\alpha = 2$ とする. $D(K_3)$ を右図に示す. このとき, $\mathbf{U}$ はグローバー行列 $\mathbf{U}^{\mathrm{Gro}}$ であり, $\mathbf{U}^{\mathrm{Gro}}$ と $\mathbf{W}$ はそれぞれ次式で与えられる.

$$\mathbf{U}^{\mathrm{Gro}} = \begin{array}{c} \\ e_1 \\ e_1^{-1} \\ e_2 \\ e_2^{-1} \\ e_3 \\ e_3^{-1} \end{array} \!\!\begin{array}{c} \begin{array}{cccccc} e_1 & e_1^{-1} & e_2 & e_2^{-1} & e_3 & e_3^{-1} \end{array} \\ \begin{pmatrix} 0 & 0 & 0 & 0 & 1 & 0 \\ 0 & 0 & 0 & 1 & 0 & 0 \\ 1 & 0 & 0 & 0 & 0 & 0 \\ 0 & 0 & 0 & 0 & 0 & 1 \\ 0 & 0 & 1 & 0 & 0 & 0 \\ 0 & 1 & 0 & 0 & 0 & 0 \end{pmatrix} \end{array}, \qquad \mathbf{W} = \begin{array}{c} \\ v_1 \\ v_2 \\ v_3 \end{array} \!\!\begin{array}{c} \begin{array}{ccc} v_1 & v_2 & v_3 \end{array} \\ \begin{pmatrix} 0 & 1 & 1 \\ 1 & 0 & 1 \\ 1 & 1 & 0 \end{pmatrix} \end{array}.$$

このとき, $\mathrm{Sp}({}^T\mathbf{W}_{\pm}) = \mathrm{Sp}(\mathbf{W}) = \{2, -1, -1\}$ であるから, 定理 2.6 より

$$\mathrm{Sp}(\psi(\mathbf{U}^{\mathrm{Gro}})) = \left\{ 1, 1, \frac{-1 \pm \sqrt{3}\boldsymbol{i}}{2}, \frac{-1 \pm \sqrt{3}\boldsymbol{i}}{2} \right\}$$

を得る．したがって定理 2.1 より，$\sigma_r(\mathbf{U}^{\mathrm{Gro}})$ は次式で与えられる．

$$\sigma_r(\mathbf{U}^{\mathrm{Gro}}) = \{1\} \cup \left(\frac{-1+\sqrt{3}\boldsymbol{i}}{2}\right)^{\mathbb{H}^*}.$$

また，別の α の値として，K_3 において $\alpha = 1 + 1/2\boldsymbol{i} + \sqrt{2}/2\boldsymbol{j} - 1/2\boldsymbol{k}$ とする．このとき，$\mathbf{U}$ と $\mathbf{W}$ はそれぞれ次式で与えられる．

$$\mathbf{U} = \begin{array}{c} \\ e_1 \\ e_1^{-1} \\ e_2 \\ e_2^{-1} \\ e_3 \\ e_3^{-1} \end{array} \!\!\begin{array}{c} \begin{array}{cccccc} e_1 & e_1^{-1} & e_2 & e_2^{-1} & e_3 & e_3^{-1} \end{array} \\ \begin{pmatrix} 0 & \frac{\alpha}{2}-1 & 0 & 0 & \frac{\alpha}{2} & 0 \\ \frac{\alpha}{2}-1 & 0 & 0 & \frac{\alpha}{2} & 0 & 0 \\ \frac{\alpha}{2} & 0 & 0 & \frac{\alpha}{2}-1 & 0 & 0 \\ 0 & 0 & \frac{\alpha}{2}-1 & 0 & 0 & \frac{\alpha}{2} \\ 0 & 0 & \frac{\alpha}{2} & 0 & 0 & \frac{\alpha}{2}-1 \\ 0 & \frac{\alpha}{2} & 0 & 0 & \frac{\alpha}{2}-1 & 0 \end{pmatrix} \end{array},$$

$$\mathbf{W} = \begin{array}{c} \\ v_1 \\ v_2 \\ v_3 \end{array} \!\!\begin{array}{c} \begin{array}{ccc} v_1 & v_2 & v_3 \end{array} \\ \begin{pmatrix} 0 & \frac{\alpha}{2} & \frac{\alpha}{2} \\ \frac{\alpha}{2} & 0 & \frac{\alpha}{2} \\ \frac{\alpha}{2} & \frac{\alpha}{2} & 0 \end{pmatrix} \end{array}.$$

$\alpha_\pm = 1 \pm \boldsymbol{i}$ であり

$$\mathrm{Sp}({}^T\mathbf{W}_+) = \left\{1+\boldsymbol{i}, -\frac{1}{2}-\frac{1}{2}\boldsymbol{i}, -\frac{1}{2}-\frac{1}{2}\boldsymbol{i}\right\},$$

$$\mathrm{Sp}({}^T\mathbf{W}_-) = \left\{1-\boldsymbol{i}, -\frac{1}{2}+\frac{1}{2}\boldsymbol{i}, -\frac{1}{2}+\frac{1}{2}\boldsymbol{i}\right\}.$$

ゆえに定理 2.6 より

$$\mathrm{Sp}(\psi(\mathbf{U})) = \left\{1, 1, \boldsymbol{i}, -\boldsymbol{i}, \frac{-1\pm\sqrt{7}}{4} + \frac{-1\mp\sqrt{7}}{4}\boldsymbol{i}, \frac{-1\pm\sqrt{7}}{4} + \frac{1\pm\sqrt{7}}{4}\boldsymbol{i}, \right.$$
$$\left. \frac{-1\pm\sqrt{7}}{4} + \frac{-1\mp\sqrt{7}}{4}\boldsymbol{i}, \frac{-1\pm\sqrt{7}}{4} + \frac{1\pm\sqrt{7}}{4}\boldsymbol{i}\right\}$$

を得る．したがって定理 2.1 より $\sigma_r(\mathbf{U})$ は次式で与えられる．

$$\sigma_r(\mathbf{U}) = \{1\} \cup \boldsymbol{i}^{\mathbb{H}^*} \cup \left(\frac{-1+\sqrt{7}}{4} + \frac{-1-\sqrt{7}}{4}\boldsymbol{i}\right)^{\mathbb{H}^*} \cup \left(\frac{-1-\sqrt{7}}{4} + \frac{-1+\sqrt{7}}{4}\boldsymbol{i}\right)^{\mathbb{H}^*}.$$

2.8 現状と今後の展望

本章では，四元数量子ウォークの一つのモデルとして，有限単純連結グラフ上のグローバー型四元数量子ウォークの右固有値問題について詳しく解説した．グラフがループをもつ場合へのこの結果の拡張は Konno *et al.* [21] を参照してほしい．また，Konno *et al.* [19] では，マルコフ連鎖に基づいた量子アルゴリズム由来の量子ウォークである Szegedy ウォークについて，四元数化と右固有値の解析が行われ，判別作用素に由来する右固有値に対する右固有ベクトルが議論されている．グローバー型四元数量子ウォークの左固有値は，右固有値より複雑な議論を要するが，最近徐々に進展しつつある [22]．Konno [17] 以降の 1 次元格子上の四元数量子ウォークに関する進展は Saito [28] を参照してほしい．

冒頭でも述べたとおり，四元数量子ウォークは誕生してからまだ間もない新しいテーマであり，課題が山積している．例えば，右固有値と左固有値の比較は四元数特有の問題といえるだろう．そして，左右の固有値のみならず左右の固有ベクトルを決定することも大切である．また，連続時間の四元数量子ウォークも興味深いテーマである．四元数量子ウォークは量子ウォークの一つの拡張として数学的な魅力をもっているが，それだけでなく，量子情報などへの応用を含め，他分野とのつながりもおおいに期待したい．

参 考 文 献

[1] Adler, S.L.: Quaternion Quantum Mechanics and Quantum Fields, Oxford University Press, New York (1995)
[2] Ambainis, A.: Quantum walks and their algorithmic applications. Int. J. Quantum Inform. **01**, 507 (2003)
[3] Aslaksen, H.: Quaternionic Determinants. Math. intelligencer **18**, 57–65 (1996)
[4] Bass, H.: The Ihara-Selberg zeta function of a tree lattice. Internat. J. Math. **3**, 717–797 (1992)
[5] Birkhoff, G., von Neumann, J.: The Logic of Quantum Mechanics. Ann. Math. **37**, 823–843 (1936)
[6] Emms, D., Hancock, E.R., Severini, S., Wilson, R.C.: A matrix representation of graphs and its spectrum as a graph invariant. Electr. J. Combin. **13**, R34 (2006)
[7] Finkelstein, D., Jauch, J.M., Schiminovich, S., and Speiser, D.: Foundations of quaternion quantum mechanics. J. Math. Phys. **3**, 207–220 (1962)
[8] Finkelstein, D., Jauch, J.M., and Speiser, D.: Notes on quaternion quantum mechanics, CERN Report 59-7 (1959), in Hooker, C., ed., *Logico-Algebraic Approach to Quantum Mechanics II*. Reidel, Dordrecht (1979)
[9] Foata, D., Zeilberger, D.: A combinatorial proof of Bass's evaluations of the Ihara-Selberg zeta function for graphs. Trans. Amer. Math. Soc. **351**, 2257–2274 (1999)
[10] Godsil, C., Guo, K.: Quantum walks on regular graphs and eigenvalues. Electr. J. Combin. **18**, P165 (2011)

[11] Grover, Lov K.: A fast quantum mechanical algorithm for database search. Proceedings of the 28th Annual ACM Symposium on the Theory of Computing (STOC), May 1996, 212–219 (1996)
[12] Hashimoto, K.: Zeta functions of finite graphs and representations of p-adic groups. in "Adv. Stud. Pure Math". Vol.15, pp.211–280, Academic Press, New York (1989)
[13] Hashimoto, K.: On Zeta and L-Functions of Finite Graphs. Internat. J. Math. **1**, 381–396 (1990)
[14] Higuchi, Yu., Konno, N., Sato, I., Segawa, E.: A note on the discrete-time evolutions of quantum walk on a graph, J. Math-for-Industry, **5** (2013B-3), 103–109 (2013)
[15] Ihara, Y.: On discrete subgroups of the two by two projective linear group over p-adic fields. J. Math. Soc. Japan **18**, 219–235 (1966)
[16] 今野紀雄：量子ウォーク，森北出版 (2014)
[17] Konno, N.: Quaternionic quantum walks. Quantum Stud.: Math. Found. **2**, 63–76 (2015)
[18] 今野紀雄：四元数，森北出版 (2016)
[19] Konno, N., Matsue, K., Mitsuhashi, H., Sato, I.: Quaternionic quantum walks of Szegedy type and zeta functions of graphs, Quantum Inf. Comput. **17**, No.15&16, 1349–1371 (2017)
[20] Konno, N., Mitsuhashi, H., Sato, I.: The discrete-time quaternionic quantum walk on a graph. Quantum Inf. Process. **15**, 651–673 (2016)
[21] Konno, N., Mitsuhashi, H., Sato, I.: Quaternionic Grover walks and zeta functions of graphs with loops, Graphs Combin. **33**, 1419–1432 (2017)
[22] 今野紀雄・三橋秀生・佐藤巌：有限グラフ上の四元数量子ウォークの左固有値について，日本数学会 2018 年度秋季総合分科会 応用数学分科会 講演アブストラクト，71–74 (2018)
[23] Konno, N., Sato, I.: On the relation between quantum walks and zeta functions. Quantum Inf. Process. **11**, 341–349 (2012)
[24] Kotani, M., Sunada, T.: Zeta functions of finite graphs. J. Math. Sci. U. Tokyo **7**, 7–25 (2000)
[25] Mizuno, H., Sato, I.: Weighted zeta functions of graphs. J. Combin. Theory Ser. B **91**, 169–183 (2004)
[26] Portugal, R.: Quantum Walks and Search Algorithms (2nd ed.). Springer-Verlag, Berlin (2018)
[27] Ren, P., Aleksic, T., Emms, D., Wilson, R.C., Hancock, E.R.: Quantum walks, Ihara zeta functions and cospectrality in regular graphs. Quantum Inf. Process. **10**, 405–417 (2011)
[28] Saito, K.: Probability Distributions and Weak Limit Theorems of Quaternionic Quantum Walks in One Dimension. Interdisciplinary Information Sciences **24**, No. 2, 185–188 (2018)
[29] Sato, I.: A new Bartholdi zeta function of a graph. Int. J. Algebra **1**, 269–281 (2007)
[30] Serre, J. -P.: Trees, Springer-Verlag, New York (1980)
[31] Stark, H. M., Terras, A. A.: Zeta functions of finite graphs and coverings. Adv. Math. **121**, 124–165 (1996)
[32] Study, E.: Zur Theorie der lineare Gleichungen. Acta. Math. **42**, pp. 1–61 (1920)
[33] Sunada, T.: L-Functions in Geometry and Some Applications. in "Lecture Notes in Math.", Vol.1201, pp.266–284, Springer-Verlag, New York (1986)
[34] 砂田利一：基本群とラプラシアン，紀伊國屋書店 (1988)
[35] Terras, A.: Zeta Functions of Graphs. Cambridge University Press, Cambridge (2011)

第 II 部
幾何的側面

3章

ベキ乗公式と漸近解析

［楯 辰哉］

ランダムウォークにしても量子ウォークにしても，時間無限大での漸近挙動を調べる際には，推移作用素のベキ乗の解析が重要となる．モデルの背景に有限生成離散群やその表現があれば，群の関係式がベキ乗の解析への一つの道具となりうる．また，離散群の諸性質とその上のランダムウォークの性質とが密接に関係し豊かな理論が展開されるように，離散群論との関連を見いだすことは，量子ウォークの理論を深化させる原動力となりうる．本章では，このような視点のもとでみつけられた，無限二面体群と1次元斉次量子ウォークとの関連を説明し，無限二面体群の交換関係のみを使用して1次元斉次量子ウォークのベキ乗の明示公式を与え，そこから漸近解析的結果がどのようにして得られるかを解説する．

3.1　無限二面体群と1次元斉次量子ウォーク

量子ウォークとはユニタリ推移作用素を時間発展作用素として定義される確率分布であり，その中心的課題の一つは，時間無限大での確率分布の漸近挙動である．推移作用素の性質に違いがあるものの，基本的にランダムウォークにおける問題意識と近い．特に確率分布に含まれる時間パラメータは，推移作用素のベキ乗の指数という形で現れている．そのため，推移作用素のベキ乗をいかに解析するかが重要課題となる．斉次なユニタリ推移作用素，つまり d 次元整数格子 $\mathbb{Z}^d$，あるいはより一般の結晶格子上で定義された，並進対称性のある (つまり $\mathbb{Z}^d$ の作用と可換な) ユニタリ作用素で定義される量子ウォークの場合，フーリエ変換後の有限サイズの行列値関数を対角化することにより，その固有ベクトルと固有値をトーラス上の関数として調べることに帰着される．しかし実際には，これらがトーラス上のどのような関数かがはっきりとわかるわけではなく，また具体的な計算を行うにはあまりに煩雑になるため，個別によく調べられている具体例はあるものの，一般理論の展開には至っていない．しかし，量子ウォークのモデルの背景になんらかの離散群があれば，その群の生成元のあいだに存在する関係式が，ベキ乗の解析への一つの道具となりうる．本節では，まず無限二面体群とよばれる離散群について説明し，それと 1 次元量子ウォークを関連づける．

3.1.1　二面体群

2 つの元からなる群 $\mathbb{Z}_2 = \{\pm 1\}$ は $\mathbb{Z}$ に自然に作用するが，その作用により半直積をとった群

$$\Gamma = \mathbb{Z} \rtimes \mathbb{Z}_2$$

が **(無限) 二面体群**である．つまり，Γ は集合としては直積 $\mathbb{Z} \times \mathbb{Z}_2$ であるが，群演算が以下で与えられるように非可換な群である．

$$(x_1, \iota_1)(x_2, \iota_2) = (x_1 + \iota_1 x_2, \iota_1 \iota_2) \quad ((x_1, \iota_1), (x_2, \iota_2) \in \mathbb{Z} \times \mathbb{Z}_2).$$

なお，$\iota = \pm 1 \in \mathbb{Z}_2$, $x \in \mathbb{Z}$ に対して $\iota x = \pm x$ である．単位元は $(0, 1)$ であり，$(x, \iota)^{-1} = (-\iota x, \iota)$ が成り立つ．この二面体群 Γ は，多少おおげさであるが A_1-型のアフィンワイル群として知られ，$\mu = (1, -1)$, $\epsilon = (0, -1)$ とおくと，これらは位数 2 の元で

$$\Gamma \cong \langle \mu, \epsilon \mid \rho^2 = \epsilon^2 = 1 \rangle = \mathbb{Z}_2 * \mathbb{Z}_2$$

が成り立つ[1]．なお $\langle \mu, \epsilon \mid R \rangle$ とは，関係式 R を満たす 2 つの元 μ, ϵ で生成される群のことであり，この場合 $\mathbb{Z}_2$ の 2 つの自由積 $\mathbb{Z}_2 * \mathbb{Z}_2$ と同型である．ここでは，以下のような二面体群 Γ の表示を用いる．

$$\Gamma \cong \langle \epsilon, \nu \mid \epsilon^2 = 1,\ \nu\epsilon = \epsilon\nu^{-1} \rangle. \tag{3.1}$$

上記の表示は，例えば $\nu = (1, 1)$, $\epsilon = (0, -1)$ とおけば得ることができる．一般に (離散) 群に対しては，(左) 正則表現とよばれる自然な表現がある．Γ 上の絶対値 2 乗の和が有限の複素数値関数全体のなす空間を $\ell^2(\Gamma)$ とする．この $\ell^2(\Gamma)$ は，内積

$$\langle f, g \rangle_\Gamma = \sum_{(x,\iota) \in \Gamma} f(x, \iota) \overline{g(x, \iota)}$$

でヒルベルト空間となるが，Γ の正則表現 $\rho_L : \Gamma \to U(\ell^2(\Gamma))$ は

1)　この表示を一般化しいくつかの $\mathbb{Z}_2$ の自由積をとり，その標準的な生成元によるケーリーグラフを考えると正則樹木が得られる．その上の量子ウォークは [1] で考察されている．

$$(\rho_L(a)f)(x) = f(a^{-1}x) \quad (a, x \in \Gamma,\ f \in \ell^2(\Gamma)) \tag{3.2}$$

で与えられるユニタリ表現である．ただし，一般にヒルベルト空間 $\mathcal{H}$ に対して，その上のユニタリ作用素全体のなす群を $U(\mathcal{H})$ と書くことにし，上記でもこの記号を用いた．

3.1.2　1 次元斉次量子ウォーク

1 次元斉次量子ウォークとは，$\mathbb{Z}$ 上で最近接点にのみ移動が許される，内部自由度が 2 状態で定数コイン行列により定義される量子ウォークであるが，これを定義するために，少し記号を整える．$\ell^2(\mathbb{Z}, \mathbb{C}^2)$ を，複素 2 次元ベクトル空間 $\mathbb{C}^2$ に値をとる，$\mathbb{Z}$ 上の絶対値 2 乗の和が有限の関数全体のなす空間とする．$\ell^2(\mathbb{Z}, \mathbb{C}^2)$ は内積

$$\langle f, g \rangle = \sum_{x \in \mathbb{Z}} \langle f(x), g(x) \rangle_{\mathbb{C}^2} \quad (f, g \in \ell^2(\mathbb{Z}, \mathbb{C}^2))$$

によりヒルベルト空間となる．ただしここで，$\langle \cdot, \cdot \rangle_{\mathbb{C}^2}$ は $\mathbb{C}^2$ の標準的なエルミート内積を表すものとする．$\ell^2(\mathbb{Z}, \mathbb{C})$ には「並進」を表すユニタリ作用素 τ が

$$(\tau f)(x) = f(x-1) \quad (x \in \mathbb{Z},\ f \in \ell^2(\mathbb{Z}, \mathbb{C}^2))$$

で定義される．2×2 行列 Π_1, Π_2 をそれぞれ

$$\Pi_1 = \begin{bmatrix} 1 & 0 \\ 0 & 0 \end{bmatrix}, \quad \Pi_2 = \begin{bmatrix} 0 & 0 \\ 0 & 1 \end{bmatrix}$$

と定義し，A を 2×2 ユニタリ行列とする．このとき，A を**コイン行列**とする **1 次元斉次量子ウォークの時間発展作用素** $U(A)$ は，次で定義される $\ell^2(\mathbb{Z}, \mathbb{C}^2)$ 上のユニタリ作用素である[2)]．

$$U(A) = \Pi_1 A \tau^{-1} + \Pi_2 A \tau. \tag{3.3}$$

関数 $f \in \ell^2(\mathbb{Z}, \mathbb{C}^2)$ への作用は，具体的には

$$(U(A)f)(x) = \Pi_1 A f(x+1) + \Pi_2 A f(x-1)$$

---

2)　この表示を最初に与えたのは行木孝夫 (北海道大学) である．しばしばみかける定義式は $U(A) = SA$ という型のもので，ここでの記号を用いると $S = \Pi_1 \tau^{-1} + \Pi_2 \tau$ となる．S はシフト作用素とよばれることがあるが，τ もシフト作用素とよばれることがあり，注意が必要である．

で与えられる．任意の単位ベクトル $\phi \in \mathbb{C}^2$ ($\|\phi\|_{\mathbb{C}^2} = 1$) と任意の $a \in \mathbb{Z}$ に対して，点 $x = a$ で値 ϕ をとり，他の点では 0 となる関数を $\delta_x \otimes \phi \in \ell^2(\mathbb{Z}, \mathbb{C}^2)$ と書けば，$U(A)$ の定義する**原点から出発する初期条件 ϕ の量子ウォーク**とは，次で定義される $x \in \mathbb{Z}$ に関する確率分布である．

$$p_n(A, \phi, x) = p_n(\phi, x) := \|U(A)^n(\delta_0 \otimes \phi)(x)\|_{\mathbb{C}^2}^2, \tag{3.4}$$

ただし自然数 n は時間パラメータである．c を絶対値 1 の複素数とすれば cA もユニタリ行列であり，定義式 (3.3) により $U(cA) = cU(A)$ だから，$p_n(cA, \phi, x) = p_n(A, \phi, x)$ が成り立つ．任意のユニタリ行列 A に対して cA ($c = \det(A)^{-1/2}$) は特殊ユニタリ行列だから，以後，A は**特殊ユニタリ行列**とし，以下では A は次のように表示されているものとする．

$$A = \begin{bmatrix} a & b \\ -\overline{b} & \overline{a} \end{bmatrix} \quad (a, b \in \mathbb{C},\ |a|^2 + |b|^2 = 1). \tag{3.5}$$

ここで，絶対値 1 の任意の複素数 α, β に対して

$$V(\alpha) = \begin{bmatrix} \alpha & 0 \\ 0 & \overline{\alpha} \end{bmatrix}, \quad W(\beta) = \begin{bmatrix} 0 & \beta \\ -\overline{\beta} & 0 \end{bmatrix}$$

とおく．このとき容易にわかるように，

$$\begin{aligned} U(V(\alpha))^n &= \begin{bmatrix} \alpha^n & 0 \\ 0 & 0 \end{bmatrix} \tau^{-n} + \begin{bmatrix} 0 & 0 \\ 0 & \overline{\alpha}^n \end{bmatrix} \tau^n, \\ U(W(\beta))^{2n} &= (-I)^n, \quad U(W(\beta))^{2n+1} = (-I)^n U(W(\beta)) \end{aligned} \tag{3.6}$$

となる．したがって，これらの場合には量子ウォーク $p_n(\phi, x)$ は具体的に計算できる．そこで以下では，式 (3.5) において $ab \neq 0$ を仮定しておく．

3.1.3 1次元斉次量子ウォークと二面体群

二面体群 Γ と 1 次元斉次量子ウォークのユニタリ推移作用素 $U(A)$ を関係づけるために，二面体群 Γ の表現を量子ウォークを用いて定義する．いま，式 (3.5) において $ab \neq 0$ と仮定していた．そこで

$$\alpha = \frac{a}{|a|}, \quad \beta = \frac{b}{|b|}, \quad s = |a|, \quad t = |b|$$

とおくと，

$$|\alpha| = |\beta| = s^2 + t^2 = 1$$

が成り立つが，さらに $U(A)$ は次のように表示されることが容易にわかる．

$$U(A) = sV + tW, \quad V = U(V(\alpha)), \quad W = U(W(\beta)). \tag{3.7}$$

上記の 2 つのユニタリ作用素 V や W は，$ab \neq 0$ を満たす行列成分をもったコイン行列 A に依存しているのだが，コイン行列のとり方によらず，つまり，絶対値 1 の任意の複素数 α, β に対して，次の関係式が成り立つ．

$$W^2 = -I, \quad VW = WV^{-1}. \tag{3.8}$$

そこで Γ の元 $\nu = (1,1)$ と $\epsilon = (0,-1)$ に対して

$$\rho_Q(\nu) = V \ (= U(V(\alpha))), \quad \rho_Q(\epsilon) = iW \ (= U(W(i\beta))) \quad (i \text{ は虚数単位})$$

とおくと，式 (3.1), (3.8) により，2 つのユニタリ作用素 $\rho_Q(\nu), \rho_Q(\epsilon)$ は二面体群 Γ のユニタリ表現

$$\rho_Q : \Gamma \to U(\ell^2(\mathbb{Z}, \mathbb{C}^2)) \tag{3.9}$$

を定義する．

定理 3.1. 無限二面体群 Γ の左正則表現 $(\rho_L, \ell^2(\Gamma))$ は，式 (3.9) で定義されたユニタリ表現 $(\rho_Q, \ell^2(\mathbb{Z}, \mathbb{C}^2))$ と同値である[3)]．

証明 ユニタリ作用素 $u : \ell^2(\Gamma) \to \ell^2(\mathbb{Z}, \mathbb{C}^2)$ で

$$\rho_Q(a)u = u\rho_L(a) \quad (a \in \Gamma) \tag{3.10}$$

を満たすものを構成すればよい．$a \in \Gamma$ に対して $\delta_a \in \ell^2(\Gamma)$ で，点 $a \in \Gamma$ で値 1 をとり，その他の点では 0 をとる関数とする．このとき，$\{\delta_{(x,\iota)}\}_{(x,\iota)\in\Gamma}$ は $\ell^2(\Gamma)$ の正規直交基底である．そこで，

$$e_1 = \begin{bmatrix} 1 \\ 0 \end{bmatrix}, \quad e_2 = \begin{bmatrix} 0 \\ 1 \end{bmatrix}$$

として，$u : \ell^2(\Gamma) \to \ell^2(\mathbb{Z}, \mathbb{C}^2)$ を

$$u\delta_{(x,1)} = \alpha^x \delta_{-x} \otimes e_1, \quad u\delta_{(x,-1)} = -i\overline{\beta}\overline{\alpha}^x \delta_{x+1} \otimes e_2$$

とおくと，$\{\delta_x \otimes e_1, \delta_x \otimes e_2\}_{x\in\mathbb{Z}}$ が $\ell^2(\mathbb{Z}, \mathbb{C}^2)$ の正規直交基底であり $|\alpha| = |\beta| = 1$ であることから，u はユニタリ作用素に拡張される．具体的に計算すれば，式 (3.10) が $a = \nu, \epsilon$ に対して成り立つことが示される．ν, ϵ は二面体群 Γ を生成していたから，式 (3.10) が任意の $a \in \Gamma$ に対して成り立つ． □

3) [6] においては右正則表現が用いられているが，右正則表現も左正則表現も同値である．ここでは比較的よく用いられる左正則表現を用いた．

注意. 離散群 G が与えられた際，その群環 $\mathbb{C}[G]$ とは，$\ell^2(G)$ 上の有界作用素としての，G の元の有限線形結合全体からなる多元環である．無限二面体群 Γ の群環 $\mathbb{C}[\Gamma]$ の元

$$U = s\nu - it\epsilon$$

は群環 $\mathbb{C}[\Gamma]$ のユニタリ元となるが，これが 1 次元斉次量子ウォークの時間発展作用素 $U(A)$ と (ユニタリ同値であるだけでなく) 代数的に同じ構造をもっているということが了解されるであろう．つまり 1 次元斉次量子ウォークとは，本質的には無限二面体群 Γ の群環 $\mathbb{C}[\Gamma]$ の特別なユニタリ元のことであるといってもよい．

3.1.4　ベキ乗公式

実数 θ に対して $u = e^{i\theta}$ は絶対値 1 の複素数で，任意の整数 n に対してド・モアブル–オイラーの公式 $u^n = \cos n\theta + i \sin n\theta$ が成り立つという，あまりに基本的なこの公式は，次のように書き表すことができる．

$$u^n = T_n(x) + iyU_{n-1}(x) \quad (x = \mathrm{Re}\,(u),\, y = \mathrm{Im}\,(u)). \tag{3.11}$$

ただし，$T_n(x), U_{n-1}(x)$ は，それぞれ次で定義される x についての第一種 n 次チェビシェフ多項式，第二種 $n-1$ 次チェビシェフ多項式である．

$$T_n(x) = \cos n\theta, \quad U_{n-1}(x) = \frac{\sin n\theta}{\sin \theta} \quad (x = \cos\theta).$$

つまり式 (3.11) はド・モアブル–オイラーの公式の自明な書き換えであり，通常，このように書き換えても得るものは何もない．しかしじつは以下のように，式 (3.11) と類似の公式が非可換代数 $\mathbb{C}[\Gamma]$ のユニタリ元である 1 次元量子ウォークに対しても成り立つ．

定理 3.2. $\ell^2(\mathbb{Z}, \mathbb{C}^2)$ 上の有界作用素 x, y, w を次で定義する．

$$x = \frac{s}{2}(V + V^*), \quad y = \frac{s}{2i}(V - V^*), \quad w = tW.$$

ただし，V, W は式 (3.7) で定義されるユニタリ作用素である．このとき，1 次元斉次量子ウォークのユニタリ推移作用素 $U(A)$ に対して次が成り立つ．

$$\begin{aligned} U(A)^n &= T_n(x) + (iy + w)U_{n-1}(x) \\ &= T_n(x) + U_{n-1}(x)(iy + w). \end{aligned}$$

証明　まず，x, y, w などは τ と可換であることに注意する．定義式により

$$U(A) = x + iy + w$$

が成り立つ．V と W の関係式 (3.8) により，次がわかる．

$$xy = yx, \quad xw = wx, \quad yw + wy = 0.$$

したがって，特に x と $iy+w$ は可換である．また，V がユニタリ作用素であり $s^2+t^2=1$ だから

$$x^2 + y^2 - w^2 = 1, \quad (iy+w)^2 = -y^2 + w^2 = x^2 - 1$$

が成り立つ．以上を用いて計算すれば，

$$\begin{aligned} U(A)^n &= (x + (iy+w))^n = \sum_{k=0} \binom{n}{k} x^{n-k}(iy+w)^k \\ &= \sum_{l=0}^{[n/2]} \binom{n}{2l} x^{n-2l}(x^2-1)^l + \sum_{l=0}^{[(n-1)/2]} \binom{n}{2l+1} x^{n-2l-1}(x^2-1)^l(iy+w) \end{aligned}$$

がわかる．ただし実数 a に対して $[a]$ は a を超えない最大の整数を表す．チェビシェフ多項式について，

$$\begin{aligned} T_n(x) &= \sum_{l=0}^{[n/2]} \binom{n}{2l} x^{n-2l}(x^2-1)^l, \\ U_{n-1}(x) &= \sum_{l=0}^{[(n-1)/2]} \binom{n}{2l+1} x^{n-2l-1}(x^2-1)^l \end{aligned} \tag{3.12}$$

が成り立つから主張が得られた． □

3.2 漸近挙動

式 (3.4) で定義される量子ウォーク $p_n(\phi, x)$ の $n \to \infty$ としたときの漸近展開式は，極限分布として現れる今野分布[4)]

$$\frac{t(1-\lambda(A,\phi))}{\pi(1-x^2)\sqrt{s^2-x^2}} \chi_{[-s,s]}(x)\,dx$$

(ただし，$\lambda(A,\phi) = |\phi_1|^2 - |\phi_2|^2 + \dfrac{2t}{s}\mathrm{Re}\left(\alpha\overline{\beta}\phi_1\overline{\phi_2}\right)$ であり，$\chi_{[-s,s]}(x)$ は閉区間 $[-s,s]$ の定義関数) の「壁」

$$x = s = |a|$$

を境として，その内側，壁付近，そして外側で大きく異なる．こうした現象は

4) ベキ乗公式を利用した弱収束極限定理については [7] を参照されたい．ただし，[7] と本章ではコイン行列 A の分解方法や τ と τ^{-1} に違いがある．そこで [7] における V という作用素として，ここでの V^{-1} をとるとよい．このとき，ユニタリ発展作用素の表示が多少異なるが，その後の計算を適当に修正すれば [7] の議論が使用できる．

量子力学ではむしろ自然なことである．例えば，調和振動子 $-d^2/dx^2+x^2$ の固有関数からなる正規直交基底 $\varphi_n(x)$ を考える．$\varphi_n(x)$ はエルミート関数系であり，$\lambda_n=\sqrt{2n+1}$ ($2n+1$ は固有値) とおくと，次が成り立つ[5]．

$$\text{w-}\lim_{n\to\infty}\lambda_n|\varphi_n(\lambda_n x)|^2\,dx=\frac{1}{\pi\sqrt{1-x^2}}\,dx.$$

右辺の極限分布 (逆正弦分布) の「壁」，つまり密度関数の発散している箇所は，古典力学的粒子の存在領域と関連しており，壁 $|x|=1$ はハミルトニアンのポテンシャル項 x^2 により生み出されている．エルミート関数の各点での漸近展開は Plancherel-Rotach によって 1929 年に得られている [4] が，壁の内側では振動をともなう挙動をし，外側では指数減衰することがわかっている．量子ウォークに対してもこれと同様の事実が Sunada and Tate [5] により確認されたが，本節では [5] で得られているいくつかの漸近公式のうち，壁の外での解析を，先に得られたベキ乗の公式 (定理 3.2) を用いてどのようにして得られるかを説明したい．

3.2.1 漸近公式

壁の外とは，$x=x_n\in\mathbb{Z}$ が $|x_n|>s$ を満たす場合であるが，さらに次を仮定する．

$$x_n=n\xi+\alpha_n,\quad \alpha_n=O(1)\quad (\text{ただし，}\xi\in\mathbb{R},\ |\xi|>s). \tag{3.13}$$

この仮定はまったく強いものではない．実際，$s<|\xi|<1$ を満たす任意の実数 ξ と任意の自然数 n に対して $x_n=[n\xi]$ とすれば上記の式 (3.13) が成り立つ[6]．このとき，次が得られている [5]．

定理 3.3. 整数列 x_n は式 (3.13) を満たすと仮定する．このとき，任意の $\phi\in\mathbb{C}^2$, $\|\phi\|_{\mathbb{C}^2}=1$ に対して次が成り立つ．

$$p_n(\phi,x_n)=\frac{(1+(-1)^{x_n+n})t}{\pi n(1-\xi^2)\sqrt{\xi^2-s^2}}e^{-nH(\xi_n)}\left(G(\xi)+O(1/n)\right). \tag{3.14}$$

ただし $H(\xi)$, $G(\xi)$ は $|\xi|>s$ で定義された正の C^∞ 関数で $\xi_n=x_n/n$ であり，関数 $H(\xi)$ は具体的に以下で与えられる．

---

5) この公式について言及している文献を筆者は知らない．証明には，エルミート多項式の指数型母関数を用いたエルミート関数の積分表示式を使用する．

6) 連分数展開を使用することにより，式 (3.13) よりさらに強く $x_{n_j}=n_j\xi+O(1/n_j)$ を満たす整数列 $\{x_{n_j}\}$ を構成することができる．

$$H(\xi) = 2|\xi|\log\left(t|\xi| + \sqrt{\xi^2 - s^2}\right) - 2\log\left(t + \sqrt{\xi^2 - s^2}\right)$$
$$+ (1 - |\xi|)\log(1 - \xi^2) - 2|\xi|\log s.$$

以下では，定理 3.3 をベキ乗公式 (定理 3.2) からどのようにして導くことができるかについて解説する．

3.2.2 ベキ乗公式と量子ウォーク

最初にすべきことは，ユニタリ推移作用素のベキ $U(A)^n$ がどのように $\delta_a \otimes e_1$, $\delta_a \otimes e_2$ ($a \in \mathbb{Z}$ であり，e_1, e_2 は先のとおり $\mathbb{C}^2$ の標準基底) に作用するかを調べることである．x, y, w についてまず調べると次のようになる．

$$x(\delta_a \otimes e_i) = \frac{s}{2}(\overline{\alpha}\tau + \alpha\tau^{-1})(\delta_a \otimes e_i) \quad (i = 1, 2),$$
$$y(\delta_a \otimes e_1) = -\frac{s}{2i}(\overline{\alpha}\tau - \alpha\tau^{-1})(\delta_a \otimes e_1),$$
$$y(\delta_a \otimes e_2) = \frac{s}{2i}(\overline{\alpha}\tau - \alpha\tau^{-1})(\delta_a \otimes e_2),$$
$$w(\delta_a \otimes e_1) = -t\overline{\beta}\tau(\delta_a \otimes e_2), \quad w(\delta_a \otimes e_2) = t\beta\tau^{-1}(\delta_a \otimes e_1).$$

このとき，次が成り立つ．

$$U(A)^n(\delta_0 \otimes e_1) = p_{11}^n(\overline{\alpha}\tau)\delta_0 \otimes e_1 + \alpha\overline{\beta}p_{21}^n(\overline{\alpha}\tau)\delta_0 \otimes e_2,$$
$$U(A)^n(\delta_0 \otimes e_2) = \overline{\alpha}\beta p_{12}^n(\overline{\alpha}\tau)\delta_0 \otimes e_1 + p_{22}^n(\overline{\alpha}\tau)\delta_0 \otimes e_2.$$

ただし，上記に現れた $p_{ij}^n(\overline{\alpha}\tau)$ $(i, j = 1, 2)$ は，下記で定義される $z \in \mathbb{C} \setminus \{0\}$ に関するローラン多項式 $p_{ij}^n(z)$ において，z の代わりに $\overline{\alpha}\tau$ を代入して得られる作用素である．

$$p_{11}^n(z) = T_n(s(z + z^{-1})/2) - \frac{s}{2}(z - z^{-1})U_{n-1}(s(z + z^{-1})/2),$$
$$p_{12}^n(z) = tz^{-1}U_{n-1}(s(z + z^{-1})/2),$$
$$p_{21}^n(z) = -tzU_{n-1}(s(z + z^{-1})/2),$$
$$p_{22}^n(z) = T_n(s(z + z^{-1})/2) + \frac{s}{2}(z - z^{-1})U_{n-1}(s(z + z^{-1})/2).$$

ここで，$p_{ij}^n(z)$ $(i, j = 1, 2)$ は z の実数係数のローラン多項式であるが，一般に複素係数ローラン多項式 q が与えられたとき，その z^x $(x \in \mathbb{Z})$ の係数を $\mathrm{c}_x(q)$ と書くことにする．$\mathrm{c}_x(q)$ は，q がローラン多項式だから，有限個の x を除き

0 であり，

$$q(z) = \sum_{x \in \mathbb{Z}} \mathrm{c}_x(q) z^x$$

と書けている．また，$\overline{q}(z) := q(z^{-1})$ とすると $\overline{q}$ もローラン多項式で

$$\mathrm{c}_x(\overline{q}) = \mathrm{c}_{-x}(q)$$

が成り立つ．

補題 3.4. 初期内部自由度 $\phi \in \mathbb{C}^2$ ($\|\phi\|_{\mathbb{C}^2} = 1$) を $\phi = (\phi_1, \phi_2)$ とすると，次が成り立つ．

$$\begin{aligned} p_n(\phi, x) &= \left|\phi_1 \mathrm{c}_x(p_{11}^n) + \overline{\alpha}\beta\phi_2 \mathrm{c}_x(p_{12}^n)\right|^2 + \left|\alpha\overline{\beta}\phi_1 \mathrm{c}_x(p_{21}^n) + \phi_2 \mathrm{c}_x(p_{22}^n)\right|^2 \\ &= \left(\mathrm{c}_x(p_{11}^n)^2 + \mathrm{c}_{-x}(p_{12}^n)^2\right)|\phi_1|^2 + \left(\mathrm{c}_x(p_{12}^n)^2 + \mathrm{c}_{-x}(p_{11}^n)^2\right)|\phi_2|^2 \\ &\quad + 2\left(\mathrm{c}_x(p_{11}^n)\mathrm{c}_x(p_{12}^n) - \mathrm{c}_{-x}(p_{11}^n)\mathrm{c}_{-x}(p_{12}^n)\right) \mathrm{Re}\left(\phi_1\overline{\phi_2}\alpha\overline{\beta}\right). \end{aligned}$$

証明　ローラン多項式 p_{ij}^n $(i, j = 1, 2)$ の一つを p とする．このとき

$$p(\overline{\alpha}\tau)(\delta_0 \otimes e_k)(x) = \mathrm{c}_x(p)\overline{\alpha}^x e_k \quad (k = 1, 2)$$

が成り立つ．$|\alpha| = 1$ だから上式の $\overline{\alpha}^x$ の寄与は消える．また，$\overline{p_{22}^n} = p_{11}^n$，$\overline{p_{21}^n} = -p_{12}^n$ を用い $\mathrm{c}_x(p_{ij}^n)$ が実数であることに注意し計算すればよい．∎

補題 3.4 により，量子ウォークの漸近挙動は p_{11}^n や p_{12}^n というローラン多項式の係数の $n \to \infty$ としたときの漸近挙動を調べることに帰着された．そこでさらに

$$t_n(z) = T_n(s(z + z^{-1})/2), \quad u_n(z) = U_{n-1}(s(z + z^{-1})/2)$$

とおくと，

$$\begin{aligned} \mathrm{c}_x(p_{11}^n) &= \mathrm{c}_x(t_n) - \frac{s}{2}(\mathrm{c}_{x-1}(u_n) - \mathrm{c}_{x+1}(u_n)), \\ \mathrm{c}_x(p_{12}^n) &= t\mathrm{c}_{x+1}(u_n), \quad \mathrm{c}_x(p_{21}^n) = -t\mathrm{c}_{x-1}(u_n), \\ \mathrm{c}_x(p_{22}^n) &= \mathrm{c}_x(t_n) + \frac{s}{2}(\mathrm{c}_{x-1}(u_n) - \mathrm{c}_{x+1}(u_n)). \end{aligned}$$

したがって，次の命題を示せばよい．

命題 3.5. $x = x_n \in \mathbb{Z}$ と $\xi \in \mathbb{R}$ $(s < |\xi|)$ が

$$x_n = n\xi + \alpha_n, \quad \alpha_n = O(1) \tag{3.15}$$

を満たすとする．このとき次が成り立つ．

$$\mathrm{c}_{x_n}(t_n) = \sqrt{\frac{t}{2\pi n(1-\xi^2)\sqrt{\xi^2-s^2}}}e^{-nH(\xi_n)/2} \times \cos((n-x_n)\pi/2)\,(1+O(1/n)),$$

$$\mathrm{c}_{x_n}(u_n) = \frac{e^{-nH(\xi_n)/2}}{\sqrt{2\pi nt\sqrt{(1-\xi^2)(\xi^2-s^2)}}} \times \sin((n-x_n)\pi/2)\,(1+O(1/n)).$$

注意. 文献 [8] の Lemma 4.2 においては $1+(-1)^{n+x}$ が現れている．これはチェビシェフ多項式の $T_n(-x)=(-1)^nT_n(x), U_{n-1}(-x)=(-1)^{n-1}U_{n-1}(x)$ という性質を用いたためである．[8] では $\mathrm{c}_x(u_n)$ を直接扱ってはいないため先のように $1+(-1)^{n+x}$ を用いているが，$\mathrm{c}_x(u_n)$ に対しては偶奇が逆転するため，本節では上記のような表記を使用している．ローラン多項式 t_n, u_n も，式 (3.12) により $T_n(x), U_{n-1}(x)$ と同様の性質をもつことがわかるため，例えば $n+x$ が奇数のときは $\mathrm{c}_x(t_n)=0$ がわかる．

また，文献 [8] では積分路をパラメータ n に依存させないで議論しているが，以下では [5] と同様にパラメータに依存させた積分路を用いる．もちろん積分路を n に依存しないものをとることもできるが，この両者では $e^{-nH(\xi_n)/2}$ という，H の引数が n に依存した形となるかそうでないかの違いに現れている．これらは n について有界な違いしかないことに注意しておく．

⌟

3.2.3 証明の概要

文献 [5] と同様に ξ の位置についての場合分けが必要となるが，これは余接関数 $\cos z$ の逆関数の分枝のとり方を変える必要があるためである[7]．そこで，この部分の煩雑さを避けるため，ここでは以下の場合のみ証明を行う．

$$s < \xi < \frac{1}{\sqrt{1+t^2}}. \tag{3.16}$$

ローラン多項式 t_n の係数 $\mathrm{c}_{x_n}(t_n)$ の漸近挙動は，積分

$$I_n(\xi) := \mathrm{c}_{x_n}(t_n) = \int_{|z|=e^{-\rho}} z^{-x}t_n(z)\,\frac{dz}{2\pi iz} \tag{3.17}$$

7) $|\xi| > 1/\sqrt{1+t^2}$ の場合には余弦関数の逆関数の分枝のとり方を変えるのだが，$|\xi| = 1/\sqrt{1+t^2}$ のときは，実際には経路を円ではなく楕円にとる必要がある．これは [5] における事情と同様である．

を用いて考察する．ただし $x_n = n\xi + \alpha_n$ であり，これは条件 (3.15) を満たしているとする．上記の積分公式は，被積分関数の正則性により任意の $\rho \in \mathbb{R}$ に対して成り立つが，これを

$$\rho = \rho(\xi_n), \quad \xi_n = x_n/n \tag{3.18}$$

ととる．ただし，

$$\begin{aligned}\rho(\xi) &= -\sinh^{-1}\left(\frac{\sqrt{\xi^2 - s^2}}{s\sqrt{1-\xi^2}}\right) \\ &= -\log\left(t|\xi| + \sqrt{\xi^2 - s^2}\right) + \frac{1}{2}\log(1-\xi^2) + \log s \end{aligned}\tag{3.19}$$

とおいた．このようにとる理由は後ほど説明する[8]．

チェビシェフ多項式の定義には $\arccos(w)$ が使用されている．そのため分枝を選ぶ必要があるのだが，ここでは $\mathrm{Log}\,(w)$ を対数関数の主値，そして $\sqrt{w}$ を正の実軸で正となる分枝とし，$\zeta = \theta + i\rho$ $(\theta, \rho \in \mathbb{R})$ の関数

$$h(\zeta) = \mathrm{Log}\left(s\cos(\theta + i\rho) + i\sqrt{1 - s^2\cos^2(\theta + i\rho)}\right)$$

を考える．関数 $\mathrm{Log}\,(w + i\sqrt{1-w^2})$ が $|w| < 1$ で正則だから，関数 $h(\theta + i\rho)$ は $|\sinh\rho| < t/s$ で正則である．なお，式 (3.18) で与えられる $\rho = \rho(\xi)$ は，条件 (3.16) のもとで $|\sinh\rho| < t/2$ を満たしている．以後，$\zeta = \theta + i\rho$ はこの領域にあるものと仮定する．このとき $-ih(\zeta) = \arccos(s\cos(\zeta))$ であるため，$z = e^{i(\theta+i\rho)}$ として，次が成り立つ．

$$t_n(z) = T_n(s(z + z^{-1})/2) = \frac{1}{2}\left(e^{nh(\theta+i\rho)} + e^{-nh(\theta+i\rho)}\right). \tag{3.20}$$

後の補題 3.6 と停留位相法を用いれば，先の $\rho = \rho(\xi_n)$ の選び方により，積分 $I_n(\xi)$ の $n \to \infty$ での挙動は $z = e^{\pm i\pi/2}$ の近傍からの寄与で支配されることがわかる．そこで，$\theta = \pm\pi/2$ の近傍での議論にするために，$\varepsilon > 0$ を $\varepsilon < \pi/8$ 程度に小さくとり，$\chi \in C_0^\infty(\mathbb{R})$ を，$0 \le \chi \le 1$ を満たし，$|\theta| < \varepsilon$ のとき $\chi(\theta) = 1$，そして $|\theta| > 2\varepsilon$ のとき $\chi(\theta) = 0$ となるものをとる．そして

$$\chi_1(\theta) = \chi(\theta - \pi/2), \quad \chi_2(\theta) = \chi(\theta + \pi/2), \quad \chi_0(\theta) = 1 - \chi_1(\theta) - \chi_2(\theta)$$

とおく．これらを $\mathbb{R}$ の関数としては周期 2π の周期関数と考え直し，また，これらを適宜，円周 $|z| = e^{-\rho(\xi_n)}$ 上のなめらかな関数とも考える．例えば，χ_1 は $e^{i\pi/2}$ の近傍で 1，$e^{-i\pi/2}$ の近傍では 0 となる関数である．このとき

8) $\xi < -s$ のときには $\rho = -\rho(\xi_n)$ ととるとよい．

$$
\begin{aligned}
I_n(\xi) &= \sum_{j=0}^{2} I_{n,j}(\xi), \\
I_{n,j}(\xi) &= \int_{|z|=e^{-\rho(\xi_n)}} z^{-n\xi_n} T_n(s(z+z^{-1})/2)\chi_j(z)\,\frac{dz}{2\pi i z}
\end{aligned}
\tag{3.21}
$$

となる．まず，$I_{n,0}(\xi)$ を式 (3.20) により $\theta \in [-\pi/2, 3\pi/2]$ に関する積分で表示する．

$$
\Phi(\theta) = i\xi_n\theta - h(\theta + i\rho(\xi_n)), \quad \Psi(\theta) = i\xi_n\theta + h(\theta + i\rho(\xi_n)) \tag{3.22}
$$

とおくと，

$$
I_{n,0}(\xi) = \frac{e^{n\xi_n\rho(\xi_n)}}{4\pi}(R_{n,1} + R_{n,2})
$$

という形に書ける．ただし，

$$
R_{n,1} = \int_{-\frac{\pi}{2}}^{\frac{3\pi}{2}} e^{-n\Phi(\theta)} e^{-i\alpha_n\theta}\chi_0(\theta)\,d\theta,
$$

$$
R_{n,2} = \int_{-\frac{\pi}{2}}^{\frac{3\pi}{2}} e^{-n\Psi(\theta)} e^{-i\alpha_n\theta}\chi_0(\theta)\,d\theta
$$

とおいた．ここで，相関数 Φ, Ψ はその他の積分にも現れる重要な関数であるため，性質をまとめておく．

補題 3.6. 条件 (3.16) のもとで，次が成り立つ．

(1) $\Phi'(\theta) = 0$ となるのは $\cos\theta = 0, \sin\theta = 1$ となる点のみである．同様に，$\Psi'(\theta) = 0$ となるのは $\cos\theta = 0, \sin\theta = -1$ となる点のみである．

(2) $s < |\xi|$ を満たす実数 ξ に対して

$$
D(\xi) = \log(t + \sqrt{\xi^2 - s^2}) - \frac{1}{2}\log(1 - \xi^2) \tag{3.23}
$$

とおく．$\Phi(\theta)$ の実部 $\mathrm{Re}\,\Phi(\theta)$ は周期 2π の周期関数で $\sin\theta = 1$ のとき最小値 $-D(\xi_n)$，$\sin\theta = -1$ のとき最大値 $D(\xi_n)$ をとる．$\mathrm{Re}\,\Psi(\theta)$ も同様に周期 2π の関数で，$\sin\theta = -1$ で最小値 $-D(\xi_n)$，$\sin\theta = 1$ のとき最大値 $D(\xi_n)$ をとる．

証明 簡単のため $\rho = \rho(\xi_n)$ と書く．単純に計算して，

$$
\Phi'(\theta) = -i\frac{s\sin(\theta + i\rho)}{\sqrt{1 - s^2\cos^2(\theta + i\rho)}} + i\xi_n,
$$

$$\Psi'(\theta) = i\frac{s\sin(\theta + i\rho)}{\sqrt{1 - s^2\cos^2(\theta + i\rho)}} + i\xi_n$$

となる．そこで $\Phi'(\theta) = 0$ または $\Psi'(\theta) = 0$ とすると，

$$s\sin(\theta + i\rho) = \pm\xi_n\sqrt{1 - s^2\cos^2(\theta + i\rho)}$$

となる．これを 2 乗して整理すれば

$$\cos^2(\theta + i\rho) = -\frac{\xi_n^2 - s^2}{s^2(1 - \xi_n^2)}$$

が得られる．条件 (3.16) により $\xi > s$ である．したがって上記は負の実数．よって $\cos(\theta + i\rho)$ の実部 $\cos\theta\cosh\rho$ は 0 でなくてはならない．したがって $\cos\theta = 0$ である．逆に $\cos\theta = 0$ とする．$\sin\theta = \pm 1$ だから $\sin(\theta + i\rho) = \sin\theta\cosh\rho = \pm\cosh\rho$ となる．$\rho = \rho(\xi)$ の与え方から，$\Phi'(\theta) = 0$ となるためには $\sin\theta = 1$ でなければならないことがわかる．$\Psi'(\theta) = 0$ に関しても同様である．

次に (2) を示す．定義により

$$\mathrm{Re}\,\Phi(\theta) = -\mathrm{Re}\,\Psi(\theta) = -\mathrm{Re}\,h(\theta + i\rho) \quad (\rho = \rho(\xi))$$

であった．ここで $|w| < 1$ となる w に対して

$$w - i\sqrt{1 - w^2} = (w + i\sqrt{1 - w^2})^{-1}$$

に注意すれば

$$\mathrm{Re}\,\Psi(\theta - \pi) = \mathrm{Re}\,h(\theta - \pi + i\rho) = -\mathrm{Re}\,h(\theta + i\rho) = \mathrm{Re}\,\Phi(\theta)$$

がわかるから，$\mathrm{Re}\,\Phi(\theta)$ のみ考えればよい．また，

$$\frac{\partial}{\partial\theta}\mathrm{Re}\,\Phi(\theta) = \mathrm{Re}\,\Phi'(\theta) = \mathrm{Im}\left(\frac{s\sin(\theta + i\rho)}{\sqrt{1 - s^2\cos^2(\theta + i\rho)}}\right)$$

となる．これから，先と同じような計算により $\mathrm{Re}\,\Phi'(\theta) = 0$ となるためには $\cos\theta = 0$ となることが必要十分であることがわかる．あとは定義式に従って $\mathrm{Re}\,\Phi$ を $\cos\theta = 0$ のときに計算してみればよい． □

関数 χ_0 は $\cos\theta = 0$ となる点の近傍で 0 であるため，Φ, Ψ の微分は被積分関数の台の近傍では 0 にならない．そこで，例えば $R_{n,1}$ について

$$L = -\frac{1}{\Phi'(\theta)}\frac{\partial}{\partial\theta}$$

とおくと $e^{-n\Phi} = \dfrac{1}{n}L(e^{-n\Phi})$ であり，χ_0 が積分範囲の端点の近傍で 0 であるから，部分積分により

$$R_{n,1} = \frac{1}{n}\int L(e^{-n\Phi})\chi_0 e^{-i\alpha_n\theta}\,d\theta = \frac{1}{n}\int e^{-n\Phi}L^t(e^{-i\alpha_n\theta}\chi_0)\,d\theta$$

が成り立つ．ただし $L^t = \dfrac{\partial}{\partial\theta}\dfrac{1}{\Phi'}$ である．これを繰り返せば，任意の自然数 k に対して

$$R_{n,1} = n^{-k}\int e^{-n\Phi}(L^t)^k(\chi_0 e^{-i\alpha_n\theta})\,d\theta$$

が成り立つ．仮定により α_n が n について有界だから，上式の被積分関数のうち $e^{-n\Phi}$ 以外の部分は n について一様に有界である．また，補題 3.6(2) により $e^{-n\Phi(\theta)} \le e^{nD(\xi_n)}$ だから

$$\begin{aligned} R_{n,1} &= O(n^{-\infty})e^{nD(\xi_n)}, \\ R_{n,2} &= O(n^{-\infty})e^{nD(\xi_n)} \end{aligned} \tag{3.24}$$

がわかる．

次に $I_{n,0}(\xi)$, $I_{n,1}(\xi)$ を調べる．今度は以下のように，周期性を用いて端点が $\pm\pi$ となるように表示しておく．

$$I_{n,j}(\xi) = \frac{e^{n\xi_n\rho(\xi_n)}}{4\pi}(J_{n,j}(\xi) + K_{n,j}(\xi)).$$

ただし

$$J_{n,j}(\xi) = \int_{-\pi}^{\pi} e^{-n\Phi(\theta)}e^{-i\alpha_n\theta}\chi_j(\theta)\,d\theta,$$

$$K_{n,j}(\xi) = \int_{-\pi}^{\pi} e^{-n\Psi(\theta)}e^{-i\alpha_n\theta}\chi_j(\theta)\,d\theta$$

とおいた．上記の積分範囲では先と同様に，Φ の臨界点は $\theta = \pi/2$, Ψ のそれは $\theta = -\pi/2$ のみであり，

$$\Phi''(\pi/2) = \Psi''(-\pi/2) = \frac{1}{t}(1-\xi_n^2)\sqrt{\xi_n^2 - s^2}$$

が成り立つ．これは正だから，積分 $J_{n,j}(\xi)$, $K_{n,j}(\xi)$ に停留位相法に関する定理 ([2, Theorem 7.7.5]) を適用することができ，命題 3.5 の $\mathrm{c}_{x_n}(t_n)$ に関する主張を得る．なお，$K_{n,1}(\xi)$ は被積分関数が $-\pi/2$ の近傍で 0 だから，$I_{n,0}(\xi)$ と同様にエラー項となる．$J_{n,2}(\xi)$ も同様である．また，命題 3.5 においては，$e^{-nH(\xi_n)/2}$ の項以外は $\xi_n = \xi + O(1/n)$ とテーラー展開を用いて，ξ_n ではなく ξ の関数として書き表した．そして，

$$H(\xi)/2 = -\xi\rho(\xi) - D(\xi) \quad (s < \xi < 1/\sqrt{1+t^2})$$

となっていることに注意しておく．

ローラン多項式 u_n の係数

$$c_{x_n}(u_n) = \int_{|z|=e^{-\rho(\xi_n)}} z^{-x_n} U_{n-1}(s(z+z^{-1})/2) \frac{dz}{2\pi i z}$$

は上記と同様の方法で解析できる．先のとおり，まず相関数の臨界点のまわりを切りとり，臨界点から外れた場所での積分 (先の場合では $I_{n,0}(\xi)$) は無視できる．そこで切りとる操作を無視して考える．上記の積分は

$$c_{x_n}(u_n) = \frac{e^{n\xi_n \rho(\xi_n)}}{2\pi} \int_{-\pi}^{\pi} \left(e^{-n\Phi(\theta)} - e^{-n\Psi(\theta)}\right) \frac{e^{-i\alpha_n \theta}}{2\sinh(h(\theta + i\rho(\xi_n)))} \, d\theta$$

となる．したがって先の積分とまったく同様にして，命題 3.5 の主張を得ることができる．なお，上記の式からもわかるとおり，x_n を $x_n \pm 1$ に変えた場合は，$\xi_n = x_n/n$ は修正せず議論する．したがって $\sin((n - x_n)\pi/2)$ を

$$\sin((n - x_n \mp 1)/2) = \mp \cos((n - x_n)\pi/2)$$

と修正するだけではなく

$$\begin{aligned} e^{\pm\rho(\xi_n)} &= e^{\pm\rho(\xi)}(1 + O(n^{-1})) \\ &= \frac{t|\xi| \mp \sqrt{\xi^2 - s^2}}{s\sqrt{1-\xi^2}}(1 + O(n^{-1})) \end{aligned}$$

が初項に現れて

$$\begin{aligned} \mathrm{c}_{x_n \pm 1}(u_n) = &\frac{e^{-nH(\xi_n)/2}}{\sqrt{2\pi n t(1-\xi^2)\sqrt{\xi^2 - s^2}}} \frac{t|\xi| \mp \sqrt{\xi^2 - s^2}}{s} \\ &\times (\mp \cos((n - x_n)\pi/2) + O(1/n)) \end{aligned}$$

となる．これから

$$\begin{aligned} &\frac{s}{2}\left(\mathrm{c}_{x_n - 1}(u_n) - \mathrm{c}_{x_n + 1}(u_n)\right) \\ &\quad = \sqrt{\frac{t}{2\pi n(1-\xi^2)\sqrt{\xi^2 - s^2}}} e^{-nH(\xi_n)/2} \\ &\qquad \times \left(|\xi| \cos((n - x_n)\pi/2) + O(n^{-1})\right). \end{aligned} \tag{3.25}$$

そこで $\cos^2((n - x_n)\pi/2)$ を無視して補題 3.4 を用いることにより，式 (3.14) に現れる関数 $G(\xi)$ は

$$
\begin{aligned}
G(\xi) &= \frac{1}{4}\left|\phi_1(1-|\xi|) - \overline{\alpha}\beta\phi_2\frac{t|\xi| - \sqrt{\xi^2 - s^2}}{s}\right|^2 \\
&\quad + \frac{1}{4}\left|\phi_2(1+|\xi|) - \alpha\overline{\beta}\phi_1\frac{t|\xi| + \sqrt{\xi^2 - s^2}}{s}\right|^2 \\
&= \frac{\xi^2}{2s^2} + \frac{|\xi|}{2}\left\{|\phi_2|^2 - |\phi_1|^2 - \frac{2t}{s}\mathrm{Re}\left(\alpha\phi_1\overline{\beta\phi_2}\right)\right\} \\
&\quad - \frac{t|\xi|\sqrt{\xi^2 - s^2}}{2s^2}\left\{|\phi_2|^2 - |\phi_1|^2 - \frac{2s}{t}\mathrm{Re}\left(\alpha\phi_1\overline{\beta\phi_2}\right)\right\}
\end{aligned}
$$

と計算される．

3.3 おわりに

ここでは 1 次元斉次量子ウォークという，もっとも基本的な量子ウォークを扱ってきた．1 次元斉次量子ウォークに対しては，いまだにいくつかの考察されるべき問題はあるものの，よく調べられているモデルであることにはまちがいはない．このような，いわば「トイ・モデル」の背後にある構造を調べることは，そのほかのより複雑なモデルの解析や代数構造を調べる際のヒントとなるであろうと思われる．実際，例えば 1 次元 3 状態のグローバーウォーク ([3] を参照) の背景には，先と同様の意味で，$\mathbb{Z}^2$ と 3 次巡回群の半直積が現れる．また，2 次元グローバーウォークの背景には $\mathbb{Z}^2$ とクラインの四元群の半直積が現れる ([8] 参照．2 次元グローバーウォークについては [9] 参照)．これらの事実から従うベキ乗の公式は，残念ながら解析に使用するにはいまだに煩雑な表示しか得られていない．もちろん，特定のユニタリ作用素のベキ乗という意味でどのような表示でも同値なのであるが，より利用しやすい形になるまで試行錯誤が必要である．しかし冒頭にも述べたように，こうした理論上の拡がりが量子ウォークという対象を数学的により豊かにするものと，筆者は期待している．

参考文献

[1] K. Chisaki, M. Hamada, N. Konno, and E. Segawa, Limit theorems for discrete-time quantum walks on trees, Interdiscip. Inform. Sci., **15** (2009), 423–429.

[2] L. Hörmander, The Analysis of Linear Partial Differential Operators I, second ed., Springer-Verlag, Berline, Heidelberg, 1989.

[3] N. Inui, N. Konno and E. Segawa, One-dimensional three-state quantum walk, Phys. Rev. E, **72** (2005), 056112.

[4] P. R. Plancherel and W. Rotach, Sur les valeurs asymptotiques des polynomes d'Hermite $H_n(x) = (-1)^n e^{\frac{x^2}{2}} \frac{d^n}{dx^n}\left(e^{-\frac{x^2}{2}}\right)$, Comment. Math. Helv., **1** (1929), 227–254.

[5] T. Sunada and T. Tate, Asymptotic behavior of quantum walks on the line, J. Funct. Anal., **262** (2012), 2608–2645.

[6] T. Tate, The Hamiltonians Generating One-Dimensional Discrete-Time Quantum Walks, Interdiscip. Inform. Sci., **19** (2013), 149–156.

[7] T. Tate, An algebraic structure for one-dimensional quantum walks and a new proof of the weak limit theorem, Infin. Dimens. Anal. Quantum Probab. Relat. Top., **16** (2013), 1350018.

[8] T. Tate, Quantum Walks in Low Dimension, Geometric method in physics, Trend in Math. (2016), 261–278.

[9] K. Watabe, N. Kobayashi, M. Katori and N. Konno, Limit distributions of two-dimensional quantum walks, Phys. Rev. A, **77** (2008), 062331/1–9.

4 章

グローバーウォークの固有値とグラフのフロー

[瀬川悦生]

量子ウォークの局在化現象は，量子ウォークに特有な性質の一つとしてあげられる．ここでは，グラフが与えられると一意に定まるグローバーウォークとよばれる量子探索アルゴリズムなどで応用上重要な量子ウォークモデルに着目する．ランダムウォークからの固有値写像定理を紹介し，その応用として，与えられたグラフの中にサイクルがあるかどうかをチェックするだけでよいような，局在化現象の判別法を紹介する．

4.1 グラフ上の量子ウォークの定義

離散時間量子ウォークモデルは coined モデル [1], bipartite モデル [18], staggered モデル [13] などさまざまなものが提案されているが，本質的にユニタリ同値であることがグラフの変形操作などを用いて示されている [12]．そこでここでは，ユーザーの最も多い coined モデルを量子ウォークの定義としてもってくる．coined モデルの時間発展作用素 (ユニタリ) は，連結無向グラフ $G=(V,E)$ と各頂点に配置されたその次数と同じ次元の任意のユニタリ行列の列 $\{C_u\}_{u\in V}$ のペア $(G,\{C_u\}_{u\in V})$ で決まる．頂点 u に配置されたユニタリ行列 C_u のことを，頂点 u に配置された量子コインとよぶ．

より詳細な定義を与えるために，与えられたグラフのいくつかの用語を準備しておく．グラフ G の辺から誘導される有向辺全体の集合を A とおく．つまり，辺が 1 つ与えられるごとに，例えばその端点が u,v の辺だとすると，u から v と v から u の 2 種類の矢印が誘導され，その誘導された矢印全体の集合が A である．$e\in E$ から誘導された有向辺の片方を a とおけば，もう片方を逆辺とよび，$\bar{a}$ と記述する．また，a を誘導した辺を $|a|=e$, $a\in A$ の矢印の始点と終点

をそれぞれ $o(a), t(a) \in V$ と記述する．したがって，$|a| = |\overline{a}|$ や $o(\overline{a}) = t(a)$, $t(\overline{a}) = o(a)$ などが成立する．また，頂点 u から伸びている辺の本数を $d(u)$ と書き，次数とよぶ.

定義 4.1. coined モデル $(G, \{C_u\}_{u \in V})$ は以下のように定義する.

(1) 全空間:$\mathcal{A} := \ell^2(A)$. ここで内積は標準的な内積で, $\langle \psi, \phi \rangle = \sum_{a \in A} \overline{\psi(a)} \phi(a)$.

(2) 時間発展：量子ウォークの n ステップ目での状態を $\psi_n \in \mathcal{A}$ とすると，$\psi_{n+1} = U\psi_n$ であり，ユニタリ作用素 U で離散的に時間発展する．ここで，このユニタリ作用素 U は (flip-flop 型の) シフト作用素 S，コイン作用素 C とよばれる 2 つのユニタリ作用素の積 $U = SC$ で定まり，以下で定義される.

(a) シフト作用素：$\mathcal{A}$ 上のユニタリ作用素 S を任意の $\psi \in \mathcal{A}$ に対して，$(S\psi)(a) = \psi(\overline{a})$ とおく.

(b) コイン作用素：各頂点 $u \in V$ に対して，$\mathcal{C}_u := \mathrm{span}\{\delta_a \mid t(a) = u\} \subset \mathcal{A}$ とする．ここで，$\delta_a \in \mathcal{A}$ は有向辺 a にのみ値 1 をもつ関数で,

$$\delta_a(b) = \begin{cases} 1 & : b = a, \\ 0 & : \text{その他}. \end{cases}$$

各頂点 $u \in V$ において，u を終点とする有向辺で生成される部分空間 $\mathcal{C}_u$ の基底の集合 $\{\delta_a \mid t(a) = u\}$ と，$\mathbb{C}^{\deg(u)}$ の標準基底ベクトルの集合 $\{|1\rangle, \ldots, |\deg(u)\rangle\}$ の 1 対 1 対応をあらかじめ決めておき，C_u を $\mathcal{C}_u$ 上のユニタリ作用素へ拡張する．これをここではそのまま C_u と書くことにする．そして $\mathcal{A} = \bigoplus_{u \in V} \mathcal{C}_u$ の直交分解のもと，$\mathcal{A}$ 上のコイン作用素を $C := \bigoplus_{u \in V} C_u$ で定める.

(3) 発見確率：時間発展はユニタリ作用素で記述されるので，任意の時刻 n での状態のノルムが保存される．そこで，ノルムの大きさが 1 の初期状態 ψ_0 から量子ウォークをはじめたときの確率測度 $\mu_n^{(\psi_0)} : A \to [0, 1]$ を $\mu_n(a) = |\psi_n(a)|^2$ で定義し，これを時刻 n で有向辺 $a \in A$ を発見する確率とみなす．また，時刻 n で頂点 $v \in V$ を発見する確率は $\widetilde{\mu}_n^{(\psi_0)}(v) := \sum_{t(a)=v} \mu_n^{(\psi_0)}(a)$ とする.

時刻 n での量子ウォークの確率振幅を $\psi_n \in \mathcal{A}$ とすると，時間発展は次のようにも表現することができる．頂点 u を終点とする辺を $a_1, \ldots, a_{d(u)}$ とすると，

$$\begin{bmatrix} \psi_{n+1}(\overline{a}_1) \\ \vdots \\ \psi_{n+1}(\overline{a}_{d(u)}) \end{bmatrix} = C_u \begin{bmatrix} \psi_n(a_1) \\ \vdots \\ \psi_n(a_{d(u)}) \end{bmatrix}.$$

シフト作用素には，$\mathbb{Z}^d$ 格子や円環などには自然な演算である moving 型のシフトとよばれるものがあるが，flip-flop 型のシフト作用素には，任意のグラフに対する汎用性の利点があるので以下で紹介する．有向辺 A 上の置換 $\eta : A \to A$ は次を満たすとする．

$$\{\eta(a) \mid t(a) = u\} = \{a \in A \mid o(a) = u\}.$$

つまり，a と $\eta(a)$ の関係は，常に $t(a) = o(\eta(a))$ (“しりとり”) であることを要請している．このような置換は多く存在し，実際，$\prod_{u \in V} d(u)!$ 個だけある．いま，このような置換のなかから 1 つとってきた η で誘導されるシフト作用素を S_η とおく．つまり，$(S_\eta \psi)(a) = \psi(\eta^{-1}(a))$. 注意として，$S_{\eta_1} S_{\eta_2} = S_{\eta_1 \circ \eta_2}$ である．特に，置換 η として

$$\eta_0(a) := \overline{a} \quad (a \in A)$$

を選んでくれば，$S = S_{\eta_0}$ は flip-flop 型のシフト作用素である．また，例えば 1 次元格子で，頂点 x を終点とし正の方向を向いている有向辺を $(x; R)$，負の方向を向いている有向辺を $(x; L)$ と書き，置換を

$$\eta_m(x; R) := (x+1; R), \quad \eta_m(x; L) := (x-1; L)$$

のように選んでくれば，1 次元格子上の S_{η_m} は moving シフトになる．$\mathbb{Z}^d$ $(d \geq 2)$ や円環などの moving シフトも，同様に構成すればよい．しかしながら，別の一般のグラフが与えられたときに，$\prod_{u \in V} d(u)!$ 個のなかからどれを標準的な moving シフトとするのかは議論を要するが，flip-flop 型のシフト作用素はグラフの構造に関係なく即座に一意的に定まるという利点がある．さらにまた，次の命題のような利点もある．

命題 4.2. 任意のシフト作用素 S_η に対して，$U_\eta := S_\eta C$ とおく．また，S を flip-flop 型のシフト作用素とする．するとあるコイン作用素 C' があって $U_\eta = SC'$ となり，結局，flip-flop 型のシフト作用素で書き直せる．

証明 まず，S^2 は定義より $\mathcal{A}$ 上の恒等作用素になることに注意する．これを用いると，$U_\eta = S(SS_\eta C)$ と書き直せる．さらに，

$$\{\eta_0 \circ \eta(a) \mid t(a) = u\} = \{a \in A \mid t(a) = u\}$$

であるから，$SS_\eta C$ もまたコイン作用素になる． □

例えば，d 次元格子上の flip-flop 型のシフト演算子による量子コインが与えられたときに，moving シフトとして読み替えたければ，すべての $j = 1, \ldots, d$ で，$\boldsymbol{e}_j$ 方向と $-\boldsymbol{e}_j$ 方向に対応する行を入れ替えればよい．ここで $\boldsymbol{e}_j$ は $\mathbb{Z}^d$ の標準基底である．

ここでは量子コインとして，次数 d の頂点には d 次元のグローバー行列とよばれるものを配置する，いわゆるグローバーウォークについて考える．d 次元のグローバー行列 $Gr(d)$ は，$Gr(d) = (2/d)J_d - I_d$ である．ただし，J_d はすべての要素が 1 の d 次元の行列，I_d は d 次元の単位行列である．すると，U は次のように記述される．任意の $\psi \in \ell^2(A)$ に対して，

$$U\delta_a = -\delta_{\overline{a}} + \frac{2}{d(t(a))} \sum_{t(a)=o(b)} \delta_b.$$

よって，有向辺 a を伝ってやってきた波がその終点である頂点 u に当たり，実数値重み $2/d(t(a))$ で別の辺に透過をし，$(2/d(t(a)) - 1)$ で同じ辺に反射を離散的に繰り返すモデルとみてもよい．したがって，グローバーウォークにおいては，グラフを定めれば，各頂点 u に対して，コイン作用素の構成のとき気にしなくてはならなかった $\mathbb{C}^{\deg(u)}$ の基底のラベル付けの煩わしさがなく，その時間発展作用素が一意に定まるという利点がある．一方で，$Gr(2)$ は互換に相当する置換行列になることから，円環や 1 次元格子という最も基本的なグラフにおいて，自明ないわゆる自由量子ウォーク (free-walk) になってしまう．実際に，グローバーウォークはメトリックグラフ上の定常シュレーディンガー方程式に従う平面波を記述する量子グラフと強い関係性をもち，ポテンシャルがない場合に相当するので，1 次元格子において，このように自明なものになることが反映されている [4]．しかしながら，一般のグラフでは一般に非自明になり，特にいくつかのグラフ上の量子探索アルゴリズム中で駆動したときには，その効能が証明されている [1, 13]．また，そのスペクトルは同じグラフ上の対称ランダムウォークのスペクトルを用いて記述でき [18]，ランダムウォークとのつながりという観点での研究も行われはじめている [6, 9, 15]．このように，グローバーウォークは非常にシンプルなモデルにもかかわらず，さまざまな分野

との融合的な研究においても，重要な位置づけになっている[1]．

4.2 量子ウォークの固有値写像

4.2.1 境界作用素

グラフの頂点集合で生成されるヒルベルト空間を $\mathcal{V} = \ell^2(V)$ とする．ただし，内積は通常の内積である．グラフの有向辺とその終点に関する重み付きの接続行列 $K : \mathcal{A} \to \mathcal{V}$ を以下で定義する．任意の $\psi \in \ell^2(A)$ に対して，

$$(K\psi)(u) = \frac{1}{\sqrt{d(t(a))}} \sum_{t(a)=u} \psi(a).$$

その随伴行列は，

$$(K^* f)(a) = \frac{1}{\sqrt{d(t(a))}} f(t(a)).$$

自己共役作用素 $T, D : \mathcal{V} \to \mathcal{V}$ をそれぞれ

$$(Tf)(u) = \sum_{t(a)=u} \frac{f(a)}{\sqrt{d(t(a))d(o(a))}}, \quad (Df)(u) = \deg(u)f(u)$$

とおく．すると，T はグラフ G 上の対称ランダムウォークの確率推移行列 P とユニタリ同値で，実際，$P = D^{-1/2}TD^{1/2}$ である[2]．境界作用素 K の定義より，次が確認できる．

補題 4.3. (1) $KK^* = I_V$, (2) $KSK^* = T$, (3) $2K^*K - I_A = C$.

4.2.2 固有値写像定理

接続行列 K^* と SK^* によって $\mathcal{V}$ から持ち上げてきた $\mathcal{A}$ の部分空間 $\mathcal{L}$ を，

$$\mathcal{L} = \{K^*f + SK^*g \mid f, g \in \ell^2(V)\}$$

で定める．すると，次が成り立つ．

補題 4.4. $\mathcal{L}$ は U の不変部分空間で，$\mathcal{L} = U(\mathcal{L})$.

---

1) 上記とのつながりや，これから紹介することは，グローバーウォークの拡張である Szegedy モデル [13, 18] などでも議論が可能であるが，アイディアの大まかな骨組みはだいたい同じなので，ここではシンプルなグローバーウォークに焦点をあてることにする．

2) ここでは，この確率推移行列を $(Pf)(u) = \sum_{t(a)=u} f(o(a))/d(o(a))$ としている．

証明 $L : \mathcal{V} \oplus \mathcal{V} \to \mathcal{A}$ を $L(f \oplus g) = K^* f + SK^* g$ とおくと，$UL = L\Lambda$ となる．ここで，

$$\Lambda = \begin{bmatrix} 0 & -I_V \\ I_V & 2T \end{bmatrix}.$$

したがって，任意の $\psi \in \mathcal{L}$ は定義より，ある $\phi \in \mathcal{V} \oplus \mathcal{V}$ が存在して，$\psi = L\phi$ だから，$U(\mathcal{L}) \subset \mathcal{L}$. 一方で Λ は可逆なので，$U(\mathcal{L}) \supset \mathcal{L}$. □

したがって，$U = U|_{\mathcal{L}} \oplus U|_{\mathcal{L}^\perp}$ と分解することができる．さらにそれぞれに関してより細かく分解ができるので，以下では，これからの議論に必要になる事実をいくつか与えておく．

定理 4.5. $\mathrm{j}(z) = (z + z^{-1})/2$ とし，$\sigma(X)$ を X のスペクトルとする．また，$\sigma_c(X)$ を X の絶対連続スペクトルとする．このとき，

(1) 任意の $\lambda \in \sigma_p(U|_{\mathcal{L}})$ に対して，

$$\ker(\lambda - U) = \begin{cases} K^* \ker(\mathrm{j}(\lambda) - T) & : \lambda \in \{\pm 1\}, \\ (1 - \lambda S) K^* \ker(\mathrm{j}(\lambda) - T) & : \lambda \notin \{\pm 1\}. \end{cases}$$

すなわち，$\sigma_p(U|_{\mathcal{L}}) = \mathrm{j}^{-1}(\sigma_p(T))$.

(2) じつは，$\sigma(U|_{\mathcal{L}}) = \mathrm{j}^{-1}(\sigma(T))$，$\sigma_c(U) = \mathrm{j}^{-1}(\sigma_c(T))$.

(3) 一方で，$\sigma(U|_{\mathcal{L}^\perp}) \subset \{\pm 1\} \cup \emptyset$. さらに，

$$\begin{aligned} \ker(1 - U|_{\mathcal{L}^\perp}) &= \ker(1 + S) \cap \ker K, \\ \ker(-1 - U|_{\mathcal{L}^\perp}) &= \ker(1 - S) \cap \ker K. \end{aligned} \tag{4.1}$$

$\mathcal{L}$ を T からの遺伝の固有空間，$\mathcal{L}^\perp$ を発生の固有空間とよぶ．以下では，定理 4.5 の (3) だけ証明する[3)]．

定理 4.5 (3) の証明 量子コイン C は $2K^*K - I$ で書き表されるので，任意の $\psi \in \ker(1 \pm S) \cap \ker K$ に対して，$SC\psi = -S\psi = \pm\psi$. 一方で，$S^2 = I$ という性質より，固有値は ± 1 であり，$\mathcal{L}^\perp = \ker(K) \cap \ker(KS)$ であるから，$\ker(K) \cap \ker(KS) \cap \ker(1 \pm S) = \ker(K) \cap \ker(1 \pm S)$ を証明すればよい．任意の $\varphi \in \ker(K) \cap \ker(1 \pm S)$ に対して $KS\varphi = \mp K\varphi = 0$ なので，$\varphi \in \ker(\pm 1 + S)$ である．したがって，結論が示された． □

---

3) 定理 4.5 (1), (2) の証明はそれぞれ [11], [16] などを参照．これらでは，より一般の場合について記述されている．

4.3 発生の固有空間とグラフの構造

定理 4.5 (3) では発生の固有空間の存在，非存在が明確でないので，これからグラフの幾何的な情報を用いた判別法を提案する[4)]．(4.1) に関して $\mathcal{H}_\pm := \ker(1 \pm S) \cap \ker K$ とおく．まず，以下でフローを定義する．

定義 4.6. $\psi : A \to \mathbb{C}$ がフローとは，次の条件 (1), (2) もしくは条件 (1), (3) を満たすときにいう．

(1) キルヒホッフ：すべての頂点 $u \in V$ で $\sum_{t(a)=u} \psi(a) = 0$,

(2) 擬対称性：すべての辺 e で $\psi(a) = -\psi(\overline{a})$, ただし，$|a| = e$,

(3) 対称性：すべての辺 e で $\psi(a) = \psi(\overline{a})$, ただし，$|a| = e$.

特に，フローが 2 乗加算和，つまり，$\sum_{a \in A} |\psi(a)|^2 < \infty$ ならば，有限エネルギーをもつフローとよぶ．

じつは，K と S の定義より，$\psi \in \ker K$ ならば，まさにキルヒホッフを満たしており，$\psi \in \ker(S \pm 1)$ ならば，それぞれ擬対称性，対称性を満たしていることが確認できる．したがって，次がいえる．

命題 4.7. $\mathcal{H}_\pm$ を上述の発生の ± 1 の固有空間とする．すると，$\mathcal{H}_+$ は擬対称性を満たす有限エネルギーのフロー全体で，$\mathcal{H}_-$ は対称性を満たす有限エネルギーのフロー全体である．

以下では，どのようなときに有限エネルギーのフローが存在するかについて考察する．

4.3.1 Cycle and Path[5)]

与えられたグラフ G が有限なときには，発生の固有空間の一つの表し方として，生成サイクルを用いて表すことができるので紹介する [3]．このアイディアは，ライングラフやパラライングラフ[6)]上のランダムウォークの研究 [8, 17] からも着想を得ている．まず，いくつか用語などを準備しておく．グラフ G の生成サイクルの集合を $\Gamma = \{c_1, \ldots, c_{b_1(G)}\}$ とする．ただし，$b_1(G) = |E| - |V| + 1$

4) グローバーウォーク以外のより一般的な場合は，例えば [5] 等を参照．

5) 本来ならば「サイクルとパス」であろうが，これはサイコパス (psycho-path) との掛詞になっている．

6) グラフ G のパララインググラフとは，G の細分のライングラフのことである．

はグラフのベッチ数とよばれる．ここで，生成サイクルとは，G の全域木 (全頂点を覆う G の連結部分木グラフ) に，除去された辺を回復させることによって現れるサイクルのことをいう．したがって，生成サイクルと除去された辺の間には 1 対 1 の関係があるので，$|\Gamma| = |E| - |V| + 1$ である．次に，任意のパス $p = (a_1, a_2, \ldots, a_r)$ が与えられるごとに決まる関数 $\gamma_p^{(\pm)} : A \to \mathbb{C}$ を以下で定義する．

$$\gamma_p^{(+)} = \sum_{j=1}^{r} (\delta_{a_j} - \delta_{\overline{a}_j}), \quad \gamma_p^{(-)} = \sum_{j=1}^{r} (\delta_{a_j} + \delta_{\overline{a}_j}).$$

ここでサイクル $c = (a_1, \ldots, a_r)$ から，擬対称な有限エネルギーのフローをつくることができることをみてみる．このサイクル c の任意の頂点 u に対して，$t(a_j) = u$ とすると，$\gamma_c^{(+)}$ の擬対称性性から

$$\sum_{t(a)=u} \gamma_c^{(+)}(a) = \gamma_c^{(+)}(a_j) + \gamma_c^{(+)}(\overline{a}_{j+1}) = 1 - 1 = 0.$$

したがって，$\gamma_c^{(+)}$ がキルヒホッフも満たすので，$\psi \in \mathcal{H}_+$. 任意のこのようなサイクルは c は生成サイクル $c_1, \ldots, c_{b_1(G)}$ によって，ある $n_1, \ldots, n_{b_1(G)} \in \mathbb{Z}$ が存在して，

$$\gamma_c = n_1 \gamma_{c_1} + \cdots + n_{b_1(G)} \gamma_{c_{b_1(G)}}$$

のように整数係数の線形和で記述できる．したがって，

$$\mathcal{C}^{(+)} := \mathrm{span}\{\gamma_{c_1}^{(+)}, \ldots, \gamma_{c_{b_1(G)}}^{(+)}\} = \mathrm{span}\{\gamma_c \mid c \text{ はサイクル }\} \subset \mathcal{H}_+.$$

また，$\{\psi_{c_j}\}_{j=1}^{b_1(G)}$ は線形独立だから，

$$\dim(\mathcal{H}_+) \geq \dim(\mathcal{C}^{(+)}) = b_1(G), \tag{4.2}$$

つまり，グラフにサイクルが存在するとき，すなわち，少なくとも $b_1(G) > 0$ ならば，$\mathcal{H}_+ \neq \emptyset$.

一方，$\mathcal{H}_-$ に関しては $\gamma_p^{(-)}$ を用いて考える．偶数の長さをもつ生成サイクル全体の集合を Γ_e，奇数のものを Γ_o とする．もしグラフが二部グラフであれば，すべてのサイクルの長さは偶数だから，$\Gamma_o = \emptyset$ であることに注意．任意の $c \in \Gamma_e$ に対して，$\gamma_c^{(-)}$ の対称性から，このサイクルの任意の頂点 u に対して，$t(a_j) = u$ のとき，

$$\sum_{t(a)=u} \gamma_c^{(-)}(a) = \gamma_c^{(-)}(a_j) + \gamma_c^{(-)}(\overline{a}_{j+1}) = (-1)^j + (-1)^{j+1} = 0.$$

よって，キルヒホッフも満たすので，$\gamma_c^{(-)} \in \mathcal{H}_-$.

任意の有向辺 $a \in A$ に対して $\gamma_c^{(-)}(a) = \gamma_c^{(-)}(\overline{a})$ となり，順辺と逆辺での値は等しいので，$\gamma_c^{(-)}$ は各無向辺上にキルヒホッフを満たすように値をおいていくとも解釈できる．このことをふまえて，c が奇サイクルの場合を考えてみる．奇サイクルの場合は，その各辺に $+1$ と -1 を交互に道順に沿って与えていくと，1 周回ったときにキルヒホッフを満たさないという "フラストレーション" が最後に起こる．そこでもう 1 つ別の奇サイクル c_j を加えて，それをもとのサイクル c_1 と 1 本のパス q でつなぐ．グラフは連結なので，必ずそのようなパス q は存在する．奇サイクル $c_1 = (a_1, \ldots, a_{2r+1})$ を 1 周し，そこからパス $q = (q_1, \ldots, q_s)$ を渡って別の奇サイクル $c_j = (b_1, \ldots, b_{2t+1})$ に行き，それを 1 周し，またパス q を渡ってもとの場所に戻ってくる "旅程" を考える．この閉路を $p = c_1 - c_j$ とおく．すると，以下で定義する $\gamma_{c_1-c_j}^{(-)}$ はキルヒホッフを満たす．

$$
\begin{aligned}
\gamma_{c_1-c_j}^{(-)}(a_k) &= \gamma_{c_1-c_j}^{(-)}(\overline{a}_k) = -(-1)^k, \\
\gamma_{c_1-c_j}^{(-)}(q_k) &= \gamma_{c_1-c_j}^{(-)}(\overline{q}_k) = 2 \cdot (-1)^k, \\
\gamma_{c_1-c_j}^{(-)}(b_k) &= \gamma_{c_1-c_j}^{(-)}(\overline{b}_k) = (-1)^s \times (-1)^k.
\end{aligned}
$$

1 つの奇サイクルだけで構成を考えると，1 周回って戻ってくるとスタート地点でフラストレーションが起こり，そこでのキルヒホッフの和は $+2$ となる．そこでこのアイディアのポイントは，これを打ち消す -2 の値を与えるためのパスをそこに 1 本つないで，このフラストレーションをパスの方向に逃がし，その行先は同様なフラストレーションの起こっている別の奇サイクルに行き，そこで互いに打ち消しあい，解消されることにある．したがって，奇サイクルが 1 つしかない場合はこの方法は使えないことに注意．

以上より，$c_1 \in \Gamma_o$ とすると，

$$
\mathcal{C}^{(-)} := \mathrm{span}\{\gamma_c^{(-)} \mid c \in \Gamma_e\} \cap \mathrm{span}\{\gamma_{c_1-c}^{(-)} \mid c \in \Gamma_o \setminus \{c_1\}\} \subset \mathcal{H}_-.
$$

したがって，G が二部グラフのときは，

$$
\dim \mathcal{H}_- \geq \begin{cases} b_1(G) & : G \text{ が二部グラフ}, \\ b_1(G) - 1 & : G \text{ は二部グラフでない}. \end{cases} \tag{4.3}
$$

最後に，$\mathcal{H}_\pm$ と $\mathcal{C}^{(\pm)}$ の次元に関する不等式 (4.2), (4.3) は，等号になることを以下で証明する．

定理 4.8. グラフ G が有限で連結なとき, $\mathcal{C}_{\pm} = \mathcal{H}_{\pm}$. 特に, $\dim(\mathcal{H}_+) = b_1(G)$, 一方で, $\dim(\mathcal{H}_-) = b_1(G) - \mathbf{1}_B(G)$. ここで, $\mathbf{1}_B(G) = 1$ (G が二部グラフでないとき), $= 0$ (G が二部グラフのとき) である.

証明　遺伝の固有空間 $\mathcal{L}$ は $K^*\mathcal{V} + SK^*\mathcal{V}$ と書き直せるので,

$$\dim \mathcal{L} = \dim K^*\mathcal{V} + \dim SK^*\mathcal{V} - \dim(K^*\mathcal{V} \cap SK^*\mathcal{V}) = 2|V| - \dim(K^*\mathcal{V} \cap SK^*\mathcal{V}).$$

したがって, 発生の固有空間の次元は, 全空間の次元は有向辺の本数 $2|E|$ だから,

$$\dim \mathcal{L}^{\perp} = 2(|E| - |V|) + \dim(K^*\mathcal{V} \cap SK^*\mathcal{V}). \tag{4.4}$$

そこで, 以下で $K^*\mathcal{V} \cap SK^*\mathcal{V}$ について考える. いま, $\psi \in K^*\mathcal{V} \cap SK^*\mathcal{V}$ であることの同値変形を次のように行う.

$$\begin{aligned}\psi \in K^*\mathcal{V} \cap SK^*\mathcal{V} &\Leftrightarrow {}^{\exists} f, g \in \mathcal{V} \text{ s.t. } K^*f = SK^*g \\ &\Leftrightarrow f = Tg,\ g = Tf \\ &\Leftrightarrow f, g \in \ker(1 - T^2) = \ker(1-T) \oplus \ker(1+T).\end{aligned}$$

ここで二番目の同値関係は, 補題 4.3 の K の満たす性質を思い出すと, "$\Rightarrow$" は両辺に K もしくは SK を掛けることで得られる. 一方で, "$\Leftarrow$"は次のようにして得られる. 補題 4.3 より,

$$\begin{aligned}f = Tg,\ g = Tf &\Leftrightarrow K(K^*f - SK^*g) = 0,\ KS(K^*f - SK^*g) = 0 \\ &\Leftrightarrow K^*f - SK^*g \in \ker K \cap \ker KS = \mathcal{L}^{\perp}.\end{aligned}$$

ところが, $\mathcal{L}$ の定義より $K^*f - SK^*g$ はそもそも $\mathcal{L}$ の元だから, $K^*f - SK^*g \in \mathcal{L} \cap \mathcal{L}^{\perp} = \mathbf{0}$. 確率遷移行列 P と T はユニタリ同値だから, $\dim\ker(1 \pm T) = \dim\ker(1 \pm P)$. ペロン–フロベニウスの定理より, $\dim\ker(1 - P) = 1$. また, G が二部グラフのときに限り $\dim\ker(1 - P) = 1$. よって, $\dim(K^*\mathcal{V} \cap SK^*\mathcal{V}) = 2$ (G が二部グラフのとき), $= 1$ (G が二部グラフでないとき) となる. これを (4.4) に代入すると,

$$\dim \mathcal{L}^{\perp} = \begin{cases} 2b_1(G) & : G \text{ が二部グラフ}, \\ 2b_1(G) - 1 & : G \text{ が二部グラフでない}. \end{cases}$$

これと (4.2), (4.3) をあわせると, $\dim \mathcal{H}_+ = b_1(G)$, $\dim \mathcal{H}_- = b_1(G) - \mathbf{1}_B(G)$ が得られる. □

一般に無限グラフの場合でも, サイクルがあれば $\gamma_c^{(\pm)}$ が構成できるので, 少なくとも $\mathcal{C}^{(\pm)} \subset \mathcal{L}^{\perp}$ である. したがって, 初期状態として, このサイクルと内積にオーバーラップがあれば, そのオーバーラップするところで確率の時間に関する上極限が 0 ではないもので与えられ, 局在化が起こる. 例えば, (flip-flop 型の) グローバーウォークが d 次元正方格子上 ($d \geq 2$), 三角格子, 六角格子な

どで局在するのは，このためである [3].

4.3.2 ツリー

前節では，無限グラフにサイクルがあれば，発生の固有空間 $\mathcal{L}^{\perp}$ が存在し，局在化を起こせることがわかった．その一方で有限ツリー上のグローバーウォークにおいては，定理 4.8 より $b_1(G)=0$ だから，$\mathcal{L}^{\perp}=0$ である．しかし，(無限グラフである) κ 正則ツリーの場合には局在化を起こすことのできる初期状態が存在することが知られている [2]．つまり，固有値が存在することになるのだが，これがどこからの由来なのかについて考察する．

まず疑われるのは，遺伝の固有空間からの由来である．ところがツリー上のランダムウォーク T のスペクトルは

$$\sigma(T)=\sigma_c(T)=[-2\sqrt{\kappa-1}/\kappa, 2\sqrt{\kappa-1}/\kappa]$$

であることがよく知られている．よって定理 4.5 より，遺伝の固有空間からはきていない．よって，有限ツリーでは発生の固有空間が存在しないが，無限ツリーでは発生の固有空間が出現していると結論づけざるをえない．また，これは無限グラフにおいては一般に $\mathcal{L}^{\perp}\setminus(\mathcal{C}^{(+)}\cup\mathcal{C}^{(-)})\neq\emptyset$ であることの事例である．そこで，この無限ツリーの発生の固有空間はどのようになっているかについてこれから考察する．

まず，以下で無限ツリーの発生の固有空間をこれから構成するのだが，話を簡単にするために，3 正則とする[7)]．この無限ツリーのある一点を固定し，これを原点 o とみなす．原点から下流の方向に伸びている有向辺の集合を $A_+ := \{a\in A \mid \mathrm{dist}(t(a))>\mathrm{dist}(o(a))\}$ とする．任意の $u\in V$ に対して，u の子孫たちで構成される連結部分グラフを $\mathbb{T}^{(u)}=(V^{(u)},A^{(u)})$ と書く．つまり，頂点 $u,v\in V$ に対して，$\mathrm{dist}(u,v)$ を，u と v の間を結ぶ最短のパスの長さとすると，

$$V^{(u)}=\{v\in V \mid \mathrm{dist}(o,v)=\mathrm{dist}(o,u)+\mathrm{dist}(u,v)\}.$$

ここで，$\mathbb{T}^{(o)}=\mathbb{T}$ である．以下の関数を定義する．

定義 4.9. $\omega=e^{2\pi i/3}$ とおく．$j=1,2$ に対して，$\varphi^{(\pm)}_{o,j}: A\to\mathbb{C}$ を以下のように再帰的に定義する．原点を始点にする有向辺の集合を $\{a_0,a_1,a_2\}$ とする．

1) $\varphi^{(\pm)}_{o,j}(a_0)=1/3,\quad \varphi^{(\pm)}_{o,j}(a_1)=\omega^j/3,\quad \varphi^{(\pm)}_{o,j}(a_2)=\omega^{2j}/3\quad (j=1,2),$

7) より一般の無限ツリーの議論に関しても基本的には考え方は同じで，詳細は [7] を参照.

2) $a, b \in A_+ \setminus \{a_0, a_1, a_2\}$, $o(a) = t(b)$ に対して，$\varphi^{(\pm)}_{o,j}(a) = \varphi^{(\pm)}_{o.j}(b)/2$,

3) すべての $a \in A_+$ に対して，$\varphi^{(\pm)}_{o,j}(\overline{a}) = \mp\varphi^{(\pm)}_{o,j}(a)$.

さらに，頂点 $u \in V \setminus \{o\}$ に対して，$A(\mathbb{T}^{(u)})$ を台にもつ関数 $\varphi^{(\pm)}_{u,1} : A \to \mathbb{C}$ を次のように定義する．u を始点とする $A(\mathbb{T}^{(u)})$ の有向辺を $\{a^{(u)}_1, a^{(u)}_2\}$ とおく．

1) $\varphi^{(\pm)}_{u,1}(a^{(u)}_1) = 1/2, \quad \varphi^{(\pm)}_{u,1}(a^{(u)}_2) = -1/2$,

2) $a, b \in (A_+ \cap A(\mathbb{T}^{(u)}) \setminus \{a^{(u)}_1, a^{(u)}_2\})$, $o(a) = t(b)$ に対して，$\varphi^{(\pm)}_{u,1}(a) = \varphi^{(\pm)}_{u,1}(b)/2$,

3) すべての $a \in A_+ \cap A(\mathbb{T}^{(u)})$ に対して，$\varphi^{(\pm)}_{u,1}(\overline{a}) = \mp\varphi^{(\pm)}_{u,1}(a)$.

すると，定義より以下のような $\varphi^{(\pm)}_u$ の重要な性質が成立することがすぐにわかる．

補題 4.10. (1)（直交性）

$$\langle \varphi^{(\epsilon)}_{u,j}, \varphi^{(\epsilon')}_{u',j'} \rangle = \delta_{u,u'}\delta_{\epsilon,\epsilon'}\delta_{j,j'} \times \begin{cases} 4/3 & : u = o, \\ 2 & : u \neq o. \end{cases} \tag{4.5}$$

(2)（フロー）　すべての $u \in V$ において，$\varphi^{(\pm)}_{u,j} \in \mathcal{H}_\pm \subset \mathcal{L}^\perp$.

したがって，$\mathcal{F}^{(\pm)} := \mathrm{span}\{\varphi^{(\pm)}_{u,j} \mid u \in V,\ j \in \{1, \mathrm{ch}(u) - 1\}\} \subset \mathcal{H}_\pm$ である．ここで，$\mathrm{ch}(u)$ は頂点 u の子供の数で，$\mathrm{ch}(u) = 3\ (u = o), = 2\ (u \neq o)$. じつはその逆も次のように成立する．ここで，$\mathcal{A}$ の部分空間 $\mathcal{K}$ に対し，$\overline{\mathcal{K}}$ とは

$$\{\psi \in \mathcal{A} \mid {}^\forall \epsilon > 0,\ {}^\exists \varphi \in \mathcal{K}\ \text{ s.t. } ||\psi - \varphi|| < \epsilon\}$$

で定める．

定理 4.11. $\mathcal{H}_\pm = \overline{\mathcal{F}^{(\pm)}}$.

証明　$\mathcal{H}_\pm \subset \overline{\mathcal{F}^{(\pm)}}$ を示せば十分．ここで，$\mathcal{H}_+ = \ker(K) \cap \ker(1-S) = \ker(KS) \cap \ker(1-S)$ だから，ここでは，$\mathcal{H}_+ = \ker(KS) \cap \ker(1-S)$ であることを使うことにする．そこでまず，$\psi \in \mathcal{H}_+ = \ker(KS) \cap \ker(1-S)$ を任意にもってくる．$\mathbb{T}_\psi = (V_\psi, A_\psi)$ を ψ で誘導された部分ツリーとする．

$$V_\psi = \{t(a) \mid a \in \mathrm{supp}(\psi)\}, \quad A_\psi = \mathrm{supp}(\psi).$$

$\mathbb{T}_\psi$ が連結でない場合は，連結なときの考察の線形結合で書けるので，以下では $\mathbb{T}_\psi$ が

連結であることを仮定する．$\psi \in \ker(KS)$ だから，任意の頂点から出ている有向辺の複素の重みの和が 0 なので，$\mathbb{T}_\psi$ には葉がない．したがって，$\mathbb{T}_\psi$ は無限部分グラフで，$o_\psi \neq o$ だったら二分木である．ここで，$o_\psi \in V_\psi$ は原点に最も近い頂点である．連結を仮定しているので，そのような頂点は一意に定まることに注意．$u \in V_\psi$ に対して，$a_k^{(u)} \in A$ $(k = 1, \ldots, \mathrm{ch}(u))$ を u を始点として，終点がその子供に向かって伸びている有向辺とする．また，もし $u \neq o_\psi$ のとき，$a_-^{(u)}$ を u を始点として，終点がその親に向かって伸びている有向辺とする．そして $\mathcal{B}_u$ を，頂点 u から伸びている有向辺にのみ値をもつ $\mathcal{A}$ の部分空間，すなわち $\mathcal{B}_u := \mathrm{span}\{\delta_a \mid o(a) = u\}$ とおき，$u \in V_\psi \setminus \{o_\psi\}$ に対して，$\chi_u : \mathbb{C}^3 \to \mathcal{B}_u$ を次のように定める．

$f = {}^T[f_0 \;\; f_1 \;\; f_2] \in \mathbb{C}^3$ に対して，

$$(\chi_u f)(a) = \begin{cases} f_0 & : a = a_-^{(u)}, \\ f_j & : a = a_j^{(u)},\ j = 1, 2, \\ 0 & : \text{その他}. \end{cases}$$

そして，$\mathbb{C}^3 = \mathcal{X} \oplus \mathcal{Y} \oplus \mathcal{Z}$ と分割する．ここで，

$$\mathcal{X} = \mathbb{C}\,{}^T[1 \;\; 1 \;\; 1], \quad \mathcal{Y} = \mathbb{C}\,{}^T[1 \;\; -1/2 \;\; -1/2], \quad \mathcal{Z} = \mathbb{C}\,{}^T[0 \;\; 1 \;\; -1].$$

まず，$\psi \in \ker(SK^*)$ であるから，すべての u に対して，$\sum_{o(a)=u} \psi(a) = 0$ が成立する．その一方で，$h \in \mathbb{C}^3$ の各成分の和が 0 であることと，$h \in \mathcal{Y} \oplus \mathcal{Z}$ が同値であることに注意．したがって，任意の $u \in V_\psi \setminus \{o_\psi\}$ に対して，ある $f_u \in \mathcal{Y}$, $g_u \in \mathcal{Z}$ が存在して，$\psi|_{\mathcal{B}_u} = \chi_u(f_u \oplus g_u)$ と書き表される．

これらを念頭に入れつつ，いまから ψ の定義 4.9 で与えられた $\{\varphi_{u,j}^{(+)}\}$ の線形結合による近似列 $\{\phi_n\}$ を構成する．そのためにまず，$\mathbb{T}_\psi$ を各世代ごとに分割して考えていくために $V_0 = \{o_\psi\}$, $V_j = \{v \in V_\psi \mid \mathrm{dist}(o_\psi, v) = j\}$, $A_0 = \{a \in A_\psi \mid o(a) = o_\psi,\ t(a) \in V_1\}$, $A_j = \{a \in A_\psi \mid o(a) \in V_j,\ t(a) \in V_{j+1}\}$ とおく $(j = 0, 1, \ldots)$．そして，次のように o_ψ から順番に子供の世代に向かって，構成していく．まずはじめに，少なくとも $A_0 \cup \overline{A}_0$ では ψ と値を同じにする ϕ_0 をつくる．ここで $\overline{A}_j$ とは $\{\overline{a} \mid a \in A_j\}$ である．o_ψ の $\mathbb{T}_\psi$ の中での次数は 2 か 3 で，3 のときは，$\mathbb{T}_\psi = \mathbb{T}$ の場合に限る．$\mathbb{T}_\psi$ の中での o_ψ の次数が 2 の場合，$\psi \in \ker(SK^*)$ だから，$\psi(a_1^{(o_\psi)}) = -\psi(a_2^{(o_\psi)})$ を満たす．よって，$\phi_0 = 2\psi(a_1^{(o_\psi)}) \times \varphi_{o_\psi,1}^{(+)}$ とすれば，少なくとも $A_0 \cup \overline{A}_0$ では値が同じ．一方，$\mathbb{T}_\psi$ の中での次数が 3 の場合，$\psi \in \ker(SK^*)$ だから，$\psi(a_1^{(o)}) + \psi(a_2^{(o)}) + \psi(a_3^{(o)}) = 0$ を満たす．したがって，適当な $\varphi_{o,1}^{(+)}$ と $\varphi_{o,2}^{(+)}$ の線形結合をもってくれば，少なくとも $A_0 \cup \overline{A}_0$ では値が同じになるようにつくれる．すなわち，ある定数 $C_{o_\psi,j}$ が存在して，

$$\psi|_{\mathcal{B}_{o_\psi}} = \sum_{j=1}^{\mathrm{ch}(o_\psi)-1} C_{o_\psi,j} \varphi_{o_\psi,j}|_{\mathcal{B}_{o_\psi}}.$$

そこで，

$$\phi_0 := \sum_{j=1}^{\mathrm{ch}(o_\psi)-1} C_{o_\psi,j}\varphi_{o_\psi,j}|_{\mathcal{B}_{o_\psi}}$$

とおく．注意として，少なくともすべての $a \in A_0 \cup \overline{A}_0$ で $\phi_0(a) = \psi(a)$．次に ϕ_0 からさらに良い近似を与える ϕ_1 にするため，V_1 と A_1 について考える．$\mathbb{T}_\psi$ は連結だから，$V_1 \cap \{t(a) \mid \psi(a) \neq 0\ (a \in A_0)\}$ となるものだけを扱えばよい．そのような u に関して，$\psi|_{\mathcal{B}_u} = \chi_u(f_u \oplus g_u)$ と書ける．$A_0 \cup \overline{A}_0$ での値は正しいので，その値を変えないようにすると，$e_-^{(u)}$ に値をもつものは $\chi_u f_u$ だけなので，$\chi_u f_u = \phi_0|_{\mathcal{B}_u}$ でなければならない．残りの g_u に関しては，$\varphi_{u,1}^{(+)}$ と適当な定数 C_u をもってきて，$\chi_u g_u = C_u \varphi_{u,1}^{(+)}|_{\mathcal{B}_u}$ となるようにすればよい．そして，

$$\phi_1 = \phi_0 + \sum_{u \in V_1 \cap \{t(a) \mid \phi(a) \neq 0\ (a \in A_0)\}} C_u \varphi_{u,1}^{(+)}$$

とおけば，すべての $a \in A \setminus \cup_{i=2}^{\infty}(A_i \cup \overline{A}_i)$ で $\phi_1(a) = \psi(a)$ となり，ϕ_0 を改良したことになっている．同様な操作を各階層に関して再帰的に行っていけば，

$$\phi_n = \phi_{n-1} + \sum_{u \in V_1 \cap \{t(a) \mid \phi(a) \neq 0\ (a \in A_{n-1})\}} C_u \varphi_{u,1}^{(+)}$$

となる．そして，$a \in A \setminus \cup_{i=n+1}^{\infty}(A_i \cup \overline{A}_i)$ で $\phi_n(a) = \psi(a)$ となる．また，$\phi_n \in \mathcal{F}^{(+)}$ である．

最後に，$\psi \in \overline{\mathcal{F}^{(+)}}$ であることを証明する．ここで，$\psi_{>m} := \psi|_{\cup_{i=m+1}^{\infty}(A_i \cup \overline{A}_i)}$，$\phi_{>m} := \phi|_{\cup_{i=m+1}^{\infty}(A_i \cup \overline{A}_i)}$ とする．仮定より $||\psi||^2 < \infty$ だから，任意の $\epsilon > 0$ に対して，ある十分に大きな k が存在して，$||\psi_{>k}||^2 < \epsilon$. その一方で，

$$\begin{aligned}
||\psi - \phi_k||^2 &= ||\psi_{>k} - \phi_{>k}||^2 \leq 2(||\psi_{>k}||^2 + ||\phi_{>k}||^2) \\
&= 2\left(\epsilon + \sum_{e \in A_k} |\psi(e)|^2 ||\varphi_{t(e),1}^{(+)}||^2\right) = 2\left(\epsilon + 2\sum_{e \in A_k} |\psi(e)|^2\right) \\
&\leq 2\left(\epsilon + 2\sum_{e \in A_{k+1}} |\psi(e)|^2\right) \leq 6\epsilon.
\end{aligned}$$

したがって，$\psi \in \overline{\mathcal{F}^{(+)}}$. $\psi \in \mathcal{H}_-$ のときも，同様に行えば示される． □

有限ツリー上のグローバーウォークでは常に発生の固有空間は存在しないが，無限ツリー上のグローバーウォークでは発生の固有空間が存在するばかりか，その固有関数の個数は無限個ある．そこで，このギャップを理解するために，同じ有限ツリー上の別の量子ウォークを定義して，無限システム上のグローバーウォークを追いかけることを考える．この量子ウォークはじつは有限ツリーのすべての葉をマークした，グローバーウォークにより駆動する量子探索アルゴリズムの時間発展作用素 [10, 13] と一致する．そこで次の節ではこのマーク付きの量子ウォークについて説明する．

4.4 マーク付きの量子ウォーク

4.4.1 一般のグラフの場合の発生の固有空間

有限グラフ $G=(V,A)$ 上の量子ウォークを考える．$M\subset V$ をマークされた頂点の集合とする．$V_M := V \subset M$ とおく．$A_M := \{a\in A \mid t(a), o(a)\in V'\}$ とし，G をマークされた頂点を除去したグラフを $G_M := (V_M, A_M)$ とする．$\mathcal{V}_M := \ell^2(V_M)$ とすると，有向辺とその終点に関する接続行列 $K_M : \mathcal{A}\to\mathcal{V}_M$ を次のように定義する．

$$(K_M\psi)(u) = \frac{1}{\sqrt{d(u)}}\sum_{t(a)=u}\psi(a).$$

ただし，$d(u)$ はもとのグラフ G での次数であることに注意．また，その随伴行列は

$$(K_M^* f)(a) = \frac{1}{\sqrt{d(t(a))}} f(t(a)).$$

マーク付きの量子ウォークの時間発展作用素は，$U_M := SC_M$，ここで，$C_M = 2K_M^*K_M - I$ である．したがって

$$(U_M\psi)(a) = -\psi(\overline{a}) + \mathbf{1}_M(o(a))\frac{2}{d(o(a))}\sum_{t(b)=o(a)}\psi(b)$$

となるので，マークされていない頂点では通常のグローバーウォークで，されている頂点では符号を変えて，完全反射する．これは量子グラフでいい換えると，マークされていない頂点のポテンシャルは 0 で，されているところの頂点のポテンシャルは ∞ であることに相当する [4]．すると，$\mathcal{V}_M := \ell^2(V_M)$，$\mathcal{L}_M := d^*\mathcal{V}_M + Sd^*\mathcal{V}_M$ とし，以下の補題が成立する8)．

補題 4.12. $M\neq\emptyset$ とする．すると，

$$\dim(\mathcal{H}_\pm) = b_1(G) + |M| - 1.$$

証明 まず，

$$\dim(\mathcal{L}) = \dim(d_M^*\mathcal{V}_M) + \dim(Sd_M^*\mathcal{V}_M) - \dim(d_M^*\mathcal{V}_M \cap Sd_M^*\mathcal{V}_M)$$

が成立する．$T_M := K_M S K_M^*$ とすると，定理 4.8 の証明と同様の議論により，

$$\dim(d_M^*\mathcal{V}_M \cap Sd_M^*\mathcal{V}_M) = \dim\ker(1-T_M^2).$$

その一方で，T_M は任意の $u\in V_M$ に対して，

8) 有限連結グラフの場合の U_M の固有値写像定理は [7] を参照．

$$(T_M f)(u) = \sum_{a \in A_M : t(a)=u} \frac{1}{\sqrt{d(t(a)d(o(a)))}}$$

であるから，T の V_M に関する部分行列なので，$M \neq \emptyset$ ならば，$T_M \subset (-1,1)$ である．また，T_M は確率推移行列 P の V_M に関する部分行列とユニタリ同値でもある．よって，$\dim(d_M^* \mathcal{V}_M \cap S d_M^* \mathcal{V}_M) = 0$ である．$\dim(d_M^* \mathcal{V}_M) = \dim(S d_M^* \mathcal{V}_M) = V - |M|$ より，$\dim(\mathcal{L}) = 2(V - |M|)$．量子ウォークの全空間の次元は $2|E|$ であるから，$\dim(\mathcal{L}^\perp) = 2(b_1(G) + |M| - 1)$. ∎

$\mathcal{L}^\perp$ は，$M = \emptyset$ のときと同様に $\mathcal{L}^\perp = \mathcal{H}_{+,M} \oplus \mathcal{H}_{-,M}$ と分割されて，この分割のもと，$U_M|_{\mathcal{L}^\perp} = 1 \oplus (-1)$ である．ただし，$\mathcal{H}_{\pm,M} = \ker(K_M) \cap \ker(\pm 1 + S)$. $M = \emptyset$ のときは，グラフの生成サイクルで記述された $\mathcal{C}^{(\pm)}$ であったが，一方で，$M \neq \emptyset$ のときは，$M = \emptyset$ のときと比べて，(i) $\mathcal{H}_-$ のグラフが二部グラフかどうかの依存性がなくなり，(ii) $\mathcal{H}_\pm$ 両方で $(|M| - 1)$ 次元くらい余分にある，ことについて以下では考察する．ここでのアイディアの基本となることは，任意の $\psi \in \ker(K_M)$ という条件は，すべての $u \in V_M$ に対して $\sum_{t(a)=u} \psi(a) = 0$ を満たすが，$v \in M$ では満たす必要がないので，すべてのフラストレーションをこの M に "押し付ける" ことである．

まず，$M \neq \emptyset$ のときは $\mathcal{H}_-$ のグラフが二部グラフかどうかの依存性がなくなる理由について説明する．奇数長さの生成サイクル $c \in \Gamma_o$ に対して，あるマークされた頂点 $u_* \in M$ に向かってパスをつなぐ．このようなパスはグラフが連結なので必ず存在する．この c を 1 周してから u_* に到達する全体のパスを "$c - u_*$" と書くことにする．つまり，$c = (a_1, \ldots, a_r)$ とし，c から u_* までのパスを $(p_1, \ldots, p_s)$ とすると，

$$\begin{aligned} t(a_1) = o(a_2),\ \ t(a_2) = o(a_3),\ \ \ldots,\ \ t(a_r) = o(a_1) = o(p_1), \\ t(p_1) = o(p_2),\ \ t(p_2) = o(p_3),\ \ \ldots,\ \ t(p_s) = u_* \end{aligned}$$

であり，$c - u_* = (a_1, \ldots, a_r, p_1, \ldots, p_s)$ となる．すると，$\gamma_{c-u_*}^{(-)} \in \mathcal{A}$ は次のようになる．

$$\gamma_{c-u_*}^{(-)}(a_k) = \gamma_{c-u_*}^{(-)}(\overline{a}_k) = -(-1)^k,$$

$$\gamma_{c-u_*}^{(-)}(p_k) = \gamma_{c-u_*}^{(-)}(\overline{p}_k) = 2 \cdot (-1)^k.$$

つくり方から，明らかに $\gamma_{c-u_*}^{(-)} \in \mathcal{H}_{-,M}$ である．偶数長さの生成サイクルに関しては，従来どおり $\gamma_c^{(-)}$ をもってくればよいので，結局，グラフが二部グラフ

であるかどうかに関係なくすべての生成サイクルに対して，一次独立な発生の固有ベクトルをつくることができる．したがって，$b_1(G) \leq \dim \mathcal{H}_{-,M}$ で，

$$\mathrm{span}\{\gamma_c^{(-)} \mid c \in \Gamma_e\} + \mathrm{span}\{\gamma_{c-u_*}^{(-)} \mid c \in \Gamma_o\} \subset \mathcal{H}_{-,M}.$$

また，$\mathcal{H}_{+,M}$ は，M に関係なく，$\mathrm{span}\{\gamma_c^{(+)} \mid c \in \Gamma\} \subset \mathcal{H}_{+,M}$ となる．

次に，$\mathcal{H}_{\pm,M}$ の残りの $(|M|-1)$ 次元分について考察する．M のなかから 1 つ頂点 $u_* \in M$ を固定して，$M \setminus \{u_*\}$ のそれぞれの頂点につながるパスをもってくる．u_* から $v \in M \setminus \{u_*\}$ へつながるパスを $v - u_*$ と記述することにすれば，$\gamma_{v-u_*}^{(\pm 1)} \in \mathcal{H}_{\pm,M}$ である．このパスの端点は V_M ではないので，キルヒホッフを満たす必要がないことに注意．このようにして，$(|M|-1)$ 次元分の発生の固有ベクトルを得ることができる．

以上の考察を以下にまとめる．

定理 4.13. $u_* \in M$ を一つ固定する．すると，$\mathcal{L}^{\perp} = \mathcal{H}_{+,M} \oplus \mathcal{H}_{-,M}$ で，この分割のもと，$U|_{\mathcal{L}^{\perp}} = 1 \oplus (-1)$．さらに，

$$\begin{aligned}
\mathcal{H}_{+,M} &= \mathrm{span}\{\gamma_c^{(+)} \mid c \in \Gamma\} + \mathrm{span}\{\gamma_{v-u_*}^{(+)} \mid v \in M \setminus \{u_*\}\}, \\
\mathcal{H}_{-,M} &= \mathrm{span}\{\gamma_c^{(-)} \mid c \in \Gamma_e\} + \mathrm{span}\{\gamma_{c-u_*}^{(-)} \mid c \in \Gamma_o\} \\
&\qquad + \mathrm{span}\{\gamma_{v-u_*}^{(-)} \mid v \in M \setminus \{u_*\}\}.
\end{aligned}$$

4.4.2 有限ツリーの発生の固有空間

最後にこの応用例として，3 正則ツリーを深さ n で切った有限ツリー $\mathbb{T}_n$ 上のマーク付き量子ウォークについて考える．マークされた頂点集合 M はこの有限ツリーのすべての葉とする．このときの発生の固有空間を求める．もちろんツリーにはサイクルがないので，定理 4.13 の右辺の最後の項だけが残ることになる．$\mathcal{A}$ を 3 正則ツリー上のグローバーウォークの全空間，$\mathcal{A}_n$ を 3 正則ツリーを深さ n で切った有限ツリー上のマーク付き量子ウォークの全空間とする．$\iota : \mathcal{A} \to \mathcal{A}_n$ を，すべての $a \in A(\mathbb{T}_n)$ に対して，$(\iota\psi)(a) = \psi(a)$ とする．一方，その随伴作用素 $\iota^* : \mathcal{A}_n \to \mathcal{A}$ は

$$(\iota^* f)(a) = \begin{cases} f(a) & : a \in A(\mathbb{T}_n), \\ 0 & : \text{その他} \end{cases}$$

である．すると，次がわかる．

命題 4.14. $\mathbb{T}_n$ 上のすべての葉をマークした量子ウォークにおいて，

$$\mathcal{H}_{\pm,M} = \iota\mathcal{F}^{(\pm)}.$$

証明 深さ n にいる $|M|$ 個の葉以外の任意の頂点 $u \in V(\mathbb{T}_n)$ に対して，$\iota\varphi_{u,j}^{(\pm)} \in \mathcal{H}_{\pm,M}$ であることが，定義により導かれる．さらに，異なる頂点 u, v について，$\iota\varphi_{u,j}^{(\pm)}$ と $\iota\varphi_{v,j}^{(\pm)}$ が互いに直交することも同時に確認できるので，

$$|\iota\mathcal{F}^{(\pm)}| = |V(\mathbb{T}_n)| - |\text{ 葉の個数 }| + 1 = 3 \cdot 2^{n-1} - 1.$$

一方で，定理 4.13 より，

$$\dim(\mathcal{H}_{\pm,M}) = |M| - 1 = |\text{ 葉の個数 }| - 1 = 3 \cdot 2^{n-1} - 1$$

であるから，次元が一致し，$\iota\mathcal{F}^{(\pm)} = \mathcal{H}_{\pm,M}$ である． □

注意. 命題 4.14 の左辺は，ここではツリーを考えているのでサイクルが存在せず，4.4.1 項で議論した，マークされた頂点どうしを結んでできるパスのみによって生成される．このパスによる命題 4.14 の右辺 $\iota\mathcal{F}^{(\pm)}$ の基底の表現方法について考える．$\mathbb{T}_n$ の原点の 3 つあるうちの 1 つの子供の頂点を x とおき，原点からはじめて上から下に素直にこの有限ツリーを描いたときの x の直系である葉のラベルを左から順番に，$0_x, 1_x, \ldots, (2^{n-1}-1)_x$ とおく．すると，0_x から j_x への最短経路のパスを $0_x \to j_x$ と書くと，例えば，$\iota\mathcal{F}^{(+)}$ の基底の一つである $\iota\varphi_{1,x}^{(+)}$ は，

$$\iota\varphi_{1,x}^{(+)} = \frac{1}{2^{n-1}} \left(\sum_{j=2^{n-2}}^{2^{n-1}-1} \gamma_{0_x \to j_x}^{(+)} - \sum_{j=1}^{2^{n-2}-1} \gamma_{0_x \to j_x}^{(+)} \right)$$

と書き表される．同様な方法で，葉を除いた $\mathbb{T}_n$ の任意の頂点 u に対して，$\iota\varphi_{j,u}^{(\pm)}$ は，$\{\gamma_{0_x \to v}^{(\pm)}\}_{v \in M \setminus \{0_x\}}$ の線形結合で記述できる．

このようにして，有限ツリーの葉にマークを付けた量子ウォークを考えることによって，正則グラフの発生を固有空間の対応する世代で切断した，有限ツリーにおける自然な発生の固有空間を得ることができる．

最後に，一般に $G_1 = \{o\}$ とし，任意の頂点 $u \in V(G_n) \subset V(G_{n-1})$ から o までの最短距離が n であるような増大するツリーの無限列 $G_1 \subset G_2 \subset \cdots$ が与えられたときに，このような発生の固有空間がその極限でも存在するための条件について考える．$\delta A_n := \{a \mid o(a) \in V(G_n),\ t(a) \in V(G_{n+1})\}$ とし，$\delta V_n := \{o(a) \mid a \in \delta A_n\}$ とおく．各 G_n において，δV_n をマークする量子ウォーク U_n を考える．U_n の発生の固有空間の密度を $\rho_n^{(\pm)}$ とおく，すなわち，

$$\rho_n^{(\pm)} := \frac{\dim\ker(\pm 1 + U_n)}{|A(G_n)|}$$

である．次のことが知られている [7].

定理 4.15. $B_n := |V(G_n)|$, $\delta B_n := B_{n+1} - B_n$ とし，$h := \lim_{n\to\infty} \delta B_n / B_n$ が存在するとする．$\lim_{n\to\infty} G_n$ では葉がないと仮定する．すると，もし $h > 0$ ならば，

$$0 < \frac{h}{2(1+h)} = \lim_{n\to\infty} \rho_n^{(\pm)} \leq \frac{1}{2}.$$

このようにグラフが与えられたときに，そのグラフのサイクルの存在や，正則ツリーのような境界が増大するような部分グラフの増大列をもつかどうかによって，グローバーウォークの発生の固有空間の存在や局在化の可能性をチェックすることができる．

参考文献

[1] A. Ambainis, Quantum walks and their algorithmic applications, International Journal of Quantum Information **1** (2003), 507–518.

[2] K. Chisaki, M. Hamada, N. Konno and E. Segawa, Limit Theorems for quantum walks on trees, Interdisciplinary Information Sciences **15** (2009), 423–429.

[3] Yu. Higuchi, N. Konno, I. Sato and E. Segawa, Spectral and asymptotic properties of Grover walks on crystal lattices, Journal of Functional Analysis **267** (2014), 4197–4235.

[4] Yu. Higuchi, N. Konno, I. Sato and E. Segawa, Quantum graph walks I: mapping to quantum walks, Yokohama Mathematical Journal **59** (2013) 33–55.

[5] Yu. Higuchi, R. Portugal, I. Sato, E. Segawa, Eigenbasis of the evolution operator of 2-tessellable quantum walks, arXiv.:1811.02116.

[6] Yu. Higuchi and E. Segawa, The spreading behavior of quantum walks induced by drifted random walks on some magnifier graph, Quantum Information and Computation **17** (2017), 0399–0414.

[7] Yu. Higuchi and E. Segawa, Quantum walks induced by Dirichlet random walks on infinite trees, Journal of Physics A: Mathematics and Theoretical **51** (2018), 075303.

[8] Yu. Higuchi and T. Shirai, Some spectral and geometric properties for infinite graphs. Contemp. Math. **347** (2004), 29–56.

[9] Y. Ide, N. Konno, E. Segawa, Eigenvalues of quantum walk induced by recurrence properties of the underlying birth and death process: application to computation of an edge state, arXiv:1901.09119.

[10] N. Konno, I. Sato and E. Segawa, The spectra of the unitary matrix of a 2-tessellable staggered quantum walk on a graph, Yokohama Mathematical Journal **62** (2017), 52–87.

[11] K. Matsue, O. Ogurisu and E. Segawa, A note on the spectral mapping theorem of quantum walk models, Interdisciplinary Information Sciences **23** (2017), 105–114.

[12] N. Konno, R. Portugal, I. Sato and E. Segawa, Partition-based discrete-time quantum walks, Quantum Information Processing **17** (2018), 100.

[13] R. Portugal, The staggered quantum walk model, Quantum Information Processing

15 (2016), 85–101.
[14] R. Portugal, Staggered quantum walks on graphs, Physical Review A **93** (2016), 062335.
[15] E. Segawa, Localization of quantum walks induced by recurrence properties of random walks, Journal of Computational and Theoretical Nanoscience: Special Issue: "Theoretical and Mathematical Aspects of the Discrete Time Quantum Walk" **10** (2013), 1583–1590.
[16] E. Segawa and A. Suzuki, Spectral mapping theorem of an abstract quantum walk, arXiv:1506.06457.
[17] T. Shirai, The spectrum of infinite regular line graph, Trans. Amer. Math. Soc., **352** (2000), 115–132.
[18] M. Szegedy, Quantum speed-up of Markov chain based algorithms, Proc. 45th IEEE Symposium on Foundations of Computer Science (2004), 32–41.

第 III 部

解析的側面

5章

量子ウォークのスペクトル·散乱理論

［鈴木章斗］

空間的に一様な量子ウォークは，フーリエ解析によって時間発展が対角化されるので解析しやすいが，非一様な場合はそうでないため模型ごとにさまざまな手法が考案されてきた．本章では，スペクトル·散乱理論を用いて，空間非一様な量子ウォークを包括的に解析する手法を紹介する．

スペクトル·散乱理論を適用すれば，波動作用素によって量子ウォークが対角化され，それによって量子ウォークの速度作用素も自然に定義される．また，ド・モアブル–ラプラスの定理の量子ウォーク版である弱収束極限定理は，量子ウォーカーの時間漸近的な速度分布を与える定理とみなせ，その速度分布は，速度作用素のスペクトル測度によって与えられる．量子ウォークの特徴的な性質である線形的拡がりは速度作用素の存在を意味し，同じく局在化は漸近的な速度が 0 になることと理解される．さらに，漸近的な速度が 0 になる確率は，量子ウォーカーの分布の長時間平均として表現できる．

5.1　量子ウォークの作用素論的な見方

量子ウォークのスペクトル·散乱理論を構築するためには，量子ウォークの業界用語を作用素論の方言に翻訳することが出発点になる．何となれば，スペクトル·散乱理論は，ヒルベルト空間上の作用素論として進化してきた理論であり，量子ウォークに現れる対象を徹底的に作用素論の言葉に置き換えることで，両者のアナロジーが浮き彫りとなるからである．

5.1.1　連続時間量子ウォーク

量子ウォークには，連続時間と離散時間の 2 種類がある．連続時間量子ウォークは，グラフ上のラプラシアンをハミルトニアンにもつ量子力学系で，離散シュレーディンガー作用素の研究の射程に入る．連続時間が離散シュレーディンガーというのは，初めて聞くと珍妙に感じるかもしれないが，時間は連続的だが空間は離散的という意味である．より詳しくは，自己共役作用素 H をグラフラプラシアンから定義されるハミルトニアンとするとき，1 パラメータユニタリ群 $\{e^{-itH}\}_{t\in\mathbb{R}}$ によって時間発展が記述される量子系が連続時間量子ウォークである．そのため，よく整備されたスペクトル･散乱理論の抽象論がかなり適用できる．断っておくが，連続時間量子ウォークが離散シュレーディンガー作用素と思えるからといって，解析が簡単なわけではなく，それ自身が興味深い研究対象のひとつである [1, 19, 21, 27].

5.1.2 離散時間量子ウォーク

離散時間の場合は，連続時間の場合と違って，ハミルトニアンが存在しない．そのため，伝統的なスペクトル･散乱理論をチューンアップしながら，連続時間のアナロジーを構成していく必要がある．以下，断りがない限り，単に量子ウォークといったら，離散時間のそれを表す．

典型的な例である空間一様な 1 次元 2 状態量子ウォークの例からはじめよう．この場合は，量子ウォーカーの状態は，2 乗総和可能な $\mathbb{Z}$ 上の $\mathbb{C}^2$ 値関数の全体のなす状態のヒルベルト空間

$$\mathcal{H} = \ell^2(\mathbb{Z};\mathbb{C}^2) \equiv \left\{ \Psi : \mathbb{Z} \to \mathbb{C}^2 \;\middle|\; \sum_{x\in\mathbb{Z}} \|\Psi(x)\|_{\mathbb{C}^2}^2 < \infty \right\} \tag{5.1}$$

の正規化したベクトルによって表される．時刻 t での量子ウォーカーの状態が Ψ_t のとき，便宜上，$\Psi_t(x)$ を時刻 t，位置 x における量子ウォーカーの状態という．このとき，状態 $\Psi_t(x)$ の時間発展は

$$\Psi_{t+1}(x) = P_0\Psi_t(x+1) + Q_0\Psi_t(x-1) \tag{5.2}$$

と表される．ここで，$P_0, Q_0 \in M_2(\mathbb{C})$ は，その和が 2 次のユニタリ行列になるように選ぶ．すなわち，

$$C_0 := P_0 + Q_0 \in \mathrm{U}(2)$$

である．この条件は，ランダムウォークにおける左右に移動する確率 p, q の和が 1 であることに対応する条件である．

状態の時間発展 (5.2) をランダムウォークの量子力学的拡張とみなし，量子ウォークをランダムウォークの量子版と考える．ランダムウォークとは違い，状態の時間発展なので，この時点では確率は計算できない．量子ウォークでは，

次のようにして確率を導入する．時刻 t における量子ウォーカーの位置 X_t の確率分布は

$$P(X_t = x) = \|\Psi_t(x)\|_{\mathbb{C}^2}^2, \quad x \in \mathbb{Z} \tag{5.3}$$

で与えられるとする．量子ウォーカーが時刻 t で位置 x に出現する観測といってもよい．ここで，

$$(U_0\Psi)(x) = P_0\Psi(x+1) + Q_0\Psi(x-1) \tag{5.4}$$

を満たす $\mathcal{H}$ 上の作用素 U_0 を導入する．初期状態 (時刻 $t=0$ における状態) を $\Psi_0 \in \mathcal{H}$ とすれば，(5.2) から，時刻 $t = 1, 2, \ldots$ の状態は $\Psi_t = U_0^t\Psi_0$ と表される．このようにして，U_0 が量子ウォークの時間発展を記述する．実際に，(5.3) が $\mathbb{Z}$ 上の確率分布を与えることを保証するためには，U_0 がユニタリであると仮定すればよい．

厳密な定義

以上は，量子ウォークの定義というより，ランダムウォークを量子化して，量子ウォークの時間発展作用素 U を導出する手続きである．ここで，改めて U_0 の数学的な定義を述べておこう．まず，$\mathcal{H} \simeq \ell^2(\mathbb{Z}) \oplus \ell^2(\mathbb{Z})$ という同一視を用いて，$\mathcal{H}$ 上のシフト作用素 S を

$$S = \begin{pmatrix} L & 0 \\ 0 & L^* \end{pmatrix} \tag{5.5}$$

で定義する．ここで，L は $\ell^2(\mathbb{Z})$ 上の左シフト作用素で $(Lf)(x) = f(x+1)$ で定義されるユニタリ作用素である．また，L^* はその共役で右シフトになる．S はユニタリ作用素 L と L^* の直和に等しいので，ユニタリになる．

次に，2 次のユニタリ行列

$$C_0 = \begin{pmatrix} a & b \\ c & d \end{pmatrix} \in \mathrm{U}(2) \tag{5.6}$$

をひとつ固定して，それによる掛け算で定義される $\mathcal{H}$ 上のユニタリ作用素を同じ記号 C_0 で表す．このとき，$\mathcal{H}$ 上の時間発展作用素 U_0 を

$$U_0 = SC_0 \tag{5.7}$$

と定義する．S と C_0 がともにユニタリなので，その積 U_0 もユニタリである．C_0 を適当に分解して，$C_0 = P_0 + Q_0$ とおくと，(5.4) を満たすことが確認で

きる[1)].

位置作用素と量子ウォーカーの位置

今度は，量子ウォーカーの位置を表す確率変数 X_t を作用素の言葉で表現する．物理的にいえば，ハイゼンベルグ表示に移行するということである．量子ウォークのダイナミクスをハイゼンベルグ作用素から考える試みは [9] に遡る．

まず，$\mathcal{H}$ 上の位置作用素 $\widehat{x}$ を

$$(\widehat{x}\Psi)(y) = y\Psi(y), \quad y \in \mathbb{Z}$$

で定義する．ただし，$\widehat{x}$ の定義域は，

$$D(\widehat{x}) = \left\{ \Psi \in \mathcal{H} \,\middle|\, \sum_{x\in\mathbb{Z}} x^2 \|\Psi(x)\|_{\mathbb{C}^2}^2 < \infty \right\}$$

である．次に，$\widehat{x}$ のハイゼンベルグ作用素を

$$\widehat{x}_0(t) = U_0^{-t}\widehat{x}U_0^t, \quad t = 0, 1, 2, \ldots$$

で定義する．このとき，X_t の特性関数 $\varphi_{X_t} : \mathbb{R} \to \mathbb{C}$ は，ハイゼンベルグ作用素 $\widehat{x}_0(t)$ と初期状態 Ψ_0 によって次のように表示できる．

命題 5.1. 初期状態が $\Psi_0 \in \mathcal{H}$ のとき，

$$\varphi_{X_t}(\xi) = \left\langle \Psi_0, e^{i\xi\widehat{x}_0(t)}\Psi_0 \right\rangle_{\mathcal{H}}, \quad \xi \in \mathbb{R}.$$

証明 まず，いくつかの準備からはじめよう．$\mathcal{H}$ 上の正射影作用素 Π_x を

$$(\Pi_x\Psi)(y) = \begin{cases} \Psi(x), & y = x, \\ 0, & \text{その他} \end{cases} \tag{5.8}$$

で定義する．容易に示されるように，$\{\, \Pi_x \mid x \in \mathbb{Z} \,\}$ は $\widehat{x}$ のスペクトル分解 $\widehat{x} = \sum_{x\in\mathbb{Z}} x\Pi_x$ を与える．また，(5.8) より，量子ウォーカーの位置 X_t の分布 (5.3) は

$$P(X_t = x) = \|\Pi_x U^t \Psi_0\|_{\mathcal{H}}^2 = \langle U^t\Psi_0, \Pi_x U^t\Psi_0 \rangle_{\mathcal{H}} \tag{5.9}$$

となる．最後の等式で，正射影作用素の自己共役性とベキ等性 $\Pi_x^* = \Pi_x = \Pi_x^2$ を用いた．

以上の準備のもとで，確率変数 X_t の特性関数を計算する．特性関数の定義と (5.9) より，

$$\varphi_{X_t}(\xi) := \mathbb{E}[e^{i\xi X_t}] = \sum_{x\in\mathbb{Z}} e^{i\xi x} P(X_t = x)$$

---

1) P_0 と Q_0 のとり方は，5.1 節の最後の注意を参照されたい．

$$= \sum_{x\in\mathbb{Z}} e^{i\xi x}\langle U_0^t\Psi_0, \Pi_x U_0^t\Psi_0\rangle_{\mathcal{H}}$$
$$= \left\langle \Psi_0, U_0^{-t}\left(\sum_{x\in\mathbb{Z}} e^{i\xi x}\Pi_x\right)U_0^t\Psi_0\right\rangle_{\mathcal{H}}$$

となる．ここで，作用素解析とそのユニタリ共変性 [2, 3.4.2 項] により，

$$U_0^{-t}\left(\sum_{x\in\mathbb{Z}} e^{i\xi x}\Pi_x\right)U_0^t = U_0^{-t}e^{i\xi\widehat{x}}U_0^t = e^{i\xi\widehat{x}_0(t)}$$

となるので，結論を得る． □

弱収束極限定理

弱収束極限定理は，X_t/t の分布の $t\to\infty$ における弱極限に関する定理であり，Konno [14, 15] によって最初に発見された．この定理は，量子ウォークに関する中心極限定理といわれることがある．その理由は，対称ランダムウォークの文脈において，中心極限定理 (または，ド・モアブル–ラプラスの定理) が，ランダムウォーカーの位置 S_t に対して，$S_t/\sqrt{t}$ の分布の弱極限が正規分布になることを意味することとの対応からである．X_t/t の分布の弱極限を求めることは，X_t/t が法則収束するような確率変数 V の分布を求めることと同値である．X_t/t が V に法則収束することを特性関数の言葉でいえば

$$\lim_{t\to\infty}\varphi_{X_t/t}(\xi) = \varphi_V(\xi), \quad \xi\in\mathbb{R}$$

となる．

Konno が最初に示した弱収束極限定理 [14, 15] では，量子ウォーカーは初期時刻で原点にのみ存在すると仮定され，証明は組合せ論的手法を用いて行われた．Grimmett *et al.* [9] は，$e^{i\xi\widehat{x}_0(t)/t}$ の $t\to\infty$ の極限で得られるユニタリ群の生成子 $\widehat{v}_0$ の分布を求めた．$\widehat{v}_0$ は**速度作用素**とか漸近速度とよばれる．このとき，X_t/t の弱極限分布は，速度作用素 $\widehat{v}_0$ のスペクトル測度を用いて，$\|E_{\widehat{v}_0}(\cdot)\Psi_0\|^2$ と表せる．彼らが用いた手法は GJS 法とよばれ，Konno による弱収束極限定理の証明を簡略化し，初期状態に関する制限も除いた．

GJS 法の肝は，

“時間でスケールされた位置作用素 $\widehat{x}_0(t)/t$ は，$t\to\infty$ のとき，
フーリエ変換によって，速度作用素 $\widehat{v}_0$ に対角化される”

ということである．フーリエ変換がうまく機能する理由をヒューリスティックに述べれば，U_0 で定義される量子ウォークが並進対称だからである．並進対称であるとは，U_0 が空間並進に対応する作用素 T_n と可換であることである．すなわち，

$[U_0, T_n] = 0$ である．ここで，$n \in \mathbb{Z}$ に対して，T_n は $(T_n\Psi)(x) = \Psi(x+n)$ で定義される $\mathcal{H}$ 上の作用素である．並進対称であるとき，U_0 と T_n は同時対角化可能となり，対角化はフーリエ変換によって実現される．実際，$\mathcal{K} = L^2\left([0, 2\pi], \frac{dk}{2\pi}\right)$ として，フーリエ変換 $\mathscr{F} : \mathcal{H} \to \mathcal{K}$ を

$$\mathscr{F}\Psi(k) \equiv \widehat{\Psi}(k) := \sum_{x \in \mathbb{Z}} e^{-ikx}\Psi(x), \quad k \in [0, 2\pi]$$

で定義すると[2)]，T_n は $\mathscr{F}T_n\mathscr{F}^* = e^{ikn}$ のように $\mathcal{K}$ 上の掛け算作用素 e^{ikn} に対角化される．U_0 が並進対称である理由は，コイン作用素 C_0 が空間変数に依存しないからである．このような並進対称な量子ウォークを空間一様であるという．

一方，コイン作用素が空間に依存する場合は，並進対称性が失われるので，GJS 法はうまく機能しない．例えば，原点でのみでコインが異なる一欠陥モデルや，原点を境に右と左でコインが異なる二相系の量子ウォークでは，母関数法を用いた弱収束極限定理の証明法が開発されている [17, 5, 6]．より一般の空間に依存するコインに対しては，スペクトル･散乱理論の考え方が有効である [26]．なぜなら，スペクトル･散乱理論を用いると，コインが空間に依存していても対角化できるからである．

以下，各節ではスペクトル･散乱理論を使って，空間依存するコインをもつ量子ウォークの弱収束極限定理の証明し，その意味について考察していく．量子ウォークのスペクトル･散乱理論を展開するための準備として，5.2 節ではフーリエ変換と GJS 法を簡単に紹介する．5.3 節では，短距離型のコイン作用素についてスペクトル･散乱理論を展開し，5.4 節では，極限分布の意味を考察する．最後に今後の展望を述べる．

注意． 離散時間量子ウォークの定義に関する注意を述べておく．この部分は読み飛ばしても，5.2 節以降に影響はない．厳密な U_0 の定義 (5.7) から，ヒューリスティックな定義 (5.4) の P_0 と Q_0 を計算してみると，

$$P_0 = \begin{pmatrix} a & b \\ 0 & 0 \end{pmatrix}, \quad Q_0 = \begin{pmatrix} 0 & 0 \\ c & d \end{pmatrix} \tag{5.10}$$

となる．ただし，$C_0 = \begin{pmatrix} a & b \\ c & d \end{pmatrix}$ とした．じつは，(5.4) を満たすような C_0 の分解

2) 正確には，右辺は有限な台をもつ Ψ にのみ意味をもつが，そのような Ψ のなす部分空間は稠密なので，$\mathcal{H}$ 全体に一意に拡張できる．

$C_0 = P_0 + Q_0 \in \mathrm{U}(2)$ は，(5.10) の形以外にも存在する．例えば，シフト作用素として $\widetilde{S} = \begin{pmatrix} 0 & L \\ L^* & 0 \end{pmatrix}$ をとると，異なる分解 $C_0 = P_0 + Q_0$ を得る．そのため，厳密な定義 (5.7) はヒューリスティックな定義 (5.4) よりも狭いクラスに制限されるように思えるかもしれない．実際には，時間発展作用素の表示 $U_0 = SC_0$ にはシフト作用素 S とコイン作用素 C_0 の選び方に自由度があるにすぎない．現に，$\sigma_1 = \begin{pmatrix} 0 & 1 \\ 1 & 0 \end{pmatrix}$ は $\sigma_1^2 = 1$ なので，$\widetilde{C}_0 = \sigma C_0$ とおけば，$SC_0 = (S\sigma_1) \cdot (\sigma_1 C_0) = \widetilde{S}\widetilde{C}_0$ となる．さらに，$\sigma_1 = \sigma_1^*$ がユニタリであることから，U_0 で時間発展する系と $\sigma_1 U_0 \sigma_1 = (\sigma_1 S) \cdot (C_0 \sigma_1)$ で時間発展する系は同値である．したがって，シフト作用素として $\sigma_1 S = \begin{pmatrix} 0 & L^* \\ L & 0 \end{pmatrix}$ をとっても，同値な系を与えるようなコイン作用素がとれることになる．このように，量子ウォークにはさまざまな表示があるが，それらの同値性をより一般的な形で示すのが第 6 章のテーマである．結果，厳密な定義 (5.7) とヒューリスティックな定義 (5.4) が指定する量子ウォークのクラスは一致する．

5.2 空間一様な場合の弱収束極限定理

この節では，GJS 法 [9] に基づいて，(5.5), (5.6), (5.7) で定義された U_0 で時間発展する空間一様な量子ウォークの弱収束極限定理を証明する．この考え方が，次節で散乱理論を展開するための基本となる．

定理 5.2. U_0 で時間発展する量子ウォーカーの位置を X_t とする．このとき，$t \to \infty$ で，X_t/t はある確率変数 V に法則収束する．

証明の概要　GJS 法のアイディアは，

$$\lim_{t\to\infty} \left\langle \Psi_0, e^{i\xi \widehat{x}_0(t)/t} \Psi_0 \right\rangle = \left\langle \Psi_0, e^{i\xi \widehat{v}_0} \Psi_0 \right\rangle, \quad \xi \in \mathbb{R} \tag{5.11}$$

を満たす量子ウォーカーの速度作用素 $\widehat{v}_0$ をみつけて，そのスペクトル測度 $E_{\widehat{v}_0}$ から X_t/t の極限分布である V の分布を定めるというものである[3]．実際，(5.11) を満たす $\widehat{v}_0$ がみつかったとき，V を確率分布 $\|E_{\widehat{v}_0}(\cdot)\Psi_0\|^2$ に従う確率変数として定義できる．つまり，V の特性関数は

---

3) $\widehat{v}_0$ は自己共役作用素なので，スペクトル定理より，$\widehat{v}_0$ のスペクトル測度 $E_{\widehat{v}_0}$ がただ一つ定まる．スペクトル定理やスペクトル測度については，[2, 3 章] を参照されたい．

$$\varphi_V(\xi) := \mathbb{E}(e^{i\xi V}) = \int_{\sigma(\widehat{v}_0)} e^{i\xi v} d\|E_{\widehat{v}_0}(v)\Psi_0\|^2$$

となる．ここで，$\sigma(\widehat{v}_0)$ は $\widehat{v}_0$ のスペクトルを表す．5.1 節で X_t の特性関数を計算したときと同様に，作用素解析を用いれば，

$$\varphi_V(\xi) = \left\langle \Psi_0, e^{i\xi\widehat{v}_0}\Psi_0 \right\rangle \tag{5.12}$$

となる．また，特性関数の定義より，X_t/t の特性関数 $\varphi_{X_t/t}(\xi)$ は，$\varphi_{X_t}(\xi/t)$ に等しい．よって，命題 5.1 と (5.11), (5.12) より

$$\lim_{t\to\infty} \varphi_{X_t/t}(\xi) = \lim_{t\to\infty} \left\langle \Psi_0, e^{i\xi x_0(t)/t}\Psi_0 \right\rangle = \varphi_V(\xi), \quad \xi \in \mathbb{R}$$

となる． □

証明の概略からわかるように，GJS 法による証明は，速度作用素 $\widehat{v}_0$ を構成することで完了する．また，この方法では，X_t/t の弱極限分布は $\|E_{\widehat{v}_0}(\cdot)\Psi_0\|^2$ であることもわかる．

5.2.1 $\widehat{v}_0$ の構成法

$\widehat{v}_0$ を構成するための準備として，時間発展 U_0 をフーリエ変換で対角化する．5.1 節で述べたように，U_0 は並進対称なので，フーリエ変換によって対角化される．実際，そのフーリエ変換 $\mathscr{F}U_0\mathscr{F}^{-1}$ はユニタリ行列

$$\widehat{U}_0(k) = \begin{pmatrix} e^{ik} & 0 \\ 0 & e^{-ik} \end{pmatrix} C_0 \in \mathrm{U}(2)$$

による $\mathcal{K}$ 上の掛け算作用素になる．また，$\widehat{U}_0(k)$ の固有値 $\lambda_j(k)$ $(j=1,2)$ に対する固有ベクトルを $|u_j(k)\rangle$ $(j=1,2)$ とおくと，

$$\widehat{U}_0(k) = \sum_{j=1,2} \lambda_j(k)|u_j(k)\rangle\langle u_j(k)|, \quad k \in [0, 2\pi]$$

と対角化される．いま，

$$v_j(k) = \frac{i\lambda_j'(k)}{\lambda_j(k)}, \quad j = 1, 2 \tag{5.13}$$

とおくと，$v_j(k)$ は実数となる．実際，$\widehat{U}_0(k)$ はユニタリなので，その固有値 $\lambda_j(k)$ は絶対値 1 の複素数である．ゆえに，$\lambda_j(k) = e^{-i\theta_j(k)}$ と表せば，$v_j(k) = \theta_j'(k)$ は実数となる．そこで，次のエルミート行列

$$\widehat{v}_0(k) = \sum_{j=0,1} v_j(k)|u_j(k)\rangle\langle u_j(k)|, \quad k \in [0, 2\pi]$$

による $\mathcal{K}$ 上の掛け算作用素のフーリエ逆変換で速度作用素 $\widehat{v}_0$ を定義する．すなわち，$\mathscr{F}\widehat{v}_0\mathscr{F}^*$ が $\widehat{v}_0(k)$ による掛け算作用素となる．

定理 5.2 の概略で述べたように，速度作用素は (5.11) を満たす必要があるが，実際には，次のより強い事実が示される．証明は [26] にゆずる．

補題 5.3. $U_0 = SC_0$ とするとき，

$$\text{s-}\lim_{t\to\infty} e^{i\xi\widehat{x}_0(t)/t} = e^{i\xi\widehat{v}_0}, \quad \xi \in \mathbb{R}$$

が成り立つ．

これにより，すべての初期状態 Ψ_0 に対して，(5.11) が成立することもわかる．以上で，速度作用素 $\widehat{v}_0$ が具体的に構成できた．

5.2.2　極限分布の表示

弱極限分布 $\|E_{\widehat{v}_0}(\cdot)\Psi_0\|^2$ の具体的な表示を求める．そこでまず，分布の定義域である $\widehat{v}_0$ のスペクトルを計算することからはじめよう．改めて，ユニタリ行列 $C_0 \in \mathrm{U}(2)$ を

$$C_0 = \begin{pmatrix} |a|e^{i\alpha} & b \\ -\bar{b}e^{i\delta} & |a|e^{i(\delta-\alpha)} \end{pmatrix} \tag{5.14}$$

と一般形で表す．ただし，$|a|^2+|b|^2=1$, $\det C_0 = e^{i\delta}$, $\alpha, \delta \in [0, 2\pi)$ とした．議論を簡単にするため，$0<|a|<1$ を仮定する．このとき，U_0 のフーリエ変換 $\widehat{U}_0(k)$ の固有値は

$$\lambda_j(k) = \left\{\tau(k) + i(-1)^{j-1}\sqrt{1-\tau(k)^2}\right\} e^{i\delta/2}, \quad j=1,2 \tag{5.15}$$

となることが直接計算で確かめられる．ここで，$k_0 = \alpha - \delta/2$ とおいて，$\tau(k) = |a|\cos(k+k_0)$ とした．また，(5.13) より

$$v_j(k) = \frac{(-1)^j \sigma(k)}{\sqrt{|b|^2+\sigma^2(k)}}, \quad j=1,2$$

となる．ここで，$\sigma(k) = |a|\sin(k+k_0)$ とした．よって

$$\sigma(\widehat{v}_0) = \bigcup_{j=1,2} \overline{\{v_j(k) \mid k \in [0,2\pi)\}} = [-|a|, |a|]$$

となる．また，$\widehat{v}_0$ のスペクトルは純粋に絶対連続である ([23, Theorem XIII.86] 参照)．したがって，$\|E_{\widehat{v}_0}(\cdot)\Psi_0\|^2$ はルベーグ測度に対して，絶対連続であり，

密度関数が存在する．

では，$\|E_{\widehat{v}_0}(\cdot)\Psi_0\|^2$ の密度関数を求めよう[4]．まず，$I_m = [\pi(m-1/2)-k_0, \pi(m+1/2)-k_0]$ とおいて，関数 $k_{j,m} : [-|a|, |a|] \to I_m$ を

$$k_{j,m}(v) = -k_0 + m\pi + \arcsin\left(\frac{(-1)^{j+m}|b|v}{|a|\sqrt{1-v^2}}\right), \quad j=1,2,\ m=0,1$$

で定義する．次の補題は読者自身で確かめられたい．

補題 5.4. (1) $k_{j,m}$ は開区間 $(-|a|, |a|)$ で微分可能で

$$\frac{dk_{j,m}}{dv} = (-1)^{j+m}\pi f_K(v;|a|), \quad j=1,2,\ m=0,1$$

を満たす．ここで，$f_K(\cdot\,;r)$ は $r>0$ に対して，

$$f_K(v;r) = \begin{cases} \dfrac{\sqrt{1-r^2}}{\pi(1-v^2)\sqrt{r^2-v^2}}, & v \in (-r, r), \\ 0, & \text{その他} \end{cases} \tag{5.16}$$

で定義される今野関数である．

(2) $k_{j,m}$ は全単射で，逆関数は v_j の I_m への制限である．

次に，$\mathcal{H}$ から重み付き L^2 空間 $\mathcal{G} := L^2\left([-|a|, |a|], f_K(v;|a|)\frac{dv}{2}\right)$ への作用素 $K_{j,m}$ を

$$(K_{j,m}\Psi)(v) = \langle u_j(k_{j,m}(v)), (\mathcal{F}\Psi)(v)\rangle_{\mathbb{C}^2}, \quad v \in [-|a|, |a|]$$

によって定義する．ここで，$u_j(k)$ は $\widehat{U}_0(k)$ の固有ベクトルである．補題 5.4 を使って，$k = k_{j,m}(v)$ で変数変換を行うことで，以下の補題が証明できる[5]．

補題 5.5. $K_{j,m}$ は有界作用素であり，次の性質を満たす．

(1) $K_{j,m}(K_{j',m'})^* = \delta_{jj'}\delta_{mm'}\mathrm{id}_{\mathcal{G}} \quad (j, j' \in \{1,2\},\ m, m' \in \{0,1\})$.

(2) $\displaystyle\sum_{j\in\{1,2\},\, m\in\{0,1\}} (K_{j,m})^* K_{j,m} = \mathrm{id}_{\mathcal{H}}$.

(3) ボレル可測関数 f に対して，$f(\widehat{v}_0) = \displaystyle\sum_{j\in\{1,2\},\, m\in\{0,1\}} (K_{j,m})^* f K_{j,m}$ が成り立つ．ただし，左辺の $f(\widehat{v}_0)$ は作用素解析で定義される $\mathcal{H}$ 上の作用素[6]で，右辺の f は $\mathcal{G}$ 上の掛け算作用素である．

---

4) ここでは，[25, 18] の方法に従う．
5) 詳細は [25] を参照されたい．
6) 自己共役作用素 $\widehat{v}_0$ の関数ともいう．

以上の準備のもとで，$\|E_{\widehat{v_0}}(\cdot)\Psi_0\|^2$ の密度関数が次のようにして表せる．各 $\Psi \in \mathcal{H}$ に対して，関数 $w(\cdot\,;\Psi)$ を

$$w(v;\Psi) = \sum_{j\in\{1,2\},\, m\in\{0,1\}} |(K_{j,m}\Psi)(v)|^2, \quad v \in [-|a|, |a|] \tag{5.17}$$

で定める．このとき，X_t/t の極限分布は次で与えられる．

系 5.6. 定理 5.2 における確率変数 V の確率密度関数は

$$\frac{d}{dv}\|E_{\widehat{v_0}}(v)\Psi_0\|^2 = \frac{1}{2}w(v;\Psi_0)f_K(v;|a|)$$

である．

証明 $B \subset \mathbb{R}$ をボレル集合とし，その特性関数を χ_B と表すと，作用素解析により $\chi_B(\widehat{v_0}) = E_{\widehat{v_0}}(B)$ となる．そこで，補題 5.5(3) を $f = \chi_B$ として応用すると，$E_{\widehat{v_0}}(B) = \sum_{j\in\{1,2\},\, m\in\{0,1\}} (K_{j,m})^*\chi_B K_{j,m}$ となる．正射影作用素の自己共役性とベキ等性から

$$\begin{aligned}\|E_{\widehat{v_0}}(B)\Psi_0\|^2 &= \left\langle \Psi_0, \sum_{j\in\{1,2\},\, m\in\{0,1\}} (K_{j,m})^*\chi_B K_{j,m}\Psi_0 \right\rangle \\ &= \sum_{j\in\{1,2\},\, m\in\{0,1\}} \langle K_{j,m}\Psi_0, \chi_B K_{j,m}\Psi_0\rangle_{\mathcal{G}} \\ &= \int_B \frac{1}{2}w(v;\Psi_0)f_K(v;|a|)\,dv\end{aligned}$$

と表せる．最後の等式で，$w(v;\Psi_0)$ の定義 (5.17) を使った．この式は，V の分布 $\|E_{\widehat{v_0}}(\cdot)\Psi_0\|^2$ の確率密度関数が $\frac{1}{2}w(v;\Psi_0)f_K(v;|a|)$ であることを示す． □

5.3 スペクトル・散乱理論

前節までは, 空間一様なコイン C_0 をもつ量子ウォークを考えた．ここからは, 空間依存するコインを考える．そのために，ユニタリ行列の族 $\{C(x)\}_{x\in\mathbb{Z}} \subset \mathrm{U}(2)$ をとり，コイン作用素 C を，$C(x)$ による $\mathcal{H}$ 上の掛け算作用素として定義する．すなわち，任意の $\Psi \in \mathcal{H}$ に対して

$$(C\Psi)(x) = C(x)\Psi(x), \quad x \in \mathbb{Z}$$

とする．このとき，$U = SC$ によって時間発展の作用素を定義する．U を時間発展とする量子ウォークの弱収束極限定理を，スペクトル・散乱理論を応用して証明するのが本節の目標である．そのために，以下の仮定をおく．

(SR) ある $C_0 \in \mathrm{U}(2)$ が存在して

$$\|C(x) - C_0\| \le \kappa |x|^{-1-\epsilon}, \quad x \in \mathbb{Z} \setminus \{0\}$$

となる．ここで，$\kappa > 0, \epsilon > 0$ は x に依存しない定数である．

この条件は，シュレーディンガー作用素のスペクトル・散乱理論における短距離型とよばれる条件に対応するので，条件 (SR) を満たすコイン作用素を短距離型とよぶことにする．条件 (SR) から

$$C_0 = \lim_{|x| \to \infty} C(x) \tag{5.18}$$

が導かれるが，これは $|x| \to \infty$ におけるコイン作用素の等方性を意味する．次の補題の証明は [26] を参考にされたい．

補題 5.7. $U = SC$ と $U_0 = SC_0$ とするとき，次が成り立つ．
(1) 条件 (5.18) を満たすとき，$U - U_0$ はコンパクト作用素である．
(2) 条件 (SR) を満たすとき，$U - U_0$ はトレースクラス作用素である．

この補題より，U の本質的スペクトルが決定される．

命題 5.8. 条件 (5.18) を満たし，C_0 が (5.14) で表されるとき，

$$\sigma_{\mathrm{ess}}(U) = \{e^{i(\delta/2 + (-1)^j \arccos \tau)} \mid \tau \in [-|a|, |a|],\ j = 1, 2\} \tag{5.19}$$

が成り立つ．ただし，$0 < |a| < 1$ とする．

証明 (5.19) の右辺の集合を Ξ とおく．まず，(5.15) から，$\sigma_{\mathrm{ess}}(U_0) = \sigma(U_0) = \Xi$ となり，U_0 の本質的スペクトルが決定される．次に，補題 5.7 より，$U - U_0$ がコンパクトなので，$\sigma_{\mathrm{ess}}(U) = \sigma_{\mathrm{ess}}(U_0)$ となり，結論を得る． □

例 5.9 (一欠陥モデル)．$C(x)$ を次のように定める．$D, C_0 \in \mathrm{U}(2)$ とするとき，

$$C(x) := \begin{cases} D, & x = 0, \\ C_0, & \text{その他} \end{cases}$$

とする．$D \neq C_0$ のとき，このようなコイン作用素から定まる U で時間発展する量子ウォークを一欠陥モデル (one defect model) という．$\|C(x) - C_0\| = 0$ $(x \neq 0)$ となるので，一欠陥モデルは (SR) を満たす．一欠陥モデルの弱収束極限定理は [17, 5] で証明されている． □

(SR) の条件に，遠方における異方性を加味した以下の仮定も考えられる．

(SR′) ある $C_\ell, C_r \in \mathrm{U}(2)$ が存在して

$$\begin{cases} \|C(x) - C_\ell\| \leq \kappa |x|^{-1-\epsilon}, & x > 0, \\ \|C(x) - C_r\| \leq \kappa |x|^{-1-\epsilon}, & x < 0 \end{cases}$$

となる．ここで，$\kappa > 0, \epsilon > 0$ は x に依存しない定数である．

例 5.10 (二相系)．$D, C_\ell, C_r \in \mathrm{U}(2)$ とするとき，

$$C(x) = \begin{cases} C_\ell, & x < 0, \\ D, & x = 0, \\ C_r, & x > 0 \end{cases}$$

で定義されるコイン作用素をもつ量子ウォークを二相系という．二相系は明らかに (SR′) を満たす．二相系の弱収束極限定理は，[6] で証明されている． □

5.3.1 短距離型のスペクトル・散乱理論

以後，常に (SR) が仮定されているものとする[7)]．

さて，条件 (SR) における極限コイン $C_0 = \lim_{|x| \to \infty} C(x)$ で空間一様な量子ウォークの時間発展を $U_0 = SC_0$ で定義する．また，C_0 は (5.14) のように表示され，$0 < |a| < 1$ を満たすとする．$a = 0, 1$ の場合は [26] をみよ．

前節の議論から U_0 はフーリエ変換によって対角化できるので，U を U_0 にうまく変換できれば，U も対角化できることが期待される．命題 5.8 とその証明でみたように，U の本質的スペクトルは U_0 のスペクトルと一致するが，前節の議論から，U_0 のスペクトルが純粋に絶対連続であることもわかる．一般に，U のスペクトルは，点スペクトル，絶対連続スペクトル，特異連続スペクトルからなる．したがって，もし U が U_0 に対角化されるとすれば，U の絶対連続部分のみであるので，U の点スペクトルと特異連続部分も考察する必要がある．以下，これらの点をふまえながら，(SR) の場合の速度作用素を構成し，弱収束極限定理を完成させていく．

---

7) (SR′) の場合も同様の議論が展開できるがややテクニカルなので，興味がある読者は [24, 25] をご覧いただきたい．

5.3.2 波動作用素による絶対連続部分の対角化

連続時間のスペクトル・散乱理論における自己共役作用素 H と H_0 に対する**波動作用素** $W_+(H, H_0) = \text{s-}\lim_{t\to+\infty} e^{itH}e^{-itH_0}\Pi_{\text{ac}}(H_0)$ がもつ次の性質

$$e^{isH}W_+(H, H_0) = W_+(H, H_0)e^{isH_0}$$

は intertwining property とよばれる．ここで，$\Pi_{\text{ac}}(H_0)$ は H_0 の絶対連続部分空間 $\mathcal{H}_{\text{ac}}(H_0)$ への正射影である．これを参考にして，離散時間版の波動作用素を

$$W_+(U, U_0) := \text{s-}\lim_{t\to\infty} U^{-t}U_0^t\Pi_{\text{ac}}(U_0) \tag{5.20}$$

で定義する．(5.20) の右辺の極限の存在は，連続時間の波動作用素に対する Kato-Rosenblum の定理の離散時間版もしくはユニタリ版である次の補題から保証される[8)]．

補題 5.11. U_1, U_2 をユニタリ作用素とし，$U_1 - U_2$ がトレースクラス作用素とする．このとき，$\text{s-}\lim_{t\to\infty} U_1^{-t}U_2^t\Pi_{\text{ac}}(U_2)$ が存在する．

補題 5.7 より，$U - U_0$ がトレースクラスなので，$U_0 - U$ もまたトレースクラスとなる．よって，補題 5.11 より，$W_+(U, U_0)$ だけでなく，$W_+(U_0, U)$ も存在する．また，いまの場合の intertwining property は

$$U^sW_+(U, U_0) = \left(\text{s-}\lim_{t\to\infty} U^{-t+s}U_0^{t-s}\Pi_{\text{ac}}(U_0)\right)\cdot U_0^s = W_+(U, U_0)U_0^s$$

のようにして示される．

これらの事実を総合すると，波動作用素の完全性 $\operatorname{Ran} W_+(U, U_0) = \mathcal{H}_{\text{ac}}(U)$ が導かれ，次の定理が証明できる．

定理 5.12. 条件 (SR) のもとで，$W_+ := W_+(U, U_0)$ は U_0 の絶対連続部分空間 $\mathcal{H}_{\text{ac}}(U_0)$ から U の絶対連続部分空間 $\mathcal{H}_{\text{ac}}(U)$ へのユニタリ作用素であり，

$$(W_+)^*U|_{\mathcal{H}_{\text{ac}}(U)}W_+ = U_0$$

が成り立つ．

---

8) このようなユニタリ作用素に対する波動作用素の考察は，[12, 13] に遡る．補題 5.11 の証明は，これらの論文と [26] を参照してほしい．ちなみに，$H_1 - H_2$ がトレースクラスとなるような自己共役作用素 H_1, H_2 に対して，$\text{s-}\lim_{t\to\infty} e^{itH_2}e^{-itH_1}\Pi_{\text{ac}}(H_1)$ が存在するというのが，オリジナルの Kato-Rosenblum の定理の仮定である．

こうして，U の絶対連続部分が U_0 に対角化された．

5.3.3 Mourre の定理と特異連続スペクトルの非存在

通常，Mourre の定理は，自己共役作用に対する特異連続スペクトルの非存在をいうものであるが，そのユニタリ作用素版が存在する [7, 4]．Asch らは，(SR) と類似の条件のもと，Mourre の定理を用いて，特異連続スペクトルの非存在を証明した [3, Theorem 3.4, Proposition 4.1]．条件 (SR′) の場合は，[24] で証明されている．

次の不等式

$$E_U(\Theta)U^*[A,U]E_U(\Theta) \geq cE_U(\Theta) + K \tag{5.21}$$

をユニタリ作用素 U に対する Mourre の不等式という．ここで自己共役作用素 A は，U の conjugate operator とよばれる．また，Θ は複素平面内の単位円周に含まれるボレル集合，E_U は U のスペクトル測度，$c>0$ は定数で，K はコンパクト作用素である．

Mourre の不等式が示されると，一般論より，Θ における特異連続スペクトルの非存在が従う．

定理 5.13. 条件 (SR) のもとで，U は特異連続スペクトルをもたない．

詳しい証明や conjugate operator の構成法は，原論文 [3, Proposition 4.1] や [24, Lemma 4.9] を参照してもらいたい．

5.3.4 速度作用素の構成

定理 5.13 より，$\mathcal{H} = \mathcal{H}_{\mathrm{p}}(U) \oplus \mathcal{H}_{\mathrm{ac}}(U)$ となる．ここで $\mathcal{H}_{\mathrm{p}}(U)$ は，U の点スペクトル空間 $\Pi_{\mathrm{p}}(U)$ とする．また，$\mathcal{H}_{\mathrm{p}}(U)$ への正射影を $\Pi_{\mathrm{p}}(U)$ で表す．

いま，$\widehat{v}_0$ を U_0 の速度作用素とし，U の速度作用素を $\widehat{v} = W_+\widehat{v}_0 W_+^*$ で定義する．このとき，U で時間発展する量子ウォークに対する位置作用素のハイゼンベルグ作用素 $\widehat{x}(t) = U^{-t}\widehat{x}U^t$ に対して，次が成り立つ[9]．

命題 5.14. (1) $\displaystyle \text{s-}\lim_{t\to\infty} e^{i\xi\widehat{x}(t)/t}\Pi_{\mathrm{p}}(U) = \Pi_{\mathrm{p}}(U), \quad \xi \in \mathbb{R}.$

(2) $\displaystyle \text{s-}\lim_{t\to\infty} e^{i\xi\widehat{x}(t)/t}\Pi_{\mathrm{ac}}(U) = e^{i\xi\widehat{v}}\Pi_{\mathrm{ac}}(U), \quad \xi \in \mathbb{R}.$

---

9) 証明は [26] をみよ．

これまでの準備のもとで，ハイゼンベルグ作用素 $\widehat{x}(t)$ の振る舞いが決定できる．

定理 5.15. 条件 (SR) のもとで，$\Pi_{\mathrm{p}}(U) = \ker \widehat{v}$，かつ

$$\text{s-}\lim_{t\to\infty} e^{i\xi\widehat{x}(t)/t} = \Pi_{\mathrm{p}}(U) + e^{i\xi\widehat{v}}\Pi_{\mathrm{ac}}(U), \quad \xi \in \mathbb{R}$$

が成り立つ．

証明 定理の前半の主張は，$\ker U_0$ と $\widehat{v}_0$ が純粋に絶対連続で，$\mathcal{H} = \mathrm{Ran}\,\Pi_{\mathrm{ac}}(U_0)$ かつ $\ker W_+^* = \mathcal{H}_{\mathrm{p}}(U)$ であることから従う．後半の主張は，定理 5.13 より，$\Pi_{\mathrm{p}}(U) + \Pi_{\mathrm{ac}}(U) = 1$ なので，命題 5.14 を使うと

$$\begin{aligned}\text{s-}\lim_{t\to\infty} e^{i\xi\widehat{x}(t)/t} &= \text{s-}\lim_{t\to\infty} e^{i\xi\widehat{x}(t)/t}\Pi_{\mathrm{p}}(U) + \text{s-}\lim_{t\to\infty} e^{i\xi\widehat{x}(t)/t}\Pi_{\mathrm{ac}}(U)\\ &= \Pi_{\mathrm{p}}(U) + e^{i\xi\widehat{v}}\Pi_{\mathrm{ac}}(U)\end{aligned}$$

となって示される． □

5.3.5 弱収束極限定理

以上で，弱収束極限定理を証明する準備が整った．空間依存するコインをもつ時間発展 U に対する量子ウォーカーの位置を X_t で表し，確率分布

$$\mu_V = \|\Pi_{\mathrm{p}}(U)\Psi_0\|^2\delta_0 + \|E_{\widehat{v}}(\cdot)\Pi_{\mathrm{ac}}(U)\Psi_0\|^2 \tag{5.22}$$

に従う確率変数を V とする．μ_V が確率測度であることは，

$$\mu_V(\mathbb{R}) = \|\Pi_{\mathrm{p}}(U)\Psi_0\|^2 + \|\Pi_{\mathrm{ac}}(U)\Psi_0\|^2$$

と，定理 5.13 から確かめられる．

定理 5.16. 条件 (SR) のもとで，X_t/t は V に法則収束する．

証明 まず，作用素の関数 $e^{i\xi\widehat{v}}$ と μ_V の定義から，V の特性関数は

$$\begin{aligned}\varphi_V(\xi) = \mathbb{E}(e^{i\xi V}) &= e^{i\xi 0}\|\Pi_{\mathrm{p}}(U)\Psi_0\|^2 + \int_{\sigma(\widehat{v})} e^{i\xi v} d\|E_{\widehat{v}}(v)\Pi_{\mathrm{ac}}(U)\Psi_0\|^2\\ &= \|\Pi_{\mathrm{p}}(U)\Psi_0\|^2 + \langle \Pi_{\mathrm{ac}}(U)\Psi_0, e^{i\xi\widehat{v}}\Pi_{\mathrm{ac}}(U)\Psi_0\rangle\end{aligned}$$

と表せる．また，空間一様の場合の定理 5.2 の証明と同様にして，

$$\varphi_{X_t/t}(\xi) = \varphi_{X_t}(\xi/t) = \left\langle \Psi_0, e^{i\xi\widehat{x}(t)/t}\Psi_0 \right\rangle$$

となる．ここで，定理 5.15 を用いて右辺の極限をとって，定理 5.12 と定理 5.13 を用いると

$$\begin{aligned}\lim_{t\to\infty}\varphi_{X_t/t}(\xi) &= \left\langle \Psi_0, \left(\Pi_{\mathrm{p}}(U) + e^{i\xi\widehat{v}}\Pi_{\mathrm{ac}}(U)\right)\Psi_0 \right\rangle \\ &= \|\Pi_{\mathrm{p}}(U)\Psi_0\|^2 + \langle \Pi_{\mathrm{ac}}(U)\Psi_0, e^{i\xi\widehat{v}}\Pi_{\mathrm{ac}}(U)\Psi_0\rangle.\end{aligned}$$

よって，$\lim_{t\to\infty}\varphi_{X_t/t}(\xi) = \varphi_V(\xi)$ が示されたので，結論を得る． □

5.4 弱極限分布

この節では，量子ウォーカーの漸近的振る舞いと弱極限分布 μ_V の関係を調べていく．

5.4.1 線形的拡がり

前節で，条件 (SR) のもとで，X_t/t が V に法則収束することを証明した．このことを形式的に $X_t \sim tV$ と表し，線形的拡がりという．つまり，量子ウォーカーは，t について 1 次のオーダーで進んでいくということである．

前節でみたように，V は速度作用素のスペクトル測度から定まる．また，X_t/t は平均の速度であるから，$t\to\infty$ のときの極限 V は，量子ウォーカーの漸近的な速度ととらえるのが自然であろう．この意味で，V の分布は，量子ウォーカーの漸近的な速度分布であるといえる．以後，V を量子ウォーカーの速度ということにする．

5.4.2 局在化

量子ウォークの局在化の定義の仕方にはいくつか流儀があるが，ここでは，ある $x\in\mathbb{Z}$ で，$\limsup_{t\to\infty} P(X_t = x) > 0$ となるとき，局在化が起きると定義する [16]．以下では，量子ウォーカーの速度 V と，局在化の関係を明らかにする．

まず，(5.22) より，量子ウォーカーの速度 V が 0 になる確率は

$$P(V=0) = \|\Pi_{\mathrm{p}}(U)\Psi_0\|^2 \tag{5.23}$$

であることがわかる．次に，量子ウォーカーの分布の長時間平均を

$$\overline{\nu}_\infty(x) = \lim_{T\to\infty}\frac{1}{T}\sum_{t=0}^{T-1} P(X_t = x), \quad x\in\mathbb{Z}$$

で定義する．次の定理から，局在化は，量子ウォーカーの速度 V が 0 となる確率が正であることや，長時間平均分布の意味である有限の領域に留まることと

同値であることがわかる.

定理 5.17. 条件 (SR) のもとで，次の 3 条件は同値である.

(1) 局在化が起きる.

(2) $P(V=0)>0$.

(3) $\overline{\nu}_\infty(x)>0$ となる点 x が存在する.

証明 まず，ウィナーの定理や RAGE の定理[10)]の離散版などによって，

$$P(V=0)=\sum_{x\in\mathbb{Z}}\overline{\nu}_\infty(x) \tag{5.24}$$

が成り立つ．この等式により，(2) と (3) が同値であることがわかる.

次に, (3) ならば (1) を示そう．そのために, $\overline{\nu}_\infty(x)>0$ を仮定する．$\epsilon_0:=\overline{\nu}_\infty(x)/2>0$ とすると, $\overline{\nu}_\infty(x)$ の定義から, 十分大きい $T>0$ について, $\left|\overline{\nu}_\infty(x)-\dfrac{1}{T}\sum_{t=0}^{T-1}P(X_t=x)\right|<\epsilon_0$ となる．これにより，$\epsilon_0<\dfrac{1}{T}\sum_{t=0}^{T-1}P(X_t=x)$ となる．いま，$\limsup_{t\to\infty}P(X_t=0)=0$ とすると，ある t_0 が存在して，$\sup_{t\geq t_0}P(X_t=0)<\epsilon_0/4$ となる．ゆえに,

$$\epsilon_0<\frac{1}{T}\sum_{t=0}^{T-1}P(X_t=x)\leq\frac{t_0}{T}+\frac{\epsilon_0}{4T}(T-t_0-1)$$

となり, $T\to\infty$ とすると, $\epsilon_0\leq\epsilon_0/4$ となって矛盾が導かれる．ゆえに, $\limsup_{t\to\infty}P(X_t=0)>0$ となって，(1) が示される.

最後に，(1) ならば (2) を示す．まず，定理 5.13 より，$\Psi_0=\Pi_{\mathrm{p}}(U)\Psi_0+\Pi_{\mathrm{ac}}(U)\Psi_0$ と分解できるので，三角不等式と Π_x のコンパクト性から,

$$\left|\|\Pi_xU^t\Psi_0\|-\|\Pi_xU^t\Pi_{\mathrm{p}}(U)\Psi_0\|\right|\leq\|\Pi_xU^t\Pi_{\mathrm{ac}}(U)\Psi_0\|\to 0\quad(t\to\infty)$$

がすべての x でいえる．仮定より，ある x で $\epsilon_1:=\limsup_{t\to\infty}P(X_t=x)>0$ となるから，十分大きい t では, $\|\Pi_xU^t\Pi_{\mathrm{p}}(U)\Psi_0\|^2\geq P(X_t=x)-\epsilon_1/2$ となる．左辺は, x についての和をとったほうが大きいから, U のユニタリ性から, $\|\Pi_{\mathrm{p}}(U)\Psi_0\|^2\geq P(X_t=x)-\epsilon_1/2$ となる．ここで，両辺で t についての上極限をとれば，$\|\Pi_{\mathrm{p}}(U)\Psi_0\|^2\geq\epsilon_1/2>0$ となり，(5.23) より (2) が示される. □

5.4.3 確率密度関数

定理 5.12 を用いて，空間一様の場合の系 5.6 の証明と同様の計算をし，(5.24) を用いると次を得る.

---

10) ウィナーの定理や RAGE の定理は文献 [22] を参照されたい.

系 5.18. 定理 5.16 の弱極限分布 μ_V は

$$\mu_V(dv) = \left(\sum_{x\in\mathbb{Z}} \overline{\nu}_\infty(x) \right) \delta_0(dv) + \frac{1}{2} w(v;\Psi_+) f_K(v;|a|)\, dv$$

と表せる．ただし，w は (5.17) で定義された関数で，$\Psi_+ = W_+^* \Psi_0$ である．

5.5 今後の展望

本章では，1 次元 2 状態量子ウォークにおけるスペクトル・散乱理論を構築し，それを応用して弱収束極限定理を証明した．この方法論は，空間非一様な高次元の量子ウォークや多状態の量子ウォークについても応用可能である．また，時間依存するコインについても，適当な条件のもとで散乱理論を構築することで弱収束極限定理を証明することが可能であろう．グラフ上の量子ウォークについても応用が期待される．

本章では短距離型の条件 (SR) を課したが，最近，Wada [28] は収束のオーダーが $|x|^{-1}$ であることが波動作用素の存在と非存在のボーダーであることを示した．また，Wada [29] は，収束のオーダーが $|x|^{-1}$ より遅い長距離型のあるクラスの量子ウォークにおいては修正波動作用素が存在することを示し，そのような場合の弱収束極限定理も証明している．より一般の長距離型の量子ウォークに対する弱収束極限定理を示すためにも，そのような場合の修正波動作用素の構成に関する研究が待たれている．

参 考 文 献

[1] K. Ando, H. Isozaki, H. Morioka, Spectral properties of Schrödinger operators on perturbed lattices, *Ann. Henri Poincaré* **17**, 2103–2171, 2016.
[2] 新井朝雄，ヒルベルト空間と量子力学 改訂増補版，共立出版，2014.
[3] J. Asch, O. Bourget, A. Joye, Spectral stability of unitary network models, *Rev. Math. Phys.* **27**, 1530004, 22pp., 2015.
[4] M. A. Astaburuaga, O. Bourget, V. H. Cortés, Commutation relations for unitary operators I, *J. Funct. Anal.* **268**, 2188–2230, 2015.
[5] T. Endo, N. Konno, Weak convergence of the Wojcik model, *Yokohama Math. J.* **61**, 87–111, 2015.
[6] S. Endo, T. Endo, N. Konno, E. Segawa, M. Takei, Weak limit theorem of a two-phase quantum walk with one defect, *Interdiscip. Inform. Sci.*, 2016.
[7] C. Fernández, S. Richard, R. Tiedra de Aldecoa, Commutator methods for unitary operators, *J. Spectr. Theory* **3**, 271–292, 2013.
[8] C. Gérard, F. Nier, The Mourre theory for analytically fibered operators, *J. Funct.*

Anal. **152**, 202–219, 1998.

[9] G. Grimmett, S. Janson, P. Scudo, Weak limits for quantum random walks, *Phys. Rev. E* **69**, 026119, 2004.

[10] G. Grössing, A. Zeilinger, Quantum cellular automata, *Complex Systems* **2**, 197–208, 1988.

[11] Yu. Higuchi, N. Konno, I. Sato, E. Segawa, Spectral and asymptotic properties of Grover walks on crystal lattices *J. Funct. Anal.* **267**, 4197–4235, 2014.

[12] T. Kato, S. T. Kuroda, Theory of simple scattering and eigenfunction expansions, In: Browder F.E. (eds) *Functional Analysis and Related Fields*, Springer, Berlin, Heidelberg, 1970.

[13] T. Kato, S. T. Kuroda, The absract theory of scattering, *Rocky Mountain J. Math.* **1**, 127–172, 1971.

[14] N. Konno, Quantum random walks in one dimension, *Quantum Inf. Process.* **1**, 345–354, 2002.

[15] N. Konno, A new type of limit theorems for the one-dimensional quantum random walk, *J. Math. Soc. Japan* **57**, 1179–1195, 2005.

[16] 今野紀雄，量子ウォーク，森北出版，2014.

[17] N. Konno, T. Łuczak, E. Segawa, Limit measure of inhomogeneous discrete-time quantum walks in one dimension, *Quantum Inf. Process.* **12**, 33–53, 2013.

[18] M. Maeda, H. Sasaki, E. Segawa, A. Suzuki, K. Suzuki, Weak limit theorem for a nonlinear quantum walk, *Quantum Inf. Process.* **17**, 215, 2018.

[19] S. Nakamura, Modified wave operators for discrete Schrödinger operators with long-range perturbations, *J. Math. Phys.* **55**, 112101, 2014.

[20] H. Ohno, Unitary equivalent classes of one-dimensional quantum walks, *Quantum Inf. Process.* **15**, 3599, 2016.

[21] D. Parra, S. Richard, Spectral and scattering theory for Schrödinger operators on perturbed topological crystals, *Rev. Math. Phys.* **30**, 1850009, 2018.

[22] M. Reed and B. Simon, *Methods of Modern Mathematical Physics Vol. III*, Academic Press, New York, 1978.

[23] M. Reed and B. Simon, *Methods of Modern Mathematical Physics Vol. IV*, Academic Press, New York, 1977.

[24] S. Richard, A. Suzuki, R. Tiedra de Aldecoa, Quantum walks with an anisotropic coin I: spectral theory, *Lett. Math. Phys.* **108**, 331, 2018.

[25] S. Richard, A. Suzuki, R. Tiedra de Aldecoa, Quantum walks with an anisotropic coin II: scattering theory, *Lett. Math. Phys.* **109**, 61, 2019.

[26] A. Suzuki, Asymptotic velocity of a position-dependent quantum walk, *Quantum Inf. Process.* **15**, 103–119, 2016.

[27] Y. Tadano, Long-range scattering for discrete Schrödinger operators, *Ann. Henri Poincaré*, 2019.
`https://doi.org/10.1007/s00023-019-00763-w`

[28] K. Wada, Absence of wave operators for one-dimensional quantum walks, arXiv:1809.07597.

[29] K. Wada, A weak limit theorem for a class of long range type quantum walks in 1d, arXiv:1901.10362.

6章

量子ウォークのユニタリ同値類

[大野博道]

ユニタリ同値である2つの量子ウォークは，スペクトルや確率分布といった重要な性質のほとんどが一致する．そのため，量子ウォークを研究する際には，ユニタリ同値類の代表元のみ調べれば十分であり，これにより解析すべきモデルの数を格段に減らすことができる．また，既知である量子ウォークのユニタリ同値類がわかれば，同時に未知のユニタリ同値類，すなわち，これから解析すべきモデルも明らかになるため，今後の研究の指針ともなる．ユニタリ同値性の研究の第一の目標は，量子ウォークのユニタリ同値類を明らかにすることである．

6.1 はじめに

量子ウォークは2000年頃から研究が活発に行われるようになった分野であるが，初期の研究では具体的なモデルを設定し，その解析を行うものが多かった．筆者が量子ウォークの研究を始めたときに感じた疑問のひとつは，具体的なモデルのいくつかが，表し方が違っているだけで本質的に同じものではないか，というものであった．この疑問に答えを出すために最初に問題になったのは，そもそも“同じ量子ウォーク”とは何かということである．この“同じ量子ウォーク”を数学的にいい表すために着目したのがユニタリ同値である．ユニタリ同値である量子ウォークは，スペクトルや確率分布といった重要な性質のほとんどが一致するし，量子力学や作用素環論などにおいても，ユニタリ同値であるものを同一視することが多いからである．そこで，代表的な例である1次元2状態量子ウォークのユニタリ同値性を調べてみたところ，予想どおりAmbainis型，Gudder型とよばれる2つの量子ウォークがユニタリ同値であることが明らかになった[2].

量子ウォークのユニタリ同値性を研究する意義は，大きく分けて3つある．

一つ目は，研究すべき量子ウォークの数が減り，解析をより平易に行うことができるようになることである．例えば，空間的に一様な1次元2状態量子ウォークを研究する際，これまでは条件はあるものの6個の複素パラメータ(実質的には7個の実パラメータ)が必要だったが，ユニタリ同値類を用いることで，3個の実パラメータがあれば十分ということがわかる．これにより，解析がより平易に行えるようになったのである．

二つ目は，量子ウォークの全体像を明らかにできることである．すべてのユニタリ同値類とすでに解析されているユニタリ同値類が明らかになれば，まだ研究されていないモデルも特定されることになり，今後研究すべき量子ウォークを明らかにすることができる．このようにユニタリ同値類は，量子ウォークの研究に指針を与えるものになりうる．

三つ目は，既存の結果の関連性をより明確にできることである．例えば，ある2つの量子ウォークについて，そのスペクトルや確率分布といった性質が一致している場合，この2つはユニタリ同値であることが疑われる．ここで，実際にユニタリ同値であれば，性質が一致するのは当然ということになるが，逆にユニタリ同値でなかった場合，この2つの量子ウォークにはユニタリ同値以外のなんらかの関連性があることが期待できる．この関連性を調べていけば，まだ知られていない量子ウォークの構造を知ることができるかもしれない．

これまでの研究のなかにもユニタリ同値にふれた論文はあったが，最初に具体的なユニタリ同値類を研究した論文は，Goyal *et al.* による空間的に一様な1次元2状態量子ウォークに関するものであった[1]．その後，大野によりその他の1次元2状態量子ウォークのモデルのユニタリ同値類や，空間的に一様な2次元2状態量子ウォークのユニタリ同値類が明らかになっている[2, 3, 4]．本章では，ディラックの記法を用いて量子ウォークを表す方法を解説した後，1次元2状態量子ウォークのユニタリ同値類について解説する．

6.2 ユニタリ同値とディラックの記法

本章では，量子ウォークを次のように定義する．まず，V を高々可算な集合とし，これを**頂点集合**とよぶ．V の各頂点 $x \in V$ に対し，ヒルベルト空間 $\mathcal{H}_x$ を用意し，全空間を $\mathcal{H} = \bigoplus_{x \in V} \mathcal{H}_x$ とする．ただし，$\mathcal{H}_x$ は可分，すなわち $\mathcal{H}_x$ は高々可算個のベクトルからなる正規直交基底をもつとする．また，$\mathcal{H}_x$ への射影作用素を P_x で表す．

定義 6.1 ([5])**.** $\mathcal{H}$ 上のユニタリ作用素 U を**量子ウォーク**という．初期状態を考える場合は，U と $\mathcal{H}$ の単位ベクトル Ψ の組 (U, Ψ) を量子ウォークという．このとき，Ψ を**初期状態**という．

なお，本章では離散時間量子ウォークのみ取り扱う．

6.2.1 ユニタリ同値

2 つの量子ウォーク U_1, U_2 のユニタリ同値性は以下のように定義される．

定義 6.2 ([2, 5])**.** $\mathcal{H} = \bigoplus_{x \in V} \mathcal{H}_x$ 上の量子ウォーク U_1 と U_2 は，$\mathcal{H}$ 上のユニタリ作用素 W が存在して，

$$WU_1W^* = U_2, \quad W\mathcal{H}_x = \mathcal{H}_x \quad (x \in V)$$

を満たすとき，**ユニタリ同値**であるという．初期状態を考える場合，(U_1, Ψ_1) と (U_2, Ψ_2) は，上記の条件に加え，

$$W\Psi_1 = \Psi_2$$

を満たすとき，ユニタリ同値であるという．

この定義から，ユニタリ同値を導くユニタリ作用素 W は，各ヒルベルト空間 $\mathcal{H}_x$ 上のユニタリ作用素 W_x の直和で表されることがわかる．すなわち，

$$W = \bigoplus_{x \in V} W_x$$

である．また，この定義から次の定理を証明することができる．

定理 6.3. $\mathcal{H}$ 上の量子ウォーク U_1 と U_2 がユニタリ同値であるとき，U_1 と U_2 のスペクトルは一致する．また，量子ウォーク (U_1, Ψ_1) と (U_2, Ψ_2) がユニタリ同値であるとき，その確率分布はすべて一致する．

スペクトルが一致するのは，U_1 と WU_1W^* のスペクトルが一致するという，関数解析の基本定理からすぐにわかる．また，量子ウォーク (U_1, Ψ_1) において，量子ウォーカーが時刻 t に頂点 x にいる確率 $\mu_1(x, t)$ は，$\mathcal{H}_x$ への射影作用素 P_x を用いて，

$$\mu_1(x, t) = \|P_x U_1^t \Psi_1\|^2$$

で与えられるので，

$$\mu_2(x,t) = \|P_x U_2^t \Psi_2\|^2 = \|P_x (W U_1 W^*)^t W \Psi_1\|^2 = \|P_x W U_1^t \Psi_1\|^2$$
$$= \|W P_x U_1^t \Psi_1\|^2 = \mu_1(x,t)$$

とできる．なお，W が W_x の直和で表されるので，$WP_x = W_x = P_x W$ となり，W と P_x は可換になる．

ここでは，スペクトルと確率分布のみ一致すること紹介したが，それ以外の多くの性質も一致することが知られている．

6.2.2 ディラックの記法を用いた表記

量子ウォークを表記する方法はいくつかあるが，ここではディラックの記法を用いて量子ウォークを表す．ヒルベルト空間 $\mathcal{H}$ のベクトル ξ, ζ に対し，ヒルベルト空間上のランク 1 作用素 $|\xi\rangle\langle\zeta|$ を

$$|\xi\rangle\langle\zeta|\eta = \langle\zeta, \eta\rangle\xi \quad (\eta \in \mathcal{H})$$

によって定義する．ここで，$|\cdot\rangle\langle\cdot|$ を用いた記法を**ディラックの記法**という．この作用素 $|\xi\rangle\langle\zeta|$ は，ベクトル η の中にある ζ 成分を取り出し，ξ に変換する作用素になっている．もっといえば，ζ を ξ に変換する作用素である．ヒルベルト空間上の作用素がユニタリ作用素になるための必要十分条件のひとつは，ヒルベルト空間の正規直交基底を正規直交基底に写すことであるので，$\mathcal{H}$ 上のユニタリ作用素 U は，$\mathcal{H}$ の正規直交基底 $\{\xi_k\}_k$ と $\{\zeta_k\}_k$ を用いて，

$$U = \sum_k |\xi_k\rangle\langle\zeta_k| \tag{6.1}$$

と表すことができる．この式は，正規直交基底 $\{\zeta_k\}_k$ が $\{\xi_k\}_k$ に写されることを意味している．なお，この和は可算無限和の場合もあるが，その場合には強作用素位相での極限で定義される．

ディラックの記法では，

$$W|\xi\rangle\langle\zeta|W^* = |W\xi\rangle\langle W\zeta|$$

という式が成り立つため，$\mathcal{H} = \bigoplus_{x \in V} \mathcal{H}_x$ 上の量子ウォーク U をディラックの記法を用いて表すと，ユニタリ同値を計算する際に非常に便利である．実際，U が式 (6.1) のように表されているとき，U とユニタリ同値な量子ウォークは

$$WUW^* = \sum_k |W\xi_k\rangle\langle W\zeta_k|$$

となる．一方，量子ウォークは頂点間を動く量子を表したものでもあるので，どの頂点からどの頂点に動いているのか，という情報がディラックの記法のなかにも入ってほしい．そのためには，2 つの正規直交基底 $\{\xi_k\}_k$, $\{\zeta_k\}_k$ の各ベクトルが，それぞれ頂点 $x \in V$ に対応するヒルベルト空間 $\mathcal{H}_x$ に入っている必要がある．より厳密にいえば，

[条件 $\star$] 任意の ξ_k, ζ_k に対し，$x, y \in V$ が存在して，$\zeta_k \in \mathcal{H}_x$ かつ $\xi_k \in \mathcal{H}_y$

が成り立つ必要がある．この [条件 $\star$] が成り立つと，式 (6.1) の $|\xi_k\rangle\langle\zeta_k|$ という項は，頂点 x の量子を頂点 y に写すものとみることができるようになり，量子ウォーカーの動きを表す式としてとらえることができるようになる．

[条件 $\star$] が成り立つための条件として，以下が知られている．ただし，今後は任意の $x \in V$ に対し，$\dim \mathcal{H}_x < \infty$ を仮定する．

定理 6.4 ([2])**.** $\mathcal{H} = \bigoplus_{x \in V} \mathcal{H}_x$ 上の量子ウォーク U が，任意の $x \in V$ に対し，

$$\dim \mathcal{H}_x = \sum_{y \in V} \operatorname{rank} P_y U P_x \tag{6.2}$$

を満たすとき，[条件 $\star$] と式 (6.1) を満たす正規直交基底 $\{\xi_k\}_k$ と $\{\zeta_k\}_k$ が存在する．また，この逆もいえる．

この定理の条件は，1 次元 2 状態，1 次元 3 状態，2 次元 4 状態の量子ウォークや，グラフ上の量子ウォークなど，現在研究がさかんに行われている量子ウォークの多くで成り立っている．一方で，2 次元 2 状態の量子ウォークのように，この定理の条件を満たさない量子ウォークも存在する．

6.2.3 ディラックの記法と有向グラフ

ディラックの記法は，量子ウォークから導かれる有向グラフとも相性がよい．まずは，量子ウォークから導かれる有向グラフを定義する．

$\mathcal{H} = \bigoplus_{x \in V} \mathcal{H}_x$ 上の量子ウォーク U が，[条件 $\star$] と式 (6.1) を満たす正規直交基底 $\{\xi_k\}_k$ と $\{\zeta_k\}_k$ をもつとする．この量子ウォークから導かれる有向グラフの頂点集合には，頂点集合 V をそのまま用いる．ここで，任意の $x, y \in V$ に対し，x から y への有向辺の数を，

$$\operatorname{rank} P_y U P_x$$

で定義し，有向辺をすべて集めた集合を D とする．これにより，有向グラフ $G = (V, D)$ を定義することができた．

次に，有向グラフとディラックの記法の関係性を考える．U は式 (6.1) を満たしているので，

$$P_y U P_x = \sum_k |P_y \xi_k\rangle\langle P_x \zeta_k|$$

となるが，U は同時に [条件 $\star$] も満たしているので，この右辺の項 $|P_y\xi_k\rangle\langle P_x\zeta_k|$ が 0 にならないのは，$\zeta_k \in \mathcal{H}_x$ かつ $\xi_k \in \mathcal{H}_y$ のときだけである．また，$\operatorname{rank} P_y U P_x$ は，この 0 にならない項の数と一致するので，$P_y U P_x$ の右辺の項の数は，x から y への有向辺の数と一致する．すなわち，有向辺の集合 D からインデックスの集合 $\{k\}$ への全単射をつくることができ，式 (6.1) における和の添え字集合を D に置き換えることができる．さらに，x から y への有向辺 e に対応する項 $|\xi_k\rangle\langle\zeta_k|$ を考えると，ζ_k は $\mathcal{H}_x$ の，ξ_k は $\mathcal{H}_y$ のベクトルであり，また，$x = o(e)$ (e の始点)，$y = t(e)$ (e の終点) であるので，$\zeta_k \in \mathcal{H}_{o(e)}$ かつ $\xi_k \in \mathcal{H}_{t(e)}$ となることがわかる．

以上より，次の定理を得る．

定理 6.5 ([2])**.** $\mathcal{H} = \bigoplus_{x \in V} \mathcal{H}_x$ 上の量子ウォーク U が式 (6.2) を満たすとき，$\mathcal{H}$ の正規直交基底 $\{\xi_e\}_{e\in D}$ と $\{\zeta_e\}_{e\in D}$ が存在して，

$$U = \sum_{e \in D} |\xi_e\rangle\langle\zeta_e| \tag{6.3}$$

かつ，$\xi_e \in \mathcal{H}_{t(e)}$, $\zeta_e \in \mathcal{H}_{o(e)}$ とできる．

6.3　ユニタリ同値類の計算

本節では，ディラックの記法を用いて表された量子ウォークのユニタリ同値類について考察した後，1 次元 2 状態量子ウォークのユニタリ同値類を求めてみる．

6.3.1　ディラックの記法を用いた量子ウォークのユニタリ同値類

$\mathcal{H} = \bigoplus_{x \in V} \mathcal{H}_x$ 上の量子ウォーク U が，式 (6.2) を満たし，定理 6.5 のように

$\mathcal{H}$ の正規直交基底 $\{\xi_e\}_{e\in D}$ と $\{\zeta_e\}_{e\in D}$ $(\xi_e \in \mathcal{H}_{t(e)}, \zeta_e \in \mathcal{H}_{o(e)})$ を用いて

$$U = \sum_{e\in D} |\xi_e\rangle\langle\zeta_e|$$

と表されているとする．この U とユニタリ同値な量子ウォークで，より簡単に扱える量子ウォークを求めてみる．まず，各 $x \in V$ に対し，$\mathcal{H}_x$ の次元を d_x とし，$\mathcal{H}_x$ を $\mathbb{C}^{d_x}$ と同一視する．厳密には，この同一視もユニタリ同値性を用いているのだが，ここでは割愛する．また，$\mathcal{H}_x = \mathbb{C}^{d_x}$ の標準基底を $\{\boldsymbol{e}_1^x, \ldots, \boldsymbol{e}_{d_x}^x\}$ とする．

いま，$\{\xi_e\}_{e\in D}$ は $\mathcal{H} = \bigoplus_{x\in V} \mathcal{H}_x$ の正規直交基底であり，かつ $\xi_e \in \mathcal{H}_{t(e)}$ $(e \in D)$ であるので，$\{\xi_e\}_{t(e)=x}$ は，$\mathcal{H}_x$ の正規直交基底になっている．$\mathcal{H}_x$ の次元は d_x であるから，$t(e) = x$ である有向辺の集合は

$$\{e \in D \colon t(e) = x\} = \{e_1^x, \ldots, e_{d_x}^x\}$$

と添え字を付けて表すことができる．ここで，

$$D = \bigcup_{x\in V} \{e \in D \colon t(e) = x\}$$

であることから，U は

$$U = \sum_{x\in V} \sum_{e\colon t(e)=x} |\xi_e\rangle\langle\zeta_e| = \sum_{x\in V} \sum_{i=1}^{d_x} |\xi_{e_i^x}\rangle\langle\zeta_{e_i^x}|$$

とも表すことができる．

さて，ユニタリ作用素 W を

$$W = \sum_{x\in V} \sum_{i=1}^{d_x} |\boldsymbol{e}_i^x\rangle\langle\xi_{e_i^x}|$$

で定義する．$\{\boldsymbol{e}_i^x\}_{i,x}$ と $\{\xi_{e_i^x}\}_{i,x}$ はともに $\mathcal{H}$ の正規直交基底であるから，W がユニタリ作用素であることはすぐにわかる．さらに，$|\boldsymbol{e}_i^x\rangle\langle\xi_{e_i^x}|$ は $\mathcal{H}_x$ 上の作用素にもなっているから，上式は

$$W = \bigoplus_{x\in V} \sum_{i=1}^{d_x} |\boldsymbol{e}_i^x\rangle\langle\xi_{e_i^x}|$$

とも表すことができ，ユニタリ同値を導くユニタリ作用素としての条件を満たしている．この W を用いて，U とユニタリ同値な量子ウォーク WUW^* を計算すると，

$$WUW^* = \sum_{x \in V} \sum_{i=1}^{d_x} |W\xi_{e_i^x}\rangle\langle W\zeta_{e_i^x}| = \sum_{x \in V} \sum_{i=1}^{d_x} |\boldsymbol{e}_i^x\rangle\langle W\zeta_{e_i^x}| \tag{6.4}$$

となる．ここで，W は直和の形で書けるユニタリ作用素であるので，$\{W\zeta_{e_i^x}\}_{i,x}$ は $\mathcal{H}$ の正規直交基底であり，$W\zeta_{e_i^x}$ は x へ向かう有向辺 e_i^x の始点に対応するヒルベルト空間 $\mathcal{H}_{o(e_i^x)}$ のベクトルである．なお，W の選び方を変えれば，ζ のほうを標準基底にすることもできるが，じつは，この ξ を消すか ζ を消すかという違いが，6.1 節のなかで紹介した Ambainis 型と Gudder 型の違いそのものになっている．

では，式 (6.4) の計算結果から，量子ウォークがどのくらい簡略化されたか考えてみよう．もとの量子ウォーク U をディラックの記法を用いて表すためには，2 つの正規直交基底 $\{\xi_e\}_{e\in D}$ と $\{\zeta_e\}_{e\in D}$ が必要であった．一方で，WUW^* には，片方に標準基底が使われているので，1 つの正規直交基底 $\{W\zeta_{e_i^x}\}_{i,x}$ のみが必要である．非常に大ざっぱな計算になるが，正規直交基底をパラメータを用いて具体的に書き表そうとすると，次元の 2 乗個のパラメータが必要になる．例えば，3 次元空間の正規直交基底は，3 つのベクトルからなり，さらにその 1 つのベクトルを表すのに 3 つのパラメータが必要であるので，計 9 つのパラメータを必要とする．(もちろん，正規直交基底であることは非常に強い条件なので，さまざまな条件式が絡んできて，実質的なパラメータの数は少なくなるのだが．) つまり，U で 2 個の正規直交基底が必要であったのに対し，WUW^* で必要な正規直交基底の個数が 1 個に減ることは，非常に大幅な簡略化になっているのである．

6.3.2　1 次元 2 状態量子ウォークのユニタリ同値類

本項では，1 次元 2 状態量子ウォークのユニタリ同値類を実際に計算するが，そのまえに，ユニタリ同値とは異なる量子ウォークの同一視を導入する．

量子力学では，量子をヒルベルト空間の単位ベクトル Ψ で表す際に，Ψ とその定数倍のベクトル $\lambda\Psi$ ($\lambda \in \mathbb{C}, |\lambda| = 1$) を同一視する．そのため，量子ウォークにおいても，初期状態の Ψ と，その定数倍のベクトル $\lambda\Psi$ を同一視する．同じ理由で，量子ウォーク U と λU も同一視する．U と λU は，スペクトルなどのいくつかの性質が一致しないが，その違いは定数倍からくる自明なものであるので，同一視しても解析に影響を及ぼさないと考えられる．

1 次元 2 状態量子ウォークでは，頂点集合を $\mathbb{Z}$，各頂点 $x \in \mathbb{Z}$ に対応するヒ

ルベルト空間を $\mathcal{H}_x = \mathbb{C}^2$，全空間を $\mathcal{H} = \bigoplus_{x\in\mathbb{Z}} \mathbb{C}^2$ とする．量子ウォーク U は，頂点 x のベクトルを，その左右の頂点に写すとする．すなわち，

$$U\mathcal{H}_x \subset \mathcal{H}_{x-1} \oplus \mathcal{H}_{x+1}$$

を満たす．ここではより簡単に議論を行うため，

$$\operatorname{rank} P_{x-1}UP_x = \operatorname{rank} P_{x+1}UP_x = 1 \tag{6.5}$$

を仮定する．なお，この仮定が成り立たない場合，1 次元 2 状態量子ウォーク U はほぼ自明なものとなる．また，この量子ウォークから導かれる有向グラフは，頂点集合 $\mathbb{Z}$ の各頂点から左右に 1 本ずつ矢印を描いたグラフとなっている．

さて，式 (6.5) から式 (6.2) が成り立つことがわかるので，U をディラックの記法を用いて表すことができる．さらに，前項の議論も使えるので，式 (6.4) をこの U に適用する．ここで，d_x は $\mathcal{H}_x$ の次元であるから 2 である．また，$W\zeta_{e_i^x}$ は x に向かう有向辺 e_i^x の始点となるヒルベルト空間 $\mathcal{H}_{o(e_i^x)}$ のベクトルであるから，$\mathcal{H}_{x-1}$ か $\mathcal{H}_{x+1}$ のベクトルである．よって，$W\zeta_{e_1^x}$ を ζ_1^{x+1} で，$W\zeta_{e_2^x}$ を ζ_2^{x-1} で置き換えれば，U を

$$U = \sum_{x\in\mathbb{Z}} |\boldsymbol{e}_1^x\rangle\langle\zeta_1^{x+1}| + |\boldsymbol{e}_2^x\rangle\langle\zeta_2^{x-1}| = \sum_{x\in\mathbb{Z}} |\boldsymbol{e}_1^{x-1}\rangle\langle\zeta_1^x| + |\boldsymbol{e}_2^{x+1}\rangle\langle\zeta_2^x|$$

と表すことができる．ここで，$\{\zeta_1^x, \zeta_2^x\}$ は $\mathcal{H}_x$ の正規直交基底であるので，実数 $0 \le r_x \le 1$ と，$a_x, b_x, c_x, d_x \in \mathbb{R}$ を使って，

$$\begin{aligned}\zeta_1^x &= e^{\mathrm{i}a_x} r_x \boldsymbol{e}_1^x + e^{\mathrm{i}b_x}\sqrt{1-r_x^2}\,\boldsymbol{e}_2^x,\\ \zeta_2^x &= e^{\mathrm{i}c_x}\sqrt{1-r_x^2}\,\boldsymbol{e}_1^x + e^{\mathrm{i}d_x} r_x \boldsymbol{e}_2^x\end{aligned}$$

とすることができる．ただし，a_x, b_x, c_x, d_x は，

$$a_x - b_x = c_x - d_x + \pi \pmod{2\pi} \tag{6.6}$$

を満たす．また，簡単のため以下では $s_x = \sqrt{1-r_x^2}$ とする．これらの式を使えば，U は

$$U = \sum_{x\in\mathbb{Z}} |\boldsymbol{e}_1^{x-1}\rangle\langle e^{\mathrm{i}a_x} r_x \boldsymbol{e}_1^x + e^{\mathrm{i}b_x} s_x \boldsymbol{e}_2^x| + |\boldsymbol{e}_2^{x+1}\rangle\langle e^{\mathrm{i}c_x} s_x \boldsymbol{e}_1^x + e^{\mathrm{i}d_x} r_x \boldsymbol{e}_2^x| \tag{6.7}$$

となる．

式 (6.7) では，頂点 x ごとに $r_x, a_x, \ldots, d_x$ の 5 つの実パラメータが現れているが，式 (6.6) があるので，実質的には 4 つの実パラメータが使われている．この 4 つの実パラメータを，ユニタリ同値を用いることでより少なくするよう

にユニタリ作用素 W_1 をつくりたい．一方で，ディラックの記法の左側に入っている標準基底はそのままにしておきたいので，標準基底はそのままにしておくという条件を考えると，W_1 は，実数 $g_x, h_x \in \mathbb{R}$ を用いて

$$W_1 = \sum_{x\in\mathbb{Z}} e^{\mathrm{i}g_x}|\boldsymbol{e}_1^x\rangle\langle\boldsymbol{e}_1^x| + e^{\mathrm{i}h_x}|\boldsymbol{e}_2^x\rangle\langle\boldsymbol{e}_2^x| = \bigoplus_{x\in\mathbb{Z}} \begin{bmatrix} e^{\mathrm{i}g_x} & 0 \\ 0 & e^{\mathrm{i}h_x} \end{bmatrix}$$

という形で表される．ここで，$W_1UW_1^*$ を計算すると，

$$\begin{aligned} W_1UW_1^* = \sum_{x\in\mathbb{Z}} &|\boldsymbol{e}_1^{x-1}\rangle\langle e^{\mathrm{i}(a_x-g_{x-1}+g_x)}r_x\boldsymbol{e}_1^x + e^{\mathrm{i}(b_x-g_{x-1}+h_x)}s_x\boldsymbol{e}_2^x| \\ &+ |\boldsymbol{e}_2^{x+1}\rangle\langle e^{\mathrm{i}(c_x-h_{x+1}+g_x)}s_x\boldsymbol{e}_1^x + e^{\mathrm{i}(d_x-h_{x+1}+h_x)}r_x\boldsymbol{e}_2^x| \end{aligned} \tag{6.8}$$

となる．g_x と h_x は自由に決めてよいので，上式内にある 4 つの e のベキ乗のうち，左上と右下が消えるように，

$$a_x - g_{x-1} + g_x = 0, \quad g_0 = 0,$$

$$d_x - h_{x+1} + h_x = 0, \quad h_0 = g_{-1} - b_0$$

により帰納的に定める．ここで，$h_0 = g_{-1} - b_0$ の条件は，右上の e のベキ乗が，$x = 0$ のときに消えるための条件である．さて，この g_x, h_x を式 (6.8) に代入すれば，

$$\begin{aligned} W_1UW_1^* = \sum_{x\in\mathbb{Z}} &|\boldsymbol{e}_1^{x-1}\rangle\langle r_x\boldsymbol{e}_1^x + e^{\mathrm{i}(b_x-g_{x-1}+h_x)}s_x\boldsymbol{e}_2^x| \\ &+ |\boldsymbol{e}_2^{x+1}\rangle\langle e^{\mathrm{i}(c_x-h_{x+1}+g_x)}s_x\boldsymbol{e}_1^x + r_x\boldsymbol{e}_2^x| \end{aligned}$$

となるが，g_x, h_x の定義と式 (6.6) より

$$\begin{aligned} c_x - h_{x+1} + g_x &= c_x - h_x - d_x + g_{x-1} - a_x \\ &= -(b_x - g_{x-1} + h_x) + \pi \pmod{2\pi} \end{aligned}$$

であるので，$k_x = b_x - g_{x-1} + h_x$ とおけば，

$$W_1UW_1^* = \sum_{x\in\mathbb{Z}} |\boldsymbol{e}_1^{x-1}\rangle\langle r_x\boldsymbol{e}_1^x + e^{\mathrm{i}k_x}s_x\boldsymbol{e}_2^x| + |\boldsymbol{e}_2^{x+1}\rangle\langle -e^{-\mathrm{i}k_x}s_x\boldsymbol{e}_1^x + r_x\boldsymbol{e}_2^x| \tag{6.9}$$

を得る．ここで，$k_0 = 0$ である．結果として，各頂点 x に対し 4 つのパラメータが必要であったものを，r_x と k_x という 2 つのパラメータにまで減らすことができた．

ここまでの計算で，任意の 1 次元 2 状態量子ウォークは，式 (6.9) の右辺とユニタリ同値になることがわかった．しかしながら，ユニタリ同値類を求めるにはもう一段階計算をする必要がある．計算は先ほどとかなり似ているので省略するが，$\ell = k_1/2$, $p_x = xk_1/2$, $q_x = -xk_1/2$ とし，ユニタリ作用素 W_2 を

$$W_2 = \bigoplus_{x\in\mathbb{Z}} \begin{bmatrix} e^{\mathrm{i}p_x} & 0 \\ 0 & e^{\mathrm{i}q_x} \end{bmatrix}$$

で定義する．すると，

$$\begin{aligned} & e^{\mathrm{i}\ell} W_2 W_1 U W_1^* W_2^* \\ &= \sum_{x\in\mathbb{Z}} |\boldsymbol{e}_1^{x-1}\rangle\langle r_x \boldsymbol{e}_1^x + e^{\mathrm{i}\theta_x} s_x \boldsymbol{e}_2^x| + |\boldsymbol{e}_2^{x+1}\rangle\langle -e^{-\mathrm{i}\theta_x} s_x \boldsymbol{e}_1^x + r_x \boldsymbol{e}_2^x| \end{aligned} \tag{6.10}$$

となる．ただし，$\theta_x = k_x - p_{x-1} + q_x - \ell$ である．この式は，ほぼ式 (6.9) と同じであるが，じつは，$\theta_0 = \theta_1 = 0$ を満たすので，式 (6.9) に比べて 1 つだけパラメータが減っているのである．さらに，式 (6.10) の右辺の形の量子ウォークは，パラメータの値が異なるとユニタリ同値にならないことも証明できる．

以上をまとめると，次の結果を得る．

定理 6.6 ([3])**.** 式 (6.5) を満たす任意の 1 次元 2 状態量子ウォーク U に対し，$0 \le r_x \le 1$ と $\theta_x \in \mathbb{R}$ $(\theta_0 = \theta_1 = 0)$ が存在して，U は

$$U_{r,\theta} = \sum_{x\in\mathbb{Z}} |\boldsymbol{e}_1^{x-1}\rangle\langle r_x \boldsymbol{e}_1^x + e^{\mathrm{i}\theta_x} s_x \boldsymbol{e}_2^x| + |\boldsymbol{e}_2^{x+1}\rangle\langle -e^{-\mathrm{i}\theta_x} s_x \boldsymbol{e}_1^x + r_x \boldsymbol{e}_2^x|$$

とユニタリ同値になる．ただし，$s_x = \sqrt{1 - r_x^2}$ である．さらに，$0 < r_x, r'_x < 1$, $0 \le \theta_x, \theta'_x < 2\pi$ のとき，$U_{r,\theta}$ と $U_{r',\theta'}$ がユニタリ同値になるのは，$r_x = r'_x$ かつ $\theta_x = \theta'_x$ $(x \in \mathbb{Z})$ のときに限られる．

この結果は，$U_{r,\theta}$ が 1 次元 2 状態量子ウォークのユニタリ同値類の代表元になっていることを示している．おおよそであるが，1 次元 2 状態量子ウォークの場合，各頂点ごとに 2 つの実パラメータが必要になるということもここからわかる．

6.3.3　特別なクラスの 1 次元 2 状態量子ウォーク

前項では，一般の 1 次元 2 状態量子ウォークのユニタリ同値類を求めたが，実際に研究対象になっている量子ウォークは，例えば空間的に一様な量子ウォー

クのように，より性質の良いものである．ここでは，3 つの 1 次元 2 状態量子ウォークのクラスを紹介し，それぞれのユニタリ同値類を求める．1 次元 2 状態量子ウォークを式 (6.3) を用いて表すと，有向辺の集合が

$$D = \{(x-1, x), (x+1, x) \colon x \in \mathbb{Z}\}$$

であることから，

$$U = \sum_{x \in \mathbb{Z}} |\xi_{x-1,x}\rangle\langle\zeta_{x-1,x}| + |\xi_{x+1,x}\rangle\langle\zeta_{x+1,x}| \tag{6.11}$$

となる．ここで，$\xi_{x-1,x} \in \mathcal{H}_{x-1}$, $\zeta_{x-1,x} \in \mathcal{H}_x$ のように，ξ は有向辺の終点，ζ は有向辺の始点に対応するヒルベルト空間に入っている．

定義 6.7. 式 (6.11) の形で表された 1 次元 2 状態量子ウォーク U について以下のように定める．

(i) 4 つのベクトル $\xi_1, \xi_2, \zeta_1, \zeta_2 \in \mathbb{C}^2$ が存在して，任意の $x \in \mathbb{Z}$ に対し，

$$\xi_{x,x-1} = \xi_1, \quad \xi_{x,x+1} = \xi_2, \quad \zeta_{x-1,x} = \zeta_1, \quad \zeta_{x+1,x} = \zeta_2$$

を満たすとき，U は**空間的に一様な量子ウォーク**であるという．いい換えれば，すべての頂点 x において，同じ作用をする U が空間的に一様な量子ウォークである．

(ii) 8 つのベクトル $\xi_1^+, \xi_1^-, \xi_2^+, \xi_2^-, \zeta_1^+, \zeta_1^-, \zeta_2^+, \zeta_2^- \in \mathbb{C}^2$ が存在して，任意の $x \geq 0$ に対し，

$$\xi_{x,x-1} = \xi_1^+, \quad \xi_{x,x+1} = \xi_2^+, \quad \zeta_{x-1,x} = \zeta_1^+, \quad \zeta_{x+1,x} = \zeta_2^+$$

を満たし，$x \leq -1$ に対し，

$$\xi_{x,x-1} = \xi_1^-, \quad \xi_{x,x+1} = \xi_2^-, \quad \zeta_{x-1,x} = \zeta_1^-, \quad \zeta_{x+1,x} = \zeta_2^-$$

を満たすとき，U は**二相系量子ウォーク**であるという．いい換えれば，非負の頂点と負の頂点において，それぞれ同じ作用をする U が二相系量子ウォークである．

(iii) 8 つのベクトル $\xi_1^+, \xi_1^-, \xi_2^+, \xi_2^-, \zeta_1^+, \zeta_1^-, \zeta_2^+, \zeta_2^- \in \mathbb{C}^2$ が存在して，任意の $x \geq 1$ に対し，

$$\xi_{x,x-1} = \xi_1^+, \quad \xi_{x,x+1} = \xi_2^+, \quad \zeta_{x-1,x} = \zeta_1^+, \quad \zeta_{x+1,x} = \zeta_2^+$$

を満たし，$x \leq -1$ に対し，

$$\xi_{x,x-1} = \xi_1^-, \quad \xi_{x,x+1} = \xi_2^-, \quad \zeta_{x-1,x} = \zeta_1^-, \quad \zeta_{x+1,x} = \zeta_2^-$$

を満たすとき，U は**1 つの特異点 (欠陥) をもつ二相系量子ウォーク**であるという．いい換えれば，正の頂点と負の頂点において，それぞれ同じ作用をする U が 1 つの特異点 (欠陥) をもつ二相系量子ウォークである．このとき，$x=0$ が 1 つの特異点にあたる．

これらの量子ウォークのユニタリ同値類は，以下のようになることが知られている．

定理 6.8 ([1, 3])**.** 任意の空間的に一様な量子ウォークは，

$$U_r = \sum_{x\in\mathbb{Z}} |\boldsymbol{e}_1^{x-1}\rangle\langle r\boldsymbol{e}_1^x + s\boldsymbol{e}_2^x| + |\boldsymbol{e}_2^{x+1}\rangle\langle -s\boldsymbol{e}_1^x + r\boldsymbol{e}_2^x|$$

とユニタリ同値になる．ただし，$0 \le r \le 1$, $s=\sqrt{1-r^2}$ である．さらに，U_r と $U_{r'}$ がユニタリ同値になるのは，$r=r'$ のときに限る．

すなわち，空間的に一様な量子ウォークのユニタリ同値類は，1 つの実パラメータで表される．

定理 6.9 ([3])**.** 任意の二相系量子ウォークは，

$$\begin{aligned}U_{r_+,r_-,\sigma_1,\sigma_2} = &\sum_{x\ge 0} |\boldsymbol{e}_1^{x-1}\rangle\langle r_+\boldsymbol{e}_1^x + s_+\boldsymbol{e}_2^x| + |\boldsymbol{e}_2^{x+1}\rangle\langle -e^{\mathrm{i}\sigma_1}s_+\boldsymbol{e}_1^x + e^{\mathrm{i}\sigma_1}r_+\boldsymbol{e}_2^x| \\ &+ \sum_{x\le -1} |\boldsymbol{e}_1^{x-1}\rangle\langle r_-\boldsymbol{e}_1^x + e^{\mathrm{i}\sigma_2}s_-\boldsymbol{e}_2^x| + |\boldsymbol{e}_2^{x+1}\rangle\langle -s_-\boldsymbol{e}_1^x + e^{\mathrm{i}\sigma_2}r_-\boldsymbol{e}_2^x|\end{aligned}$$

とユニタリ同値になる．ただし，$0 \le r_\varepsilon \le 1$, $s_\varepsilon = \sqrt{1-r_\varepsilon^2}$ $(\varepsilon = +,-)$, $0 \le \sigma_1, \sigma_2 < 2\pi$ である．さらに，$0 < r_\varepsilon, r'_\varepsilon < 1$ のとき，$U_{r_+,r_-,\sigma_1,\sigma_2}$ と $U_{r'_+,r'_-,\sigma'_1,\sigma'_2}$ がユニタリ同値になるのは，4 つのパラメータの値がすべて一致するときに限る．

すなわち，二相系量子ウォークのユニタリ同値類は，4 つの実パラメータで表される．

定理 6.10 ([3])**.** 任意の 1 つの特異点をもつ二相系量子ウォークは，

$$\begin{aligned}&U_{r_+,r_-,r_0,\mu_1,\mu_2,\mu_3} \\ &\quad = |\boldsymbol{e}_1^{-1}\rangle\langle r_0\boldsymbol{e}_1^0 + e^{\mathrm{i}\mu_1}s_0\boldsymbol{e}_2^0| + |\boldsymbol{e}_2^1\rangle\langle -e^{\mathrm{i}\mu_2}s_0\boldsymbol{e}_1^0 + e^{\mathrm{i}(\mu_1+\mu_2)}r_0\boldsymbol{e}_2^0|\end{aligned}$$

$$+\sum_{x\geq 1}|\boldsymbol{e}_1^{x-1}\rangle\langle r_+\boldsymbol{e}_1^x+s_+\boldsymbol{e}_2^x|+|\boldsymbol{e}_2^{x+1}\rangle\langle -e^{\mathrm{i}\mu_3}s_+\boldsymbol{e}_1^x+e^{\mathrm{i}\mu_3}r_+\boldsymbol{e}_2^x|$$
$$+\sum_{x\leq -1}|\boldsymbol{e}_1^{x-1}\rangle\langle r_-\boldsymbol{e}_1^x+s_-\boldsymbol{e}_2^x|+|\boldsymbol{e}_2^{x+1}\rangle\langle -s_-\boldsymbol{e}_1^x+r_-\boldsymbol{e}_2^x|$$

とユニタリ同値になる．ただし，$0\leq r_\varepsilon\leq 1$, $s_\varepsilon=\sqrt{1-r_\varepsilon^2}$ $(\varepsilon=+,-,0)$, $0\leq\mu_1,\mu_2,\mu_3<2\pi$ である．さらに，$0<r_\varepsilon,r'_\varepsilon<1$ のとき，$U_{r_+,r_-,r_0,\mu_1,\mu_2,\mu_3}$ と $U_{r'_+,r'_-,r'_0,\mu'_1,\mu'_2,\mu'_3}$ がユニタリ同値になるのは，6 つのパラメータの値がすべて一致するときに限る．

6.3.2 項でみた，各頂点に対しおおよそ 2 つの実パラメータが必要になるという結果が，これら 3 つの定理にも現れている．二相系量子ウォークは，非負と負の頂点のところで ξ,ζ といったベクトルを決めればよいので，実質的には 2 頂点だけから決定されている．よって，$2\times 2=4$ 個のパラメータが必要になる．同様に 1 つの特異点をもつ二相系量子ウォークは，正，負，0 の 3 つのところでベクトルを決めればよいので，$2\times 3=6$ 個のパラメータが必要になっている．この考え方であれば，空間的に一様な量子ウォークの場合は 2 個のパラメータが必要になるはずだが，6.3.2 項の結果にある $\theta_0=\theta_1=0$ のような条件が現れて，1 個のパラメータのみ必要になっている．

6.3.4 初期状態をもつ 1 次元 2 状態量子ウォーク

ここまで初期状態についてまったくふれていないので，最後に初期状態をもつ量子ウォークのユニタリ同値類について紹介する．ここでは，初期状態が原点にいると仮定する．すなわち，$\Psi\in\mathcal{H}_0=\mathbb{C}^2$ である．このとき，Ψ と $\lambda\Psi$ $(\lambda\in\mathbb{C},\ |\lambda|=1)$ が同一視されていることを考慮に入れると，初期状態 Ψ は，$0\leq\alpha\leq 1$ と $0\leq\theta<2\pi$ を用いて，

$$\Psi_{\alpha,\theta}=\alpha\boldsymbol{e}_1^0+e^{\mathrm{i}\theta}\sqrt{1-\alpha^2}\boldsymbol{e}_2^0 \tag{6.12}$$

と表すことができる．

証明は省略するが，以下の定理が成り立つことが知られている．簡単のため，$U_{r,\mu}=U_{r_+,r_-,r_0,\mu_1,\mu_2,\mu_3}$ と書く．

定理 6.11 ([3])**.** 1 つの特異点をもつ二相系量子ウォーク (U,Ψ) は，$(U_{r,\mu},\Psi_{\alpha,\theta})$ とユニタリ同値になる．さらに，$0<r_\varepsilon,r'_\varepsilon,\alpha,\alpha'<1$ のとき，$(U_{r,\mu},\Psi_{\alpha,\theta})$ と

$(U_{r',\mu'}, \Psi_{\alpha',\theta'})$ がユニタリ同値になるのは，8 つのパラメータがすべて一致するときに限る．

この定理では，初期状態をもつ量子ウォークの場合，必要なパラメータ数が 6 個から 8 個へと 2 つ増えることがわかる．この増えた 2 つのパラメータは，そのまま初期状態を表すために用いられているもので，ユニタリ同値を用いても減らすことができない．同様に，空間的に一様な量子ウォークも，二相系量子ウォークも，一般の 1 次元 2 状態量子ウォークも，初期状態をもつ量子ウォークにすると，必要なパラメータ数が 2 つ増えることが知られている．

6.4 今後の課題

量子ウォークは，1 次元 2 状態，3 状態，2 次元 4 状態といった全空間の設定や，空間的に一様，二相，1 つの特異点をもつ二相といったユニタリ作用素の条件ごとに取り扱うモデルが変わる．そのため，取り扱うモデルごとにユニタリ同値類を計算する必要がある．ただ，現在主に研究されている量子ウォークの多くが式 (6.2) を満たすので，6.3 節で紹介した手法を用いることができ，少しの追加計算を行えばユニタリ同値類を得ることができると考えられる．

一方で，式 (6.2) を満たさない量子ウォークもある．文献 [4] では，この条件を満たさない，空間的に一様な 2 次元 2 状態量子ウォークのユニタリ同値類の計算を行っているが，この計算には 6.3 節で紹介した手法とは異なるやり方が必要になる．このように，式 (6.2) を満たさない量子ウォークのモデルの場合，そのモデルごとに計算の手法をみつけていかなければならない．

参 考 文 献

[1] Goyal, S. K., Konrad, T., Diósi, L.: Unitary equivalence of quantum walks, Phys. Lett. A **379**, 100–104 (2015)
[2] Ohno, H.: Unitary equivalent classes of one-dimensional quantum walks, Quantum Inf. Process. **15**, 3599–3617 (2016)
[3] Ohno, H.: Unitary equivalence classes of one-dimensional quantum walks II, Quantum Inf. Process. **16**, 287 (2017)
[4] Ohno, H.: Parameterization of translation-invariant two-dimensional two-state quantum walks, Acta Math. Vietnam. **43**, 737–747 (2018)
[5] Segawa, E., Suzuki, A.: Generator of an abstract quantum walk, Quantum Stud. Math. Found. **3**, 11–30 (2016)

7章

フーリエ解析による極限定理の導出

[町田拓也]

この章では，フーリエ解析を用いて 1 次元格子上で定義される量子ウォークの確率分布に関する長時間極限定理を導出する．フーリエ解析による量子ウォークの長時間極限定理の導出は，Grimmett *et al.* [1] において，特殊な初期状態で出発する量子ウォークに対して行われた．ここでは，極限定理をフーリエ解析で得るために必要な計算を簡単に紹介する[1])．

7.1 モデルの定義

まずは，解析の対象とする量子ウォークの定義からはじめる[2])．量子ウォークのシステムは，2 つのヒルベルト空間 $\mathcal{H}_p, \mathcal{H}_c$ のテンソル空間上で定義される．ヒルベルト空間 $\mathcal{H}_p$ は，正規直交基底 $\{|x\rangle : x \in \mathbb{Z}\}$ で張られるベクトル空間である．ただし，$\mathbb{Z} = \{0, \pm 1, \pm 2, \ldots\}$ である．一方，ヒルベルト空間 $\mathcal{H}_c$ は，正規直交基底 $\{|0\rangle, |1\rangle\}$ で張られるベクトル空間である．時刻 $t \in \{0, 1, 2, \ldots\}$ における量子ウォークのシステム $|\Psi_t\rangle$ は

$$|\Psi_t\rangle = \sum_{x\in\mathbb{Z}} |x\rangle \otimes |\psi_t(x)\rangle \in \mathcal{H}_p \otimes \mathcal{H}_c \tag{7.1}$$

で定義される．ベクトル $|\psi_t(x)\rangle \in \mathcal{H}_c \, (x \in \mathbb{Z})$ は，

$$\sum_{x\in\mathbb{Z}} \langle\psi_t(x)|\psi_t(x)\rangle = 1 < \infty \tag{7.2}$$

を満たすものとする．つまり，$\left(|\psi_t(x)\rangle\right)_{x\in\mathbb{Z}} \in l^2(\mathbb{Z})$ であり，これにより，システム $|\Psi_t\rangle$ から観測量を定義できるようになり，量子ウォークの研究は，量子系の数理モデルの研究とみなすことができる．ここでの解析では，初期状態を

1) 詳しい解説については町田 [2] の第 1 章に書かれている．
2) ここでは数学的な記述により量子ウォークを説明するが，平易な図解による解説本 (町田 [3]) もある．

$$|\Psi_0\rangle = |0\rangle \otimes \Big(\alpha\,|0\rangle + \beta\,|1\rangle\Big) \tag{7.3}$$

ととる．ただし，複素数 α, β は，$|\alpha|^2 + |\beta|^2 = 1$ を満たすものとする．

量子ウォークのシステムは，通常はユニタリ作用素によって時間発展する．式 (7.3) のもとで，ユニタリ作用素でシステムを時間発展させる限り，式 (7.2) を保証できる．本章で対象とする量子ウォークは，式 (7.3) からはじまって，時間発展が

$$|\Psi_{t+1}\rangle = SC\,|\Psi_t\rangle \tag{7.4}$$

に従って逐次行われるものとする．ここで，

$$U = \cos\theta\,|0\rangle\,\langle 0| + \sin\theta\,|0\rangle\,\langle 1| + \sin\theta\,|1\rangle\,\langle 0| - \cos\theta\,|1\rangle\,\langle 1| \qquad (\theta \in (0,\pi),\ \theta \neq \pi/2) \tag{7.5}$$

として，

$$C = \sum_{x\in\mathbb{Z}} |x\rangle\,\langle x| \otimes U, \tag{7.6}$$

$$S = \sum_{x\in\mathbb{Z}} |x-1\rangle\,\langle x| \otimes |0\rangle\,\langle 0| + |x+1\rangle\,\langle x| \otimes |1\rangle\,\langle 1| \tag{7.7}$$

である．

ここまでは，ベクトル $|\Psi_t\rangle$ がユニタリ作用素で時間発展する，単なるユニタリ過程である．量子系の研究なので，何かしらの物理量 (観測量) が定義され，その観測をするための確率分布が研究される．したがって，観測量とそれに付随する確率分布を定義する．式 (7.2) があることにより観測量を定義することができ，観測量として量子ウォーカーの位置を採用する．その位置は，量子ウォークのシステムから定義される確率分布に従って観測される．具体的には，時刻 t における量子ウォーカーの位置を表す確率変数を X_t として，時刻 t において，場所 x に量子ウォーカーが観測される確率を，

$$\mathbb{P}(X_t = x) = \langle\Psi_t|\,\Big\{|x\rangle\,\langle x| \otimes \Big(|0\rangle\,\langle 0| + |1\rangle\,\langle 1|\Big)\Big\}\,|\Psi_t\rangle \tag{7.8}$$

と定義する．図 7.1〜7.3 では，時刻 500 の確率分布 $\mathbb{P}(X_{500} = x)$ をみることができる．ユニタリ作用素 U のパラメータは，$\theta = \pi/4$ である．

❑ $\alpha = 1/\sqrt{2}$, $\beta = i/\sqrt{2}$ のとき[3]：

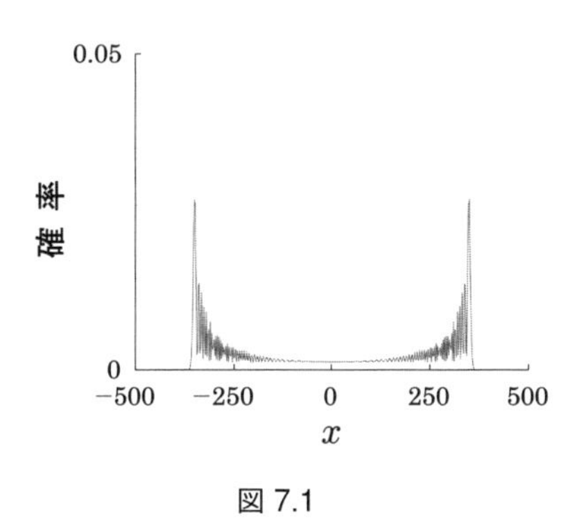

図 7.1

❑ $\alpha = 1$, $\beta = 0$ のとき：

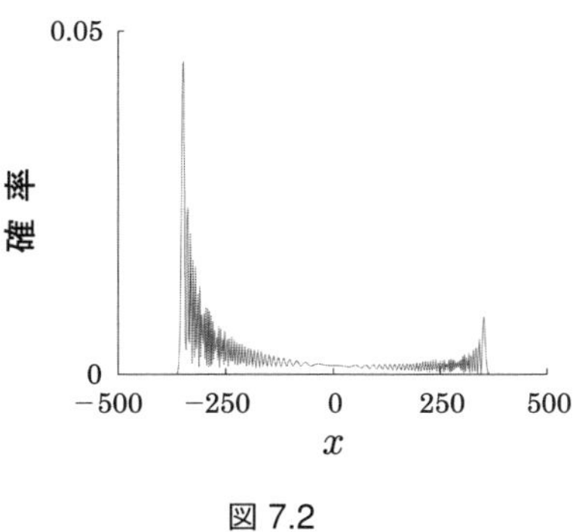

図 7.2

❑ $\alpha = 0$, $\beta = 1$ のとき：

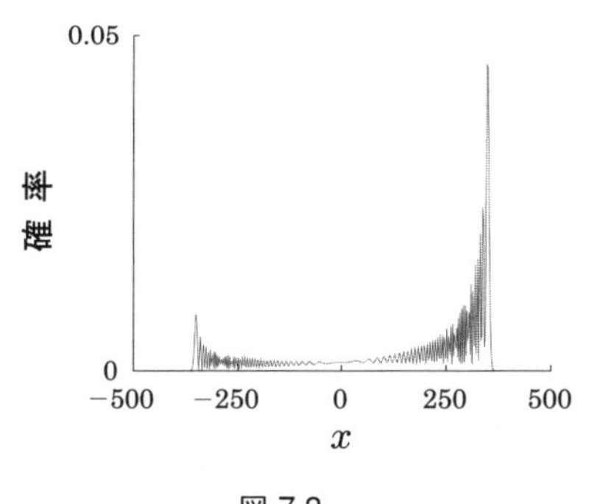

図 7.3

7.2　極限定理の導出

量子ウォークのシステムのフーリエ変換を導入する．時刻 t における量子ウォークのシステムのフーリエ変換 $|\widehat{\psi}_t(k)\rangle$ $(k \in [-\pi, \pi))$ とは，

$$|\widehat{\psi}_t(k)\rangle = \sum_{x\in\mathbb{Z}} e^{-ikx} \left\{ \langle x| \otimes \Big(|0\rangle\langle 0| + |1\rangle\langle 1| \Big) \right\} |\Psi_t\rangle \qquad (7.9)$$

のことである．フーリエ変換からシステム $|\Psi_t\rangle$ を得るためのフーリエ逆変換は，

3)　i は虚数単位である．

$$\sum_{x\in\mathbb{Z}} |x\rangle \otimes \frac{1}{2\pi}\int_{-\pi}^{\pi} e^{ikx}\ |\widehat{\psi}_t(k)\rangle\ dk = |\Psi_t\rangle \tag{7.10}$$

である．式 (7.4) からフーリエ変換について時間発展の式を導くことができ，

$$R(k) = e^{ik}\,|0\rangle\,\langle 0| + e^{-ik}\,|1\rangle\,\langle 1| \tag{7.11}$$

とおくと，

$$|\widehat{\psi}_{t+1}(k)\rangle = R(k)U\,|\widehat{\psi}_t(k)\rangle \tag{7.12}$$

となる．この漸化式を繰り返し用いれば，

$$|\widehat{\psi}_t(k)\rangle = (R(k)U)^t\,|\widehat{\psi}_0(k)\rangle \tag{7.13}$$

を得る．ここで，初期状態を式 (7.3) で与えたことを思い出すと，対応するフーリエ変換の初期状態は

$$|\widehat{\psi}_0(k)\rangle = \alpha\,|0\rangle + \beta\,|1\rangle \tag{7.14}$$

となる．

さて，本題であるフーリエ解析による極限定理の導出をこれから行う．本章で定義した量子ウォークの確率分布について，以下が成立する．

定理 7.1. 任意の実数 x に対して，

$$\lim_{t\to\infty}\mathbb{P}\left(\frac{X_t}{t}\le x\right) = \int_{-\infty}^{x}\frac{\sin\theta}{\pi(1-y^2)\sqrt{\cos^2\theta - y^2}}$$
$$\times\left[1-\left\{|\alpha|^2-|\beta|^2+\frac{\sin\theta(\alpha\overline{\beta}+\overline{\alpha}\beta)}{\cos\theta}\right\}y\right] I_{(-|\cos\theta|,\,|\cos\theta|)}(y)\,dy \tag{7.15}$$

が成立する．ただし，

$$I_{(a,\,b)}(x) = \begin{cases} 1 & (a<x<b), \\ 0 & (\text{その他}) \end{cases} \tag{7.16}$$

である．

この定理を導出するために，確率変数 X_t/t の r 次モーメント $(r=0,1,2,\ldots)$ の収束に集中する．具体的には，

$$\lim_{t\to\infty}\mathbb{E}[(X_t/t)^r] = \int_{-\infty}^{\infty} x^r f(x)\,dx \tag{7.17}$$

となるような確率密度関数 $f(x)$ をフーリエ解析によって計算する．

まず，確率変数 X_t の r 次モーメントをフーリエ変換で表現すると

$$\mathbb{E}(X_t^r) = \sum_{x=-\infty}^{\infty} x^r \mathbb{P}(X_t = x)$$
$$= \frac{1}{2\pi} \int_{-\pi}^{\pi} \langle \widehat{\psi}_t(k) | \, i^r \frac{d^r}{dk^r} \, | \widehat{\psi}_t(k) \rangle \, dk \tag{7.18}$$

となる．一方，作用素 $R(k)U$ の固有値を $\lambda_j(k)\,(j = 1, 2)$，それぞれの固有値に付随する正規化固有ベクトルを $|v_j(k)\rangle$ $(j = 1, 2)$ とする．初期状態を

$$|\widehat{\psi}_0(k)\rangle = \sum_{j=1}^{2} \langle v_j(k) | \widehat{\psi}_0(k) \rangle \, |v_j(k)\rangle \tag{7.19}$$

と分解することで，

$$|\widehat{\psi}_t(k)\rangle = \sum_{j=1}^{2} \lambda_j(k)^t \langle v_j(k) | \widehat{\psi}_0(k) \rangle \, |v_j(k)\rangle \tag{7.20}$$

となり，時刻 t における量子ウォークのフーリエ変換 $|\widehat{\psi}_t(k)\rangle$ が，作用素 $R(k)U$ の固有空間で表現される．ここで，$\alpha\,|0\rangle + \beta\,|1\rangle = |\phi\rangle$ とおくと，

$$|\widehat{\psi}_t(k)\rangle = \sum_{j=1}^{2} \lambda_j(k)^t \langle v_j(k) | \phi \rangle \, |v_j(k)\rangle \tag{7.21}$$

となる．この固有空間での表示から，十分大きな t に対して，$(d^r/dk^r)\,|\widehat{\psi}_t(k)\rangle$ を時刻 t のオーダーで整理すると，

$$\frac{d^r}{dk^r} \, |\widehat{\psi}_t(k)\rangle = (t)_r \sum_{j=1}^{2} \lambda_j(k)^{t-r} \lambda'_j(k)^r \langle v_j(k) | \phi \rangle \, |v_j(k)\rangle$$
$$+ O(t^{r-1})\,|0\rangle + O(t^{r-1})\,|1\rangle \tag{7.22}$$

を得る．ここで，$(t)_r = \prod_{j=t-r+1}^{t} j$，$\lambda'_j(k) = (d/dk)\lambda_j(k)$ である．よって，式 (7.18) の右辺を書き換えると，

$$\mathbb{E}(X_t^r) = (t)_r \cdot \frac{1}{2\pi} \int_{-\pi}^{\pi} \sum_{j=1}^{2} \left(\frac{i\lambda'_j(k)}{\lambda_j(k)} \right)^r \left| \langle v_j(k) | \phi \rangle \right|^2 dk + O(t^{r-1}) \tag{7.23}$$

となり，t^r で割ることで，

$$\frac{\mathbb{E}(X_t^r)}{t^r} = \frac{(t)_r}{t^r} \cdot \frac{1}{2\pi} \int_{-\pi}^{\pi} \sum_{j=1}^{2} \left(\frac{i\lambda'_j(k)}{\lambda_j(k)} \right)^r \left| \langle v_j(k) | \phi \rangle \right|^2 dk + \frac{O(t^{r-1})}{t^r} \tag{7.24}$$

を得る．極限移行により，

$$\lim_{t\to\infty} \mathbb{E}\left[\left(\frac{X_t}{t} \right)^r \right] = \frac{1}{2\pi} \int_{-\pi}^{\pi} \sum_{j=1}^{2} \left(\frac{i\lambda'_j(k)}{\lambda_j(k)} \right)^r \left| \langle v_j(k) | \phi \rangle \right|^2 dk \tag{7.25}$$

が導かれる．式 (7.25) の右辺を再掲すると，

$$\frac{1}{2\pi}\int_{-\pi}^{\pi}\left(\frac{i\lambda_1'(k)}{\lambda_1(k)}\right)^r \left|\langle v_1(k)|\phi\rangle\right|^2 dk + \frac{1}{2\pi}\int_{-\pi}^{\pi}\left(\frac{i\lambda_2'(k)}{\lambda_2(k)}\right)^r \left|\langle v_2(k)|\phi\rangle\right|^2 dk \tag{7.26}$$

であり，被積分関数に x^r の項をつくり出すために，第 1 項目では $i\lambda_1'(k)/\lambda_1(k) = x$，第 2 項目では $i\lambda_2'(k)/\lambda_2(k) = x$ の置換積分をこれから進めていく．

以降の計算では，ヒルベルト空間 $\mathcal{H}_c$ の基底ベクトルを，

$$|0\rangle = \begin{bmatrix}1\\0\end{bmatrix}, \quad |1\rangle = \begin{bmatrix}0\\1\end{bmatrix} \tag{7.27}$$

ととることにする．また，計算式をみやすくするために，$\cos\theta = c, \sin\theta = s$ と略記する．式 (7.11) を思い出して，

$$R(k)U = \begin{bmatrix}e^{ik} & 0\\ 0 & e^{-ik}\end{bmatrix}\begin{bmatrix}\cos\theta & \sin\theta\\ \sin\theta & -\cos\theta\end{bmatrix} = \begin{bmatrix}e^{ik}c & e^{ik}s\\ e^{-ik}s & -e^{-ik}c\end{bmatrix} \tag{7.28}$$

の 2 つの固有値 $\lambda_j(k)\,(j=1,2)$ を求めると，

$$\lambda_j(k) = -(-1)^j\sqrt{1-c^2\sin^2 k} + ic\sin k \tag{7.29}$$

となり，これより

$$\frac{i\lambda_j'(k)}{\lambda_j(k)} = (-1)^j\frac{c\cos k}{\sqrt{1-c^2\sin^2 k}} \tag{7.30}$$

と計算される．固有値 $\lambda_j(k)$ に付随する行列 $R(k)U$ の正規化固有ベクトル $|v_j(k)\rangle$ $(j=1,2)$ のひとつの表現として，

$$|v_j(k)\rangle = \frac{1}{\sqrt{N_j(k)}}\begin{bmatrix}se^{ik}\\ -c\cos k - (-1)^j\sqrt{1-c^2\sin^2 k}\end{bmatrix} \tag{7.31}$$

がとれる．ただし，$N_j(k)\,(j=1,2)$ は

$$N_j(k) = 2\sqrt{1-c^2\sin^2 k}\left(\sqrt{1-c^2\sin^2 k} + (-1)^j c\cos k\right) \tag{7.32}$$

である．この正規化ベクトルを用いると，

$$\begin{aligned}&\left|\langle v_j(k)|\phi\rangle\right|^2\\ &= \frac{1}{N_j(k)}\Big[s^2|\alpha|^2 + \left(-c\cos k - (-1)^j\sqrt{1-c^2\sin^2 k}\right)^2|\beta|^2\end{aligned}$$

$$+ 2s\left(-c\cos k - (-1)^j\sqrt{1-c^2\sin^2 k}\right)\left\{\Re(\alpha\overline{\beta})\cos k + \Im(\alpha\overline{\beta})\sin k\right\}\Bigg] \tag{7.33}$$

と計算される．ただし，複素数 z に対し，$\Re(z)$ は z の実部，$\Im(z)$ は z の虚部を意味する．ここで，$h(k) = c\cos k/\sqrt{1-c^2\sin^2 k}$ とおくと，$i\lambda_1'(k)/\lambda_1(k) = -h(k)$, $i\lambda_2'(k)/\lambda_2(k) = h(k)$ と書ける．関数 $h(k)$ は，$h(-k) = h(k)$ の性質をもち，その増減は表 7.1 のようになり，$y = h(k)$ のグラフは図 7.4 のようになる．

表 7.1　関数 $h(k)$ の増減表

(1) $0 < \theta < \pi/2$ のとき

k	$-\pi$		0		(π)
$h'(k)$	0	$+$	0	$-$	(0)
$h(k)$	$-c$	↗	c	↘	$(-c)$

(2) $\pi/2 < \theta < \pi$ のとき

k	$-\pi$		0		(π)
$h'(k)$	0	$-$	0	$+$	(0)
$h(k)$	$-c$	↘	c	↗	$(-c)$

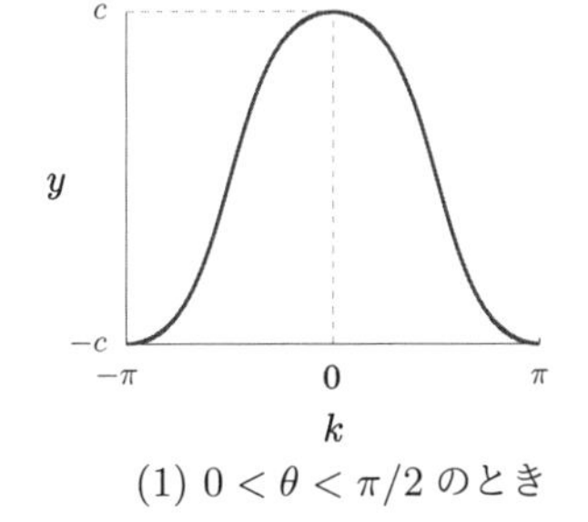

(1) $0 < \theta < \pi/2$ のとき

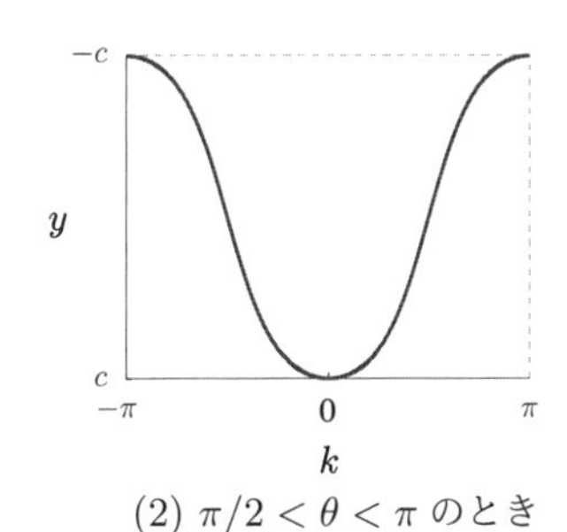

(2) $\pi/2 < \theta < \pi$ のとき

図 7.4　$y = h(k)$ のグラフの例

関数 $h(k)$ の性質を考慮すると，

$$\int_{-\pi}^{\pi}\left(\frac{i\lambda_j'(k)}{\lambda_j(k)}\right)^r \left|\langle v_j(k)|\phi\rangle\right|^2 dk = \int_{-\pi}^{\pi}\Big((-1)^j h(k)\Big)^r \left|\langle v_j(k)|\phi\rangle\right|^2 dk$$

$$= \int_0^{\pi}\Big((-1)^j h(k)\Big)^r \left\{\left|\langle v_j(k)|\phi\rangle\right|^2 + \left|\langle v_j(-k)|\phi\rangle\right|^2\right\} dk \tag{7.34}$$

となり，積分区間を $[-\pi, \pi)$ から $[0, \pi)$ に縮小することができる．正規化因子 $N_j(k)\,(j = 1, 2)$ については，$N_j(-k) = N_j(k)$ が成り立つので，式 (7.33) から，

$$\begin{aligned}
&\left|\langle v_j(k)|\phi\rangle\right|^2+\left|\langle v_j(-k)|\phi\rangle\right|^2\\
&=\frac{2}{N_j(k)}\left\{s^2|\alpha|^2+\left(-c\cos k-(-1)^j\sqrt{1-c^2\sin^2 k}\right)^2|\beta|^2\right.\\
&\qquad\left.+\,2s\Re(\alpha\overline{\beta})\left(-c\cos k-(-1)^j\sqrt{1-c^2\sin^2 k}\right)\cos k\right\}
\end{aligned}\tag{7.35}$$

と計算される．以降の計算で，$h(k)=x\,(0\le k<\pi)$ の変数変換を実行するために，$h(k)$ の逆関数 h^{-1} を求めると，

$$h^{-1}(x)=\arccos\left(\frac{sx}{c\sqrt{1-x^2}}\right)\tag{7.36}$$

を得る．式 (7.34) の積分において，$h(k)=x$ の置換積分を行うと，$j=1$ のとき，

$$\begin{aligned}
&\int_{-\pi}^{\pi}\left(\frac{i\lambda_1'(k)}{\lambda_1(k)}\right)^r\left|\langle v_1(k)|\phi\rangle\right|^2dk\\
&=\int_c^{-c}(-x)^r\left\{\left|\langle v_1(h^{-1}(x))|\phi\rangle\right|^2+\left|\langle v_1(-h^{-1}(x))|\phi\rangle\right|^2\right\}\frac{dh^{-1}(x)}{dx}\,dx
\end{aligned}\tag{7.37}$$

となる．同様に，$j=2$ のときは

$$\begin{aligned}
&\int_{-\pi}^{\pi}\left(\frac{i\lambda_2'(k)}{\lambda_2(k)}\right)^r\left|\langle v_2(k)|\phi\rangle\right|^2dk\\
&=\int_c^{-c}x^r\left\{\left|\langle v_2(h^{-1}(x))|\phi\rangle\right|^2+\left|\langle v_2(-h^{-1}(x))|\phi\rangle\right|^2\right\}\frac{dh^{-1}(x)}{dx}\,dx
\end{aligned}\tag{7.38}$$

となる．ここで，

$$\frac{dh^{-1}(x)}{dx}=-\frac{|c|s}{c(1-x^2)\sqrt{c^2-x^2}}\tag{7.39}$$

と計算される．式 (7.35) より，

$$\begin{aligned}
&\left|\langle v_j(h^{-1}(x))|\phi\rangle\right|^2+\left|\langle v_j(-h^{-1}(x))|\phi\rangle\right|^2\\
&=\frac{2}{N_j(h^{-1}(x))}\left\{s^2|\alpha|^2+\frac{s^2(-x-(-1)^j)^2}{1-x^2}|\beta|^2\right.\\
&\qquad\left.+\,2s\Re(\alpha\overline{\beta})\frac{s(-x-(-1)^j)}{\sqrt{1-x^2}}\cdot\frac{sx}{c\sqrt{1-x^2}}\right\}
\end{aligned}$$

$$= \frac{2}{N_j(h^{-1}(x))} \cdot \frac{s^2}{1-x^2} \left\{ (1-x^2)|\alpha|^2 + (1+(-1)^j x)^2 |\beta|^2 \right.$$
$$\left. - (-1)^j \frac{2s\Re(\alpha\overline{\beta})}{c} x(1+(-1)^j x) \right\} \tag{7.40}$$

であり，式 (7.32) より，

$$N_j(h^{-1}(x)) = \frac{2s^2}{1-(-1)^j x} \tag{7.41}$$

である．以上より，

$$\left\{ \left| \langle v_j(h^{-1}(x)) | \phi \rangle \right|^2 + \left| \langle v_j(-h^{-1}(x)) | \phi \rangle \right|^2 \right\} \frac{dh^{-1}(x)}{dx}$$
$$= - \frac{|c|s}{c(1-x^2)\sqrt{c^2-x^2}}$$
$$\times \left\{ (1-(-1)^j x)|\alpha|^2 + (1+(-1)^j x)|\beta|^2 - (-1)^j \frac{2s\Re(\alpha\overline{\beta})}{c} x \right\} \tag{7.42}$$

と整理される．その結果，式 (7.37) は

$$\int_{-\pi}^{\pi} \left(\frac{i\lambda_1'(k)}{\lambda_1(k)} \right)^r \left| \langle v_1(k) | \phi \rangle \right|^2 dk$$
$$= \int_c^{-c} (-x)^r \left[- \frac{|c|s}{c(1-x^2)\sqrt{c^2-x^2}} \right.$$
$$\left. \times \left\{ (1+x)|\alpha|^2 + (1-x)|\beta|^2 + \frac{2s\Re(\alpha\overline{\beta})}{c} x \right\} \right] dx$$
$$= \int_{-c}^{c} x^r \frac{|c|s}{c(1-x^2)\sqrt{c^2-x^2}} \left\{ (1-x)|\alpha|^2 + (1+x)|\beta|^2 - \frac{2s\Re(\alpha\overline{\beta})}{c} x \right\} dx$$
$$\tag{7.43}$$

となり，式 (7.38) は

$$\int_{-\pi}^{\pi} \left(\frac{i\lambda_2'(k)}{\lambda_2(k)} \right)^r \left| \langle v_2(k) | \phi \rangle \right|^2 dk$$
$$= \int_c^{-c} x^r \left[- \frac{|c|s}{c(1-x^2)\sqrt{c^2-x^2}} \right.$$
$$\left. \times \left\{ (1-x)|\alpha|^2 + (1+x)|\beta|^2 - \frac{2s\Re(\alpha\overline{\beta})}{c} x \right\} \right] dx$$

$$= \int_{-c}^{c} x^r \frac{|c|s}{c(1-x^2)\sqrt{c^2-x^2}} \left\{ (1-x)|\alpha|^2 + (1+x)|\beta|^2 - \frac{2s\Re(\alpha\overline{\beta})}{c} x \right\} dx \tag{7.44}$$

となる．よって，

$$\begin{aligned} &\frac{1}{2\pi} \sum_{j=1}^{2} \int_{-\pi}^{\pi} \left(\frac{i\lambda_j'(k)}{\lambda_j(k)} \right)^r \left| \langle v_j(k)|\phi \rangle \right|^2 dk \\ &= \int_{-c}^{c} x^r \frac{|c|s}{\pi c(1-x^2)\sqrt{c^2-x^2}} \left\{ (1-x)|\alpha|^2 + (1+x)|\beta|^2 - \frac{2s\Re(\alpha\overline{\beta})}{c} x \right\} dx \\ &= \int_{-|c|}^{|c|} x^r \frac{s}{\pi(1-x^2)\sqrt{c^2-x^2}} \left[1 - \left\{ |\alpha|^2 - |\beta|^2 + \frac{s(\alpha\overline{\beta} + \overline{\alpha}\beta)}{c} \right\} x \right] dx \end{aligned} \tag{7.45}$$

と変数変換され，式 (7.25) より，関数 $I_{(-|c|,\,|c|)}(x)$ を用いて，X_t/t の r 次モーメントの収束先として，

$$\begin{aligned} \lim_{t\to\infty} \mathbb{E}\left[\left(\frac{X_t}{t} \right)^r \right] &= \int_{-\infty}^{\infty} x^r \frac{s}{\pi(1-x^2)\sqrt{c^2-x^2}} \\ &\quad \times \left[1 - \left\{ |\alpha|^2 - |\beta|^2 + \frac{s(\alpha\overline{\beta} + \overline{\alpha}\beta)}{c} \right\} x \right] I_{(-|c|,\,|c|)}(x)\, dx \end{aligned} \tag{7.46}$$

の積分表示を得る．式 (7.46) のモーメント収束は，極限定理の主張である

$$\begin{aligned} \lim_{t\to\infty} \mathbb{P}\left(\frac{X_t}{t} \le x \right) &= \int_{-\infty}^{x} \frac{s}{\pi(1-y^2)\sqrt{c^2-y^2}} \\ &\quad \times \left[1 - \left\{ |\alpha|^2 - |\beta|^2 + \frac{s(\alpha\overline{\beta} + \overline{\alpha}\beta)}{c} \right\} y \right] I_{(-|c|,\,|c|)}(y)\, dy \end{aligned} \tag{7.47}$$

を保証する[4]．

具体的に初期状態を与えたとき，極限密度関数のグラフは図 7.5〜7.7 のようになる．

❑ $\alpha = 1/\sqrt{2}$, $\beta = i/\sqrt{2}$ のとき (図 7.5)：

4) 例えば,「岩波数学辞典」第 4 版，149 ページを参照.

$$\frac{d}{dx}\lim_{t\to\infty}\mathbb{P}\left(\frac{X_t}{t}\le x\right)=\frac{s}{\pi(1-x^2)\sqrt{c^2-x^2}}I_{(-|c|,\,|c|)}(x). \tag{7.48}$$

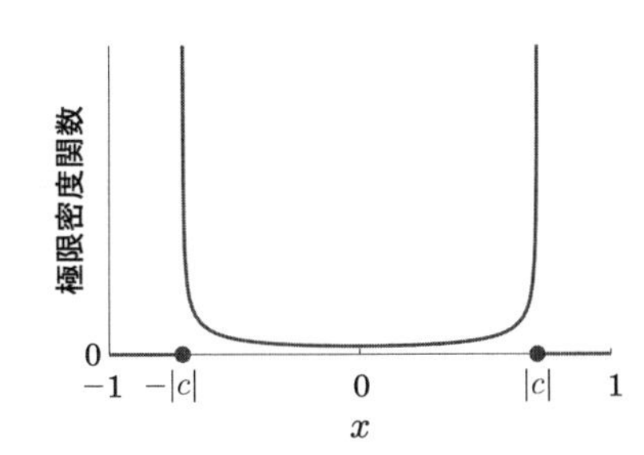

図 7.5

❑ $\alpha=1,\ \beta=0$ のとき (図 7.6)：

$$\frac{d}{dx}\lim_{t\to\infty}\mathbb{P}\left(\frac{X_t}{t}\le x\right)=\frac{s}{\pi(1+x)\sqrt{c^2-x^2}}I_{(-|c|,\,|c|)}(x). \tag{7.49}$$

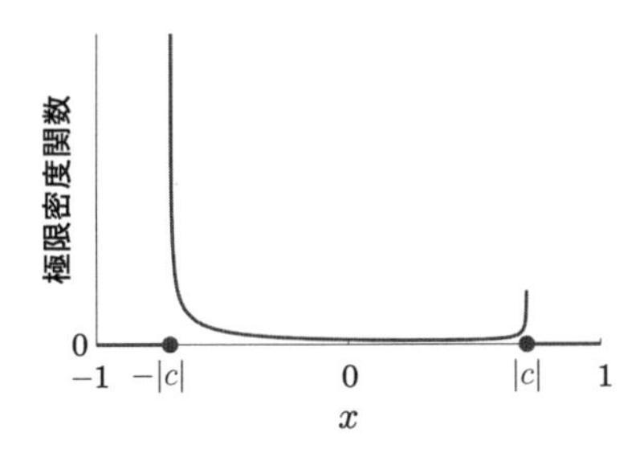

図 7.6

❑ $\alpha=0,\ \beta=1$ のとき (図 7.7)：

$$\frac{d}{dx}\lim_{t\to\infty}\mathbb{P}\left(\frac{X_t}{t}\le x\right)=\frac{s}{\pi(1-x)\sqrt{c^2-x^2}}I_{(-|c|,\,|c|)}(x). \tag{7.50}$$

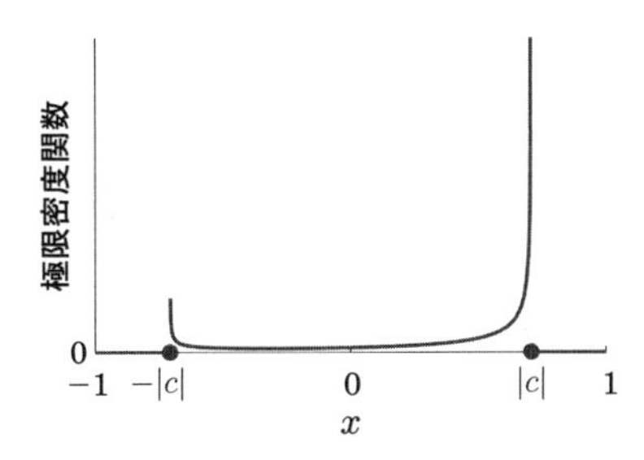

図 7.7

長時間後の確率分布については，極限密度関数から構成される関数

$$\frac{2t^2 s}{\pi(t^2-x^2)\sqrt{c^2t^2-x^2}} \times \left[1-\left\{|\alpha|^2-|\beta|^2+\frac{s(\alpha\overline{\beta}+\overline{\alpha}\beta)}{c}\right\}\frac{x}{t}\right] I_{(-|c|t,\,|c|t)}(x) \qquad (7.51)$$

によって近似される．図 7.8〜7.10 は，時刻 500 の確率分布 (線) と $t=500$ としたときの式 (7.51) の関数 (点) の比較である．

❑ $\alpha=1/\sqrt{2}$, $\beta=i/\sqrt{2}$ のとき：　❑ $\alpha=1$, $\beta=0$ のとき：

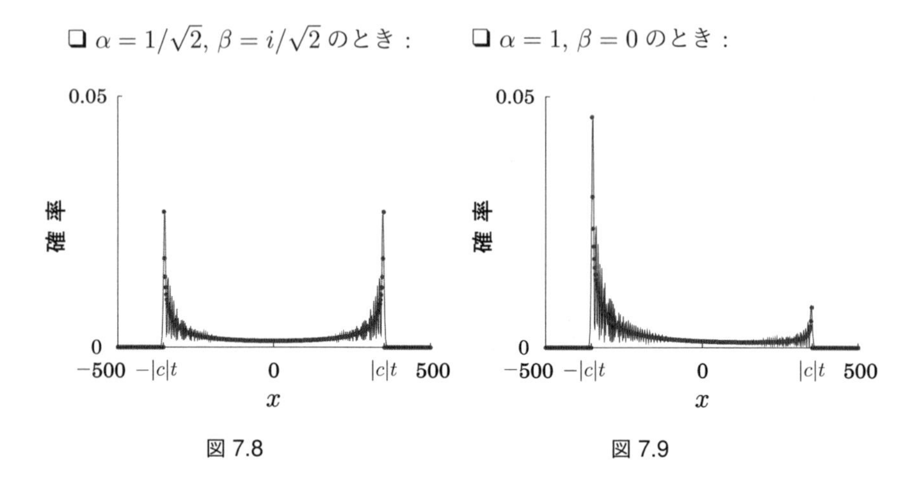

図 7.8　図 7.9

❑ $\alpha=0$, $\beta=1$ のとき：

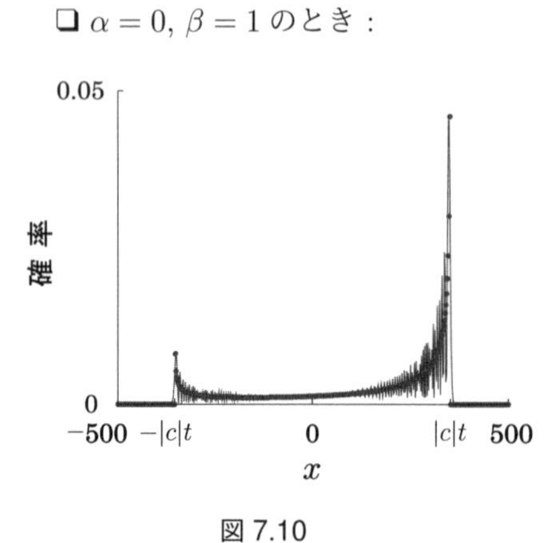

図 7.10

本章で導出した極限定理は，ユニタリ作用素が

$$U = a|0\rangle\langle 0| + b|0\rangle\langle 1| + c|1\rangle\langle 0| + d|1\rangle\langle 1| \in \mathrm{U}(2) \quad (a,b,c,d \in \mathbb{C}) \tag{7.52}$$

のタイプにまで拡張することができる．これまでに示した計算を再度行う必要はなく，適当なパラメータ表示とその操作を行うことで定理の拡張ができるため，結果だけ紹介する (詳細は，町田 [2] を参照).

定理 7.2. 複素数 a, b, c, d が，$abcd \neq 0$ を満たすとき，任意の実数 x に対して，

$$\begin{aligned}\lim_{t\to\infty} \mathbb{P}\left(\frac{X_t}{t} \leq x\right) &= \int_{-\infty}^{x} \frac{\sqrt{1-|a|^2}}{\pi(1-y^2)\sqrt{|a|^2-y^2}} \\ &\times \left[1 - \left\{|\alpha|^2 - |\beta|^2 + \frac{(a\alpha\overline{b\beta} + \overline{a\alpha}b\beta)}{|a|^2}\right\} y\right] I_{(-|a|,\,|a|)}(y)\, dy \end{aligned} \tag{7.53}$$

が成り立つ[5)].

ここで紹介した以外のモデルに対しても，フーリエ解析は 1 次元格子上の量子ウォークの極限分布，極限定理を導出するために効果を発揮してきた [5, 6, 7, 8, 9, 10, 11, 12, 13, 14, 15, 16, 17]．現時点では結果は少ないものの，2 次元格子上で定義される量子ウォークに対しても，フーリエ解析は有効な計算方法である [18, 19, 20, 21, 22]．今後もさまざまなタイプの量子ウォークに対してフーリエ解析が行われ，量子ウォークの興味深い性質が明らかにされていくであろう．

参 考 文 献

[1] G. Grimmett, S. Janson, and P. F. Scudo, Weak limits for quantum random walks, Phys. Rev. E, **69** (2004), 026119.

[2] 町田拓也，量子ウォーク——基礎と数理——，裳華房，2018.

[3] 町田拓也，図で解る量子ウォーク入門，森北出版，2015.

[4] N. Konno, Quantum random walks in one dimension, Quantum Inf. Process., **1** (2002), 345–354.

[5] T. Machida and N. Konno, Limit theorem for a time-dependent coined quantum walk on the line, F. Peper *et al.* (Eds.): IWNC 2009, Proceedings in Information and Communications Technology, **2** (2010), 226–235.

[6] N. Konno and T. Machida, Limit theorems for quantum walks with memory, Quantum Inf. Comput., **10** (2010), 1004–1017.

5) この結果は，組合せ論的手法で導出された極限定理 (Konno [4]) に一致する．

[7] T. Machida, Limit theorems for a localization model of 2-state quantum walks, Int. J. Quant. Inf., **9** (2011), 863–874.
[8] T. Machida, Realization of the probability laws in the quantum central limit theorems by a quantum walk, Quantum Inf. Comput., **13** (2013), 430–438.
[9] T. Machida, Limit theorems for the interference terms of discrete-time quantum walks on the line, Quantum Inf. Comput., **13** (2013), 661–671.
[10] T. Machida, A quantum walk with a delocalized initial state: contribution from a coin-flip operator, Int. J. Quant. Inf., **11** (2013), 1350053.
[11] T. Machida, Limit theorems of a 3-state quantum walk and its application for discrete uniform measures, Quantum Inf. Comput., **15** (2015), 406–418.
[12] F. A. Grünbaum and T. Machida. A limit theorem for a 3-period time-dependent quantum walk, Quantum Inf. Comput., **15** (2015), 50–60.
[13] T. Machida, A quantum walk on the half line with a particular initial state, Quantum Inf. Process., **15** (2016), 3101–3119.
[14] T. Machida, Research Advances in Quantum Dynamics, chapter Quantum Walks, InTech, (2016), 27–51.
[15] T. Machida, A localized quantum walk with a gap in distribution, Quantum Inf. Comput., **16** (2016), 515–529.
[16] T. Machida, A limit theorem for a splitting distribution of a quantum walk, Int. J. Quant. Inf., (2018), 1850023.
[17] T. Machida and F. A. Grünbaum, Some limit laws for quantum walks with applications to a version of the parrondo paradox, Quantum Inf. Process., **17** (2018), 241.
[18] K. Watabe, N. Kobayashi, M. Katori, and N. Konno, Limit distributions of two-dimensional quantum walks, Phys. Rev. A, **77** (2008), 062331.
[19] C. Di Franco, M. McGettrick, T. Machida, and T. Busch, Alternate two-dimensional quantum walk with a single-qubit coin, Phys. Rev. A, **84** (2011), 042337.
[20] T. Machida, A limit law of the return probability for a quantum walk on a hexagonal lattice, Int. J. Quant. Inf., (2015), 1550054.
[21] T. Machida and C. M. Chandrashekar, Localization and limit laws of a three-state alternate quantum walk on a two-dimensional lattice, Phys. Rev. A, **92** (2015), 062307.
[22] T. Machida, C. M. Chandrashekar, N. Konno, and T. Busch, Limit distributions for different forms of four-state quantum walks on a two-dimensional lattice, Quantum Inf. Comput., **15** (2015), 1248–1258.

第 IV 部
確 率 論 的 側 面

8 章

量子ウォークと力学系

［行木孝夫］

本章では，古典単純ランダムウォークを量子ウォークとして初等的に構成する．構成法には，不変確率測度をもつカオス的力学系の誘導するユニタリ作用素を用い，これを解説する．この構成の本質は，カオス的な離散力学系の軌道がランダムウォークを生成し，力学系の軌道のダイナミクスをヒルベルト空間に持ち上げることでランダムウォークに対応する量子ウォークになる点である．量子ウォークは決定論的なダイナミクスであり，ランダムな項を含まない．そのような系の上でランダムウォークを与える手法として重要である．

8.1 カオス的力学系とマルコフ分割

量子ウォークによってランダムウォークを実現する問題を考える．有限内部自由度の構成は困難であるが，ランダムウォークのパスとカオス的力学系の軌道が対応することを利用して無限内部自由度の量子ウォークとして構成できることを示す．ユニタリな作用はカオス的力学系の構成する Koopman の作用素が力学系の不変確率測度の存在のもとで L^2 空間でユニタリとなる事実を用いる．

まず，本節では力学系の基本事項をまとめる．

8.1.1 力 学 系

集合 X 上に写像 T を定め，両者の組 (X, T) を離散力学系 (以下では単に力学系) とよぶことにする．「力学系 (dynamical system)」と名前がついていても特に力学 (mechanics) と関連するわけではないが，初期値 $x \in X$ から時間発展する系の離散的な時間依存性を写像 T によって与えていると考える．ある意味で力学の抽象化である．力学系を定義する空間 X を単に空間，写像 T を単に力学系とよぶこともある．初期値 x に順次 T を作用し，$\{T^n(x)\}_{n=0}^{\infty}$ を初期

値 $x \in X$ に対する力学系の (片側) 軌道とよぶ (T^0 は恒等写像とする). T が可逆であれば (両側) 軌道 $\{T^n(x_0)\}_{n=-\infty}^{\infty}$ を定義できる. 単位区間を $I = [0,1]$ とし, 本章では主に $X = I, I^2$, T は区分的に微分可能である力学系を考える. このような力学系を区間力学系とよぶ.

区間力学系の軌道 $\{T^n(x)\}_{n=0}^{\infty}$ について, リアプノフ指数 $\lambda(x)$ を定義 8.1 で与える. リアプノフ指数は軌道 $\{T^n(x)\}$ 近傍に存在する別の軌道が指数的に離れる率を平均的に表す量である.

定義 8.1 (リアプノフ指数). $\lambda(x) = \lim_{n\to\infty} \frac{1}{n} \log |(T^n)'(x)|$.

極限の存在は別に議論が必要である. 連鎖律から次の命題 8.2 が成立する.

命題 8.2. $\lambda(x)$ が存在すれば, $\lambda(x) = \lim_{n\to\infty} \frac{1}{n} \sum_{k=0}^{n-1} |T'(T^k(x))|$.

リアプノフ指数の定義から, $\lambda(x) > 0$ であれば x を初期値とする軌道上で平均的に $|T'(T^n(x))| > 1$ である. つまり, x の近傍に初期値をとる 2 本の軌道は, 時間発展とともに指数的に離れることがわかる. 2 本の軌道が離れる一方で, 単位区間はコンパクトであるから離れる軌道は折り畳みを繰り返し, 初期値の情報を失っていく. 8.1.2 項で示すように, この性質がランダムネスを引き起こす.

初期値 x について, 後の定義 8.4 に与える力学系の不変測度に関し, ほとんどいたるところ $\lambda(x) > 0$ であるとき, 力学系をカオス的とよぶことにする. 力学系のカオス性の定義はいくつかあるが, リアプノフ指数による定義は区間力学系について最も直観的な定義である. 次節では, ランダムなコイントスと同値なカオス的力学系の例をあげる.

8.1.2 2進変換

量子ウォークの例につなげるために典型的なカオス的力学系を次の定義 8.3 で与え, その軌道がランダムなコイントスによって決まることを観察する. 初期値から決定論的に決まる力学系の軌道がランダムウォークのパスと対応するのである.

定義 8.3 (2 進変換). $X = I$ と $I_0 = [0, 1/2)$, $I_1 = [1/2, 1]$ $(I = I_0 \cup I_1)$ について $T_2 : I \to I$ を次のように定め，(I, T_2) を **2 進変換**とよぶ.

$$T_2(x) = \begin{cases} 2x & (x \in I_0) \\ 2x - 1 & (x \in I_1) \end{cases} \tag{8.1}$$

T_2 が微分可能な点 $x \in I$ では $|T_2'(x)| = 2$ であるから $\lambda(x) = \log 2 > 0$ であり，(I, T_2) はカオス的な力学系である.

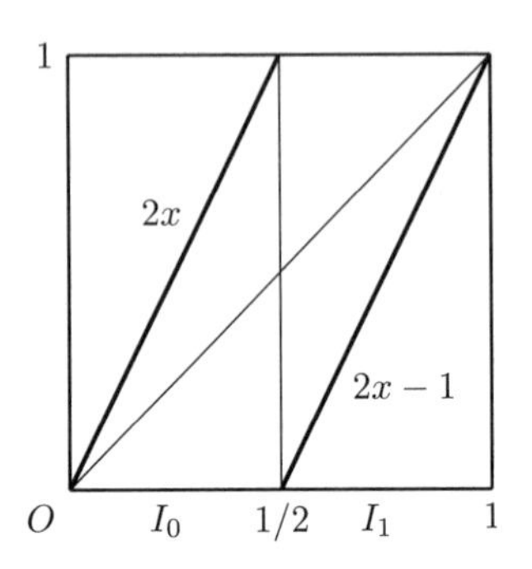

図 8.1 $T_2(x)$ のグラフ. 各点を 2 倍して単位区間内にもどす. $x = 1/2$ 以外で連続かつ微分可能，2 対 1 の写像である.

以下，この 2 進変換の軌道がランダムウォークのパスに対応していることを初等的に観察しておく.

2 進変換の初期値 $x \in I$ について，x の 2 進展開の係数を $(x_0 x_1 x_2 x_3 \cdots x_n \cdots)$ $= (x_n)_{n=0}^{\infty}$ と書く. $x = \sum_{n=0}^{\infty} \frac{x_n}{2^{n+1}}$ である. $T_2(x)$ を 2 進展開のもとに考えると，$x_0 = 0$ であれば $x < 1/2$ であるから

$$T_2(x) = 2 \sum_{n=1}^{\infty} \frac{x_n}{2^{n+1}} = \sum_{n=0}^{\infty} \frac{x_{n+1}}{2^{n+1}}$$

となる. $x_0 = 1$ であれば $x \geq 1/2$ であるから

$$T_2(x) = 2 \sum_{n=0}^{\infty} \frac{x_n}{2^{n+1}} - 1 = \sum_{n=0}^{\infty} \frac{x_{n+1}}{2^{n+1}}$$

となる. どちらの場合でも，$T_2(x) = \sum_{n=0}^{\infty} \frac{x_{n+1}}{2^{n+1}}$ となることに注意. 2 進係数のみに着目すると，$T_2(x) \mapsto (x_{n+1})_{n=0}^{\infty}$ である. T_2 によって，x の 2 進係数

$(x_n)_{n=0}^{\infty}$ の各係数が 1 つずれて $(x_{n+1})_{n=0}^{\infty}$ となっている．

$x_n \in \{0,1\}$ であり，x_n の組合せはどのようにも選択できる．x_n が 0 であればランダムウォークの n ステップ目での左への移動，x_n が 1 であればランダムウォークの n ステップ目での右への移動と考えよう．$x \in I$ に応じて定まる 2 進係数 $(x_n)_{n=0}^{\infty}$ には $\{0,1\}$ からの 2 値の選択をすべて尽くすことができるから，ランダムウォークのパスと x の 2 進展開係数は対応している．

この x_n の値は，$T_2^n(x)$ が I_{x_n} に入ることを示している．$T_2^n(x)$ の 2 進展開係数の第 0 桁が 1 であれば x の 2 進展開係数の n 桁 x_n が 1 となる．つまり，$T_2^n(x) \in I_1$ である．$T_2^n(x)$ の 2 進展開係数の第 0 桁が 0 であれば $x_n = 0$，つまり $T_2^n(x) \in I_0$ を表す．この事実から，n 個の 2 進係数 $(x_k)_{k=0}^{n-1}$ を与えれば，次の (8.2) で定まる長さ $1/2^n$ の小区間 $I_{x_0 \cdots x_{n-1}}$ を定義できる．

$$I_{x_0 \cdots x_{n-1}} = \bigcap_{k=0}^{n-1} T_2^{-k} I_{x_k} \tag{8.2}$$

ここで $x = \lim_{n\to\infty} I_{x_0 \cdots x_{n-1}}$ であり，無限列 $(x_n)_{n=0}^{\infty}$ を与えれば $x \in I$ が決まる．

$(x_n)_{n=0}^{\infty}$ が実際に初期値 x の軌道 $\{T_2^n(x)\}_{n=0}^{\infty}$ を決めることは (8.2) が保証しており，(8.2) は T_2^{-1} が縮小的になることから得られる．T_2^{-1} が縮小的とは，リアプノフ指数が一様に $\lambda(x) > 0$ であることから決まり，力学系のカオス性がランダムネスを生成することになる．

以上の議論に推移確率を導入するために，ランダムウォークの推移確率との対応を示そう．

8.1.3 ランダムウォークの推移確率と 2 進変換の不変測度

$X = \{0,1\}^{\mathbb{N}}$ とすれば $(x_n)_{n=0}^{\infty} \in X$ と書ける．X 上の写像 $\sigma : X \to X$ を $\sigma(x_n)_{n=0}^{\infty} = (x_{n+1})_{n=0}^{\infty}$ と定め，シフト写像とよぶ．X の位相を筒集合

$$[a_0 a_1 \cdots a_{n-1}] = \{x \in X \mid x_0 = a_0, \ldots, x_k = a_k, \ldots, x_{n-1} = a_{n-1}\}$$

から生成される開集合族によって定めればシフト写像は連続である．シフト写像によって，ランダムウォークの左右の選択を示す記号 $\{0,1\}$ の無限列に力学系の構造を与えることができる．

ランダムウォークの推移確率との関係を与えるために，力学系の不変測度を導入する．

定義 8.4 (不変測度). $(X, \mathcal{B}, P)$ をボレル確率空間とする．すべての $B \in \mathcal{B}$ について $P(T^{-1}B) = P(B)$ が成立するとき，P を T-不変確率測度 (単に不変確率測度，不変測度) とよび，このボレル確率空間と写像 T の組 (X, P, T) を保測力学系とよぶ．

2 進変換 (I, T_2) は I 上のルベーグ測度 m を不変確率測度にもつ．$(X, \mathcal{B}, \mu_p)$ を $\mu_p([a_0 a_1 \cdots a_{n-1}]) = p_{a_0} \cdots p_{a_{n-1}}$ で定めれば，これを $\mathcal{B}$ に拡張した測度 μ_p は (X, σ) 上の不変確率測度である．

I の小区間 $I_{a_0 a_1 \cdots a_{n-1}} = \{x \in I \,|\, x_k = a_k \,(0 \leq k \leq n-1)\}$ は長さ 2^{-n}，つまり $m(I_{a_0 a_1 \cdots a_{n-1}}) = 2^{-n}$ であり，$T_2^n(I_{a_0 a_1 \cdots a_{n-1}}) = I$ となる．$\mu_{1/2}([a_0 a_1 \cdots a_{n-1}]) = m(I_{a_0 a_1 \cdots a_{n-1}}) = 2^{-n}$ から，ランダムウォークの左右への推移を n 回ランダムに選ぶ列 $[a_0 a_1 \cdots a_{n-1}]$ と I の部分区間 $I_{a_0 a_1 \cdots a_{n-1}}$ とが対応する．この対応は，推移確率の対応 $Prob(a_0 a_1 \cdots a_{n-1}) = m(I_{a_0 a_1 \cdots a_{n-1}})$ を与えている．

8.1.4 マルコフ分割

ここまでの 2 進変換に関する議論は，$T_2 I_0 = I_0 \cup I_1$, $T_2 I_1 = I_0 \cup I_1$ という関係が成立し，I_0 または I_1 に入った軌道が次に I_0 と I_1 に等確率で入っている．さらに，次が成立している．

$$\lim_{n \to \infty} \bigcap_{k=0}^{n-1} T_2^{-k} I_{x_k} = \lim_{n \to \infty} I_{x_0 x_1 \cdots x_{n-1}} = x$$

このような I_0 と I_1 の組 $\{I_0, I_1\}$ を力学系 (I, T_2) のマルコフ分割とよぶ．8.2.4 項でみるように，単純ランダムウォークだけでなくマルコフ連鎖についても力学系が対応しうる．

$T_2(\varphi((x_n)_{n=0}^{\infty})) = \varphi(\sigma((x_n)_{n=0}^{\infty}))$ であるから，次の可換図式が成立する．

$$\begin{array}{ccc} \{0,1\}^{\mathbb{N}} & \xrightarrow{\sigma} & \{0,1\}^{\mathbb{N}} \\ \varphi \downarrow & & \varphi \downarrow \\ I & \xrightarrow{T_2} & I \end{array}$$

8.1.5 パイこね変換とマルコフ分割

2 進変換は可逆ではない．2 進変換の性質を保ちつつ可逆な写像を構成する手法として次元を加え，加えた次元には逆写像によるダイナミクスを与える．2 進変換とその逆写像を組み合わせ，パイこね変換とよぶ可逆力学系を次に与える．

定義 8.5 (パイこね変換)．I^2 上に写像 $T_B : I^2 \to I^2$ を (8.3) によって構成する．この力学系は可逆であり，**パイこね変換**とよぶ．

$$T_B(x,y) = \begin{cases} (2x, y/2) & (x \in I_0) \\ (2x-1, (y+1)/2) & (x \in I_1) \end{cases} \tag{8.3}$$

パイ生地を伸ばしてこねる操作に似ていることからついた名前である．(8.3) に現れる $y/2$ および $(y+1)/2$ は $T_2|_{I_0}^{-1}$ および $T_2|_{I_1}^{-1}$ である．T_B においても I^2 のルベーグ測度 m は不変確率測度になっている．

パイこね変換の挙動を模式的に図 8.2 に示す．$I_0 = \{(x,y) \,|\, x \in [0,1/2)\}$, $I_1 = \{(x,y) \,|\, x \in [1/2,1]\}$ である．同じ記号を用いて 2 進変換における I_0, I_1 とあえて混同させる．$J_0 = T_B I_0$, $J_1 = T_B I_1$ であり x 方向に 2 倍に延び，y 方向には 1/2 倍に縮んでいる．$\{I_0, I_1\}$ はパイこね変換のマルコフ分割である．

リアプノフ指数の定義において T' をヤコビアン DT_B に置き換えると，$\lambda(x,y)$ はヤコビアンの最大固有値から $\log 2$ であり，カオス的力学系になっている．

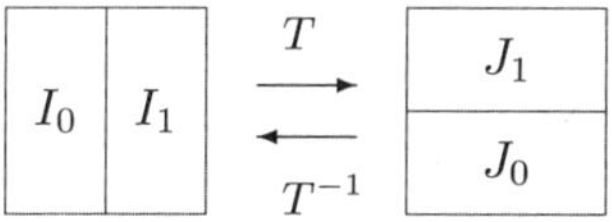

図 8.2　パイこね変換の挙動．I^2 の左半分 I_0 は T によって下半分 J_0 へ，右半分 I_1 は J_1 へ写される．

8.1.6 可逆な保測力学系の誘導するユニタリ作用素

$f : X \to \mathbb{C}$ を X 上の複素数値関数とする．不変確率測度 m をもつ可逆な力学系 (X, m, T) と f に対して Koopman の作用素 U を $(Uf)(x) = f(T(x))$ と定める．$f, g \in L^2(m)$ とする．L^2 上に通常の内積

$$(f,g) = \int_X f(x)\overline{g(x)}\, dm(x)$$

を定めれば，U は $L^2(m)$ 上でユニタリであることが直ちにわかる．

命題 8.6. (1) U は線形．(2) U は全射かつ 1 対 1．(3) U は等長．

なお，力学系の同型問題との関係などは [1] などを参照されたい．

パイこね変換によって定まる U を具体的に書き下すと次の (8.4) と書ける．

$$(Uf)(x) = f(T(x)) = \begin{cases} f(2x, y/2) & (x \in I_0) \\ f(2x-1, (y+1)/2) & (x \in I_1) \end{cases} \tag{8.4}$$

8.2 ランダムウォークを実現する量子ウォークの構成

本節では，パイこね変換を用いて量子ウォークを構成し，これが古典ウォークに相当することを示す[1)]．

8.2.1 準　　備

$I^2 \times \mathbb{Z}$ 上の力学系 T_M を次のように定める．

$$T_M(x, y, n) = \begin{cases} (2x, y/2, n+1) & (x \in I_0) \\ (2x-1, (y+1)/2, n-1) & (x \in I_1) \end{cases} \tag{8.5}$$

$I^2 \times \mathbb{Z}$ 上の複素数値関数 $f(x, y, n)$ は次を満たすとする．

$$||f|| = \sum_{n=-\infty}^{\infty} \iint_{I^2} |f(x, y, n)|^2 \, dxdy < \infty$$

以上の設定のもと，$(U_M f)(x, y, n) = f(T_M(x, y, n))$ と U_M を定めれば U_M は等長作用素である．この初期条件のもと U_M を U によって記述する．$(U_M f)(x, y, n) = f(T_M(x, y, n))$ であるから，(8.6) と書くことができる．

$$(U_M f)(x, y, n) = \begin{cases} f(2x, y/2, n+1) \cdot 1_{I_0} & (x \in I_0) \\ f(2x-1, (y+1)/2, n-1) \cdot 1_{I_1} & (x \in I_1) \end{cases} \tag{8.6}$$

ただし，$1_A(x, y)$ は $A \subset I^2$ に関する定義関数である。(8.6) を Konno *et al.* [2] に従って量子ウォークの形式で書けば，

$$Pf(x, y) = U(1_{I_0}(x, y) f(x, y)), \quad Qf(x, y) = U(1_{I_1}(x, y) f(x, y))$$

1) この構成に用いる力学系は田崎の提唱した多重パイこね変換と同等である [3]．田崎は時間の流れの一方向性をカオス力学系の立場から基礎づけるモデルとして多重パイこね変換を精力的に解析した．非線形物理では決定論的拡散とよばれる系の例となっているが，これは量子ウォークそのものである．

とおいて

$$(U_M f)(x, y, n) = Pf(x, y, n+1) + Qf(x, y, n-1)$$

である．

8.2.2 単純ランダムウォークの量子ウォークによる構成

次の初期条件を与えておく．原点 $(n = 0)$ にのみ定義関数をおき，原点以外では 0 をとるとする．

$$f(x, y, n) = \begin{cases} 1_{I^2}(x, y) & (n = 0) \\ 0 & (n \neq 0) \end{cases}$$

時刻 t での n における存在確率を次の定義 8.7 で与える．

定義 8.7.

$$Prob(X_t = 2n - t) = \iint_{I^2} |f_t(x, y, n)|^2 \, dm \tag{8.7}$$

ただし，$f_t = U_M^t f$ である．

$n = 0$ における I^2 上の定数関数は U_M によって図 8.3 のように時間発展する．$t = 0$ から $t = 1$ の時間発展における I^2 の下半分 J_0 上の定義関数は T_M によって $n = -1$ における I_0 上の定義関数に写り，I^2 の上半分 J_1 上の定義関数は T_M によって $n = 1$ での I_1 上の定義関数に写る．

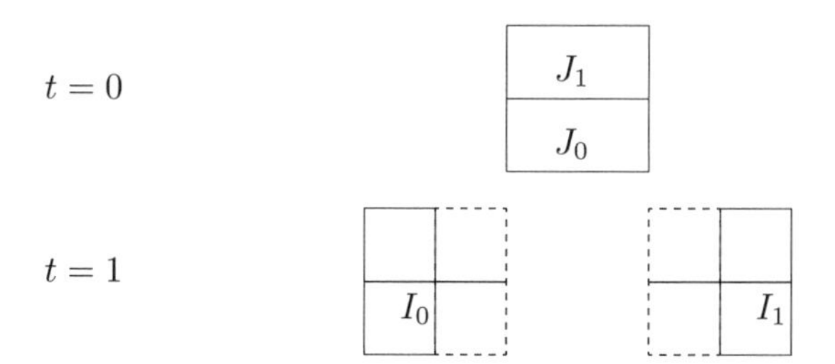

図 8.3　$t = 0$ から $t = 1$ における T_M の時間発展．J_0 は I_0 に写り，J_1 は I_1 に写る．$m(I_0) = m(I_1) = 1/2$ に注意．

$t=1$ から $t=2$ では，図 8.4 の $n=-1$ に現れる 1_{I_0} の上半分と下半分が左右に分かれる．1_{I_0} に P を作用して $n=-2$ での $1_{I_{00}}$ が現れ，同じく Q を作用して $n=0$ での $1_{I_{10}}$ が現れる．また，1_{I_1} に P, Q を作用して $n=0$ での $1_{I_{01}}$ と $n=2$ での $1_{I_{11}}$ が現れる．

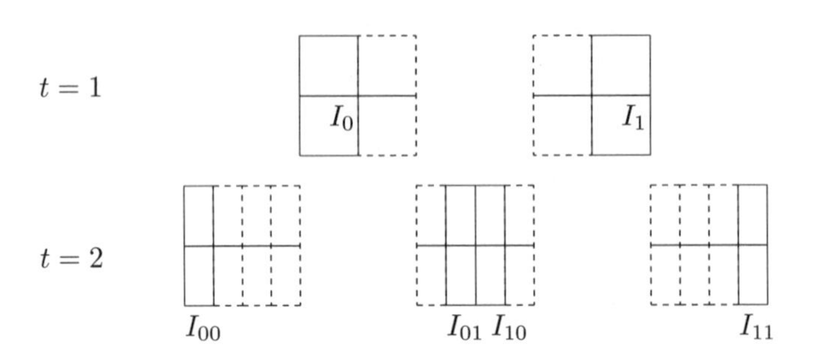

図 8.4　$t=1$ から $t=2$ における T_M の時間発展．I_0 は I_{00} と I_{01} に写り，I_1 は I_{10} と I_{11} に写る．$m(I_{ab})=1/4$ に注意．

$t=2$ から $t=3$ の時間発展では，$n=-3$ に I_{000}，$n=-1$ に I_{001}, I_{010}, I_{100}，$n=1$ に I_{011}, I_{101}, I_{110}，$n=3$ に I_{111} が現れる (図 8.5).

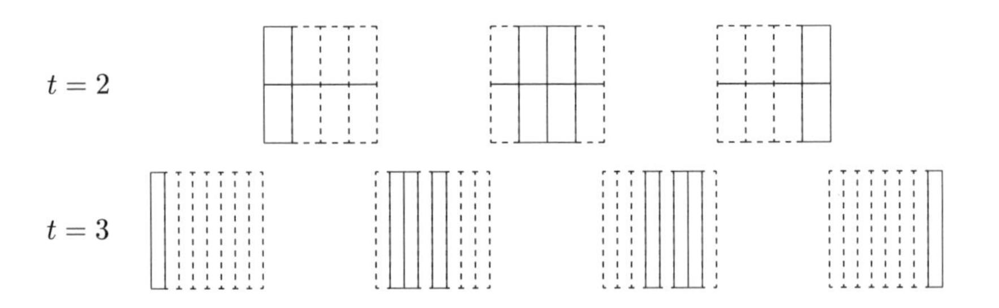

図 8.5　$t=2$ から $t=3$ における T_M の時間発展．$1,3,3,1$ という 2 項係数の組合せがみえる．

以上にみるように，内部自由度が I^2 であるために量子干渉が起きないウォークになっている．$m(I_{x_0x_1\cdots x_{t-1}})=2^{-t}$ であるから，2 項分布が自然に現れる．

命題 8.8. パイこね変換の与える量子ウォークについて，次が成立する．

$$Prob(X_t = 2n - t) = \binom{t}{n} 2^{-t}$$

ただし，$n = 0, 1, \ldots, t$ とし，$\binom{t}{n}$ は 2 項係数である．つまり，単純ランダムウォークを実現している．

8.2.3 高 次 元 化

2 次元のランダムウォークを実現するには，4 方向への作用を定義すればよい．パイこね変換を拡張して I^2 上の力学系を次の定義 8.9 で与える．

定義 8.9.

$$T_4(x, y) = \begin{cases} (4x, y/4) & (x \in I_0) \\ (4x - 1, (y + 1)/4) & (x \in I_1) \\ (4x - 2, (y + 2)/4) & (x \in I_2) \\ (4x - 3, (y + 3)/4) & (x \in I_3) \end{cases} \tag{8.8}$$

ここで，$I_0 = \{(x, y) \in I^2 \,|\, 0 \leq x < 1/4\}$，$I_1 = \{(x, y) \in I^2 \,|\, 1/4 \leq x < 1/2\}$，$I_2 = \{(x, y) \in I^2 \,|\, 1/2 \leq x < 3/4\}$，$I_3 = \{(x, y) \in I^2 \,|\, 3/4 \leq x \leq 1\}$ である．

$\{I_0, I_1, I_2, I_3\}$ は記号 $\{0, 1, 2, 3\}$ のマルコフ分割となる．記号を 2 次元格子における上下左右への移動に割り当てれば，2 次元のパスを量子ウォークとして実現する．ただし，1 次元の場合も含めて P による作用と Q による作用は可換ではない．

8.2.4 マルコフ連鎖

本項ではマルコフ連鎖に対応する力学系の例を示し，この力学系による量子ウォークを構成する．まず，単位区間上の区間力学系を次の定義 8.10 に与える．

定義 8.10. $\beta = \dfrac{1 + \sqrt{5}}{2}$ とする．$I_0 = \{x \in I \,|\, 0 \leq x < 1/\beta\}$ と $I_1 = \{x \in I \,|\, 1/\beta \leq x \leq 1\}$ について，区間力学系 $T_\beta : I \to I$ を次の (8.9) で定義する．

$$T_\beta(x) = \begin{cases} \beta x & (x \in I_0) \\ \beta x - 1 & (x \in I_1) \end{cases} \tag{8.9}$$

この力学系 $T_\beta(x)$ のグラフは図 8.6 のようになる．

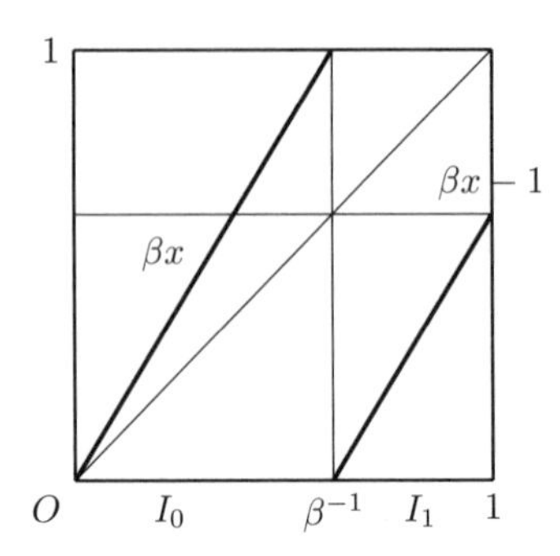

図 8.6 マルコフ連鎖に対応する力学系

$T_\beta I_0 = I_0 \cup I_1$, $T_\beta I_1 = I_0$ であることから，$x \in I_0$ は T_β によって I_0 にも I_1 にも動く一方で，$x \in I_1$ は T_β によって I_1 にのみ動く．したがって，この力学系の軌道は構造行列を次の (8.10) とするマルコフ連鎖に同値である．

$$M = \begin{pmatrix} 1 & 1 \\ 1 & 0 \end{pmatrix} \tag{8.10}$$

定義 8.10 をもとにして I^2 内に 1 対 1 の写像を定義する．

$$T_M(x,y) = \begin{cases} (\beta x, y/\beta) & (x \in I_0) \\ (\beta x - 1, (y + \beta^{-1})/\beta) & (x \in I_1,\ 0 \le y \le 1/\beta) \end{cases} \tag{8.11}$$

ここで，$I_0 = \{(x,y) \in I^2 \,|\, 0 \le x < 1/\beta,\ y \in I\}$ および $I_1 = \{(x,y) \in I^2 \,|\, 1/\beta \le x \le 1,\ 0 \le \beta - 1\}$ である．$X = I_0 \cup I_1$ として，力学系 (X, T_M) はルベーグ測度を不変測度とする可逆な力学系である (図 8.7)．

この力学系 T_M によって，パイこね変換と同様に量子ウォークを構成すれば，構造行列 (8.10) の定義するマルコフ連鎖と同値な量子ウォークとなっている．

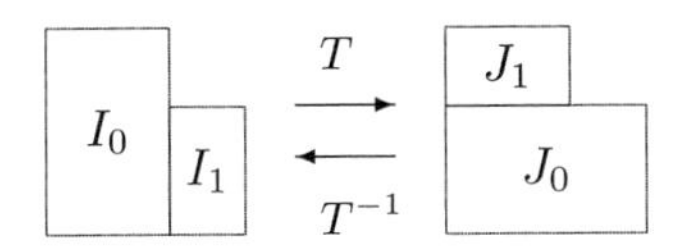

図 8.7 T_M の挙動．$X = I_0 \cup I_1$ の左側 I_0 は T によって J_0 へ，右側 I_1 は J_1 へ写される．

8.3 古典近似へ向けて

カオス的力学系と Koopman の作用素を用いてランダムウォークを量子ウォークで実現する手法を紹介した．内部自由度は無限大であり，量子干渉の生じない量子ウォークを実現している．この量子ウォークは決して特殊なものではない．

特に，パイこね変換から構成する単純ランダムウォークと同値な量子ウォークについては，適切な離散化手法を用いることで有限内部自由度の量子ウォークの族をつくり，古典近似を構成することもできる．また，アダマールウォークからランダムウォークをつなぐ族が現れる．単純ランダムウォークのみにとどまらず，推移確率を $p, 1-p$ で与えるウォークも同様に構成できる．

古典近似に関する詳細は行木 [4] にゆずる．古典近似の各段階における量子ウォークの性質など，豊富な問題を含んでいる．なお，マルコフ連鎖に関する量子ウォークの古典近似は構成できていない．

参 考 文 献

[1] 十時東生『エルゴード理論入門』(共立出版)
[2] N. Konno, T. Namiki and T. Soshi, "Symmetry of distribution for the one-dimensional Hadamard walk", Interdisciplinary Information Sciences, Vol.10, No.1, pp.11–22 (2004)
[3] S. Tasaki, "Fick's Law and Fractality of Nonequilibrium Stationary States in a Reversible Multibaker Map", Journal of Statistical Physics, 81, pp.935–987 (1995)
[4] 行木孝夫「決定論的拡散と量子酔歩」数理解析研究所講究録 2028, pp.62–68 (2017)

9 章

解析的で一様な $\mathbb{Z}$ 上量子ウォーク：定義・構造定理・極限定理

[西郷甲矢人・酒匂宏樹]

本章では，$\mathbb{Z}$ 上の量子ウォークの一般概念およびその解析性を定義し，そこから導かれる構造定理，そしてその帰結としての一般的な極限定理 (弱収束極限定理) を紹介する．この過程においては，「離散時間量子ウォークをいつ連続時間量子ウォークで実現できるか？」という問いへの答えも与えられる．それらすべての基盤をなすのは，$\mathbb{Z}$ 上の解析的で一様な量子ウォークの背後にある複素解析的な構造である．

9.1 はじめに

本章においては，$\mathbb{Z}$ 上の量子ウォークの一般概念およびその解析性を定義し，「量子ウォークの複素解析」への道を開く．主定理は，解析的で一様な $\mathbb{Z}$ 上の離散時間量子ウォーク (簡単のため本章では，概念が定義されて以降は「解析的」などの語を適宜省略することがある) の構造定理 (定理 9.20) である．

この構造定理からは，「離散時間量子ウォークをいつ連続時間量子ウォークで実現できるか？」という自然な問いへの簡潔な答え (定理 9.27) などの帰結が導かれる．なかでも，量子ウォークの一般的な極限定理 (定理 9.31) が重要だが，これは先行研究 [2] のアイデアを活かしながらも，その議論においては暗黙裡に排除されていたタイプの量子ウォーク (9.5.2 項の例など) をも包含する厳密な一般化となっている．こうした議論を可能にするためにも，量子ウォークの一般概念やその解析性を定義することが不可欠なのである[1]．

---

1) 本章の内容は，執筆現在査読中のプレプリント [6] に基づくものである．本書のような出版物においては，すでに論文として発表された内容をもとに解説を行うのが常道であろう．しかしわれわれは，最新の研究においてみつかった量子ウォークの複素解析的構造について一刻も早く読者と共有したいとの思いに抗することができなかった．また，紙数の関係上，証明はすべて [6] にゆずらざるをえなかったが，本稿をひとつの手引きとしつつ [6] をご検討いただければと思う．

9.2 定　　義

n を自然数とし，$\ell_2(\mathbb{Z}) \otimes \mathbb{C}^n$ 上の有界線型作用素 X を考えよう．このとき X の行列要素

$$[X((s,k),(t,l))]_{(s,k),(t,l)\in\mathbb{Z}\times\{1,2,\cdots,n\}}$$

は

$$X((s,k),(t,l)) = \langle X(\delta_t \otimes \delta_l), \delta_s \otimes \delta_k \rangle$$

によって定義される．ここで δ_t, δ_s はそれぞれ t および s のみで 1 の値をとり，他の整数では 0 の値をとる関数を，δ_l, δ_k はそれぞれ第 l 成分および第 k 成分のみが 1 であり，他の成分はすべて 0 であるようなベクトルを表す．

定義 9.1. (1) 作用素 X が C^∞ 級であるとは，任意の自然数 N について，集合

$$\{(1+|s-t|^2)^N X((s,k),(t,l)) \mid s,t \in \mathbb{Z},\ k,l \in \{1,2,\cdots,n\}\}$$

が有界となることをいう．

(2) 作用素 X が解析的であるとは，定数 $0 < c$ および $1 < r$ が存在して，任意の k,l,s,t について

$$|X((s,k),(t,l))| \leq cr^{-|s-t|}$$

となることをいう．

(3) 作用素 X が有限伝搬であるとは，定数 $1 \leq R$ が存在して，任意の k,l および $|s-t|$ が R より大きくなるような任意の s,t について

$$X((s,k),(t,l)) = 0$$

が成り立つことをいう．(例えば [5, Definition 5.9.2] を参照．)

(4) 作用素 X が空間的に一様あるいは単に一様であるとは，行列要素 $X((s,k),(t,l))$ が k,l および $s-t$ にのみに依存することをいう．

$\ell_2(\mathbb{Z}) \otimes \mathbb{C}^n$ 上の任意の作用素 X については以下が成り立つ．

- X が有限伝搬なら解析的である．
- X が解析的なら C^∞ 級である．
- X が C^∞ 級なら有界である．

以後，しばしば $\ell_2(\mathbb{Z}) \otimes \mathbb{C}^n$ の要素と $\mathbb{Z}$ 上の ℓ_2 関数を成分とする列ベクトル

とを同一視する．すると，$\ell_2(\mathbb{Z}) \otimes \mathbb{C}^n = \ell_2(\mathbb{Z})^n$ 上の任意の有界線型作用素はその成分が $\ell_2(\mathbb{Z})$ 上の有界線型作用素である $n \times n$ の行列として表現できる．

各 $s \in \mathbb{Z}$ に対し，S_s を以下のようにシフトで定義される $\ell_2(\mathbb{Z})$ 上のユニタリ作用素とする．

$$\delta_t \mapsto \delta_{s+t}, \quad t \in \mathbb{Z}.$$

一様な作用素 $X = [X((s,k),(t,l))]$ は無限和

$$\left[\sum_s X_{k,l}(s) S_s\right]_{1 \le k,l \le n}$$

によって定義される．ここで係数 $X_{k,l}(s-t)$ は $X((s,k),(t,l))$ によって与えられる．X が C^∞ 級の場合，上の無限和は作用素ノルムに関して収束する．

以下は群をなす．

- C^∞ 級のユニタリ作用素全体
- 解析的なユニタリ作用素全体
- 有限伝搬なユニタリ作用素全体
- 一様なユニタリ作用素全体

定義 9.2. 実数体の閉部分群 $G \in \mathbb{R}$ から $\ell_2(\mathbb{Z}) \otimes \mathbb{C}^n$ のユニタリ作用素からなる群への群準同型を，$\mathbb{Z}$ 上の n 状態量子ウォークとよび，$t \mapsto U^{(t)}$ と表す．G は $\mathbb{R}$ 自身もしくは $c\mathbb{Z}$ の形の群であることに注意．以下では簡単のため，「$\mathbb{Z}$ 上の」および「n 状態」という語句は基本的に省略する．

- 量子ウォークが連続時間量子ウォークであるとは，G が $\mathbb{R}$ に一致し，かつ弱作用素位相に関して連続であることをいう．
- 量子ウォークが離散時間量子ウォークであるとは，G が $c\mathbb{Z}$ の形の群であることをいう．
- 量子ウォークが C^∞ 級であるとは，任意の $t \in G$ について $U^{(t)}$ が C^∞ 級のユニタリ作用素であることをいう．
- 量子ウォークが解析的であるとは，任意の $t \in G$ について $U^{(t)}$ が解析的なユニタリ作用素であることをいう．
- 量子ウォークが有限伝搬であるとは，任意の $t \in G$ について $U^{(t)}$ が有限伝搬なユニタリ作用素であることをいう．
- 量子ウォークが空間的に一様，あるいは単に一様であるとは，任意の $t \in G$ について $U^{(t)}$ が一様なユニタリ作用素であることをいう．

例 9.3. これまでよく研究されている一様な離散時間量子ウォークはほぼすべて有限伝搬であり，したがって解析的でもある[2]． □

9.3 準　備

本節においてはまず，解析的で一様な離散時間量子ウォーク U のフーリエ逆変換 $\widehat{U}$ を導入する．これはトーラス (絶対値が 1 の複素数全体) $\mathbb{T}$ から $\mathbb{C}^n$ 上のユニタリ作用素全体への写像を定め，各ファイバー $\mathbb{C}^n$ において正規直交基底をなす $\widehat{U}(z)$ の固有ベクトルたちの解析的な切断が構成できる．構造定理の準備をなす本節の要諦は $z \mapsto \widehat{U}(z)$ の解析性である．

9.3.1 量子ウォークのフーリエ逆変換

関数に対するフーリエ逆変換 $\mathcal{F}^{-1}$ はユニタリ作用素

$$\mathcal{F}^{-1} \colon \ell_2(\mathbb{Z}) \ni \delta_s \mapsto z^s \in L^2(\mathbb{T})$$

によって与えられる．$\ell_2(\mathbb{Z}) \otimes \mathbb{C}^n$ 上の有界線型作用素 X に対しては，$L^2(\mathbb{T}) \otimes \mathbb{C}^n$ の有界線型作用素 $\widehat{X} = (\mathcal{F}^{-1} \otimes \mathrm{id}) X (\mathcal{F} \otimes \mathrm{id})$ のことを X のフーリエ逆変換とよぶ．ここで id は恒等写像を表す．

X が一様な作用素のとき，X は複素数 $X_{k,l}(s)$ を用いて

$$X = \left[\sum_{s \in \mathbb{Z}} X_{k,l}(s) S_s \right]_{1 \le k,l \le n}$$

と表すことができ，ここでフーリエ逆変換 $\widehat{X}$ の (k,l) 成分は $\mathbb{T}$ 上の関数

$$\sum_{s \in \mathbb{Z}} X_{k,l}(s) z^s \in L^\infty(\mathbb{T})$$

による掛け算作用素となる．

$\mathbb{T}$ 上の連続関数 η に関しては，これを掛け算作用素

$$L^2(\mathbb{T}) \ni \xi \mapsto \eta\xi \in L^2(\mathbb{T})$$

と同一視することが多い．掛け算作用素であることを強調したい場合には $M[\eta]$ のように書くこともある．

---

2) 例については，本章や本書中に引用された文献に取り上げられているものをはじめ，枚挙にいとまがない．

補題 9.4. $\ell_2(Z) \otimes \mathbb{C}^n$ 上の一様な作用素 X について，以下が成り立つ．

(1) X が C^∞ 級であるための必要十分条件は，$\widehat{X}$ の各成分が C^∞ 級であることである．

(2) X が解析的であるための必要十分条件は，$\widehat{X}$ の各成分が $\mathbb{T}$ の近傍における解析関数であることである．

(3) X が有限伝搬であるための必要十分条件は，$\widehat{X}$ の各成分が $\{z^s \mid s \in \mathbb{Z}\} \subset C(\mathbb{T})$ の線型結合で書けることである．

以後，本章においては解析的な離散時間量子ウォークに焦点をあてる．これを単に量子ウォークとよぶ．「時間の群」G を $\mathbb{Z}$ として一般性を失わない．そして，量子ウォークの生成子 $U^{(1)}$ を U と書く．

量子ウォークの生成子 U のフーリエ逆変換 $\widehat{U} = (\mathcal{F}^{-1} \otimes \mathrm{id})U(\mathcal{F} \otimes \mathrm{id})$ は $M_n(C(\mathbb{T})) = C(\mathbb{T}) \otimes M_n(\mathbb{C})$ の要素である．$\widehat{U}$ の (k,l) 成分を $\widehat{U}(z;k,l)$ と表す．補題 9.4 により，$\widehat{U}(z;k,l)$ は $\mathbb{T}$ の近傍に解析接続をもつ．この解析接続をも $\widehat{U}(z;k,l)$ と表す．このとき，任意の z に対して $\left(\widehat{U}(z;k,l)\right)_{k,l}$ は $(n \times n)$ ユニタリ行列であることに注意しよう．

本章の主要な目的は量子ウォークの構造定理を示すことであり，その核心は量子ウォークのフーリエ逆変換の構造 (定理 9.19) を明らかにすることである．読者のなかには，このような構造定理が加藤敏夫の理論から簡単に導かれると考えるかもしれない．確かに，加藤の解析的摂動論 [7] からは，$z \to \widehat{U}(z)$ の固有ベクトルの局所的な切断が得られる．しかし，構造定理 (定理 9.20) のためにはそれだけでは不十分であり，また別な議論を要する．ここでは [6] における議論の道筋を素描してみよう．

構造定理にいたるこの道の第一の要所は，「$\mathbb{T}$ 周りでの有理型関数の体」$\mathcal{Q}_{\mathbb{T}}$ について考えることである．$\widehat{U}(z)\,(z \in \mathbb{T})$ の特性多項式は $\mathcal{Q}_{\mathbb{T}}$ の要素を係数にもつ多項式であり，量子ウォークのフーリエ逆変換の構造はこの多項式の因数分解の構造に対応する．

9.3.2　$\mathbb{T}$ 周りでの有理型関数の体 $\mathcal{Q}_{\mathbb{T}}$

量子ウォークのフーリエ逆変換 $\widehat{U}(z)\,(z \in \mathbb{T})$ の特性多項式とは

$$f(\lambda; z) = \det\left(\left(\lambda\delta_{k,l} - \widehat{U}(z;k,l)\right)_{k,l}\right)$$

である．ここで $\delta_{k,l}$ はクロネッカーのデルタを表す．この多項式の λ に関する次数は n であり，係数は $\mathbb{T}$ を含むある領域上で解析的な関数である．この多項式について調べるため，その「係数体」に着目する．

定義 9.5.
- $Q_{\mathbb{T}}$ を，$\mathbb{T}$ を含む領域 Ω とその領域からリーマン球面への解析写像 (であって定数関数 ∞ でないもの)

$$q\colon \Omega \to \mathbb{C} \cup \{\infty\}$$

とのペア (Ω, q) の集合とする．
- $Q_{\mathbb{T}}$ の 2 つの要素 (Ω_1, q_1), (Ω_2, q_2) が同値であるとは，ある領域 $\mathbb{T} \subset \Omega_0 \subset \Omega_1 \cap \Omega_2$ 上で q_1 と q_2 が一致することをいう．
- $Q_{\mathbb{T}}$ を上に述べた同値関係によって類別して得られる商集合を $\mathcal{Q}_{\mathbb{T}}$ と書く．

補題 9.6. $Q_{\mathbb{T}}$ における各点ごとの加法・乗法から，$\mathcal{Q}_{\mathbb{T}}$ には自然に体の構造が備わる．

この体 $\mathcal{Q}_{\mathbb{T}}$ を，「$\mathbb{T}$ 周りでの有理型関数の体」とよぶことにしよう．簡単のため，$(\Omega, q) \in Q_{\mathbb{T}}$ を含む同値類を単に $q \in \mathcal{Q}_{\mathbb{T}}$ のように書く．

$\widehat{U}(z)$ の特性多項式 $f(\lambda; z)$ は係数を $\mathcal{Q}_{\mathbb{T}}$ にもつ $f(\lambda)$ 多項式と思える．この因数分解を考えるために基盤となるのが以下の補題と定理である．

補題 9.7. $g(\lambda) \in \mathcal{Q}_{\mathbb{T}}[\lambda]$ を既約多項式とする．このとき，$\mathbb{T}$ の有限部分集合 $\mathbb{T}_0$ が存在して，任意の $z \in \mathbb{T} \setminus \mathbb{T}_0$ において多項式 $g(\lambda; z) \in \mathbb{C}[\lambda]$ は重根をもたない．

定理 9.8. $g(\lambda)$ を $\mathcal{Q}_{\mathbb{T}}[\lambda]$ のモニックな (最高次の係数が 1 の) d 次既約多項式とする．もし任意の $z \in \mathbb{T}$ について $g(\lambda; z) \in \mathbb{C}[\lambda]$ の根 λ がすべて $\mathbb{T}$ の要素ならば，以下が成り立つ．

(1) 解析関数 $\lambda(\cdot) \in \mathcal{Q}_{\mathbb{T}}$ が存在して，任意の $z \in \mathbb{T}$ に関し

$$g(\lambda; z) = \prod_{\zeta\colon \zeta^d = z} (\lambda - \lambda(\zeta)).$$

(2) $\mathbb{T}$ 周りで定義された別な解析関数 $\widetilde{\lambda}(\cdot)$ が

$$g(\lambda; z) = \prod_{\zeta\colon \zeta^d = z} \left(\lambda - \widetilde{\lambda}(\zeta)\right)$$

を満たすならば，ある自然数 $c \in \{0, 1, 2, \cdots, d-1\}$ が存在して

$$\widetilde{\lambda}(\zeta) = \lambda\left(\exp\left(\frac{2\pi i c}{d}\right)\zeta\right), \quad \zeta \in \mathbb{T}.$$

補題 9.9. $\lambda(\cdot)$ を $\mathbb{T}$ 上の解析関数とし，$g(\lambda) \in \mathcal{Q}_{\mathbb{T}}[\lambda]$ を

$$g(\lambda; z) = \prod_{\zeta:\ \zeta^d = z} (\lambda - \lambda(\zeta))$$

と定める．以下の二条件は同値である．

(1) 多項式 $g(\lambda) \in \mathcal{Q}_{\mathbb{T}}[\lambda]$ は可約である．

(2) ある自然数 $c \in \{1, 2, \cdots, d-1\}$ が存在して，任意の $\zeta \in \mathbb{T}$ に関し

$$\lambda\left(\exp\left(\frac{2\pi i c}{d}\right)\zeta\right) = \lambda(\zeta).$$

上の同値な条件が成り立つならば，ある自然数 b, c と解析写像 $\widetilde{\lambda}\colon \mathbb{T} \to \mathbb{T}$ が存在して，$bc = d$ および

$$\widetilde{\lambda}(\zeta^b) = \lambda(\zeta), \quad \zeta \in \mathbb{T},$$

$$g(\lambda; z) = \left(\prod_{\eta:\ \eta^c = z} \left(\lambda - \widetilde{\lambda}(\eta)\right)\right)^b$$

を満たす．

9.3.3 量子ウォークの固有値関数

前述のとおり，量子ウォークのフーリエ逆変換 $\widehat{U}(z)$ の特性多項式

$$f(\lambda; z) = \det\left(\left(\lambda\delta_{k,l} - \widehat{U}(z; k, l)\right)_{k,l}\right)$$

は多項式 $f(\lambda) \in \mathcal{Q}_{\mathbb{T}}[\lambda]$ と考えることができ，既約多項式まで分解できる．さらに，それぞれの既約多項式は，定理 9.8 で述べた表示をもつ．これに基づいて，次が示される．

定理 9.10. 総和が n となる自然数の列 $d(1), d(2), \cdots, d(m)$ および解析関数 $\lambda_1, \cdots, \lambda_m\colon \mathbb{T} \to \mathbb{T}$ が存在して，$\widehat{U}(z)$ の特性多項式 $f(\lambda; z)$ は

$$f(\lambda; z) = \prod_{j=1}^{m} \prod_{\zeta:\ \zeta^{d(j)} = z} (\lambda - \lambda_j(\zeta))$$

と表される．

定義 9.11. 量子ウォーク U に対し，上の定理 9.10 における等式を満たす m 個のペアからなる組

$$((d(1), \lambda_1), (d(2), \lambda_2), \cdots, (d(m), \lambda_m))$$

を，$\widehat{U}$ の固有値関数系といい，各 λ_j を固有値関数という．

各量子ウォーク U について，自然数 m および固有値関数系は一意とは限らない．実際，以下の三種の置き換えが許される．

(1) 添字 $\{1, 2, \cdots, m\}$ の並べ替え．

(2) 固有値関数 λ_j における「回転」：　c を自然数とするとき，$\lambda_j(\zeta)$ を

$$\lambda_j\left(\exp\left(\frac{2\pi ic}{d(j)}\right)\zeta\right)$$

で置き換えること (定理 9.8 (2) を参照)．

(3) 補題 9.9 の表示に基づく「分解」：

$$\lambda_j(\zeta) = \lambda_j\left(\exp\left(\frac{2\pi ic}{d(j)}\right)\zeta\right), \quad b := \frac{d(j)}{c} \in \mathbb{N}$$

となるとき，ペア $(d(j), \lambda_j)$ は b 個のペア

$$\left(c, \widetilde{\lambda}\right), \left(c, \widetilde{\lambda}\right), \cdots, \left(c, \widetilde{\lambda}\right)$$

によって置き換えられる．ここで新しい固有値関数は

$$\widetilde{\lambda}(\eta) = \lambda_j(\eta \text{ の } b \text{ 乗根})$$

で与えられる．

第三の置き換えである「分解」(上記の (3)) が適用できないとき，その固有値関数系は分解不能であるという．2 つの固有値関数系が与えられたとき，上記の 3 つの手続きを通じ，同じ分解不能な固有値関数系に到達することができる．また，2 つの分解不能な固有関数系は，「分解」以外の二種の手続きによって互いに変換できる．というのも，$f(\lambda)$ の既約分解が一意的であるからである．

固有値関数系を用いると，量子ウォークの「回転数」を定めることができる．

定義 9.12.

$$((d(1), \lambda_1), (d(2), \lambda_2), \cdots, (d(m), \lambda_m))$$

を $\widehat{U}$ の固有値関数系とする．$w(\lambda_j)$ を解析写像 $\lambda_j \colon \mathbb{T} \to \mathbb{T}$ の回転数とするとき，量子ウォーク U の回転数を

$$\sum_{j=1}^{m} |w(\lambda_j)|$$

として定義し，$|w|(U)$ と表す．

量子ウォーク U の回転数は固有値関数系 $|w|(U)$ のとり方によらず定まる．というのも，これは上記の三種の手続きによって不変だからである．

9.3.4 固有ベクトルの解析的切断

固有値関数系に対する次の定理は，量子ウォークの構造解析の根幹をなす．

定理 9.13. 任意の分解不能な固有値関数系

$$((d(1),\lambda_1),(d(2),\lambda_2),\cdots,(d(m),\lambda_m))$$

に対し，解析写像 $\mathbf{v}_1,\cdots,\mathbf{v}_m\colon \mathbb{T}\to\mathbb{C}^n$ が存在し，以下を満たす．

- 任意の $z\in\mathbb{T}$ に対して
$$\left\{\mathbf{v}_j(\zeta)\ \middle|\ 1\le j\le m,\ \zeta\in\mathbb{T},\ \zeta^{d(j)}=z\right\}$$
は $\mathbb{C}^n$ の正規直交基底をなす．
- 任意の $1\le j\le m$ と任意の $\zeta\in\mathbb{T}$ について，
$$\widehat{U}\left(\zeta^{d(j)}\right)\mathbf{v}_j(\zeta)=\lambda_j(\zeta)\mathbf{v}_j(\zeta).$$

9.4 構 造 定 理

本節では，いよいよ量子ウォークの構造定理について説明する．おおよそ構造定理というものは，関心のある対象を何らかの「素なもの」に分解するという形式をとる．何も「素なもの」が常に根源的だといういわれはないが，少なくともそういうものがみつかれば解析はきわめてわかりやすくなる．ここでは，量子ウォークにおける「素なもの」として，「モデル量子ウォーク」なる概念を導入し，これを用いて量子ウォークを表現する．

9.4.1 モデル量子ウォーク

自然数 d と解析関数 $\lambda\colon\mathbb{T}\to\mathbb{T}$ が与えられたとき，「モデル量子ウォーク」$U_{d,\lambda}$ を，以下のように定義する．

$\lambda(\zeta)$ のローラン級数が

$$\lambda(\zeta) = \sum_{s\in\mathbb{Z}} c(s)\zeta^s$$

と与えられるとしよう．このとき，$k, l \in \{1, 2, \cdots, d\}$ に対して解析的な作用素 $U_{k,l}$ を

$$U_{k,l} = \sum_{s\in\mathbb{Z}} c(k-l+ds)S_s$$

と定める (ここで S_s たちはシフト作用素である)．そして $\ell_2(\mathbb{Z}) \otimes \mathbb{C}^d$ 上の解析的な作用素 $U_{d,\lambda}$ を

$$U_{d,\lambda} = (U_{k,l})_{k,l}$$

と定める．

いま，$\lambda_{k,l} \colon \mathbb{T} \to \mathbb{C}$ を

$$\lambda_{k,l}(z) = \sum_{s\in\mathbb{Z}} c(k-l+ds)z^s$$

と定めると，$U_{k,l}$ のフーリエ逆変換 $\widehat{U_{k,l}} = \mathcal{F}^{-1}U_{k,l}\mathcal{F}$ はこの $\lambda_{k,l}$ による掛け算作用素 $M[\lambda_{k,l}]$ にほかならない．特に $d=1$ のとき，$\widehat{U_{1,\lambda}}$ は λ による掛け算作用素 $M[\lambda]$ となる．$U_{1,\lambda}$ は λ のフーリエ変換で与えられるユニタリ作用素であり，

$$U_{1,\lambda} = \sum_{s\in\mathbb{Z}} c(s)S_s$$

と表される．

さて，ユニタリ作用素 $W_d \colon \ell_2(\mathbb{Z}) \otimes \mathbb{C}^d \to \ell_2(\mathbb{Z})$ を

$$W_d(\delta_s \otimes \delta_k) = \delta_{k+ds}, \quad s \in \mathbb{Z},\ k \in \{1, 2, \cdots, d\}$$

として定義し，これを「再配列」とよぼう．これは $U_{d,\lambda}$ と $U_{1,\lambda}$ とを連絡する作用素である．

補題 9.14. 任意の解析写像 $\lambda, \lambda_1, \lambda_2 \colon \mathbb{T} \to \mathbb{T}$ と任意の自然数 d について，

$$U_{d,\lambda} = W_d^* U_{1,\lambda} W_d.$$

これにより，以下がわかる．

補題 9.15. 任意の解析写像 $\lambda, \lambda_1, \lambda_2 \colon \mathbb{T} \to \mathbb{T}$ と任意の自然数 d について，

$$U_{d,\lambda}^* = U_{d,\overline{\lambda}}, \quad U_{d,\lambda_1}U_{d,\lambda_2} = U_{d,\lambda_1\lambda_2}.$$

さらに，次が成り立つ．

補題 9.16. 任意の解析写像 $\lambda\colon \mathbb{T} \to \mathbb{T}$ と任意の自然数 d について，$U_{d,\lambda}$ はユニタリ作用素である．

このようにしてユニタリであることがわかった $\ell_2(\mathbb{Z}) \otimes \mathbb{C}^d$ 上の作用素 $U_{d,\lambda}$ を，「モデル量子ウォーク」とよぶ．モデル量子ウォークについては，以下が基本的である．

補題 9.17. 任意の $\zeta \in \mathbb{T}$ に対し，列ベクトル

$$\left(1, \zeta^{-1}, \zeta^{-2}, \cdots, \zeta^{1-d}\right)^{\mathrm{T}}$$

は $\widehat{U_{d,\lambda}}(\zeta^d)$ の固有ベクトルであり，その固有値は $\lambda(\zeta)$ である．また，任意の $z \in \mathbb{T}$ に対して，集合

$$\left\{ \frac{1}{\sqrt{d}} \left(1, \zeta^{-1}, \zeta^{-2}, \cdots, \zeta^{1-d}\right)^{\mathrm{T}} \;\middle|\; \zeta^d = z \right\}$$

は $\mathbb{C}^d$ の正規直交基底をなす．ただし ^{T} は転置を表す．

補題 9.18. モデル量子ウォークのフーリエ逆変換 $\widehat{U_{d,\lambda}}(z)$ の特性多項式は

$$\prod_{\zeta\colon \zeta^d = z} (\lambda - \lambda(\zeta)) \in \mathcal{Q}_{\mathbb{T}}[\lambda]$$

となる．

9.4.2 構造定理

以上の準備のもとに，次が示せる．

定理 9.19. $\widehat{U}$ を量子ウォーク U のフーリエ逆変換とする．任意の分解不能な固有値関数系

$$((d(1), \lambda_1), (d(2), \lambda_2), \cdots, (d(m), \lambda_m))$$

に対し，ユニタリ行列値の解析写像 $\widehat{V}\colon \mathbb{T} \to M_n(\mathbb{C})$ が存在して

$$\widehat{U}(z) = \widehat{V}(z) \left(\widehat{U_{d(1),\lambda_1}}(z) \oplus \widehat{U_{d(2),\lambda_2}}(z) \oplus \cdots \oplus \widehat{U_{d(m),\lambda_m}}(z)\right) \widehat{V}(z)^*, \ z \in \mathbb{T}$$

を満たす．

定理 9.19 の式にフーリエ変換を施せば，量子ウォークの構造定理が導かれる．

定理 9.20 (構造定理)**.** 任意の一様な量子ウォーク U は，モデル量子ウォークの直和と共役である．具体的には，$\widehat{U}$ の任意の分解不能な固有値関数系

$$((d(1),\lambda_1),(d(2),\lambda_2),\cdots,(d(m),\lambda_m))$$

に対し，$\ell_2(\mathbb{Z})\otimes\mathbb{C}^n$ の解析的なユニタリ作用素 V が存在して，

$$U = V\left(U_{d(1),\lambda_1}\oplus U_{d(2),\lambda_2}\oplus\cdots\oplus U_{d(m),\lambda_m}\right)V^*$$

を満たす．

この構造定理には，後述の極限定理をはじめ数多くの帰結がある．次節では，これらの帰結を導くために重要な「量子ウォークの分解可能性」を定義する．

9.4.3 量子ウォークの分解可能性

定義 9.21. (n 状態) 量子ウォーク U が分解可能であるとは，

- 和が n となる自然数 $d(1)$ と $d(2)$,
- (一様とは限らない) $d(1)$-状態量子ウォーク U_1,
- (一様とは限らない) $d(2)$-状態量子ウォーク U_2,
- $\ell_2(\mathbb{Z})\otimes\mathbb{C}^n$ 上の解析的なユニタリ作用素 V,

が存在して

$$U = V\left(U_1\oplus U_2\right)V^*$$

を満たすことをいう．量子ウォークが分解可能でないとき，分解不能という．

分解不能な量子ウォークは，モデル量子ウォークと共役である．

補題 9.22. 一様な量子ウォーク U が分解不能なら，$\ell_2(\mathbb{Z})\otimes\mathbb{C}^d$ 上の解析的なユニタリ作用素 V およびモデル量子ウォーク $U_{d,\lambda}$ が存在して，

$$U = VU_{d,\lambda}V^*$$

を満たす．

定理 9.23. 一様な量子ウォーク U が分解不能であるための必要十分条件は，そのフーリエ逆変換 $\widehat{U}(z)$ の特性多項式 $f(\lambda;z)$ が $\mathcal{Q}_{\mathbb{T}}[\lambda]$ の既約多項式となる

ことである.

系 9.24. モデル量子ウォーク $U_{d,\lambda}$ が分解可能であるための必要十分条件は，そのフーリエ逆変換の特性多項式が「回転不変」，つまりある $c \in \{1, \cdots, d-1\}$ が存在して

$$\lambda\left(\exp\left(\frac{2\pi ic}{d}\right)\zeta\right) = \lambda(\zeta), \quad \zeta \in \mathbb{T}$$

を満たすことである.

9.4.4 連続時間量子ウォークによる実現

構造定理の帰結として，本節では，「(離散時間) 量子ウォークを連続時間量子ウォークによって実現できるか？」という自然な問いに対する答えが与えられる．ここで実現というのは，(離散時間) 量子ウォークを連続時間量子ウォークの「時刻」を自然数に制限することによって得られるということであり，煎じ詰めれば (離散時間) 量子ウォークの生成子が連続時間量子ウォークの「時刻 1」における作用素として書けるかという問題となる．まず，モデル量子ウォークについては次が成り立つ.

定理 9.25. $\lambda\colon \mathbb{T} \to \mathbb{T}$ を解析写像とする．もし λ の回転数が 0 ならば，(1 状態の解析的で一様な) 連続時間量子ウォーク

$$\mathbb{R} \ni t \mapsto U^{(t)}$$

が存在して，$U^{(1)} = U_{1,\lambda}$ を満たす.

補題 9.15 により，一般の場合のモデル量子ウォーク $U_{1,\lambda}$ は以下のように書き直せる ($w(\lambda)$ は $\lambda\colon \mathbb{T} \to \mathbb{T}$ の回転数を表す).

$$U_{1,\lambda} = U_{1,z^{w(\lambda)}} U_{1,\zeta^{-w(\lambda)}\lambda(\zeta)} = S_{w(\lambda)} U_{1,\zeta^{-w(\lambda)}\lambda(\zeta)}.$$

ここで $\zeta \mapsto \zeta^{-w(\lambda)}\lambda(\zeta)$ の回転数は 0 であるから，定理 9.25 により，モデル量子ウォーク $U_{1,\zeta^{-w(\lambda)}\lambda(\zeta)}$ は (1 状態の解析的で一様な) 連続時間量子ウォークにより実現できる．さらに一般の d については再配列を考えて，次が示せる.

定理 9.26. 任意の一様な量子ウォーク U は

$$U = V\left(\bigoplus_{j=1}^{m} W_{d(j)}^{*} S_{w(j)} U_j^{(1)} W_{d(j)}\right)V^{*}$$

と書ける．

したがって，任意の一様な量子ウォークは「(1 状態の解析的で一様な) 連続時間量子ウォークをほんの少し変形したもの」の直和で書ける，ということである．このことが，量子ウォークと連続時間量子ウォークとが (通常の定義の見かけは随分違ったものであるにもかかわらず)，極限分布の概形をはじめ「定性的」には似た性質をもつことの核心と考えられる．

さて，この表示を用いると，「量子ウォークが連続時間量子ウォークで実現できるのはいつか？」という問題に「量子ウォークの回転数」を用いた簡潔な答えが与えられる．

定理 9.27. 量子ウォーク U が (1 状態の解析的で一様な) 連続時間量子ウォークで実現できる (すなわち「時刻」を制限することで得られる) ための必要十分条件は，その回転数が 0 であることである．

9.5 具体例

ここまでの内容を，簡単な具体例を通して確認しよう．

9.5.1 有名な 2 状態量子ウォーク

a, b を $|a|^2 + |b|^2 = 1$, $ab \neq 0$ を満たす複素数とする．これらを実数 α, β, $0 < r < 1$ を用いて

$$a = re^{i\alpha}, \quad b = \sqrt{1-r^2}e^{i\beta}$$

と書く．$\ell_2(\mathbb{Z}) \otimes \mathbb{C}^2$ 上のユニタリ作用素

$$U = \begin{pmatrix} \overline{a}S_{-1} & -bS_{-1} \\ \overline{b}S_1 & aS_1 \end{pmatrix}, \quad z \in \mathbb{T}$$

で量子ウォークを定義しよう．これは量子ウォークの有名な例であり，その極限定理も Konno [4] において示されて以来よく知られている．さて，この量子ウォークは分解可能だろうか？ また，連続時間量子ウォークによって書けるだろうか？

簡単のため，$\alpha = 0$ の場合を考えよう．フーリエ逆変換 $\widehat{U}(z)$ の特性多項式は

$$f(\lambda; z) = \lambda^2 - r\left(z + z^{-1}\right)\lambda + 1$$

となる．z を $e^{i\theta}$ で表すと，その根は

$$\lambda_1(e^{i\theta}) = r\cos\theta + i\sqrt{1-r^2\cos^2\theta},$$
$$\lambda_2(e^{i\theta}) = r\cos\theta - i\sqrt{1-r^2\cos^2\theta}$$

となる．このとき，

$$((1,\lambda_1),(1,\lambda_2))$$

は分解不能の固有値関数系となる．特性多項式は

$$f(\lambda;z) = (\lambda-\lambda_1(z))(\lambda-\lambda_2(z))$$

と書けて，定理 9.23 により，この量子ウォークは分解可能となる．また，量子ウォークの回転数は 0 なので，定理 9.27 により，連続時間量子ウォークによって実現できる．

この連続時間量子ウォークは以下のように与えられる．まずフーリエ逆変換は，あるユニタリ作用素 $\widehat{V}$ によって

$$\widehat{U}(e^{i\theta}) = \widehat{V}(e^{i\theta})\begin{pmatrix}\lambda_1(e^{i\theta}) & 0\\ 0 & \lambda_2(e^{i\theta})\end{pmatrix}\widehat{V}(e^{i\theta})^*$$

となるが ($\widehat{V}$ も具体的なユニタリ行列として計算できる．詳細は [6] をみよ)，このとき実数値関数 $h\colon \mathbb{T}\to\mathbb{R}$ が存在して

$$\exp(ih(e^{i\theta})) = \lambda_1(e^{i\theta}), \quad \exp(-ih(e^{i\theta})) = \overline{\lambda_1(e^{i\theta})} = \lambda_2(e^{i\theta})$$

と書けるから，量子ウォーク U を実現する連続時間量子ウォークのフーリエ逆変換は

$$\widehat{U^{(t)}}(e^{i\theta}) = \widehat{V}(e^{i\theta})\begin{pmatrix}\exp(ith(e^{i\theta})) & 0\\ 0 & \exp(-ith(e^{i\theta}))\end{pmatrix}\widehat{V}(e^{i\theta})^*$$

と与えられる．この関数 h が量子ウォークの振る舞いを基本的に統制しているとみることができる．

9.5.2 一味違う 2 状態量子ウォーク

今度は，$\ell_2(\mathbb{Z})\otimes\mathbb{C}^2$ 上のユニタリ作用素

$$U = \begin{pmatrix} rS_1 & -bS_1\\ \bar{b} & r\end{pmatrix}, \quad r\in\mathbb{R},\ b\in\mathbb{C},\ r^2+|b|^2=1$$

で定義される量子ウォークを考えよう．これは前述の例と一味違う量子ウォークとなっている．

このフーリエ逆変換 $\widehat{U}(z)$ の特性多項式は

$$f(\lambda; z) = \lambda^2 - r\,(z+1)\,\lambda + z$$

となる．この根を z の一価関数によって記述することはできない．解析関数 $\lambda_1(\zeta)\colon \mathbb{T} \to \mathbb{T}$ を

$$\lambda_1(e^{i\theta}) = re^{i\theta}\cos\theta + e^{i\theta}\sqrt{1 - r^2\cos^2\theta}$$

として定義すると，特性多項式は

$$f(\lambda; z) = \prod_{\zeta\colon \zeta^2 = z} (\lambda - \lambda_1(\zeta))$$

と書ける．

$\lambda_1(-\zeta) \neq \lambda_1(\zeta)$ だから，補題 9.9 により，$f(\lambda) \in \mathcal{Q}_{\mathbb{T}}[\lambda]$ は既約である．$((2, \lambda_1))$ は分解不能な固有値関数系であり，定理 9.23 により，この量子ウォークは分解不能である．また，回転数は 1 であり，この量子ウォークは (解析的で一様な) 連続時間量子ウォークとしては実現できない．

この「一味違った例」やその極限定理を扱う理論的な枠組みは，著者らの知る限り [6] においてはじめて与えられたものである．暗黙に無視されてきたタイプの量子ウォークであるといってよいだろう．しかし，著者らの理解が正しければ，これは量子ウォークの物理的実装において実際に役割を果たしているものでもあり，少なくとも理論的な枠組みのなかでこれを排除することは不自然であるように思われる．本章において紹介される極限定理は，これまでの枠組みにおいては扱いきれなかったこのようなケースを含めた一般的なものとなっている．

9.5.3　3 状態グローバーウォーク

$\ell_2(\mathbb{Z}) \otimes \mathbb{C}^3$ 上のユニタリ作用素

$$U = \frac{1}{3}\begin{pmatrix} -S_{-1} & 2S_{-1} & 2S_{-1} \\ 2 & -1 & 2 \\ 2S_1 & 2S_1 & -S_1 \end{pmatrix}$$

で定義される量子ウォーク U は 3 状態グローバーウォークとよばれ，その極限定理も Inui *et al.* [3] で示されている．このフーリエ逆変換 $\widehat{U}(z)$ の特性多項式

$f(\lambda;z)$ は

$$f(\lambda;z)=\lambda^3+\frac{1}{3}(z+1+z^{-1})\lambda^2-\frac{1}{3}(z+1+z^{-1})\lambda-1,$$

$$f(\lambda;e^{i\theta})=\left(\lambda^2+2\left(\frac{2+\cos\theta}{3}\right)\lambda+1\right)(\lambda-1)$$

であり，その固有値 $\widehat{U}\left(e^{i\theta}\right)$ は

$$\lambda_1=-\frac{2+\cos\theta}{3}\pm i\sqrt{1-\left(\frac{2+\cos\theta}{3}\right)^2},\quad \lambda_2=1$$

となる．この根を $e^{i\theta}$ の一価関数で記述することはできない．変数を取り直して，λ_1 を $\widehat{U}\left(e^{2i\theta}\right)$ の固有値

$$\lambda_1=-\frac{2+\cos 2\theta}{3}\pm\frac{2i}{3}\sin\theta\sqrt{3-\sin\theta^2}$$

とし，$\lambda_1(e^{i\theta})$ として

$$-\frac{2+\cos 2\theta}{3}+\frac{2}{3}i\sin\theta\sqrt{3-\sin^2\theta}$$

を選ぶと，固有値関数となる (π を θ に加えると，もう一方の固有値も得られる)．$\widehat{U}\,(z)$ の固有値の集合は

$$\{\lambda_1(\zeta)\mid\zeta^2=z\}\cup\{1\}$$

と書ける．すると，$((2,\lambda_1),(1,1))$ は分解不能な固有値関数系となる．特性多項式は

$$f(\lambda;z)=(\lambda-1)\cdot\prod_{\zeta:\ \zeta^2=z}(\lambda-\lambda_1(\zeta))$$

と表され，定理 9.23 により，この量子ウォークは分解可能である．また，回転数は 0 であり，定理 9.27 により，連続時間量子ウォークで実現できる．

9.6 極限定理

構造定理の帰結として，連続時間量子ウォークによる実現の問題はすでに論じた．本節ではさらに，「極限定理」も構造定理の帰結としてとらえられることを説明する．

9.6.1 初期単位ベクトルの局所性

およそ極限定理というものは,「十分な時間発展を待ったとき」概ねどのような振る舞いをするか, ということを述べるものである. 時間発展の背後には, 初期条件の選択の問題がある. 通常の設定では, 初期条件については何らかの局所性 (極端かつ典型的な場合は「一点に集中」) を考えることが多い. 構造定理の適用にあたっては,「共役」が局所性にどのような影響を与えるかをまずは考える必要がある.

具体的にいうと, 構造定理 9.20 の式

$$U = V\left(U_{d(1),\lambda_1} \oplus U_{d(2),\lambda_2} \oplus \cdots \oplus U_{d(m),\lambda_m}\right)V^*$$

に登場する V^* は, 一般に, 初期単位ベクトルの「台の有限性」を保たない. しかし, より弱い意味での局所性を保つ.

量子系の「状態」にあたる単位ベクトル $\xi \in \ell_2(\mathbb{Z}) \otimes \mathbb{C}^n$ に対し, $\mathbb{Z}$ 上の確率測度 $P[\xi]$ を (ボルンの確率規則に対応して)

$$P[\xi](\{s\}) = \sum_{k=1}^{n} |\langle \delta_s \otimes \delta_k, \xi\rangle|^2, \quad s \in \mathbb{Z}$$

と定義する. ある 1 より大きな実数 r が存在して, 2 つの数列

$$\left(r^s P[\xi](\{s\})\right)_{s\in\mathbb{Z}}, \quad \left(r^{-s} P[\xi](\{s\})\right)_{s\in\mathbb{Z}}$$

が $\ell_1(\mathbb{Z})$ の要素であるとき, $P[\xi](\{s\})$ および ξ 自身を指数型であるという.

量子ウォークの研究においては, この型の確率測度が関心を集めてきた (例えば, [1] など). この条件は, フーリエ逆変換 $(\mathcal{F}^{-1} \otimes \mathrm{id})\xi \in L^2(\mathbb{T}, \mathbb{C}^n)$ が $\mathbb{T}$ 上で解析的であることと同値である.

一方, 極限定理の証明において重要な役割を果たす微分作用素についての議論のために, ここでは, より広いクラスに注目する. 任意の自然数 d について数列

$$\left\{(1+s^2)^d P[\xi](\{s\})\right\}_{s=-\infty}^{\infty}$$

が有界であるとき, $P[\xi](\{s\})$ および ξ 自身を急減少であるという. この条件は $(\mathcal{F}^{-1} \otimes \mathrm{id})\xi$ が, $\mathbb{T}$ 上でなめらかであることと同値である.

$\xi \in \ell_2(\mathbb{Z}) \otimes \mathbb{C}^n$ が指数型で $\ell_2(\mathbb{Z}) \otimes \mathbb{C}^n$ の作用素 V が解析的であるとき, $V^*\xi$ も指数型である. また, ξ が急減少で V が解析的であるとき, $V^*\xi$ も急減少である.

9.6.2 極限分布

U を量子ウォークとし，単位ベクトル (「初期単位ベクトル」) を ξ とすると，そこから $\mathbb{Z}$ 上の確率分布の列

$$P[\xi], P[U\xi], P[U^2\xi], P[U^3\xi], \cdots$$

が定まる．任意の「時刻」$t \in \mathbb{Z}$ に対して，そこから $\phi\colon \mathbb{Z} \ni s \mapsto s/t \in \mathbb{R}$ によって押し出された $\mathbb{R}$ 上の確率測度

$$\phi_*^{(t)}(P[U^t\xi])$$

を考えよう．目標は，確率測度の列 $\left\{\phi_*^{(t)}(P[U^t\xi])\right\}_{t=1}^{\infty}$ が，ある (コンパクト台をもつ) 確率測度に弱収束することを示すことにある．

極限分布を調べるため，$\ell_2(\mathbb{Z})$ 上の対角的な自己共役作用素

$$\frac{D}{t}\colon \delta_s \mapsto \frac{s}{t}\delta_s, \quad s \in \mathbb{Z}$$

に着目する．そのフーリエ逆変換は $L^2(\mathbb{T})$ 上の自己共役作用素

$$\mathcal{F}^{-1}\frac{D}{t}\mathcal{F}\colon z^s \mapsto sz^s, \quad s \in \mathbb{Z}$$

となる．λ を $\lambda(z)$ と書けば，この作用素は微分作用素 $\dfrac{1}{t}z\dfrac{d}{dz}$ にほかならない．また，λ を $\lambda(e^{i\theta})$ と書けば，$\dfrac{1}{it}\dfrac{d}{d\theta}$ となる．$P[\xi]$ が急減少であるとき，ξ は $\left(\dfrac{D}{t}\right)^m$ の定義域に属する．

補題 9.28. ξ を $\ell_2(\mathbb{Z}) \otimes \mathbb{C}^n$ の急減少な単位ベクトルとするとき，任意の自然数 m に対し m 次モーメント $\phi_*^{(t)}(P[\xi])$ は有限であり，具体的には以下のように書ける．

$$\left\langle \left(\frac{D}{t} \otimes \mathrm{id}\right)^m \xi, \xi \right\rangle.$$

これを用いると，次が成り立つ．

補題 9.29. $\lambda\colon \mathbb{T} \to \mathbb{T}$ を解析関数とし，U をモデル量子ウォーク $U_{1,\lambda}$ とする．$\xi \in \ell_2(\mathbb{Z})$ が急減少な単位ベクトルならば，$\left\{\phi_*^{(t)}(P[U^t\xi])\right\}_{t=1}^{\infty}$ はコンパクト台をもつある確率測度に弱収束する．

さらに，次が成り立つ．

補題 9.30. d を自然数，$\lambda\colon \mathbb{T} \to \mathbb{T}$ を解析関数，U をモデル量子ウォーク $U_{d,\lambda}$ とする．$\xi \in \ell_2(\mathbb{Z}) \otimes \mathbb{C}^d$ が急減少な単位ベクトルならば，$\left\{\phi_*^{(t)}(P[U^t\xi])\right\}_{t=1}^{\infty}$ はコンパクト台をもつある確率測度に弱収束する．

ここで構造定理を用いると，一般の量子ウォークの極限定理が示される．

定理 9.31 (極限定理)**.** 任意の一様な量子ウォーク U と急減少な単位ベクトル ξ について，確率測度の列 $\left\{\phi_*^{(t)}(P[U^t\xi])\right\}_{t=1}^{\infty}$ はコンパクト台をもつある確率測度に弱収束する．

参 考 文 献

[1] T. Endo and N. Konno, The stationary measure of space-inhomogeneous quantum walk on the line, Yokohama Math. J. **60** (2014), 33–47.

[2] G. Grimmett, S. Janson and P. F. Scudo, Weak limits for quantum random walks, Phys. Rev. E, **69** (2004), 026119.

[3] N. Inui, N. Konno and E. Segawa, One-dimensional three-state quantum walk, Phys. Rev. E, **72** (2005), 056112.

[4] N. Konno, A new type of limit theorems for the one-dimensional quantum random walk, J. Math. Soc. Japan **57** (2005), no.4, 1179–1195.

[5] P. W. Nowak and G. Yu, Large Scale Geometry, EMS Textbooks in Mathematics, European Mathematical Society (EMS), Zürich (2012).

[6] H. Saigo and H. Sako, Space-homogeneous quantum walks on $\mathbb{Z}$ from the viewpoint of complex analysis, available on arXiv (arXiv:1802.01837).

[7] T. Kato, Peturbation theory for linear operators, Classics in Mathematics, Springer-Verlag, Berlin, 1995, Reprint of the 1980 edition.

10章

連続時間量子ウォークの固有解析

[井手勇介]

本章では，連続時間量子ウォークについて時間発展作用素の固有解析の立場から解説する．具体的には，通常のランダムウォークとの対応関係・完全量子状態遷移・量子探索問題への応用について解説する．

10.1 はじめに

本章では，連結な有限単純グラフ上の連続時間量子ウォークについて，時間発展作用素の固有解析の立場から解説する．はじめに，通常のランダムウォークと連続時間量子ウォークとの対応関係を述べたあと，代数的グラフ理論あるいはスペクトラルグラフ理論のなかで精力的に研究されている完全量子状態遷移について，Coutinho [5] をベースとして解説する[1)]．残りの部分では，近年関心が高まっている量子コンピュータへの応用を見据えた研究の例として，連続時間量子ウォークを用いた探索問題について Ide [9] をベースに解説する．

連続時間量子ウォークのプライオリティに関しては諸説あるが，例えば Childs *et al.* [3] によって導入されて本格的な研究が始まった．1 次元格子上の単純ランダムウォークに対応する連続時間量子ウォークに関する弱収束極限定理は Konno [10] によって示され，より一般的な設定で Gottlieb [7] によって示されている．本章では 1 次元格子の場合を扱わないため，この弱収束極限定理について以下で概説する[2)]．

1 次元格子 $\mathbb{Z}$ 上の単純ランダムウォークに対応する連続時間量子ウォーク (Continuous Time Quantum Walk : CTQW) において，原点から出発した

1) 完全量子状態遷移に関する詳細な内容については，Coutinho [5] やその参考文献を参照されたい．2018 年 4 月 23 日～27 日の日程で，研究集会「Algebraic Graph Theory and Qauntum Walks」がカナダの Waterloo 大学で開催され，筆者も参加した．この研究集会のオーガナイザーは，Chris Godosil 氏，Gabriel Coutinho 氏，Krystal Guo 氏であった．

2) 詳しい内容については今野 [11] やその参考文献を参照されたい．

量子ウォーカーの時刻 $t \geq 0$ での位置を表す確率変数を X_t^{CTQW} とする．このとき，量子ウォーカーが時刻 t において場所 $x \in \mathbb{Z}$ で発見される確率は $\mathbb{P}(X_t^{CTQW} = x) = J_x^2(t)$ で表される．ただし，$J_x(t)$ は x 次のベッセル関数である．さらに，次の極限定理が得られる．

$$\frac{X_t^{CTQW}}{t} \Rightarrow Z^{CTQW} \quad (t \to \infty).$$

ここで，$\Rightarrow$ は弱収束を意味する．また，極限に現れる確率変数 Z^{CTQW} は逆正弦則 (図 10.1) に従う確率変数であり，次の確率密度関数をもつ．

$$\frac{1}{\pi\sqrt{1-x^2}} I_{(-1,1)}(x) \quad (x \in \mathbb{Z}).$$

ここで，$I_A(x)$ は集合 A の指示関数で，$x \in A$ のとき $I_A(x) = 1$，$x \notin A$ のとき $I_A(x) = 0$ である．

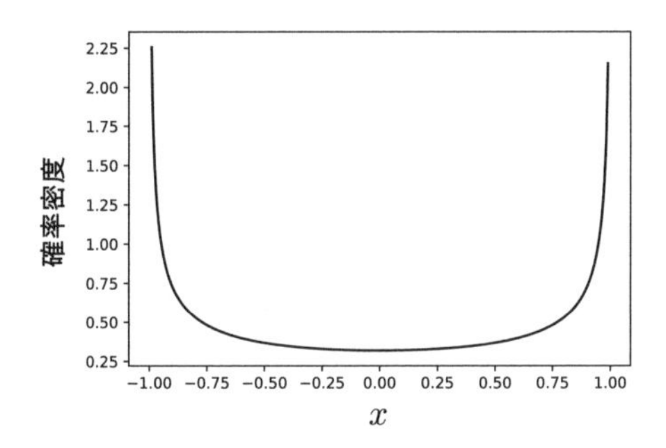

図 10.1 連続時間量子ウォークの極限分布 (逆正弦分布)

一方，同じ 1 次元格子 $\mathbb{Z}$ 上の対応する連続時間ランダムウォーク (Continuous Time Random Walk : CTRW) において，原点から出発したランダムウォーカーの時刻 $t \geq 0$ での位置を表す確率変数を X_t^{CTRW} とする．このとき，ランダムウォーカーが時刻 t において場所 $x \in \mathbb{Z}$ で発見される確率は $\mathbb{P}(X_t^{CTRW} = x) = e^{-t} I_x(t)$ で表される．ただし，$I_x(t)$ は x 次の変形ベッセル関数である．さらに，次の極限定理が得られる[3)]．

$$\frac{X_t^{CTRW}}{\sqrt{t}} \Rightarrow Z^{CTRW} \quad (t \to \infty).$$

ここで，$\Rightarrow$ は弱収束を意味する．また，極限に現れる確率変数 Z^{CTRW} は標準正規分布に従う確率変数である．

3) 例えば，[12] を参照．

このように，連続時間量子ウォークは 1 次元格子において通常のランダムウォークとは異なる挙動を示すことが知られているが，有限グラフ上でも同様に異なる挙動をみせる．本章では，連結な有限単純グラフ上の連続時間量子ウォークについて，時間発展作用素の固有解析の立場からその挙動を調べる取り組みについて紹介したい．

10.2 連続時間量子ウォーク

10.2.1 連続時間量子ウォークの定義

本章では，議論を単純化するために，$G=(V(G),E(G))$ を N 個の頂点からなる連結な有限単純グラフとし，その頂点集合は $V(G)=\{0,1,\ldots,N-1\}$ と番号付けされているものとする．連続時間量子ウォークでは，与えられたグラフ G に付随するヒルベルト空間 $\mathcal{H}_{CTQW}$ を以下で定義する．

$$\mathcal{H}_{CTQW} := \mathrm{Span}\left\{|j\rangle : j \in V(G)\right\}.$$

ここで，$|j\rangle$ $(j=0,\ldots,N-1)$ は j 番目の成分のみが 1 で他の成分は 0 の N 次元単位ベクトル (縦ベクトル) であり，特に，$|0\rangle = {}^{T}[1,0,\ldots,0]$ である[4)]．このヒルベルト空間 $\mathcal{H}_{CTQW}$ は，各頂点 $j \in V(G)$ 上に標準基底 $|j\rangle$ を対応させた N 次元複素ベクトル空間と解釈する (図 10.2)．以下で，連続時間量子ウォークの時間発展作用素を定義する．

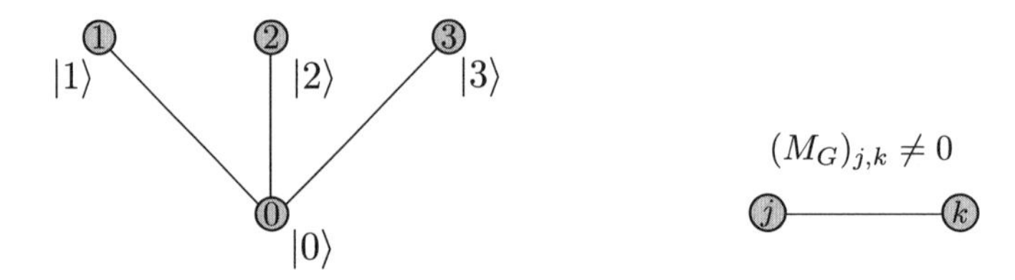

図 10.2 ヒルベルト空間 $\mathcal{H}_{CTQW}$ の基底　　図 10.3 辺 $(j,k) \in E(G)$ の「重み」

グラフ G に対して，$(j,k) \in E(G)$ ならば $(M_G)_{j,k} \neq 0$ で，$(j,k) \notin E(G)$ ならば $(M_G)_{j,k}=0$ となる $N \times N$ の実対称行列 M_G (本章ではグラフ G に付随する実対称行列とよぶ) を一つ固定する．このとき，$(M_G)_{j,k}$ は，辺 $(j,k) \in E(G)$

4) Span $\mathcal{A}$ は，集合 $\mathcal{A}$ の要素で張られる複素ベクトル空間を表す．また，${}^{T}A$ は行列 A の転置を表す．

に対応する「重み」であると解釈する (図 10.3). ここで, $t \geq 0$ に対して以下で定まるユニタリ行列

$$U_{M_G}(t) := \exp(itM_G) = \sum_{k=0}^{\infty} \frac{(it)^k}{k!} M_G^k$$

を M_G による G 上の連続時間量子ウォークの時刻 t における時間発展作用素とよぶ. ただし, i は虚数単位である. さらに, 単位ベクトル (初期状態) $|\Psi_{N,0}\rangle \in \mathcal{H}_{CTQW}$ を一つ固定するごとに, $t \geq 0$ に対して,

$$|\Psi_{N,t}\rangle := U_{M_G}(t)|\Psi_{N,0}\rangle$$

によって, 時刻 t における確率振幅を定める. つまり, M_G をハミルトニアンとするシュレーディンガー方程式によって時間発展を定めることになる. このとき, $|\Psi_{N,t}\rangle$ の第 j 成分を $\Psi_{N,t}(j)$ と表すことにして,

$$\mathbb{P}_{N,t}(j) := |\langle j|\Psi_{N,t}\rangle|^2 = |\Psi_{N,t}(j)|^2$$

を, $j \in V(G)$ における時刻 t での量子ウォーカーの存在確率と定める[5)].

M_G としてよく用いられる行列のひとつに, 隣接行列があげられる. ここで, グラフ G の隣接行列 A_G とは

$$(A_G)_{j,k} = \begin{cases} 1, & (j,k) \in E(G) \text{ の場合}, \\ 0, & \text{その他} \end{cases}$$

で定義される $0, 1$ 値対称行列である. また, 初期状態 $|\Psi_{N,0}\rangle$ としては, 頂点 $j \in V(G)$ に対応する基底ベクトル $|j\rangle$ や一様状態

$$|\psi_0\rangle = \frac{1}{N} \sum_{j=0}^{N-1} |j\rangle$$

がよく用いられる. 初期状態を $|\Psi_{N,0}\rangle = |j\rangle$ とする場合は, 量子ウォーカーが頂点 j から出発したと解釈する. 一方で, 一様状態を初期状態とする ($|\Psi_{N,0}\rangle = |\psi_0\rangle$) 場合は, 量子ウォーカーがどの頂点にも等しい確率で存在する状態から出発したと解釈する.

例 10.1. $G = K_2$, ただし, K_N は N 頂点からなる完全グラフ (すべての頂点対が辺で結ばれた単純グラフ) の場合,

5) $\langle a|$ は $|a\rangle$ の共役転置であり, 量子力学の慣例により 2 つのベクトル $|a\rangle$ と $|b\rangle$ とのエルミート内積を $\langle a|b\rangle$ と表す. 特に, $\langle j|\Psi_{N,t}\rangle$ はベクトル $|\Psi_{N,t}\rangle$ の第 j 成分である.

$$A_{K_2} = \begin{bmatrix} 0 & 1 \\ 1 & 0 \end{bmatrix}$$

である．このとき，

$$A_{K_2}^{2k} = \begin{bmatrix} 1 & 0 \\ 0 & 1 \end{bmatrix}, \quad A_{K_2}^{2k+1} = \begin{bmatrix} 0 & 1 \\ 1 & 0 \end{bmatrix}$$

となるので，隣接行列 A_{K_2} で定まる連続時間量子ウォークの時間発展作用素は，

$$\begin{aligned} U_{A_{K_2}}(t) = \exp(itA_{K_2}) &= \sum_{k=0}^{\infty} \frac{(it)^k}{k!} A_{K_2}^k \\ &= \sum_{k=0}^{\infty} \frac{(-1)^k t^{2k}}{(2k)!} \begin{bmatrix} 1 & 0 \\ 0 & 1 \end{bmatrix} + i \sum_{k=0}^{\infty} \frac{(-1)^k t^{2k+1}}{(2k+1)!} \begin{bmatrix} 0 & 1 \\ 1 & 0 \end{bmatrix} \\ &= \begin{bmatrix} \cos t & i \sin t \\ i \sin t & \cos t \end{bmatrix}. \end{aligned}$$

初期状態 $|\Psi_{2,0}\rangle = |0\rangle = {}^T[1, 0]$，つまり，頂点 0 から出発する場合を考えると，

$$|\Psi_{2,t}\rangle = U_{A_{K_2}}(t)|\Psi_{2,0}\rangle = \begin{bmatrix} \cos t & i \sin t \\ i \sin t & \cos t \end{bmatrix} \begin{bmatrix} 1 \\ 0 \end{bmatrix} = \begin{bmatrix} \cos t \\ i \sin t \end{bmatrix}$$

となる．したがって，時刻 t での量子ウォーカーの存在確率が以下のように求まる．

$$\begin{aligned} \mathbb{P}_{2,t}(0) &= |\langle 0|\Psi_{2,t}\rangle|^2 = |\Psi_{2,t}(0)|^2 = |\cos t|^2 = \cos^2 t, \\ \mathbb{P}_{2,t}(1) &= |\langle 1|\Psi_{2,t}\rangle|^2 = |\Psi_{2,t}(1)|^2 = |i \sin t|^2 = \sin^2 t = 1 - \mathbb{P}_{2,t}(0). \end{aligned}$$ □

10.2.2 連続時間量子ウォークに対応するランダムウォーク

以下では，通常のランダムウォークと連続時間量子ウォークとの関係をまとめる．具体的には，はじめに，非負値の実対称行列から定義される連続時間量子ウォークに対応する離散時間ランダムウォーク・連続時間ランダムウォークを紹介する．次に，可逆測度をもつ離散時間ランダムウォークに対応する連続時間ランダムウォーク・連続時間量子ウォークを紹介する．

グラフ G に付随する非負値の実対称行列 M_G を考える．各頂点 $j \in V(G)$ に対して，頂点 j の次数 (M_G の第 j 行成分の和) を $d_j := \sum_{k=0}^{N-1} (M_G)_{j,k}$ で定義する．ここで，各頂点の次数を成分とする対角行列 (次数行列)

$$D_{M_G} := \mathrm{diag}(d_0, \ldots, d_{N-1})$$

を用いて，離散時間ランダムウォークの推移確率行列 P_{M_G} を

$$P_{M_G} := D_{M_G}^{-1} M_G$$

と定義する．ただし，本章ではグラフ G の連結性を仮定しているために各頂点の次数が正値となり，$D_{M_G}^{-1} := \mathrm{diag}(1/d_0, \ldots, 1/d_{N-1})$ となることに注意が必要である．この離散時間ランダムウォークは，頂点 j から頂点 k へ確率 $(P_{M_G})_{j,k} = (M_G)_{j,k}/d_j$ で移動するモデルとなる．

一方，M_G に対応する連続時間ランダムウォークは 2 種類考えることができる．一つ目は，グラフラプラシアン行列 (graph Laplacian matrix)

$$L_{M_G} := D_{M_G} - M_G$$

を用いて，時刻 t における時間発展作用素を $P_{L_{M_G}}(t) := \exp(-tL_{M_G})$ と定義するモデルである．二つ目は連続時間ランダムウォークの生成作用素 (generator)

$$\mathcal{G}_{M_G} := I_N - P_{M_G} = D_{M_G}^{-1} L_{M_G}$$

を用いて，時刻 t における時間発展作用素を $P_{\mathcal{G}_{M_G}}(t) := \exp(-t\mathcal{G}_{M_G})$ と定義するモデルである[6)]．ただし，I_N は N 次単位行列である．どちらのモデルにおいても，時刻 t での時間発展作用素を $P_{\cdot}(t)$ と表すことにすれば，初期確率分布 μ_0 が与えられたとき，$\mu_t := \mu_0 P_{\cdot}(t)$ によって，時刻 t でのランダムウォーカーの存在確率分布 μ_t を定める確率過程である．

これらのランダムウォークはランダムな待ち時間をもつランダムウォークと解釈することもできる[7)]．$P_{L_{M_G}}(t)$ で時間発展する連続時間ランダムウォークにおいては，ランダムウォーカーは各頂点 $j \in V(G)$ 上でパラメータ d_j の指数分布に従う (ランダムな) 待ち時間で待ったあと，推移確率行列 P_{M_G} に従って隣接頂点へ移動する．一方，$P_{\mathcal{G}_{M_G}}(t)$ で時間発展する連続時間ランダムウォークにおいては，ランダムウォーカーはどの頂点でもパラメータ 1 の指数分布に従う (ランダムな) 待ち時間で待ったあと，推移確率行列 P_{M_G} に従って隣接頂点へ移動する．パラメータ $\lambda > 0$ の指数分布に従う確率変数の期待値は $1/\lambda$ なので，$P_{L_{M_G}}(t)$ で時間発展する連続時間ランダムウォークにおいては，次数の大きな頂点ほど平均的には短い待ち時間でランダムウォーカーが移動するのに

---

6) 通常は $-\mathcal{G}_{M_G}$ を生成作用素と定義するが，本章では記述を単純化するために符号を逆転させた定義を採用する．

7) 例えば，[8] を参照．

対して，$P_{\mathcal{G}_{M_G}}(t)$ で時間発展する連続時間ランダムウォークにおいては，どの頂点でも平均的には同じ待ち時間で移動するモデルとなっている．

10.2.3 ランダムウォークと連続時間量子ウォークとの関係

さて，以下ではランダムウォークと連続時間量子ウォークについて，固有分解の立場からその関係を考える．グラフ G に付随する非負値実対称行列 M_G は，その実固有値を $\theta_0 \geq \theta_1 \geq \cdots \geq \theta_{N-1}$ とすれば，対応する固有ベクトル $\{|v_\ell\rangle\}_{\ell=0,\ldots,N-1}$ は正規直交系として選べる．M_G は，これらの固有値・固有ベクトルを用いて $M_G = \sum_{\ell=0}^{N-1} \theta_\ell |v_\ell\rangle\langle v_\ell|$ と固有分解できる．すべての頂点の次数が定数 d (d-正則) であれば，

$$P_{M_G} = \frac{1}{d}M_G, \quad L_{M_G} = dI_N - M_G, \quad \mathcal{G}_{M_G} = I_N - \frac{1}{d}M_G$$

となるため，4 種類の時間発展作用素は，共通の正規直交系 $\{|v_\ell\rangle\}_{\ell=0,\ldots,N-1}$ によってそれぞれ以下のように固有分解できる．

$$\begin{aligned} U_{M_G}(t) &= \sum_{\ell=0}^{N-1} e^{it\theta_\ell}|v_\ell\rangle\langle v_\ell|, \\ P_{M_G}^t &= \sum_{\ell=0}^{N-1} (\theta_\ell/d)^t|v_\ell\rangle\langle v_\ell|, \\ P_{L_{M_G}}(t) &= \sum_{\ell=0}^{N-1} e^{-t(d-\theta_\ell)}|v_\ell\rangle\langle v_\ell|, \\ P_{\mathcal{G}_{M_G}}(t) &= \sum_{\ell=0}^{N-1} e^{-t(1-\theta_\ell/d)}|v_\ell\rangle\langle v_\ell|. \end{aligned}$$

したがって，共通の基準でそれぞれの時間発展の関係を議論できる．しかしながら，一般にはランダムウォークと連続時間量子ウォークに対して d-正則の場合と同様の関係を構築することは難しい．そこで，本章では次のような対応づけを考える．

グラフ G に付随する非負値実対称行列 M_G に対して，L_{M_G} は実対称行列となるので，$U_{L_{M_G}}(t) := \exp(itL_{M_G})$ で時間発展作用素が定まる連続時間量子ウォークを $P_{L_{M_G}}(t)$ で時間発展する連続時間ランダムウォークに対応づける[8]．この対応づけにより，グラフラプラシアン L_{M_G} の固有値・固有ベクトルを用

8) グラフラプラシアン L_{M_G} は 2 階微分作用素の離散版とみなせる [14] ので，その意味では $U_{L_{M_G}}(t)$ で時間発展する連続時間量子ウォークは「正統な」量子モデルといえるかもしれない．

いて連続時間ランダムウォークと連続時間量子ウォークを対応づけて議論できる．具体的には，L_{M_G} の実固有値を $\theta_0 \geq \theta_1 \geq \cdots \geq \theta_{N-1} = 0$ とし，対応する固有ベクトル (正規直交系) を $\{|v_\ell\rangle\}_{\ell=0,\ldots,N-1}$ とすれば，以下の固有分解が得られる．

$$P_{L_{M_G}}(t) = \sum_{\ell=0}^{N-1} e^{-t\theta_\ell}|v_\ell\rangle\langle v_\ell|, \quad U_{L_{M_G}}(t) = \sum_{\ell=0}^{N-1} e^{it\theta_\ell}|v_\ell\rangle\langle v_\ell|.$$

次に，$P_{\mathcal{G}_{M_G}}(t)$ で時間発展する連続時間ランダムウォークと連続時間量子ウォークとの対応を考えるために，正規化グラフラプラシアン行列 (normalized graph Laplacian matrix)

$$\mathcal{L}_{M_G} := D_{M_G}^{-1/2} L_{M_G} D_{M_G}^{-1/2} = D_{M_G}^{1/2} \mathcal{G}_{M_G} D_{M_G}^{-1/2} = I_N - D_{M_G}^{1/2} P_{M_G} D_{M_G}^{-1/2}$$

を導入する[9]．ただし，$D_{M_G}^{\pm 1/2} := \mathrm{diag}\{d_0^{\pm 1/2}, \ldots, d_{N-1}^{\pm 1/2}\}$ である．$\mathcal{L}_{M_G}$ は実対称行列なので，実固有値 $\theta_0 \geq \theta_1 \geq \cdots \geq \theta_{N-1} = 0$ と，対応する固有ベクトル (正規直交系) $\{|v_\ell\rangle\}_{\ell=0,\ldots,N-1}$ を用意できる．ここで，

$$\begin{aligned}\mathcal{G}_{M_G} &= D_{M_G}^{-1/2} \mathcal{L}_{M_G} D_{M_G}^{1/2} = D_{M_G}^{-1/2} \left(\sum_{\ell=0}^{N-1} \theta_\ell |v_\ell\rangle\langle v_\ell| \right) D_{M_G}^{1/2} \\ &= \sum_{\ell=0}^{N-1} \theta_\ell \left(D_{M_G}^{-1/2} |v_\ell\rangle\langle v_\ell| D_{M_G}^{1/2} \right)\end{aligned}$$

より，任意の自然数 k に対して

$$\mathcal{G}_{M_G}^k = \sum_{\ell=0}^{N-1} \theta_\ell^k \left(D_{M_G}^{-1/2} |v_\ell\rangle\langle v_\ell| D_{M_G}^{1/2} \right)$$

とできる．したがって，以下の表現が得られる．

$$P_{\mathcal{G}_{M_G}}(t) = \sum_{\ell=0}^{N-1} e^{-t\theta_\ell} \left(D_{M_G}^{-1/2} |v_\ell\rangle\langle v_\ell| D_{M_G}^{1/2} \right).$$

同様の議論で，$P_{M_G} = D_{M_G}^{-1/2} (I_N - \mathcal{L}_{M_G}) D_{M_G}^{1/2}$ に気をつければ，

$$P_{M_G}^t = \sum_{\ell=0}^{N-1} (1-\theta_\ell)^t \left(D_{M_G}^{-1/2} |v_\ell\rangle\langle v_\ell| D_{M_G}^{1/2} \right)$$

の分解が得られる．結果として，$P_{\mathcal{G}_{M_G}}(t)$ で時間発展する連続時間ランダムウォークに対して，$U_{\mathcal{L}_{M_G}}(t) := \exp(it\mathcal{L}_{M_G}) = \sum_{\ell=0}^{N-1} e^{it\theta_\ell}|v_\ell\rangle\langle v_\ell|$ で時間発展作用素が定まる連続時間量子ウォークを対応づけることにより，P_{M_G} で時間発展

9)　正規化グラフラプラシアン行列の性質をまとめた本として Chung [4] がある．

する離散時間ランダムウォークも含めて，共通の基準でそれぞれの時間発展を議論できる．

本章で考えてきたランダムウォークと連続時間量子ウォークの対応づけの良い点の一つは，適当な条件下で逆問題も定式化可能な点である．ここで考えたい問題は，ある推移確率行列 P によって定められるグラフ G 上の離散時間ランダムウォークに対して，対応する連続時間ランダムウォークや連続時間量子ウォークを構成できるか，という問題である．この問題に対する一つの回答を以下で示したい．

まず，推移確率行列 P について次の条件 (詳細釣り合い条件) を課す．“任意の $j,k \in V(G)$ に対して，$\pi(j)(P)_{j,k} = (P)_{k,j}\pi(k)$ となる $V(G)$ 上の確率測度 $\pi = \{\pi(0),\ldots,\pi(N-1)\}$ が存在する”．この確率測度 π は可逆測度とよばれている．可逆測度 π が存在するとき[10)]，次数行列に対応する対角行列 D_P を以下で定める．

$$D_P := \mathrm{diag}(\pi(0),\ldots,\pi(N-1)).$$

このとき，詳細釣り合い条件により，

$$\sqrt{(P)_{j,k}(P)_{k,j}} = \sqrt{\pi(j)}(P)_{j,k}\frac{1}{\sqrt{\pi(k)}}$$

が成り立つため，行列 $D_P^{1/2}PD_P^{-1/2}$ は実対称行列となることがわかる．したがって，推移確率行列 P から誘導される正規化ラプラシアン行列 $\mathcal{L}_P$，生成作用素 $\mathcal{G}_P$，グラフラプラシアン行列 L_P，非負値対称行列 M_P をそれぞれ

$$\mathcal{L}_P := I_N - D_P^{1/2}PD_P^{-1/2}, \quad \mathcal{G}_P := I_N - P, \quad L_P := D_P\mathcal{G}_P, \quad M_P := D_PP$$

と定義すれば，前半と同じ議論を適用できる．ただし，M_P の対称性は

$$M_P = D_P\left\{D_P^{-1/2}(I_N - \mathcal{L}_P)D_P^{1/2}\right\} = D_P^{1/2}(I_N - \mathcal{L}_P)D_P^{1/2}$$

から導かれる．また，$(D_PP)_{j,k} = \pi(j)(P)_{j,k}$ と推移確率行列の要請 $\sum_{k=0}^{N-1}(P)_{j,k} = 1$ より，

$$d_j = \sum_{k=0}^{N-1}(M_P)_{j,k} = \pi(j)\sum_{k=0}^{N-1}(P)_{j,k} = \pi(j)$$

10) 例えば，区間グラフ P_N 上では隣接頂点への推移確率が 0 となる頂点がなければ可逆測度が常に存在する [13]．ただし，区間グラフは 1 次元格子の有限部分グラフで，その辺集合は $E(P_N) = \{(j,k) : |j-k| = 1\}$ である．

が得られる.

10.3 完全量子状態遷移

10.3.1 完全量子状態遷移の定義

本節では，代数的グラフ理論あるいはスペクトラルグラフ理論のなかで精力的に研究されている完全量子状態遷移について解説する．まずは，以下で完全量子状態遷移を定義する.

定義 10.2. $\tau > 0$ と $\lambda \in \mathbb{C}$, $|\lambda| = 1$ が存在して，$(U_{M_G}(\tau))_{k,j} = \lambda$ となるとき，時刻 τ において頂点 j から頂点 k への振幅 λ の完全量子状態遷移 (Perfect State Transfer : PST) が起きるという.

注意. $(U_{M_G}(\tau))_{k,j} = \langle k|U_{M_G}(\tau)|j\rangle$ に注意すれば，$|(U_{M_G}(\tau))_{k,j}|^2$ は頂点 j から出発した量子ウォーカーが，時刻 τ において頂点 k で発見される確率なので，時刻 τ において頂点 j から頂点 k への完全量子状態遷移が起きるとき，頂点 j から出発した量子ウォーカーは，確率 1 で頂点 k で発見される.

定義 10.3. 時刻 τ において頂点 j から頂点 j 自身への振幅 λ の完全量子状態遷移が起きるとき，時刻 τ において頂点 j は振幅 λ で周期的 (periodic) であるという.

例 10.4. $G = K_2$ の場合，

$$U_{A_{K_2}}(t) = \begin{bmatrix} \cos t & i\sin t \\ i\sin t & \cos t \end{bmatrix}$$

となる．したがって，

$$U_{A_{K_2}}(\pi/2) = \begin{bmatrix} 0 & i \\ i & 0 \end{bmatrix}, \quad U_{A_{K_2}}(\pi) = \begin{bmatrix} -1 & 0 \\ 0 & -1 \end{bmatrix}$$

である．よって，時刻 $\tau = \pi/2$ において，頂点 0 から頂点 1 への振幅 i の完全量子状態遷移が起きていることがわかる．同時に，時刻 $\tau = \pi/2$ において，頂点 1 から頂点 0 への振幅 i の完全量子状態遷移も起きている．また，時刻 $\tau = \pi$ において，頂点 0 と頂点 1 はともに振幅 -1 で周期的であることがわかる． □

例 10.4 にみられる完全量子状態遷移と周期性との関係は，次の基本性質にまとめられる．

命題 10.5. 時刻 τ において頂点 j から頂点 k への振幅 λ の完全量子状態遷移が起きるとき，以下が成り立つ．

(1) 時刻 τ において頂点 k から頂点 j への振幅 λ の完全量子状態遷移が起きる．

(2) 時刻 2τ において頂点 j と頂点 k は振幅 λ^2 で周期的である．

証明 M_G は実対称行列なので，その実固有値を $\theta_0 \geq \theta_1 \geq \cdots \geq \theta_{N-1}$ とすれば，対応する固有ベクトル $\{|v_\ell\rangle\}_{\ell=0,\ldots,N-1}$ は N 次元実ベクトルによる正規直交系として選べる．これらの固有値・固有ベクトルを用いて，M_G は $M_G = \sum_{\ell=0}^{N-1} \theta_\ell |v_\ell\rangle\langle v_\ell|$ と固有分解できる．したがって，連続時間量子ウォークの時間発展作用素 $U_{M_G}(t)$ も次のように固有分解できる．

$$U_{M_G}(t) = \sum_{\ell=0}^{N-1} e^{it\theta_\ell} |v_\ell\rangle\langle v_\ell|.$$

この固有分解より，対称性 ${}^T U_{M_G}(t) = U_{M_G}(t)$ と時刻に関する加法性 $U_{M_G}(t+s) = U_{M_G}(t)U_{M_G}(s)$ が得られる．

仮定より $(U_{M_G}(\tau))_{k,j} = \lambda$ であるが，対称性より $(U_{M_G}(\tau))_{j,k} = \lambda$ も成り立ち，最初の主張が従う．また，ユニタリ行列 $U_{M_G}(\tau)$ の各行・各列は単位ベクトルであることから，$|\lambda| = 1$ に注意すれば，$(U_{M_G}(\tau))_{k,j} = (U_{M_G}(\tau))_{j,k} = \lambda$ より，$k' \neq k$ ならば，$(U_{M_G}(\tau))_{k',j} = (U_{M_G}(\tau))_{j,k'} = 0$ が成り立つ．したがって，時刻に関する加法性と $I_N = \sum_{k'=0}^{N-1} |k'\rangle\langle k'|$ に注意して，以下を得る．

$$\begin{aligned}
(U_{M_G}(2\tau))_{j,j} &= \langle j|U_{M_G}(2\tau)|j\rangle = \langle j|U_{M_G}(\tau)U_{M_G}(\tau)|j\rangle \\
&= \langle j|U_{M_G}(\tau)\left(\sum_{k'=0}^{N-1} |k'\rangle\langle k'|\right) U_{M_G}(\tau)|j\rangle \\
&= \sum_{k'=0}^{N-1} \langle j|U_{M_G}(\tau)|k'\rangle\langle k'|U_{M_G}(\tau)|j\rangle \\
&= \lambda^2.
\end{aligned}$$

j と k を入れ替えても同様なので，二番目の主張を得る． □

再び，M_G の固有値を $\theta_0 \geq \theta_1 \geq \cdots \geq \theta_{N-1}$，$M_G$ の実固有ベクトルによる固有分解を

$$M_G = \sum_{\ell=0}^{N-1} \theta_\ell |v_\ell\rangle\langle v_\ell|$$

とする．このとき，各頂点 $j \in V(G)$ に対して

$$\Phi_j = \{\theta_\ell : \langle v_\ell|j\rangle \neq 0,\ \ell = 0, \ldots, N-1\}$$

を頂点 j の固有値台 (eigenvalue support) とよぶ．時刻 τ において頂点 j から頂点 k への振幅 λ の完全量子状態遷移が起きるとする．このとき，$(U_{M_G}(\tau))_{k,j} = \lambda$ となっているが，この条件は $U_{M_G}(\tau)|j\rangle = \lambda|k\rangle$ と同値であることに注意する．M_G の固有分解と完全性条件 $\sum_{\ell=0}^{N-1} |v_\ell\rangle\langle v_\ell| = I_N$ を用いて以下がわかる．

$$U_{M_G}(\tau)|j\rangle = \lambda|k\rangle \Leftrightarrow \left(\sum_{\ell=0}^{N-1} e^{i\tau\theta_\ell}|v_\ell\rangle\langle v_\ell|\right)|j\rangle = \lambda\left(\sum_{\ell=0}^{N-1} |v_\ell\rangle\langle v_\ell|\right)|k\rangle$$
$$\Leftrightarrow e^{i\tau\theta_\ell}\langle v_\ell|j\rangle = \lambda\langle v_\ell|k\rangle, \quad \ell = 0, \ldots, N-1.$$

ここで，$|e^{i\tau\theta_\ell}| = |\lambda| = 1$ であり，$\{|v_\ell\rangle\}_{\ell=0,\ldots,N-1}$ は実ベクトルであることから，ノルムを比較することで

$$e^{i\tau\theta_\ell}\langle v_\ell|j\rangle = \lambda\langle v_\ell|k\rangle, \quad \ell = 0, \ldots, N-1$$
$$\Rightarrow \langle v_\ell|j\rangle = \pm\langle v_\ell|k\rangle, \quad \ell = 0, \ldots, N-1$$

が導かれる．このため，以下で定義する強共スペクトル性は完全量子状態遷移の必要条件になる．

定義 10.6. すべての $\ell = 0, \ldots, N-1$ に対して $\langle v_\ell|j\rangle = \pm\langle v_\ell|k\rangle$ のとき，頂点 j と頂点 k は強共スペクトル (strongly cospectral) であるという．

ここで，頂点 $j \in V(G)$ の固有値台 Φ_j の部分集合 $\Phi_{j,k}^{\pm}$ を複号同順で

$$\Phi_{j,k}^{\pm} = \{\theta_\ell : \langle v_\ell|j\rangle = \pm\langle v_\ell|k\rangle\}$$

と定義すれば，頂点 j と頂点 k が強共スペクトルのとき，$\Phi_{j,k}^{+} \cup \Phi_{j,k}^{-} = \Phi_j = \Phi_k$ が成り立つ．

10.3.2 完全量子状態遷移の必要十分条件 (非負値対称行列の場合)

ここでは，M_G として非負値対称行列 (例えば隣接行列 A_G) を用いる場合の，完全量子状態遷移が起きるための必要十分条件をまとめる．

まず，時刻 τ において頂点 j から頂点 k への振幅 λ の完全量子状態遷移が起きると仮定する．このとき，すでに指摘したとおり，頂点 j と頂点 k は強共スペクトルである．逆に，頂点 j と頂点 k が強共スペクトルであると仮定する．この条件下で，ある $\tau > 0$ と $\lambda \in \mathbb{C}$, $|\lambda| = 1$ に対して

$$e^{i\tau\theta_\ell}\langle v_\ell|j\rangle = \lambda\langle v_\ell|k\rangle, \quad \ell = 0, \ldots, N-1$$

が満たされるためには，強共スペクトル性

$$\langle v_\ell|j\rangle = \pm\langle v_\ell|k\rangle, \quad \ell = 0, \ldots, N-1$$

により，

$$e^{i\tau\theta_\ell} = \pm\lambda, \quad \theta_\ell \in \Phi^{\pm}_{j,k}$$

であればよいことがわかる．

一方，ペロン–フロベニウスの定理により，最大固有値 θ_0 に対応する固有ベクトルの各成分は非負なので，$\theta_0 \in \Phi^+_{j,k}$ である．したがって，

$$e^{i\tau\theta_0}\langle v_0|j\rangle = \lambda\langle v_0|k\rangle, \quad \langle v_0|j\rangle = \langle v_0|k\rangle$$

より，$\lambda = e^{i\tau\theta_0}$ である必要がある．よって，複号同順で

$$e^{i\tau\theta_\ell} = \pm\lambda = \pm e^{i\tau\theta_0}, \quad \theta_\ell \in \Phi^{\pm}_{j,k}$$

が満たされれば，完全量子状態遷移が起こる．すなわち，以下の 2 条件が満たされればよい．

- すべての $\theta_\ell \in \Phi^+_{j,k}$ に対して，ある整数 n が存在して，$\tau(\theta_0 - \theta_\ell) = 2n\pi$.
- すべての $\theta_\ell \in \Phi^-_{j,k}$ に対して，ある整数 n が存在して，$\tau(\theta_0 - \theta_\ell) = (2n+1)\pi$.

以上の議論をまとめると，以下の必要十分条件が得られる．

定理 10.7. M_G として非負値対称行列を用いる場合，時刻 τ において頂点 j から頂点 k への振幅 λ の完全量子状態遷移が起きるための必要十分条件は，以下の 3 条件すべてを満たすことである．

(1) 頂点 j と頂点 k は強共スペクトルである．

(2) すべての $\theta_\ell \in \Phi^+_{j,k}$ に対して，ある整数 n が存在して，$\tau(\theta_0 - \theta_\ell) = 2n\pi$.

(3) すべての $\theta_\ell \in \Phi^-_{j,k}$ に対して，ある整数 n が存在して，$\tau(\theta_0 - \theta_\ell) = (2n+1)\pi$.

また，上記の 3 条件のもとで，$\lambda = e^{i\tau\theta_0}$.

例 10.8. $G = K_2$ の場合,

$$A_{K_2} = \begin{bmatrix} 0 & 1 \\ 1 & 0 \end{bmatrix}, \quad A_{K_2} \begin{bmatrix} 1/\sqrt{2} \\ 1/\sqrt{2} \end{bmatrix} = \begin{bmatrix} 1/\sqrt{2} \\ 1/\sqrt{2} \end{bmatrix}, \quad A_{K_2} \begin{bmatrix} 1/\sqrt{2} \\ -1/\sqrt{2} \end{bmatrix} = - \begin{bmatrix} 1/\sqrt{2} \\ -1/\sqrt{2} \end{bmatrix}$$

となる．したがって, $\theta_0 = 1, \theta_1 = -1$ がわかる．また, $\langle v_0|0\rangle = \langle v_0|1\rangle = 1/\sqrt{2}$, $\langle v_1|0\rangle = -\langle v_1|1\rangle = 1/\sqrt{2}$ より，頂点 0 と頂点 1 は強共スペクトルである．さらに，$\theta_0 \in \Phi_{0,1}^{+}, \theta_1 \in \Phi_{0,1}^{-}$ である．ここで，$\theta_0 - \theta_1 = 2$ より $\tau = \pi/2$ とおけば，$\tau(\theta_0 - \theta_1) = \pi$ となり，定理 10.7 の条件を満たす．よって，時刻 $\tau = \pi/2$ において，頂点 0 から頂点 1 への振幅 $\lambda = e^{i\tau\theta_0} = i$ の完全量子状態遷移が起きることがわかる．これは，例 10.4 で行った直接計算と同じ結果である． □

10.4 連続時間量子ウォークによる探索

10.4.1 連続時間量子ウォークによる探索の定義

ここでは，連続時間量子ウォークを用いた，単純グラフ $G = (V(G), E(G))$ 上の探索問題を考える．この探索問題では，頂点に関する情報を何ももたない状態，すなわち，初期状態

$$|\psi_0\rangle = \frac{1}{\sqrt{N}} \sum_{j=0}^{N-1} |j\rangle$$

からスタートして，探索したい頂点 $w \in V(G)$ を高い確率で発見することを目的とする．そのために,「探索のハミルトニアン」H_G を以下で定義する．

$$H_G = |w\rangle\langle w| + \gamma A_G.$$

ただし，$w \in V(G)$ は探索したい頂点，$\gamma \in \mathbb{R}$ は定数であり，ともに固定する．連続時間量子ウォークを用いた探索では，H_G によって定義される時間発展作用素 $U_{H_G}(t)$ によって時間発展する連続時間量子ウォークを考える．この探索の目標は，うまく $\gamma \in \mathbb{R}$ を定めて，$T = O(\sqrt{N})$ の時刻において $\mathbb{P}_{N,T}(w) \approx 1$ $(N \to \infty)$ とすることである．

この探索問題に関して，例えば完全グラフ，超立方体，高次元正方格子の場合には適切に $\gamma \in \mathbb{R}$ を定めることによって，$O(\sqrt{N})$ の時刻においてマークされた頂点を探し出せることが示されている [2]．また，最近の研究では，各辺の接続確率 p が $p \geq (\log N)/N$ を満たす，エルデシュ–レニーのランダムグラフ上での探索問題を考えるとき，$\gamma = 1/(Np)$ と設定することで，ほとんど確実に

$O(\sqrt{N})$ の時刻においてマークされた頂点を探し出せることが示されている [1].

以下，例として完全グラフ K_N 上の探索問題を考える11)．完全グラフの場合，探索したい頂点 w はどれでも同様の結果が得られるので，ここでは一般性を失わずに $w=0$ としておく．この探索問題を解析するためには，探索のハミルトニアン $H_G=|0\rangle\langle 0|+\gamma A_G$ の固有分解が有効である．

まず，

$$A_G|0\rangle=\sum_{j=1}^{N-1}|j\rangle$$

となることから，

$$|0^{\perp}\rangle:=\frac{1}{\sqrt{N-1}}\sum_{j=1}^{N-1}|j\rangle$$

を考える必要があることがわかる．直接計算することにより，

$$A_G|0^{\perp}\rangle=\sqrt{N-1}\,|0\rangle+(N-2)|0^{\perp}\rangle$$

となる．この事実を用いて，以下が得られる．

$$H_G|0\rangle=|0\rangle+\gamma\sqrt{N-1}\,|0^{\perp}\rangle,$$

$$H_G|0^{\perp}\rangle=\gamma\sqrt{N-1}\,|0\rangle+\gamma(N-2)|0^{\perp}\rangle.$$

このことは，H_G の作用が $|0\rangle,|0^{\perp}\rangle$ で張られるベクトル空間 $(\mathrm{Span}\{|0\rangle,|0^{\perp}\rangle\})$ で閉じていることを示している．

ここで，任意のベクトル $\alpha|0\rangle+\beta|0^{\perp}\rangle\in\mathrm{Span}\{|0\rangle,|0^{\perp}\rangle\}$ に対して，

$$\begin{aligned}&H_G\left(\alpha|0\rangle+\beta|0^{\perp}\rangle\right)\\&=\left(\alpha+\gamma\sqrt{N-1}\beta\right)|0\rangle+\left(\gamma\sqrt{N-1}\alpha+\gamma(N-2)\beta\right)|0^{\perp}\rangle\end{aligned}$$

が成り立っている．$|0\rangle,|0^{\perp}\rangle$ は直交しており，したがって，線形独立なので，

$$\overline{H}_G=\begin{bmatrix}1 & \gamma\sqrt{N-1}\\ \gamma\sqrt{N-1} & \gamma(N-2)\end{bmatrix}$$

と定義すれば，ベクトルの線形変換

$$H_G\left(\alpha|0\rangle+\beta|0^{\perp}\rangle\right)=\alpha'|0\rangle+\beta'|0^{\perp}\rangle$$

は，以下と同値である．

11) 完全グラフ K_N は，N 個の頂点からなり，すべての頂点ペア $j,k\in V(K_N)$ $(j\neq k)$ が辺で結ばれたグラフである．

$$\overline{H}_G \begin{bmatrix} \alpha \\ \beta \end{bmatrix} = \begin{bmatrix} \alpha' \\ \beta' \end{bmatrix}.$$

また，2 つのベクトル $|a\rangle = \big(\alpha|0\rangle + \beta|0^\perp\rangle\big)$，$|b\rangle = \big(\alpha'|0\rangle + \beta'|0^\perp\rangle\big) \in \mathrm{Span}\{|0\rangle, |0^\perp\rangle\}$ に対して，その内積は，

$$\langle a|b\rangle = \begin{bmatrix} \overline{\alpha} & \overline{\beta} \end{bmatrix} \begin{bmatrix} \alpha' \\ \beta' \end{bmatrix}$$

となる．したがって，$\overline{H}_G$ が実対称行列であることに注意すれば，任意の $|a\rangle = \big(\alpha|0\rangle + \beta|0^\perp\rangle\big)$，$|b\rangle = \big(\alpha'|0\rangle + \beta'|0^\perp\rangle\big) \in \mathrm{Span}\{|0\rangle, |0^\perp\rangle\}$ に対して，以下が成り立つことがわかる．

$$\langle a|e^{itH_G}|b\rangle = \begin{bmatrix} \overline{\alpha} & \overline{\beta} \end{bmatrix} e^{it\overline{H}_G} \begin{bmatrix} \alpha' \\ \beta' \end{bmatrix}.$$

一方，連続時間量子ウォークを用いた探索の初期状態 $|\psi_0\rangle$ は，以下のように分解できる．

$$|\psi_0\rangle = \frac{1}{\sqrt{N}} \sum_{j=0}^{N-1} |j\rangle = \frac{1}{\sqrt{N}}|0\rangle + \sqrt{\frac{N-1}{N}}|0^\perp\rangle.$$

このことは，初期状態 $|\psi_0\rangle$ が $|0\rangle, |0^\perp\rangle$ で張られるベクトル空間に属している ($|\psi_0\rangle \in \mathrm{Span}\{|0\rangle, |0^\perp\rangle\}$) ことを示している．また，明らかに $|0\rangle \in \mathrm{Span}\{|0\rangle, |0^\perp\rangle\}$ なので，次の関係が得られる．

$$\mathbb{P}_{N,t}(0) = \left|\langle 0|e^{itH_G}|\psi_0\rangle\right|^2 = \left|\begin{bmatrix} 1 & 0 \end{bmatrix} e^{it\overline{H}_G} \begin{bmatrix} 1/\sqrt{N} \\ \sqrt{(N-1)/N} \end{bmatrix}\right|^2.$$

ここで，$\gamma = 1/(N-2)$ とおけば，$\overline{H}_G = I_2 + \sqrt{N-1}/(N-2) \times A_{K_2}$ の二組の固有値・固有ベクトルが以下のように求まる．

$$\theta_\pm = 1 \pm \frac{\sqrt{N-1}}{N-2}, \quad |v_\pm\rangle = \frac{1}{\sqrt{2}} \begin{bmatrix} 1 \\ \pm 1 \end{bmatrix}.$$

この固有値・固有ベクトルを用いて，

$$\begin{aligned} e^{it\overline{H}_G} &= e^{it\theta_+}|v_+\rangle\langle v_+| + e^{it\theta_-}|v_-\rangle\langle v_-| \\ &= e^{it} \begin{bmatrix} \cos\left(\frac{\sqrt{N-1}}{N-2}t\right) & i\sin\left(\frac{\sqrt{N-1}}{N-2}t\right) \\ i\sin\left(\frac{\sqrt{N-1}}{N-2}t\right) & \cos\left(\frac{\sqrt{N-1}}{N-2}t\right) \end{bmatrix} \end{aligned}$$

が得られるため，$\mathbb{P}_{N,t}(0)$ が以下のように求まる．

$$\mathbb{P}_{N,t}(0) = \left| \begin{bmatrix} 1 & 0 \end{bmatrix} e^{it} \begin{bmatrix} \cos\left(\frac{\sqrt{N-1}}{N-2}t\right) & i\sin\left(\frac{\sqrt{N-1}}{N-2}t\right) \\ i\sin\left(\frac{\sqrt{N-1}}{N-2}t\right) & \cos\left(\frac{\sqrt{N-1}}{N-2}t\right) \end{bmatrix} \begin{bmatrix} 1/\sqrt{N} \\ \sqrt{(N-1)/N} \end{bmatrix} \right|^2$$

$$= \left(1 - \frac{1}{N}\right) - \left(1 - \frac{2}{N}\right)\cos^2\left(\frac{\sqrt{N-1}}{N-2}t\right).$$

結論として，$\gamma = 1/(N-2)$ と定めることで，$T = (N-2)/\sqrt{N-1} \times \pi/2 = O(\sqrt{N})$ の時刻において，$\mathbb{P}_{N,T}(0) = 1 - 1/N \to 1$ $(N \to \infty)$ とすることができる．さらに，じつは $\mathbb{P}_{N,t}(0)$ は周期 $\pi/2$ で周期的に変化しており，$1/N$ (一様分布) から $1 - 1/N$ までの任意の値をとりうることがわかる．

10.4.2 グラフの衡平分割と量子ウォーク探索

一般の単純グラフ $G = (V(G), E(G))$ 上の，連続時間量子ウォークによる探索の成否を判定するために，与えられたグラフ $G = (V(G), E(G))$ の以下の分割を考える．ただし，簡単のために，探索したい頂点を $w = 0$ とする．

$G = (V(G), E(G))$ の分割 $(G_{\overline{0}}, G_{\overline{1}}, \ldots, G_{\overline{J-1}})$ は，以下の 3 条件を満たす．

(1) $V(G_{\overline{0}}) = \{0\}$.

(2) $V(G) = \bigcup_{j=0}^{J-1} V(G_{\overline{j}})$, $V(G_{\overline{j}}) \cap V(G_{\overline{k}}) = \emptyset$ $(j \neq k)$.

(3) すべての $0 \leq j, k \leq J-1$ に対して，$v \in V(G_{\overline{j}})$ の選び方によらずに $d_{\overline{j},\overline{k}} = \left|\{w \in V(G_{\overline{k}}) : (v, w) \in E(G)\}\right|$ が定まる．

この分割は，衡平分割 (equitable partition) とよばれる分割 [6] の特殊な場合である．衡平分割では，図 10.4 のように，グラフ G を正則部分グラフに分割し，それぞれの部分グラフどうしを結ぶ辺の数が，頂点の選び方によらず一定となるようにする．この例では，$V(G_{\overline{0}}) = \{0\}$, $V(G_{\overline{1}}) = \{1, 4\}$, $V(G_{\overline{2}}) = \{2, 3\}$ であり，$d_{\overline{0},\overline{0}} = 0$, $d_{\overline{0},\overline{1}} = 2$, $d_{\overline{0},\overline{2}} = 0$, $d_{\overline{1},\overline{0}} = 1$, $d_{\overline{1},\overline{1}} = 0$, $d_{\overline{1},\overline{2}} = 2$, $d_{\overline{2},\overline{0}} = 0$, $d_{\overline{2},\overline{1}} = 2$, $d_{\overline{2},\overline{2}} = 1$ となっている．

ここで，各 $G_{\overline{j}}$ に対して，$n_{\overline{j}}$ を $G_{\overline{j}}$ の頂点数として，以下の状態を定義する．

$$|\overline{j}\rangle = \frac{1}{\sqrt{n_{\overline{j}}}} \sum_{v \in V(G_{\overline{j}})} |v\rangle.$$

すると，直接計算することで以下が得られる．

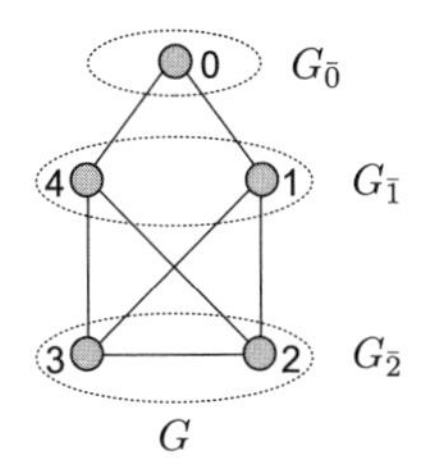

図 10.4　$G=(V(G),E(G))$ の分割 $(G_{\overline{0}},G_{\overline{1}},G_{\overline{2}})$

$$\begin{aligned} A_G|\overline{j}\rangle &= \sum_{k=0}^{J-1} d_{\overline{k},\overline{j}}\sqrt{\frac{n_{\overline{k}}}{n_{\overline{j}}}}\ |\overline{k}\rangle = \sum_{k=0}^{J-1}\sqrt{d_{\overline{k},\overline{j}}}\sqrt{\frac{n_{\overline{k}}d_{\overline{k},\overline{j}}}{n_{\overline{j}}}}\ |\overline{k}\rangle \\ &= \sum_{k=0}^{J-1}\sqrt{d_{\overline{j},\overline{k}}d_{\overline{k},\overline{j}}}\ |\overline{k}\rangle. \end{aligned}$$

ただし，最後の等式で辺の本数の保存則 $n_{\overline{j}}d_{\overline{j},\overline{k}}=n_{\overline{k}}d_{\overline{k},\overline{j}}$ を用いた．探索のハミルトニアンは $H_G=|0\rangle\langle 0|+\gamma A_G$ だったので，$(\overline{A}_G)_{j,k}=\sqrt{d_{\overline{j},\overline{k}}d_{\overline{k},\overline{j}}}$ で定義される $J\times J$ 実対称行列を用いて，

$$\overline{H}_G=\mathrm{diag}(1,0,\ldots,0)+\gamma\overline{A}_G$$

とおけば，すべての $0\le j\le J-1$ に対して，

$$H_G|\overline{j}\rangle=\sum_{k=0}^{J-1}\left(\overline{H}_G\right)_{j,k}|\overline{k}\rangle$$

とできる．$|\psi_0\rangle=\dfrac{1}{\sqrt{N}}\displaystyle\sum_{j=0}^{J-1}\sqrt{n_{\overline{j}}}\ |\overline{j}\rangle\in\mathrm{Span}\{|\overline{0}\rangle,\ldots,|\overline{J-1}\rangle\}$ であるので，前節の例と同様の議論で，次の関係が得られる．

$$\begin{aligned} \mathbb{P}_{N,t}(0) &= \left|\langle 0|e^{itH_G}|\psi_0\rangle\right|^2 \\ &= \left|\begin{bmatrix}1 & 0 & \cdots & 0\end{bmatrix}\left(e^{it\overline{H}_G}\right)^T\begin{bmatrix}\sqrt{\frac{n_{\overline{0}}}{N}} & \sqrt{\frac{n_{\overline{1}}}{N}} & \cdots & \sqrt{\frac{n_{\overline{J-1}}}{N}}\end{bmatrix}\right|^2. \end{aligned}$$

さらに，$U_{\overline{H}_G}(t)=e^{it\overline{H}_G}$ と表記すれば，

$$\mathbb{P}_{N,t}(0)=\left|\sum_{k=0}^{J-1}\left(U_{\overline{H}_G}(t)\right)_{0,k}\sqrt{\frac{n_{\overline{k}}}{N}}\ \right|^2 \tag{10.1}$$

の表現が得られる．また，$\overline{H}_G$ の固有値を $\theta_0\ge\theta_1\ge\cdots\ge\theta_{J-1}$，固有分解を

$$\overline{H}_G = \sum_{\ell=0}^{J-1} \theta_\ell |v_\ell\rangle\langle v_\ell|$$

とし，$|v_\ell\rangle$ の第 k 成分を $v_\ell(k)$ と表すことにすれば，

$$\left(U_{\overline{H}_G}(t)\right)_{0,k} = \langle 0| \left(\sum_{\ell=0}^{J-1} e^{it\theta_\ell} |v_\ell\rangle\langle v_\ell| \right) |k\rangle = \sum_{\ell=0}^{J-1} e^{it\theta_\ell} v_\ell(0)\overline{v_\ell(k)}$$

となることから，

$$\mathbb{P}_{N,t}(0) = \left| \sum_{k=0}^{J-1} \left\{ \left(\sum_{\ell=0}^{J-1} e^{it\theta_\ell} v_\ell(0)\overline{v_\ell(k)} \right) \sqrt{\frac{n_{\overline{k}}}{N}} \right\} \right|^2$$

の表現も得られる．

10.5 今後の展開

完全グラフ K_N 上の探索問題を再度考えてみる．この場合，

$$\overline{H}_G = \begin{bmatrix} 1 & \gamma\sqrt{N-1} \\ \gamma\sqrt{N-1} & \gamma(N-2) \end{bmatrix}$$

であったので，$\gamma = 1/(N-2)$ とすれば

$$\overline{H}_G = I_2 + \frac{\sqrt{N-1}}{N-2} A_{K_2}$$

となる．したがって，下記が得られる．

$$U_{\overline{H}_G}(t) = e^{it} \exp\left(it \frac{\sqrt{N-1}}{N-2} A_{K_2} \right) = e^{it} U_{A_{K_2}} \left(\frac{\sqrt{N-1}}{N-2} t \right).$$

ここで，式 (10.1) より

$$\mathbb{P}_{N,t}(0) = \left| \left(U_{\overline{H}_G}(t)\right)_{0,0} \sqrt{\frac{1}{N}} + \left(U_{\overline{H}_G}(t)\right)_{0,1} \sqrt{\frac{N-1}{N}} \right|^2$$

となることに注意する．例 10.8 より，$\left(U_{A_{K_2}}(\pi/2)\right)_{0,1} = i$ であり，命題 10.5 の証明中に述べた事実「$(U_{M_G}(\tau))_{k,j} = (U_{M_G}(\tau))_{j,k} = \lambda$ $(|\lambda| = 1)$ のとき，$k' \neq k$ ならば，$(U_{M_G}(\tau))_{k',j} = (U_{M_G}(\tau))_{j,k'} = 0$ が成り立つ」ことをあわせると，$T = (N-2)/\sqrt{N-1} \times \pi/2$ のとき，以下を得る．

$$\left(U_{\overline{H}_G}(T)\right)_{0,0} = 0, \quad \left(U_{\overline{H}_G}(T)\right)_{0,1} = ie^{iT}.$$

したがって，$\mathbb{P}_{N,T}(0) = 1 - 1/N$ が得られる．この議論は，一般の場合にも成り立つので，以下にまとめる．

命題 10.9. 単純グラフ G 上の連続時間量子ウォーク探索を考える．このとき，$\overline{H}_G$ を用いた連続時間量子ウォークにおいて，探索したい頂点 0 から頂点 j への完全量子状態遷移が時刻 τ で起きるならば，$\mathbb{P}_{N,\tau}(0) = n_j/N$ である．

本章の最後に，代数的グラフ理論あるいはスペクトラルグラフ理論のなかで精力的に研究されている完全量子状態遷移の研究と，量子コンピュータへの応用を見据えた連続時間量子ウォーク探索の研究をつなぐ例として，命題 10.9 をあげた．一方で，前半部分で説明したように連続時間量子ウォークとランダムウォークは，グラフ理論や確率論で用いられる道具を使うことで直接的に結びつけることができる．このように，連続時間量子ウォークの研究は周辺の諸分野の知見を取り込みつつ発展していく基盤が整ってきているように感じられる．今後も自由な発想を基にした面白い研究成果が期待できて楽しみである．

参考文献

[1] Chakraborty, S., Novo, L., Ambainis, A., Omar, Y.: Spatial search by quantum walk is optimal for almost all graphs. Phys. Rev. Lett. **116**, 100501 (2016) .

[2] Childs, A. M., Goldstone, J.: Spatial search by quantum walk. Phys. Rev. A **70**, 022314 (2004).

[3] Childs, A. M., Farhi, E., Gutmann, S.: An example of the difference between quantum and classical random walks. Quant. Inform. Process **1**, 35–43 (2002).

[4] Chung, F. R. K.: Spectral Graph Theory. American Mathematical Society (1997).

[5] Coutinho, G.: Quantum State Transfer in Graphs. PhD Thesis, University of Waterloo, Waterloo, ON, Canada (2014).

[6] Godsil, C., Royle, G. F.: Algebraic Graph Theory. Springer-Verlag, New York (2001).

[7] Gottlieb, A. D.: Convergence of continuous-time quantum walks on the line. Phys. Rev. E **72**, 047102 (2005).

[8] Grimmett, G. R., Stirzaker, D. R.: Probability and Random Processes. 3rd ed. Oxford University Press, New York (2001).

[9] Ide, Y.: Partition of graphs and quantum walk based search algorithms. Nonlinear Theory and Its Applications, IEICE **10 (1)**, 16–27 (2019).

[10] Konno, N.: Limit theorem for continuous-time quantum walk on the line. Phys. Rev. E **72**, 026113 (2005).

[11] 今野紀雄：量子ウォークの数理，産業図書 (2008).

[12] 今野紀雄・井手勇介・瀬川悦生・竹居正登・大塚一路：確率・統計入門，産業図書 (2014).

[13] R.B. シナジ著／今野紀雄・林 俊一共訳：マルコフ連鎖から格子確率モデルへ，シュプリンガー・フェアラーク東京 (2001).

[14] 浦川 肇：ラプラス作用素とネットワーク，裳華房 (1996).

11章

固有値問題による定常測度の構成

[遠藤隆子・小松 尭]

1次元格子上の量子ウォークの推移確率の漸近挙動は徐々に詳細が明らかにされており，古典ランダムウォークとは異なった振舞いをみせることがわかってきた [12]．例えば，ウォーカーが線形的な拡がりをみせたり，局在する現象が報告されており，それらは測度を用いて数学的に定式化された [14]．最近の研究で，量子ウォークからはさまざまな測度が構成されることがわかってきたが，特に量子ウォークの定常測度は，ここ数年で活発に研究されるようになった新しい研究領域であり，その全体像は明らかにされていない．また，古典マルコフ連鎖の定常分布に対応する量子系の研究は非常に少なく，決して十分になされているとはいえない．

表 11.1　定常測度の主な解析手法

手　法	適用されているモデル	例
母関数法	$\mathbb{Z}$ 上の 空間非一様なモデル	二相系モデル
縮 退 法	$\mathbb{Z}$ 上の 空間一様なレイジーモデル	フーリエウォーク
転送行列法	$\mathbb{Z}$ 上の 一般の空間非一様なモデル	二欠陥モデル
フーリエ解析法	(局在化が起こる) $\mathbb{Z}^d$ 上の 空間一様なモデル	グローバーウォーク

本章では，整数格子上の量子ウォークの定常測度に関して，表 11.1 のような 4 つの手法の観点から紹介する．

11.1　離散時間量子ウォークの定義とさまざまなモデル

量子ウォークには，離散時間と連続時間があるが，本章では離散時間量子ウォークのみを扱うことにする．以後，離散時間量子ウォークを量子ウォークとよぶことにする．

本章では，$\mathbb{Z}^d$ (d 次元整数格子) 上の内部自由度が D の量子ウォークの定常測度を考察する．ただし，$\mathbb{Z}$ は整数の集合とし，D を正の整数とする．量子ウォークの時間発展作用素は，コイン行列とよばれるユニタリ行列とシフト作用素を用いて定義される．各 $i \in \{1, 2, \ldots, d\}$ に対して，シフト作用素 τ_i は以下で与えられる．

$$(\tau_i f)(\boldsymbol{x}) = f(\boldsymbol{x} - \boldsymbol{e}_i) \quad (f : \mathbb{Z}^d \longrightarrow \mathbb{C}^D,\ \boldsymbol{x} \in \mathbb{Z}^d).$$

ただし，$\{\boldsymbol{e}_1, \boldsymbol{e}_2, \ldots, \boldsymbol{e}_d\}$ は $\mathbb{Z}^d$ の標準基底とする．さらに，$\alpha = \sum_{i=1}^{d} \alpha_i \boldsymbol{e}_i \in \mathbb{Z}^d$ に対して，

$$\tau^\alpha = \tau_1^{\alpha_1} \cdots \tau_d^{\alpha_d}$$

とする．次に，ユニタリ行列の列 $\mathcal{A} = \{A_{\boldsymbol{x}}\}_{\boldsymbol{x} \in \mathbb{Z}^d}$ を考える．ここで，各 $A_{\boldsymbol{x}}$ は $D \times D$ のユニタリ行列である．この $A_{\boldsymbol{x}}$ は**コイン行列**とよばれている．本章で扱う時間発展は，以下の形をしたものである．

$$(U_{\mathcal{A}} f)(\boldsymbol{x}) = \sum_{\alpha \in S} P_\alpha A_{\boldsymbol{x}+\alpha} f(\boldsymbol{x} + \alpha). \tag{11.1}$$

ただし，$\{P_\alpha\}_{\alpha \in S}$ は $\mathbb{C}^D$ 上の直交射影族とする．すなわち，

$$P_\alpha P_\beta = 0 \quad (\alpha \neq \beta), \quad P_\alpha^2 = P_\alpha, \quad \sum_{\alpha \in S} P_\alpha = I.$$

式 (11.1) に現れる $\mathbb{Z}^d$ の部分集合 S は，以下を満たしているものである．

- 任意の $\boldsymbol{x} \in \mathbb{Z}^d$, $\boldsymbol{y} \in \mathbb{Z}^d \setminus (\boldsymbol{x} + S)$, $\varphi \in \mathbb{C}^D$ に対して，

$$(U_{\mathcal{A}}(\delta_{\boldsymbol{x}} \otimes \varphi))(\boldsymbol{y}) = 0.$$

ここで，関数 $\delta_{\boldsymbol{x}} \otimes \varphi$ は以下で与えられる．

$$(\delta_{\boldsymbol{x}} \otimes \varphi)(\boldsymbol{y}) = \begin{cases} \varphi & (\boldsymbol{x} = \boldsymbol{y}), \\ 0 & (\text{その他}). \end{cases}$$

以後，この $\mathbb{Z}^d$ の有限部分集合 S を**ステップ集合**とよぶことにする．

本章で扱うモデルは，以下の 4 つのモデルである．まず，コイン行列に関して空間に依存するモデルと空間に依存しないモデルがある．

- <u>空間一様な量子ウォーク</u>： 空間一様な量子ウォークは，各点ごとに同じコイン行列でウォーカーの状態を変えるモデルである．例えば，空間一

様な $\mathbb{Z}$ 上の 2 状態の量子ウォークは，任意の $x \in \mathbb{Z}$ に対して，以下の定数コイン行列が与えられている．

$$A = \begin{bmatrix} a & b \\ c & d \end{bmatrix} \in \mathrm{U}(2).$$

空間一様な量子ウォークの時間発展作用素 $U_{\mathcal{A}}$ を $U_{\mathcal{A}} \equiv U_A$ と表記する．

- 空間非一様な量子ウォーク： 空間非一様な量子ウォークは，各点ごとに異なった (同じものがあってもよい) コイン行列でウォーカーの状態を変えるモデルである．例えば，$\mathbb{Z}$ 上の 2 状態の空間非一様な量子ウォークでは，各点 $x \in \mathbb{Z}$ に対して，以下の変数コイン行列が与えられている．

$$A_x = \begin{bmatrix} a_x & b_x \\ c_x & d_x \end{bmatrix} \in \mathrm{U}(2).$$

次に，空間一様な $\mathbb{Z}^d$ 上の量子ウォークでよく研究されているモデルを紹介する．$\{\eta_1, \ldots, \eta_D\}$ を $\mathbb{C}^D$ の標準基底，P_i を 1 次元部分空間 $\mathbb{C}\eta_i$ への直交射影とする．

- 標準モデルの量子ウォーク： ステップ集合が $S = \{\pm \boldsymbol{e}_1, \pm \boldsymbol{e}_2, \ldots, \pm \boldsymbol{e}_d\}$ で内部自由度を $D = 2d$ とする．このとき，以下の時間発展作用素で与えられる空間一様な量子ウォークを標準モデルとよぶことにする．

$$U_A = \sum_{i=1}^{d} \left(\tau_i^{-1} P_{2i-1} A + \tau_i P_{2i} A \right).$$

すなわち，標準モデルの量子ウォークとは，ウォーカーが $2d$ 個の隣接点に移動するモデルである．

- レイジーモデルの量子ウォーク： ステップ集合が $S = \{\boldsymbol{0}, \pm \boldsymbol{e}_1, \pm \boldsymbol{e}_2, \ldots, \pm \boldsymbol{e}_d\}$ で内部自由度を $D = 2d + 1$ とする．このとき，以下の時間発展作用素で与えられる空間一様な量子ウォークをレイジーモデルとよぶことにする．

$$U_A = \sum_{i=1}^{d} \left(\tau_i^{-1} P_i A + \tau_i P_{(i+1)+d} A \right) + P_{d+1} A.$$

すなわち，標準モデルに留まる項を付けたものである．

11.2　定常測度の概観

量子ウォークの時間発展作用素 (ユニタリ作用素) から誘導される測度列 $\{\mu_n\}_{n\in\mathbb{Z}_\geq}$ の性質を調べることは非常に重要である．ここで，$\mathbb{Z}_\geq=\{0,1,2,\ldots\}$ とする．例えば，時間平均極限測度，弱極限，定常測度などがある．本章では，量子ウォークの定常性に焦点をあてる．

時刻 n，位置 $\boldsymbol{x}\in\mathbb{Z}^d$ の振幅 $\Psi_n(\boldsymbol{x})$ $(\Psi_n:\mathbb{Z}^d\longrightarrow\mathbb{C}^D)$ は D 次元の複素ベクトルとして表現される．

$$\Psi_n(\boldsymbol{x})=\begin{bmatrix}\Psi_n^1(\boldsymbol{x})\\ \Psi_n^2(\boldsymbol{x})\\ \vdots\\ \Psi_n^D(\boldsymbol{x})\end{bmatrix}\in\mathbb{C}^D\quad(\boldsymbol{x}\in\mathbb{Z}^d,\ n\in\mathbb{Z}_\geq). \tag{11.2}$$

ここで，$\mathbb{R}_\geq=[0,\infty)$ とする．このとき，量子ウォークの測度 $\mu_n:\mathbb{Z}^d\longrightarrow\mathbb{R}_\geq$ は振幅 Ψ_n の情報を用いて，以下で与えられる．

$$\mu_n(\boldsymbol{x})=\|\Psi_n(\boldsymbol{x})\|^2_{\mathbb{C}^D}.$$

ただし，$\|\cdot\|_{\mathbb{C}^D}$ は $\mathbb{C}^D$ の標準ノルムである．量子ウォークの時間発展作用素 $U_\mathcal{A}$ から誘導される測度全体の集合を $\mathcal{M}(U_\mathcal{A})$ とし，$\mathbb{Z}^d$ から $\mathbb{C}^D$ への関数の集まりを $\mathrm{Map}(\mathbb{Z}^d,\mathbb{C}^D)$ と表記する．このとき，振幅から測度の関係を次の写像 ϕ を用いて考える．

$$\begin{array}{cccc}\phi:\mathrm{Map}(\mathbb{Z}^d,\mathbb{C}^D)\backslash\{\mathbf{0}\} & \longrightarrow & \mathcal{M}(U_\mathcal{A})\\ \Cup & & \Cup\\ \Psi & \longmapsto & \mu\end{array}$$

を次で与える．

$$\phi(\Psi)(\boldsymbol{x})=\sum_{j=1}^{D}\|\Psi^j(\boldsymbol{x})\|^2_{\mathbb{C}}=\mu(\boldsymbol{x})\quad(\boldsymbol{x}\in\mathbb{Z}^d).$$

これより，$\mu:=\phi(\Psi)\in\mathcal{M}(U_\mathcal{A})$ に注意する．

11.2.1　定常測度の定義

ここでは，量子ウォークの時間発展作用素 $U_\mathcal{A}$ から誘導される測度列 $\{\mu_n\}_{n\in\mathbb{Z}_\geq}$ を考える．定常測度とは，時間に関して不変な測度のことである．すなわち，

$$\mu_0=\mu_1=\cdots=\mu_n=\cdots\qquad(n\in\mathbb{Z}_\geq).$$

いい換えると，定常測度は時刻 $n \in \mathbb{Z}_{\geq}$ に依存しない $\mathbb{Z}^d$ 上の非負実数値関数のことである．定常測度全体の集合 $\mathcal{M}_s(U_{\mathcal{A}})$ を以下のようにおく．

$$\begin{aligned}&\mathcal{M}_s(U_{\mathcal{A}})\\&=\Big\{\mu \in \mathcal{M}(U_{\mathcal{A}}) \ \Big|\ \text{任意の } n=0,1,2,\ldots \text{ に対して,}\\&\qquad \phi\big(U_{\mathcal{A}}^n\Psi_0\big)=\mu \text{ を満たす } \Psi_0 \in \mathrm{Map}(\mathbb{Z}^d,\mathbb{C}^D) \text{ が存在する}\Big\}.\end{aligned}$$

一般的に，空間一様な正則グラフ上の量子ウォークにおいて一様測度が存在することが知られている [13]．したがって，$\mathcal{M}_s(U_A) \neq \emptyset$ が成り立つ．ここで，$S^1 \subset \mathbb{C}$ を複素単位円とする．すなわち，

$$S^1=\{z \in \mathbb{C} \mid |z|=1\}.$$

本章で紹介する結果は，以下の固有値問題

$$U_{\mathcal{A}}\Psi=\lambda\Psi \quad (\lambda \in S^1,\ \Psi \in \mathrm{Map}(\mathbb{Z}^d,\mathbb{C}^D))$$

を満たす固有関数をみつけることで定常測度を構成している．固有値問題を考える理由は，以下が成り立つからである．

$$\mu_n(\boldsymbol{x})=\phi(\Psi_n)(\boldsymbol{x})=\phi(U_{\mathcal{A}}^n\Psi_0)(\boldsymbol{x})=\phi(\lambda^n\Psi_0)(\boldsymbol{x})=\phi(\Psi_0)(\boldsymbol{x})=\mu_0(\boldsymbol{x}).$$

すなわち，$\phi(\Psi_0) \in \mathcal{M}_s(U_{\mathcal{A}})$ となる．

一般に，2 つの違うコイン行列をとってくれば，定常測度の集合も異なる．例えば，次の 2 種類 (単位行列，アダマール行列) のコイン行列から誘導される空間に一様な量子ウォーク U_{A_1} と U_{A_2} を考えることにする．

$$A_1=\begin{bmatrix}1 & 0\\0 & 1\end{bmatrix}, \qquad A_2=\frac{1}{\sqrt{2}}\begin{bmatrix}1 & 1\\1 & -1\end{bmatrix}.$$

このとき，以下が成り立つことが知られている [15]．

$$\mathcal{M}_s(U_{A_1})=\mathcal{M}_{unif}(U_{A_1}), \quad \mathcal{M}_s(U_{A_2}) \supsetneq \mathcal{M}_{unif}(U_{A_2}).$$

ただし，$\mathcal{M}_{unif}(U_A)$ は一様測度全体の集合とする．すなわち，

$$\begin{aligned}\mathcal{M}_{unif}(U_{\mathcal{A}})=\Big\{\mu_c \in \mathcal{M}(U_{\mathcal{A}}) \ \Big|\ &\mu_c(x)=c\ (x \in \mathbb{Z})\\&\text{を満たす } c>0 \text{ が存在する}\Big\}.\end{aligned}$$

11.2.2 定常測度の研究の変遷

ここで，これまでの定常測度の研究を振り返る．多くの研究では，$\mathbb{Z}$ 上の原点から出発する量子ウォークの定常測度が扱われてきた．これまで，各モデルごとに定義にそって定常測度であるための条件を考察したり，固有値問題を解き，具体的に定常測度を導出したりする研究が行われてきた．量子ウォークの固有値問題を考えることは，モデルの定常測度を得るための有効な手段の一つである．

空間的に一様な量子ウォークの定常測度に関しては，Konno [13] が一般的に量子ウォークの定常測度の集合には一様測度が含まれることを証明し，具体例として 3 状態グローバーウォークに対して定常測度を導出した．Konno and Takei [15] は，さまざまなタイプの量子ウォークについて定常測度を調べ，ユニタリ行列が対角行列でない場合は非一様な定常測度をもつことを発見した．さらに，Komatsu and Konno [10] は，一般の d 次元格子上のグローバーウォークの定常測度を構成した．

空間的に非一様な量子ウォークの定常測度に関しては，以下のような研究がある．2 状態の量子ウォークの定常測度から紹介する．まず Konno *et al.* [14] により，一欠陥モデルの定常測度は場所に関して指数的に減少し，さらには時間平均極限測度と一致することも示された．このことは，エルゴード性と密接な関係がある可能性を示唆している．Endo and Konno [4] は，Wojcik *et al.* [20] で導入・研究された量子ウォークに対する定常測度を求めた．さらに，Endo *et al.* [3] と [2] は，一欠陥以外は同一のユニタリ作用素で定義される一欠陥量子ウォークと欠陥なしの量子ウォークのそれぞれに対して定常測度を導出し，局在化現象やトポロジカル相との関係を議論した．続いて，3 状態量子ウォークの定常測度に関しては，例えば，Wang *et al.* [19] が，一欠陥 3 状態グローバーウォークの定常測度を構築した．

注意しなければならないのは，固有値問題を満たす振幅は定常測度を構成するが，固有値問題を満たさない場合でも定常測度を導く可能性があることである．固有値問題に由来しない定常測度を探ることは，定常測度の研究の今後の課題としても非常に重要である．また，定常測度が定性的に何を表すのか，定常測度の性質を明らかにすることも，量子ウォークの物理学への応用の観点からも興味深い課題である．

11.3 時空間母関数法による定常測度の導出

本節では，時空間母関数法を用いた量子ウォークの定常測度の導出方法を紹介する．時空間母関数法は，空間的に非一様な量子ウォークに対する定常測度を導出するために最初に考案された手法である．特に，指数減衰型の定常測度が得られることが特徴である．

ここからは，具体例を通して時空間母関数法により定常測度を求める．以下のユニタリ行列で時間発展が定まる Wojcik モデルをみていく[1]．

$$A_x = \left\{ \frac{1}{\sqrt{2}}\begin{bmatrix} 1 & 1 \\ 1 & -1 \end{bmatrix}_{(x=\pm1,\pm2,\ldots)}, \ \frac{\omega}{\sqrt{2}}\begin{bmatrix} 1 & 1 \\ 1 & -1 \end{bmatrix}_{(x=0)} \right\}.$$

ただし，$\omega = e^{2i\pi\phi}$ $(\phi \in (0,1))$ である．式 (11.3) で $\phi \to 0$ として得られるアダマールウォークは，ここ十数年ほど量子情報科学の分野を中心に活発に研究されてきた [18]．Wojcik モデルは，アダマールウォークの原点に位相 $2\pi\phi$ が付加されたモデルである．

固有値問題

$$U_{\mathcal{A}}\Psi = \lambda\Psi \quad (\lambda \in S^1, \Psi \in \mathrm{Map}(\mathbb{Z}, \mathbb{C}^2)) \tag{11.3}$$

の解を考える．ここで，振幅 $\Psi(x) = {}^T[\Psi^L(x), \Psi^R(x)]$ に対して，$\Psi^L(x)$ と $\Psi^R(x)$ の母関数を導入する．

$$f_+^j(z) = \sum_{x=1}^{\infty} \Psi^j(x) z^x, \quad f_-^j(z) = \sum_{x=-1}^{-\infty} \Psi^j(x) z^x \quad (j = L, R).$$

ただし，$\Psi^L(x)$ は，式 (11.2) における $\Psi_n^1(\boldsymbol{x})$ に対応し，$\Psi^R(x)$ は $\Psi_n^2(\boldsymbol{x})$ に対応している．このとき，母関数 $f_\pm^j(z)$ $(j = L, R)$ を用いて，振幅 $\Psi(x)$ を求めることができる．まず，Wojcik モデルに対する振幅の時間発展の関係式と母関数の定義から，以下の補題 11.1 を得る．

補題 11.1. 次のようにおく．

$$M = \begin{bmatrix} \lambda - \dfrac{1}{\sqrt{2}z} & -\dfrac{1}{\sqrt{2}z} \\ -\dfrac{z}{\sqrt{2}} & \lambda + \dfrac{z}{\sqrt{2}} \end{bmatrix}, \quad \boldsymbol{f}_\pm(z) = \begin{bmatrix} f_\pm^L(z) \\ f_\pm^R(z) \end{bmatrix},$$

1) 詳しくは [4] を参照されたい．

$$\boldsymbol{a}_+(z) = \begin{bmatrix} -\lambda\alpha \\ \dfrac{\omega z(\alpha-\beta)}{\sqrt{2}} \end{bmatrix}, \quad \boldsymbol{a}_-(z) = \begin{bmatrix} \dfrac{\omega(\alpha+\beta)}{\sqrt{2}z} \\ -\lambda\beta \end{bmatrix}.$$

ただし，$\alpha = \Psi^L(0)$, $\beta = \Psi^R(0)$．すると，

$$M\boldsymbol{f}_\pm(z) = \boldsymbol{a}_\pm(z) \tag{11.4}$$

となる．

ここで，

$$\det M = \frac{\lambda}{\sqrt{2}z}\left\{z^2 - \sqrt{2}\left(\frac{1}{\lambda} - \lambda\right)z - 1\right\} \tag{11.5}$$

に注意して，$|\theta_s| \le 1 \le |\theta_l|$ を満たす，以下のような $\theta_s, \theta_l \in \mathbb{C}$ をとる．

$$\det M = \frac{\lambda}{\sqrt{2}z}(z-\theta_s)(z-\theta_l). \tag{11.6}$$

ただし，式 (11.5) と式 (11.6) より，$\theta_s\theta_l = -1$ である．

補題 11.1 を用いて，母関数 $f_\pm^L(z)$ と $f_\pm^R(z)$ を計算することで，以下のような振幅 $\Psi(x)$ が構成される．

- $\Psi^L(x) = \alpha(-\theta_s)^x \quad (x = 1, 2, \ldots)$: ただし，

$$\theta_s = \frac{\sqrt{2}}{\lambda\alpha}\left\{\left(-\lambda^2 + \frac{\omega}{2}\right)\alpha - \frac{\omega}{2}\beta\right\}. \tag{11.7}$$

- $\Psi^R(x) = \{(1-\omega)\alpha + \omega\beta\}(-\theta_s)^x \quad (x = 1, 2, \ldots)$: ただし，

$$\theta_s = \frac{\omega(\alpha-\beta)}{\sqrt{2}\lambda\{(\omega-1)\alpha - \omega\beta\}}. \tag{11.8}$$

- $\Psi^L(x) = \{\omega\alpha + (\omega-1)\beta\}(\theta_s)^{-x} \quad (x = -1, -2, \ldots)$: ただし，

$$\theta_s = \frac{\omega(\alpha+\beta)}{\sqrt{2}\lambda\{\omega\alpha + (\omega-1)\beta\}}. \tag{11.9}$$

- $\Psi^R(x) = \beta(\theta_s)^{-x} \quad (x = -1, -2, \ldots)$: ただし，

$$\theta_s = \frac{\sqrt{2}}{\lambda\beta}\left\{\frac{\omega}{2}\alpha + \left(\frac{\omega}{2} - \lambda^2\right)\beta\right\}. \tag{11.10}$$

上記の議論をまとめると，固有値問題 (11.3) を満たす振幅は次のようになる．

$$\Psi(x) = \begin{cases} (-\theta_s)^x \begin{bmatrix} \alpha \\ (1-\omega)\alpha + \omega\beta \end{bmatrix} & (x = 1, 2, \ldots), \\ \begin{bmatrix} \alpha \\ \beta \end{bmatrix} & (x = 0), \\ (\theta_s)^{|x|} \begin{bmatrix} (\omega-1)\beta + \omega\alpha \\ \beta \end{bmatrix} & (x = -1, -2, \ldots). \end{cases} \tag{11.11}$$

θ_s の式 (11.7)，式 (11.8)，式 (11.9)，式 (11.10) は同値なので， 初期状態に関して $\beta = i\alpha$ と $\beta = -i\alpha$ の 2 通りしかないことがわかる[2)].

式 (11.7)，式 (11.8)，式 (11.9) を用いると，各場合において，λ^2 と θ_s^2 を ω で表すことができる．式 (11.11) とあわせて，Wojcik モデルに対する固有値問題の解は，以下のようになる．

命題 11.2. 初期状態を $\Psi(0) = {}^T[\Psi^L(0), \Psi^R(0)] = {}^T[\alpha, \beta]$ とおく．このとき，固有値問題

$$U_{\mathcal{A}}\Psi = \lambda\Psi \quad (\lambda \in S^1,\, \Psi \in \mathrm{Map}(\mathbb{Z}, \mathbb{C}^2))$$

の解は，以下で与えられる．

$$\Psi(x) = (-\theta_s \operatorname{sgn}(x))^{|x|} \times \begin{cases} \begin{bmatrix} \alpha \\ (1-\omega)\alpha + \omega\beta \end{bmatrix} & (x \geq 1), \\ \begin{bmatrix} \alpha \\ \beta \end{bmatrix} & (x = 0), \\ \begin{bmatrix} (\omega-1)\beta + \omega\alpha \\ \beta \end{bmatrix} & (x \leq -1). \end{cases}$$

ただし，$\beta = i\alpha$ または，$\beta = -i\alpha$.

(1) $\beta = i\alpha$ の場合：

$$\lambda^2 = \frac{\omega(1 - 2\omega + \omega^2) - i\omega(1 - \omega + \omega^2)}{1 - 2\omega + 2\omega^2},$$

$$\theta_s^2 = \frac{\omega}{\omega^2 - 3\omega + 1 - i(\omega^2 - 1)} = \frac{1}{2\cos(2\pi\phi) + 2\sin(2\pi\phi) - 3}.$$

---

2) 前者の場合は，[20] における式 (12) に対応する：$\overline{\alpha_0^{(-)}} = C$, $\overline{\beta_0^{(-)}} = iC$. 一方で，後者の場合は，[20] における式 (12) に対応する：$\overline{\alpha_0^{(+)}} = C$, $\overline{\beta_0^{(+)}} = -iC$.

(2) $\beta = -i\alpha$ の場合：

$$\lambda^2 = \frac{\omega(1-2\omega+\omega^2) + i\omega(1-\omega+\omega^2)}{1-2\omega+2\omega^2},$$

$$\theta_s^2 = \frac{\omega}{\omega^2 - 3\omega + 1 + i(\omega^2-1)} = \frac{1}{2\cos(2\pi\phi) - 2\sin(2\pi\phi) - 3}.$$

ここで，$|\alpha| = |\beta|$ と $\mu(x) = \|\Psi(x)\|_{\mathbb{C}^2}^2 = |\Psi^L(x)|^2 + |\Psi^R(x)|^2$ に注意すると，以下のように Wojcik モデルの定常測度が得られる．

定理 11.3. Wojcik モデルの定常測度として，

$$\mu(x) = \|\Psi(x)\|_{\mathbb{C}^2}^2 = 2|\alpha|^2|\theta_s|^{2|x|} \times \begin{cases} \Gamma(\phi) & (x \neq 0), \\ 1 & (x = 0) \end{cases}$$

を得る．ただし，

$$\Gamma(\phi) = \begin{cases} 2 - \cos(2\pi\phi) - \sin(2\pi\phi) & (\beta = i\alpha), \\ 2 - \cos(2\pi\phi) + \sin(2\pi\phi) & (\beta = -i\alpha), \end{cases}$$

$$|\theta_s|^2 = \begin{cases} \dfrac{1}{3 - 2\cos(2\pi\phi) - 2\sin(2\pi\phi)} & (\beta = i\alpha), \\ \dfrac{1}{3 - 2\cos(2\pi\phi) + 2\sin(2\pi\phi)} & (\beta = -i\alpha). \end{cases}$$

定常測度は，原点対称性をもつことに注意する．また，局在化は，パラメータ ϕ と確率振幅 $\Psi(0) = {}^T[\alpha, \beta]$ の選び方に依存し，$\alpha = \beta = 0$ である場合を除いて起こる．定常測度は，場所に関して指数的に減衰することもわかる．

次に，$\lambda = e^{i\xi}$ $(\xi \in \mathbb{R})$ とおき，パラメータ ϕ と ξ の関係をみていく．まず，$\omega = e^{2\pi i\phi}$ $(\phi \in (0,1))$ であることに注意する．また，$\omega = C + iS$, すなわち，

$$C = \cos(2\pi\phi), \quad S = \sin(2\pi\phi)$$

とおく．命題 11.2 を用いて，$\lambda^2 = e^{2i\xi}$ をパラメータ ϕ で表す．

系 11.4. (1) $\beta = i\alpha$ の場合：

$$\begin{cases} \cos(2\xi) = \dfrac{-2 + 6C + 6S - 6CS - 8C^2 + 4C^3 - 4S^3}{5 - 12C + 8C^2}, \\ \sin(2\xi) = \dfrac{1 - 4C + 8S - 8CS + 6C^2 - 4C^3 - 4S^3}{5 - 12C + 8C^2}. \end{cases}$$

(2) $\beta = -i\alpha$ の場合：

$$\begin{cases} \cos(2\xi) = \dfrac{-2+6C-6S+6CS-8C^2+4C^3+4S^3}{5-12C+8C^2}, \\ \sin(2\xi) = \dfrac{-1+4C+8S-8CS-6C^2+4C^3-4S^3}{5-12C+8C^2}. \end{cases}$$

ここで，$\beta = i\alpha$ の場合に系 11.4 を確認するために，以下の 2 つの例をみる．

(i) $\phi \to 0$ $(\omega \to 1)$ の場合： $C \to 1$ と $S \to 0$ がわかり，$\cos(2\xi) \to 0$ と $\sin(2\xi) \to -1$ を得る．したがって，$\lambda^2 \to -i$ となる[3)]．

(ii) $\phi = \frac{1}{4}$ $(\omega = i)$ の場合： $C = 0$, $S = 1$ がわかり，$\cos(2\xi) = 0$ と $\sin(2\xi) = 1$ を得る．したがって，$\lambda^2 = i$ となる[4)]．

11.4 2 状態へ落とし込む手法

本節では，$\mathbb{Z}$ 上の標準モデルの量子ウォークに留まる項を付け加えたレイジー量子ウォークの定常測度を考察する．$\mathbb{Z}$ 上のレイジー量子ウォークの設定は，ステップ集合が $S = \{\mathbf{0}, \boldsymbol{e}_1, -\boldsymbol{e}_1\}$ で内部自由度が $D = 3$ である．

ここからは，3 状態のモデルを 2 状態に落とし込むことで定常測度の導出を可能にする**縮退法**とよばれる手法を紹介する [7]．

11.4.1 縮 退 行 列

コイン行列として 3×3 のユニタリ行列 $A = (a_{ij})_{i,j=1,2,3}$ を用意する．$\mathbb{Z}$ 上のレイジー量子ウォークから得られる固有値問題は，以下で与えられる．

$$\begin{cases} \lambda\Psi^L(x) = a_{11}\Psi^L(x+1) + a_{12}\Psi^O(x+1) + a_{13}\Psi^R(x+1), \\ \lambda\Psi^O(x) = a_{21}\Psi^L(x) + a_{22}\Psi^O(x) + a_{23}\Psi^R(x), \\ \lambda\Psi^R(x) = a_{31}\Psi^L(x-1) + a_{32}\Psi^O(x-1) + a_{33}\Psi^R(x-1). \end{cases} \tag{11.12}$$

ただし，$\Psi^L(x)$ は式 (11.2) における $\Psi_n^1(\boldsymbol{x})$ に対応し，$\Psi^O(x)$ は $\Psi_n^2(\boldsymbol{x})$ に，$\Psi^R(x)$ は $\Psi_n^3(\boldsymbol{x})$ に対応している．式 (11.12) より，

---

3) 結果は，[20] の式 (8) と一致する．
4) 結果は，[20] の式 (8) と一致する．

$$\begin{cases} \Psi^O(x) = \dfrac{1}{\lambda - a_{22}} \Big\{ a_{21}\Psi^L(x) + a_{23}\Psi^R(x) \Big\}, \\ \lambda\Psi^L(x) = \Big(a_{11} + \dfrac{a_{12}a_{21}}{\lambda - a_{22}} \Big) \Psi^L(x+1) + \Big(a_{13} + \dfrac{a_{12}a_{23}}{\lambda - a_{22}} \Big) \Psi^R(x+1), \\ \lambda\Psi^R(x) = \Big(a_{31} + \dfrac{a_{21}a_{32}}{\lambda - a_{22}} \Big) \Psi^L(x-1) + \Big(a_{33} + \dfrac{a_{23}a_{32}}{\lambda - a_{22}} \Big) \Psi^R(x-1). \end{cases} \tag{11.13}$$

このように，$\Psi^L(x)$ と $\Psi^R(x)$ だけで表現できる．すなわち，3 状態のモデルを 2 状態のモデルに落とし込めるのである．式 (11.13) より，以下を得る．

$$\lambda \begin{bmatrix} \Psi^L(x) \\ \Psi^R(x) \end{bmatrix} = \begin{bmatrix} a_{11} + \dfrac{a_{12}a_{21}}{\lambda - a_{22}} & a_{13} + \dfrac{a_{12}a_{23}}{\lambda - a_{22}} \\ 0 & 0 \end{bmatrix} \begin{bmatrix} \Psi^L(x+1) \\ \Psi^R(x+1) \end{bmatrix} + \begin{bmatrix} 0 & 0 \\ a_{31} + \dfrac{a_{21}a_{32}}{\lambda - a_{22}} & a_{33} + \dfrac{a_{23}a_{32}}{\lambda - a_{22}} \end{bmatrix} \begin{bmatrix} \Psi^L(x-1) \\ \Psi^R(x-1) \end{bmatrix}. \tag{11.14}$$

ここで，2×2 の行列 $A^{(Re)}$ を次のように設定する．

$$A^{(Re)} = \frac{1}{\lambda - a_{22}} \begin{bmatrix} \lambda a_{11} - B & \lambda a_{13} + C \\ \lambda a_{31} + D & \lambda a_{33} - E \end{bmatrix}.$$

ただし，

$$B = \det\left(\begin{bmatrix} a_{11} & a_{12} \\ a_{21} & a_{22} \end{bmatrix} \right), \quad C = \det\left(\begin{bmatrix} a_{12} & a_{13} \\ a_{22} & a_{23} \end{bmatrix} \right),$$

$$D = \det\left(\begin{bmatrix} a_{21} & a_{22} \\ a_{31} & a_{32} \end{bmatrix} \right), \quad E = \det\left(\begin{bmatrix} a_{22} & a_{23} \\ a_{32} & a_{33} \end{bmatrix} \right).$$

$A^{(Re)}$ を使うことによって，式 (11.14) は，次のように表現できる．

$$\lambda \begin{bmatrix} \Psi^L(x) \\ \Psi^R(x) \end{bmatrix} = \begin{bmatrix} 1 & 0 \\ 0 & 0 \end{bmatrix} A^{(Re)} \begin{bmatrix} \Psi^L(x+1) \\ \Psi^R(x+1) \end{bmatrix} + \begin{bmatrix} 0 & 0 \\ 0 & 1 \end{bmatrix} A^{(Re)} \begin{bmatrix} \Psi^L(x-1) \\ \Psi^R(x-1) \end{bmatrix}.$$

以後，行列 $A^{(Re)}$ を**縮退行列**とよぶことにする．次に，コイン行列 A から定まる 3 状態量子ウォークの定常測度を，縮退行列 $A^{(Re)}$ を用いて求めることを考える．ここからは，コイン行列の成分に次を仮定する．

$$a_{ij} \neq 0 \quad (1 \leq i, j \leq 3), \qquad |a_{22}| \neq 1.$$

3 状態量子ウォークのなかで，特に以下の 2 つのタイプに焦点をあてる．

- タイプ 1： $\lambda=-\frac{C}{a_{13}}=-\frac{D}{a_{31}}$ かつ $|\lambda|=1$．このとき，縮退行列 $A^{(Re)}$ は次のようになる．

$$A^{(Re)}=\begin{bmatrix}\widetilde{a}_1 & 0\\ 0 & \widetilde{a}_2\end{bmatrix}.$$

ただし，$\widetilde{a}_1=a_{11}-\frac{a_{13}a_{21}}{a_{23}}$, $\widetilde{a}_2=a_{33}-\frac{a_{23}a_{31}}{a_{21}}$.

- タイプ 2： $\lambda=\frac{B}{a_{11}}=\frac{E}{a_{33}}$ かつ $|\lambda|=1$．このとき，縮退行列 $A^{(Re)}$ は次のようになる．

$$A^{(Re)}=\begin{bmatrix}0 & \widetilde{a}_1\\ \widetilde{a}_2 & 0\end{bmatrix}.$$

ただし，$\widetilde{a}_1=a_{13}-\frac{a_{11}a_{23}}{a_{21}}$, $\widetilde{a}_2=a_{31}-\frac{a_{21}a_{33}}{a_{23}}$.

11.4.2 タイプ 1 から得られる定常測度

縮退行列 $A^{(Re)}$ を用いて，タイプ 1 を満たす 3 状態レイジー量子ウォークの定常測度を与える振幅 $\Psi\in\mathrm{Map}(\mathbb{Z},\mathbb{C}^3)$ の具体的な形を与える．

定理 11.5. $\lambda=-\frac{C}{a_{13}}=-\frac{D}{a_{31}}$ かつ $|\lambda|=1$. このとき，任意の φ_1, $\varphi_3\in\mathbb{C}$ に対して，固有値問題を満たす解 $\Psi\in\mathrm{Map}(\mathbb{Z},\mathbb{C}^3)$ は以下で与えられる．

$$\Psi(x)=\begin{bmatrix}\left(\widetilde{a}_1^{-1}\lambda\right)^x\varphi_1\\ -\dfrac{a_{13}}{a_{12}a_{23}}\left\{a_{21}\left(\widetilde{a}_1^{-1}\lambda\right)^x\varphi_1+a_{23}\left(\widetilde{a}_2\lambda^{-1}\right)^x\varphi_3\right\}\\ \left(\widetilde{a}_2\lambda^{-1}\right)^x\varphi_3\end{bmatrix}.$$

ただし，$\widetilde{a}_1=a_{11}-\frac{a_{13}a_{21}}{a_{23}}$, $\widetilde{a}_2=a_{33}-\frac{a_{23}a_{31}}{a_{21}}$.

また，固有値問題の解 Ψ は次のように表現できる．

$$\Psi(x)=\varphi_1\alpha_1(x)+\varphi_3\alpha_3(x).$$

ただし，$\alpha_1(x)=\begin{bmatrix}\left(\widetilde{a}_1^{-1}\lambda\right)^x\\ -\dfrac{a_{13}a_{21}}{a_{12}a_{23}}\left(\widetilde{a}_1^{-1}\lambda\right)^x\\ 0\end{bmatrix}$, $\alpha_3(x)=\begin{bmatrix}0\\ -\dfrac{a_{13}}{a_{12}}\left(\widetilde{a}_2\lambda^{-1}\right)^x\\ \left(\widetilde{a}_2\lambda^{-1}\right)^x\end{bmatrix}$.

さらに，

$$U_A\alpha_j=\lambda\alpha_j\qquad(j=1,3)$$

を満たす．一般に，$\alpha_j \in \ell^\infty(\mathbb{Z}, \mathbb{C}^3)$ かつ $\alpha_j \notin \ell^2(\mathbb{Z}, \mathbb{C}^3)$ である．

ここからは，典型的な量子ウォークの2つの例を与える．

- 一つ目は，ユニタリ行列 A として，以下の D 次の行列 G_D をとってくる．

$$G_D = \frac{2}{D}J - I.$$

ただし，D 次の行列 J はすべての成分が1の行列とする．ユニタリ行列 G_D で与えられる空間一様な量子ウォークは**グローバーウォーク**とよばれている．

- 二つ目は，ユニタリ行列 A として，以下の D 次の行列 F_D をとってくる．

$$F_D = \frac{1}{\sqrt{D}} \begin{pmatrix} 1 & 1 & 1 & \cdots & 1 \\ 1 & \omega & \omega^2 & \cdots & \omega^{D-1} \\ \vdots & \vdots & \vdots & \ddots & \vdots \\ 1 & \omega^{D-2} & \omega^{2(D-2)} & \cdots & \omega^{(D-1)(D-2)} \\ 1 & \omega^{D-1} & \omega^{2(D-1)} & \cdots & \omega^{(D-1)(D-1)} \end{pmatrix}.$$

ただし，$\omega = e^{2\pi\sqrt{-1}/D}$ とする．ユニタリ行列 F_D で与えられる空間一様な量子ウォークは**フーリエウォーク**とよばれている．

例 11.6. 3次のグローバー行列 G_3 から定まるレイジー・グローバーウォークを考える．固有値として $\lambda = -1$ を考えると，$\widetilde{a}_1 = \widetilde{a}_2 = -1$ となり縮退行列は以下のようになる．

$$G_3^{(Re)} = \begin{bmatrix} -1 & 0 \\ 0 & -1 \end{bmatrix}. \tag{11.15}$$

定理 11.5 と式 (11.15) より，以下を得る．

$$\Psi(x) = \begin{bmatrix} \varphi_1 \\ -(\varphi_1 + \varphi_3) \\ \varphi_3 \end{bmatrix} \quad (x \in \mathbb{Z}).$$

したがって，定常測度は

$$\mu(x) = 2\{|\varphi_1|^2 + |\varphi_3|^2 + \mathfrak{Re}(\varphi_1 \overline{\varphi_3})\} \in \mathcal{M}_{unif}(U_{G_3})$$

となる．ここで，$\mathfrak{Re}(z)$ は複素数 z の実部である． □

例 11.7. 3 次のフーリエ行列 F_3 から定まるレイジー・フーリエウォークを考える．固有値として $\lambda = i$ を考えると，$\widetilde{a}_1 = e^{-\frac{\pi i}{6}}, \widetilde{a}_2 = -i$ となり，縮退行列は次のようになる．

$$F_3^{(Re)} = \begin{bmatrix} e^{-\frac{\pi i}{6}} & 0 \\ 0 & i \end{bmatrix}. \tag{11.16}$$

定理 11.5 と式 (11.16) より，

$$\Psi(x) = \begin{bmatrix} \omega^x \varphi_1 \\ -(\omega^{x+1}\varphi_1 + \varphi_3) \\ \varphi_3 \end{bmatrix} \quad (x \in \mathbb{Z})$$

が得られる．これより，定常測度は以下のようになる．

$$\mu(x) = 2\{|\varphi_1|^2 + |\varphi_3|^2 + \mathfrak{Re}(\omega^{x+1}\varphi_1\overline{\varphi_3})\}.$$

特に，$\varphi_1 = \omega, \varphi_3 = \omega^2$ とすると，定常測度は次のようになる．

$$\mu(x) = 2\{2 + \mathfrak{Re}(\omega^x)\} = \begin{cases} 6 & (x = 3m \quad (m \in \mathbb{Z}_{\geq})), \\ 3 & (x = 3m+1,\ 3m+2 \quad (m \in \mathbb{Z}_{\geq})). \end{cases}$$ □

以上より，一様測度でない ℓ^∞-クラスに属する定常測度が得られた．興味深い点は，周期 3 をもっている点であり，これは，フーリエ行列の成分にでてくる ω の性質に由来する．この結果は，総頂点数が $3N$ $(N \in \mathbb{Z}_{\geq}\setminus\{0\})$ のサイクル上の 3 状態のレイジー・フーリエウォークに応用することができる．したがって，以下の結果が得られる．

系 11.8. 総頂点数が $3N$ $(N \in \mathbb{Z}_{\geq}\setminus\{0\})$ のサイクル C_{3N} 上の 3 状態のレイジー・フーリエウォークは周期 3 の定常測度をもつ．

11.4.3 タイプ 2 から得られる定常測度

縮退行列 $A^{(Re)}$ を用いて，タイプ 2 を満たす 3 状態レイジー量子ウォークの定常測度を与える振幅 $\Psi \in \mathrm{Map}(\mathbb{Z}, \mathbb{C}^3)$ の具体的な形を与える．

定理 11.9. $\lambda = \frac{B}{a_{11}} = \frac{E}{a_{33}}$ かつ $|\lambda| = 1$ で $\lambda^2 = \widetilde{a}_1\widetilde{a}_2$ と仮定する．また，$\{\varphi_x\}_{x\in\mathbb{Z}}$ は $\varphi \equiv \mathbf{0}$ ではない任意の複素点列とする．このとき，固有値問題を満たす解 $\Psi \in \mathrm{Map}(\mathbb{Z}, \mathbb{C}^3)$ は以下で与えられる．

$$\Psi(x) = \begin{bmatrix} \varphi_x \\ -\dfrac{a_{11}}{a_{12}a_{21}} \left\{ a_{21}\varphi_x + a_{23} \left(\widetilde{a}_1^{-1}\lambda\right) \varphi_{x-1} \right\} \\ \left(\widetilde{a}_1^{-1}\lambda\right) \varphi_{x-1} \end{bmatrix} \quad (x \in \mathbb{Z}).$$

ただし，$\widetilde{a}_1 = a_{13} - \frac{a_{11}a_{23}}{a_{21}}$, $\widetilde{a}_2 = a_{31} - \frac{a_{21}a_{33}}{a_{23}}$.

定理 11.9 の固有値問題の解 Ψ は，以下のように表現できる．

$$\Psi(x) = \varphi_x \gamma_1 + \varphi_{x-1}\gamma_3.$$

ただし，

$$\gamma_1 = \begin{bmatrix} 1 \\ -\dfrac{a_{11}}{a_{12}} \\ 0 \end{bmatrix}, \ \gamma_3 = \begin{bmatrix} 0 \\ -\dfrac{a_{11}a_{23}}{a_{12}a_{21}} \left(\widetilde{a}_1^{-1}\lambda\right) \\ \left(\widetilde{a}_1^{-1}\lambda\right) \end{bmatrix}.$$

ある位置 $x_* \in \mathbb{Z}$ に対して，関数 $\beta_{x_*}(x)$ を以下のように定義する．

$$\beta_{x_*}(x) = \delta_{x_*}(x)\gamma_1 + \delta_{x_*+1}(x)\gamma_3.$$

ただし，δ_{x_*} をディラックのデルタ関数とする．また，関数 β_{x_*} の台は

$$\mathrm{supp}\left(\beta_{x_*}\right) = \{x_*, x_* + 1\}$$

である．したがって，

$$\beta_{x_*} \in \ell^2(\mathbb{Z}, \mathbb{C}^3)$$

となる．$\{\beta_{x_*} | \, x_* \in \mathbb{Z}\}$ によって張られる空間 $\langle \beta_{x_*} | \, x_* \in \mathbb{Z} \rangle$ の ℓ^2 の元は，量子ウォークの局在化を引き起こす．

例 11.10. 3 次のグローバー行列 G_3 から定まるレイジー・グローバーウォークを考える．このとき，固有値として $\lambda = 1$ を考えると，$\widetilde{a}_1 = \widetilde{a}_2 = 1$ で縮退行列は次のようになる．

$$G_3^{(Re)} = \begin{bmatrix} 0 & 1 \\ 1 & 0 \end{bmatrix}.$$

ここで，$\{\varphi_x\}_{x\in\mathbb{Z}}$ を $\varphi \equiv \mathbf{0}$ でない任意の複素点列とすると，以下が得られる[5]．

5)　同様の表式は CGMV 法を用いた手法で，Cantero *et al.* [1] でも得られている．

$$\Psi(x) = \begin{bmatrix} \varphi_x \\ \frac{1}{2}\Big(\varphi_x + \varphi_{x-1}\Big) \\ \varphi_{x-1} \end{bmatrix} \quad (x \in \mathbb{Z}). \tag{11.17}$$

上記の振幅 Ψ より，以下の定常測度が求まる．

$$\mu(x) = \frac{5}{4}\Big(|\varphi_x|^2 + |\varphi_{x-1}|^2\Big) + \frac{1}{2}\mathfrak{Re}(\varphi_x\overline{\varphi_{x-1}}). \qquad \square$$

例 11.11. 3 次のフーリエ行列 F_3 から定まるレイジー・フーリエウォークを考える．このときは，

$$\lambda = -\omega^2 i, \quad \widetilde{a}_1 = \widetilde{a}_2 = -e^{\frac{\pi i}{6}}$$

が得られる．ところが，$\lambda^2 \neq \widetilde{a}_1\widetilde{a}_2$ は定理 11.9 の仮定 $\lambda^2 = \widetilde{a}_1\widetilde{a}_2$ を満たさない．したがって，タイプ 2 を満たすレイジー・フーリエウォークは定理 11.9 を適用することができない．実際，

$$\Psi^L(x) = \omega^2\Psi^R(x+1), \quad \Psi^L(x) = \omega\Psi^R(x+1)$$

となり，矛盾が生じる． $\square$

11.5 転送行列による定常測度の導出

本節では，$\mathbb{Z}$ 上の 2 状態の空間非一様な量子ウォークの定常測度を扱う．すなわち，$\mathbb{Z}$ 上の空間非一様な量子ウォークの設定は，ステップ集合が $S = \{\boldsymbol{e}_1, -\boldsymbol{e}_1\}$ で内部自由度が $D = 2$ である．空間非一様な定常測度を導出するにあたって，固有値問題から誘導されるある正則行列を解析することが非常に有効である [8]．この正則行列は，転送行列とよばれている．

11.5.1 転送行列と定常測度

コイン行列の列を $\mathcal{A} = \{A_x\}_{x\in\mathbb{Z}}$ とする．転送行列を導くために，空間非一様な量子ウォークの固有値問題を復習する．固有値問題 $U_{\mathcal{A}}\Psi = \lambda\Psi$ は，次と同値である．

$$\lambda \begin{bmatrix} \Psi^L(x) \\ \Psi^R(x) \end{bmatrix} = \begin{bmatrix} a_{x+1}\ \Psi^L(x+1) + b_{x+1}\ \Psi^R(x+1) \\ c_{x-1}\ \Psi^L(x-1) + d_{x-1}\ \Psi^R(x-1) \end{bmatrix}. \tag{11.18}$$

ただし，$a_x \neq 0$ とする．このとき，A_x のユニタリ性より，$d_x \neq 0$ が成り立つことに注意する．式 (11.18) より，以下の関係式を得る．

$$\begin{cases} \bullet \begin{bmatrix} \Psi^L(x) \\ \Psi^R(x) \end{bmatrix} = \begin{bmatrix} \dfrac{\lambda^2 - b_x c_{x-1}}{\lambda a_x} & -\dfrac{b_x d_{x-1}}{\lambda a_x} \\ \dfrac{c_{x-1}}{\lambda} & \dfrac{d_{x-1}}{\lambda} \end{bmatrix} \begin{bmatrix} \Psi^L(x-1) \\ \Psi^R(x-1) \end{bmatrix}, \\ \bullet \begin{bmatrix} \Psi^L(x) \\ \Psi^R(x) \end{bmatrix} = \begin{bmatrix} \dfrac{a_{x+1}}{\lambda} & \dfrac{b_{x+1}}{\lambda} \\ -\dfrac{a_{x+1} c_x}{\lambda d_x} & \dfrac{\lambda^2 - b_{x+1} c_x}{\lambda d_x} \end{bmatrix} \begin{bmatrix} \Psi^L(x+1) \\ \Psi^R(x+1) \end{bmatrix}. \end{cases}$$

ここで，T_x^+, T_x^- を次のようにおく．

$$T_x^+ = \begin{bmatrix} \dfrac{\lambda^2 - b_x c_{x-1}}{\lambda a_x} & -\dfrac{b_x d_{x-1}}{\lambda a_x} \\ \dfrac{c_{x-1}}{\lambda} & \dfrac{d_{x-1}}{\lambda} \end{bmatrix}, \quad T_x^- = \begin{bmatrix} \dfrac{a_{x+1}}{\lambda} & \dfrac{b_{x+1}}{\lambda} \\ -\dfrac{a_{x+1} c_x}{\lambda d_x} & \dfrac{\lambda^2 - b_{x+1} c_x}{\lambda d_x} \end{bmatrix}.$$

すると，以下が成り立つ．

$$\begin{bmatrix} \Psi^L(x) \\ \Psi^R(x) \end{bmatrix} = T_x^+ \begin{bmatrix} \Psi^L(x-1) \\ \Psi^R(x-1) \end{bmatrix},$$

$$\begin{bmatrix} \Psi^L(x) \\ \Psi^R(x) \end{bmatrix} = T_x^- \begin{bmatrix} \Psi^L(x+1) \\ \Psi^R(x+1) \end{bmatrix}.$$

これらの行列 T_x^+, T_x^- は**転送行列**とよばれている．転送行列の間には，次のような関係式が成り立つ．

$$T_x^+ \, T_{x-1}^- = T_{x-1}^- \, T_x^+ = I \qquad (x \in \mathbb{Z}).$$

ただし，I は単位行列とする．以上の議論は，次のようにまとめられる．

定理 11.12. $\Psi(x) = {}^T[\Psi^L(x), \Psi^R(x)] \in \mathrm{Map}(\mathbb{Z}, \mathbb{C}^2)$ を振幅とし，以下のコイン行列の列 $\mathcal{A} = \{A_x\}_{x \in \mathbb{Z}}$ で与えられる空間非一様な量子ウォークを考える．

$$A_x = \begin{bmatrix} a_x & b_x \\ c_x & d_x \end{bmatrix} \quad (x \in \mathbb{Z}).$$

ただし，$a_x \neq 0$ とする．このとき，固有値問題 $U_{\mathcal{A}}\Psi = \lambda\Psi$ の解は，転送行列を用いて次のように与えられる．

$$\Psi(x) = \begin{cases} \prod_{y=1}^{x} T_y^{+} \Psi(0) & (x \geq 1), \\ \Psi(0) & (x = 0), \\ \prod_{y=-1}^{x} T_y^{-} \Psi(0) & (x \leq -1). \end{cases}$$

ただし，

$$T_x^{+} = \begin{bmatrix} \dfrac{\lambda^2 - b_x c_{x-1}}{\lambda a_x} & -\dfrac{b_x d_{x-1}}{\lambda a_x} \\ \dfrac{c_{x-1}}{\lambda} & \dfrac{d_{x-1}}{\lambda} \end{bmatrix}, \quad T_x^{-} = \begin{bmatrix} \dfrac{a_{x+1}}{\lambda} & \dfrac{b_{x+1}}{\lambda} \\ -\dfrac{a_{x+1} c_x}{\lambda d_x} & \dfrac{\lambda^2 - b_{x+1} c_x}{\lambda d_x} \end{bmatrix}.$$

これより，定常測度は $\mu(x) = \phi(\Psi)(x)$ $(x \in \mathbb{Z})$ で与えられる．例えば，$\{T_x^{\pm}\}_{x \in \mathbb{Z}}$ がユニタリ行列の列になっているならば $\mu(x) = \phi(\Psi)(x)$ は一様測度になる．

11.5.2 二次陥量子ウォークの定常測度の例

ここでは，$\mathbb{Z}$ 上の 2 状態の二次陥量子ウォークの定常測度の例を与える．紹介するモデルは，次のコイン行列の列 $\mathcal{A} = \{A_x\}_{x \in \mathbb{Z}}$ をとってきたものである．

$$A_x = \begin{cases} \begin{bmatrix} \cos\theta & \sin\theta \\ \sin\theta & -\cos\theta \end{bmatrix} & (x = -m, m), \\ \begin{bmatrix} 1 & 0 \\ 0 & -1 \end{bmatrix} & (x \neq -m, m). \end{cases}$$

ただし，$m \in \mathbb{Z}_{\geq} \backslash \{0\}$, $\theta \neq \frac{\pi}{2}$ とする．定理 11.12 より，以下が得られる．

$$T^{+} = \begin{bmatrix} \lambda & 0 \\ 0 & -\dfrac{1}{\lambda} \end{bmatrix}, \ T_m^{+} = \begin{bmatrix} \dfrac{\lambda}{\cos\theta} & \dfrac{\sin\theta}{\lambda\cos\theta} \\ 0 & -\dfrac{1}{\lambda} \end{bmatrix}, \ T_{m+1}^{+} = \begin{bmatrix} \lambda & 0 \\ \dfrac{\sin\theta}{\lambda} & -\dfrac{\cos\theta}{\lambda} \end{bmatrix},$$

$$T_{-m}^{-} = \begin{bmatrix} \dfrac{1}{\lambda} & 0 \\ \dfrac{\sin\theta}{\lambda\cos\theta} & -\dfrac{\lambda}{\cos\theta} \end{bmatrix}, \ T_{-(m+1)}^{-} = \begin{bmatrix} \dfrac{\cos\theta}{\lambda} & \dfrac{\sin\theta}{\lambda} \\ 0 & -\lambda \end{bmatrix}, \ T^{-} = \begin{bmatrix} \dfrac{1}{\lambda} & 0 \\ 0 & -\lambda \end{bmatrix}.$$

定理 11.12 より，固有値問題を満たす振幅 $\Psi \in \mathrm{Map}(\mathbb{Z}, \mathbb{C}^2)$ は次のようになる．

$$\Psi(x) = \begin{cases} \prod_{y=1}^{x} T_y^+ \Psi(0) & (x \geq 1), \\ \Psi(0) & (x = 0), \\ \prod_{y=-1}^{x} T_y^- \Psi(0) & (x \leq -1). \end{cases}$$

すなわち，$\Psi^L(0) = \alpha$, $\Psi^R(0) = \beta$ とすると，

$$\begin{bmatrix} \Psi^L(x) \\ \Psi^R(x) \end{bmatrix} = \begin{cases} \begin{bmatrix} \lambda^x \alpha \\ \left(-\frac{1}{\lambda}\right)^x \beta \end{bmatrix} & (0 \leq x \leq m-1), \\ \begin{bmatrix} \frac{1}{\cos\theta}\left\{\lambda^m \alpha - \sin\theta \left(-\frac{1}{\lambda}\right)^m \beta\right\} \\ \left(-\frac{1}{\lambda}\right)^m \beta \end{bmatrix} & (x = m), \\ \begin{bmatrix} \frac{\lambda}{\cos\theta}\left\{\lambda^m \alpha - \sin\theta \left(-\frac{1}{\lambda}\right)^m \beta\right\} \\ \frac{1}{\lambda\cos\theta}\left\{\sin\theta \lambda^m \alpha - \left(-\frac{1}{\lambda}\right)^m \beta\right\} \end{bmatrix} & (x = m+1), \\ \begin{bmatrix} \lambda^{x-(m+1)} \Psi^L(m+1) \\ \left(-\frac{1}{\lambda}\right)^{x-(m+1)} \Psi^R(m+1) \end{bmatrix} & (x \geq m+2), \end{cases}$$

$$\begin{bmatrix} \Psi^L(x) \\ \Psi^R(x) \end{bmatrix} = \begin{cases} \begin{bmatrix} \left(\frac{1}{\lambda}\right)^{-x} \alpha \\ (-\lambda)^{-x} \beta \end{bmatrix} & (-m+1 \leq x \leq 0), \\ \begin{bmatrix} \frac{1}{\lambda^m}\alpha \\ \frac{1}{\cos\theta}\left\{\sin\theta \frac{1}{\lambda^m}\alpha + (-\lambda)^m \beta\right\} \end{bmatrix} & (x = -m), \\ \begin{bmatrix} \frac{1}{\lambda\cos\theta}\left\{\frac{1}{\lambda^m}\alpha + \sin\theta(-\lambda)^m \beta\right\} \\ -\frac{\lambda}{\cos\theta}\left\{\sin\theta \frac{1}{\lambda^m}\alpha + (-\lambda)^m \beta\right\} \end{bmatrix} & (x = -m-1), \\ \begin{bmatrix} \left(\frac{1}{\lambda}\right)^{-x-(m+1)} \Psi^L(-(m+1)) \\ (-\lambda)^{-x-(m+1)} \Psi^R(-(m+1)) \end{bmatrix} & (x \leq -m-2). \end{cases}$$

これより，例えば，$\alpha = 1/\sqrt{2}$, $\beta = i/\sqrt{2}$, $\theta = \pi/4$ かつ $\lambda = 1$ のとき，定常測度 $\mu = \phi(\Psi) \in \mathcal{M}_s(U_{\mathcal{A}})$ は

$$\mu(x) = \begin{cases} 1 & (x \in \mathbb{Z} \cap [-(m-1), m-1]), \\ 2 & (x = \pm m), \\ 3 & (x \in \mathbb{Z} \setminus [-m, m]) \end{cases}$$

となり，一様測度でない定常測度が得られる．

11.6 フーリエ解析による定常測度の導出

本節では，量子ウォークの特徴的な漸近挙動の一つである局在化に着目し，定常確率測度を構成する．例えば，標準モデルのグローバーウォークやレイジーモデルのグローバーウォークは局在化が起こる典型的な例である．一方で，Komatsu and Tate [11] によって，2 次元の標準モデルのフーリエウォークはいかなる初期状態をとってきても局在化が起こらないことが知られている．すなわち，フーリエウォークのようなモデルに対しては，フーリエ解析で定常測度を構成することは適さない．

ここでは，標準モデルのグローバーウォークから得られる結果のみを紹介する．すなわち，$\mathbb{Z}^d$ 上の標準モデルの量子ウォークは，ステップ集合が $S = \{\pm \boldsymbol{e}_1, \pm \boldsymbol{e}_2, \ldots, \pm \boldsymbol{e}_d\}$ で内部自由度が $D = 2d$ である．

11.6.1 フーリエ変換

関数 f を $f : [-\pi, \pi)^d \longrightarrow \mathbb{C}^{2d}$ とし，$\mathbf{k} = (k_1, k_2, \ldots, k_d) \in [-\pi, \pi)^d$ とする．このとき，関数 f のフーリエ変換は以下で与えられる．

$$(\mathcal{F}f)(\boldsymbol{x}) = \frac{1}{(2\pi)^d} \int_{[-\pi,\pi)^d} e^{i\langle \boldsymbol{x}, \mathbf{k} \rangle} f(\mathbf{k})\, d\mathbf{k} \qquad (\boldsymbol{x} \in \mathbb{Z}^d).$$

ただし，$\langle \boldsymbol{x}, \mathbf{k} \rangle$ は $\mathbb{R}^d$ の標準内積である．また，その逆変換 $\mathcal{F}^*$ は

$$\widehat{g}(\mathbf{k}) \equiv (\mathcal{F}^* g)(\mathbf{k}) = \sum_{\boldsymbol{x} \in \mathbb{Z}^d} e^{-i\langle \boldsymbol{x}, \mathbf{k} \rangle}\, g(\boldsymbol{x}) \quad \left(g \in \mathrm{Map}(\mathbb{Z}^d, \mathbb{C}^{2d}),\ \mathbf{k} \in [-\pi, \pi)^d\right)$$

となる．この設定のもとで，振幅 Ψ_n をフーリエ逆変換したものを $\widehat{\Psi}_n(\mathbf{k})$ とおく．このとき，以下の関係式が導かれる．

$$\widehat{\Psi}_{n+1}(\mathbf{k}) = \widehat{U}_A(\mathbf{k}) \widehat{\Psi}_n(\mathbf{k}).$$

ただし，$D \times D$ の行列 $\widehat{U}_A(\mathbf{k})$ は以下で与えられる．

$$\widehat{U}_A(\mathbf{k}) = \sum_{j=1}^{d} \left(e^{ik_j} P_{2j-1} A + e^{-ik_j} P_{2j} A \right).$$

ここで，$\widehat{U}_A(\mathbf{k})$ はユニタリ行列であることに注意する．

11.6.2 局在化と定常確率測度

$\mathbb{Z}$ 上のレイジーモデルのグローバーウォークや $\mathbb{Z}^2$ 上の標準モデルのグローバーウォークは，空間一様な 2 状態の量子ウォークでは現れなかった**局在化**が起こる [5, 6]．ここで，点 $\boldsymbol{x} \in \mathbb{Z}^d$ で初期状態 $\varphi \in \mathbb{C}^D$ において，量子ウォークに局在化が起こるとは，以下で定義される．

$$\limsup_{n \to \infty} \mu_n(\boldsymbol{x}) > 0.$$

量子ウォークの局在化は，時間発展作用素の固有値の存在と密接にかかわっている．例えば，Tate [17] によって以下の定理が示されている．

定理 11.13. U を $\ell^2(\mathbb{Z}^d, \mathbb{C}^D)$ 上の周期的ユニタリ推移作用素とする．次が成り立つ．

(1) U が固有値 ω をもつことと，$\widehat{U}(z)$ が任意の $z \in T^d$ に対して固有値 ω をもつことは同値である．

(2) U が点 $\boldsymbol{x} \in \mathbb{Z}^d$ において，初期状態 $\varphi \in \mathbb{C}^D$ $(\|\varphi\|_{\mathbb{C}^D} = 1)$ で局在化をもつことと，$\mathrm{spec}(U)_p \neq \emptyset$ とは同値である．

周期的ユニタリ推移作用素の定義等は [17] を参照されたい．定理 11.13 は，周期的ユニタリ推移作用素 U が局在化をもつか否かの議論を行うのに役に立つ．

$\mathbb{Z}^d$ 上の標準モデルのグローバーウォークにおいて，$\widehat{U}_{G_{2d}}(\mathbf{k})$ は波数 $\mathbf{k}$ に依存しない固有値として ± 1 をもつことが知られている [11]．固有値 1 の固有関数を $\widehat{\Psi}(\mathbf{k})$ とおく．このとき，固有値 1 の固有関数は以下のように具体的に記述できる．

補題 11.14. $X_j = e^{ik_j}$ とし，$\overline{X_j} = e^{-ik_j}$ とする．このとき[6)]，

6) 同様に，固有値 -1 の固有関数も計算できる．また，$\mathbb{Z}^d$ 上のレイジーモデルのグローバーウォークにおいて，$\widehat{U}_{G_{2d+1}}(\mathbf{k})$ は波数 $\mathbf{k}$ に依存しない固有値として 1 をもつ (固有値 -1 はもたない) ことが知られている [11]．

$$\widehat{\Psi}(\mathbf{k}) = \begin{bmatrix} (1+X_1)\prod_{l=2}^{d}(1+\overline{X_l})(1+X_l) \\ (1+\overline{X_1})\prod_{l=2}^{d}(1+\overline{X_l})(1+X_l) \\ \vdots \\ (1+X_j)\prod_{l\neq j}(1+\overline{X_l})(1+X_l) \\ (1+\overline{X_j})\prod_{l\neq j}(1+\overline{X_l})(1+X_l) \\ \vdots \\ (1+X_d)\prod_{l=1}^{d-1}(1+\overline{X_l})(1+X_l) \\ (1+\overline{X_d})\prod_{l=1}^{d-1}(1+\overline{X_l})(1+X_l) \end{bmatrix}. \tag{11.19}$$

各 $\boldsymbol{u}=(u_1,\ldots,u_d)\in\mathbb{Z}^d$ に対して，$\mathbb{Z}^d$ の部分集合 $K_{\boldsymbol{u}}^d\subset\mathbb{Z}^d$ を以下で与える[7].

$$K_{\boldsymbol{u}}^d=\left\{\boldsymbol{x}=(x_1,x_2,\ldots,x_d)\in\mathbb{Z}^d:\sqrt{\sum_{i=1}^{d}(x_i-u_i)^2}\leq\sqrt{d}\right\}.$$

例 11.15 ($K_{\mathbf{0}}^2$)**.**

$$K_{\mathbf{0}}^2=\Big\{(0,0),\ (\pm1,\pm1),\ (\pm1,0),\ (0,\pm1)\Big\}.$$ □

各 $\boldsymbol{x}\in\mathbb{Z}^d$ に対して，式 (11.19) とフーリエ変換 $\mathcal{F}$ を用いて以下のように関数 $\Psi_s^{(\mathbf{0})}$ を定義する.

$$\Psi_s^{(\mathbf{0})}(\boldsymbol{x})\equiv(\mathcal{F}\widehat{\Psi})(\boldsymbol{x}).$$

ここで，$\mathbf{0}=(0,\ldots,0)$ は $\mathbb{Z}^d$ の原点とする．さらに，各 $\boldsymbol{c}\in K_{\mathbf{0}}^d$ に対して，$2d$ 次元複素ベクトル $\boldsymbol{a}_{\boldsymbol{c}}$ を

$$\boldsymbol{a}_{\boldsymbol{c}}\equiv\Psi_s^{(\mathbf{0})}(\boldsymbol{c})$$

で与える．また，$\boldsymbol{u}\in\mathbb{Z}^d$ に対して，関数 $\Psi_s^{(\boldsymbol{u})}:\mathbb{Z}^d\longrightarrow\mathbb{C}^{2d}$ を次で定義する.

$$\Psi_s^{(\boldsymbol{u})}(\boldsymbol{x})=\sum_{\boldsymbol{c}\in K_{\mathbf{0}}^d}\boldsymbol{a}_{\boldsymbol{c}}\delta_{\boldsymbol{u}+\boldsymbol{c}}(\boldsymbol{x}). \tag{11.20}$$

---

7) $^{\#}K_{\boldsymbol{u}}^d=3^d$ が成り立つ．ただし，$^{\#}X$ は集合 X の元の個数である.

式 (11.20) の意味は，ウォーカーが $\boldsymbol{u} \in \mathbb{Z}^d$ のまわりで重み (複素ベクトル) $\boldsymbol{a_c}$ をもっている状況である．このとき，関数 $\Psi_s^{(\boldsymbol{u})}$ の台 $\mathrm{supp}\left(\Psi_s^{(\boldsymbol{u})}\right)$ は $\mathbb{Z}^d$ の有限部分集合となる．すなわち，

$$\mathrm{supp}\left(\Psi_s^{(\boldsymbol{u})}\right) = K_{\boldsymbol{u}}^d.$$

例 11.16 ($d=2$ における $\boldsymbol{a_c}$).

$$\begin{aligned}\boldsymbol{a} = &\begin{bmatrix}2\\2\\2\\2\end{bmatrix}\delta_{(0,0)} + \begin{bmatrix}1\\1\\0\\2\end{bmatrix}\delta_{(0,1)} + \begin{bmatrix}0\\2\\1\\1\end{bmatrix}\delta_{(1,0)} + \begin{bmatrix}1\\1\\2\\0\end{bmatrix}\delta_{(0,-1)}\\ &+ \begin{bmatrix}2\\0\\1\\1\end{bmatrix}\delta_{(-1,0)} + \begin{bmatrix}0\\1\\0\\1\end{bmatrix}\delta_{(1,1)} + \begin{bmatrix}0\\1\\1\\0\end{bmatrix}\delta_{(1,-1)}\\ &+ \begin{bmatrix}1\\0\\1\\0\end{bmatrix}\delta_{(-1,-1)} + \begin{bmatrix}1\\0\\0\\1\end{bmatrix}\delta_{(-1,1)}.\end{aligned}$$

ただし，

$$\delta_{(x_1,x_2)}(x_1', x_2') = \begin{cases} 1 & ((x_1,x_2) = (x_1', x_2')), \\ 0 & (\text{それ以外}). \end{cases}$$

□

このとき，$\mathbb{Z}^d$ 上の標準モデルの量子ウォークの定常測度を与える振幅 $\Psi \in \mathrm{Map}(\mathbb{Z}^d, \mathbb{C}^{2d})$ は以下で求まる．

定理 11.17. $\{\varphi_{\boldsymbol{u}}\}_{\boldsymbol{u}\in\mathbb{Z}^d}$ を $\varphi \equiv 0$ でない任意の複素点列とする．ここで，$\varphi \equiv \boldsymbol{0}$ は $\varphi_{\boldsymbol{u}} = 0$ ($\boldsymbol{u} \in \mathbb{Z}^d$) を意味する．関数 $\Psi_s^{(\varphi)}(\boldsymbol{x})$ を次で定義する．

$$\Psi_s^{(\varphi)}(\boldsymbol{x}) = \sum_{\boldsymbol{u}\in\mathbb{Z}^d} \varphi_{\boldsymbol{u}}\ \Psi_s^{(\boldsymbol{u})}(\boldsymbol{x}). \tag{11.21}$$

このとき，$\Psi_s^{(\varphi)}(\boldsymbol{x})$ は $U_{G_{2d}}$ の固有値 1 の固有関数となる．したがって，

$$\phi(\Psi_s^{(\varphi)}) \in \mathcal{M}_s(U_{G_{2d}})$$

を得る．

また，レイジー・グローバーウォークの結果，および三角格子上のグローバーウォークの定常測度に関する結果も同様に得ることができる．

例 11.18 ($\mathbb{Z}^2$ 上の標準モデルのグローバーウォークの定常確率測度)**.** 簡単のため，線形和として原点のみの和を考える．また，式 (11.21) の $\varphi_{\boldsymbol{u}}$ として正規化定数 $\frac{1}{4\sqrt{3}}$ をとってくる．このとき，以下の測度 μ は定常確率測度になっている．

$$\begin{aligned}\mu(x_1, x_2) &= \|\Psi_s^{(\varphi)}(x_1, x_2)\|_{\mathbb{C}^4} \\ &= \Big(\frac{1}{3}\delta_{(0,0)} + \frac{1}{8}\big(\delta_{(0,1)} + \delta_{(0,-1)} + \delta_{(1,0)} + \delta_{(-1,0)}\big) \\ &\qquad + \frac{1}{24}\big(\delta_{(1,-1)} + \delta_{(-1,1)} + \delta_{(1,1)} + \delta_{(-1,-1)}\big)\Big)(x_1, x_2).\end{aligned}$$ □

定理 11.17 内の $\varphi_{\boldsymbol{u}}$ として有界な関数をとってくれば，振幅 $\Psi_s^{(\varphi)}$ は ℓ^∞ 関数になる．また，振幅の台を有限にすれば $\Psi_s^{(\varphi)}$ は ℓ^2 関数になる．状況に応じて，振幅が属する関数のクラスは変わる．

11.7 まとめと今後の展望

本章では，さまざまな手法を用いた量子ウォークの定常測度の導出方法を紹介した．量子ウォークの定常測度は，量子ウォークの漸近挙動に関係する新たな尺度の一つとして，近年非常に着目されている．本章では，特に固有値問題を解くことで定常測度を構成したが，固有値問題に由来しない定常測度の存在も知られている．固有値問題を満たさない定常測度を明らかにすることは，定常測度の今後の研究課題として非常に重要である．さらに，定常測度が定性的には何を表すのか，実際の物理系との対応を探ることも，量子ウォークの物理学への応用の観点からも意義のある課題である．また，$\mathbb{Z}$ 上の定常測度に関する研究が進み，次第にその全貌がみえてきつつあるものの，高次元格子上の定常測度に関しては，ほとんど解明されていない．

参 考 文 献

[1] M. J. Cantero, F. A. Grunbaum, L. Moral and L. Velazquez, *The CGMV method for quantum walks*, Quantum Inf. Process. **11**, 1149–1192 (2012)

[2] S. Endo, T. Endo, N. Konno, E. Segawa and M. Takei, *Limit theorems of a two-phase quantum walk with one-defect*, Quantum Inf. Comput. **15**, 1373–1396 (2015)

[3] T. Endo, N. Konno and H. Obuse, *Relation between a complete two-phase quantum walk and the topological numbers*, arXiv:1511.04230

[4] T. Endo and N. Konno, *The stationary measure of a space-inhomogeneous quantum walk on the line*, Yokohama Math. J. **60**, 33–47 (2014)

[5] N. Inui, Y. Konishi and N. Konno, *Localization of two-dimensional quantum walks*, Phys. Rev. A **69**, 052323 (2004)

[6] N. Inui, N. Konno and E. Segawa, *One-dimensional three-state quantum walk*, Phys. Rev. E **72**, 056112 (2005)

[7] H. Kawai, T. Komatsu and N. Konno, *Stationary measures of three-state quantum walks on the one-dimensional lattice*, Yokohama Math. J. **63**, 59–74 (2017)

[8] H. Kawai, T. Komatsu and N. Konno, *Stationary measure for two-state space-inhomogeneous quantum walk in one dimension*, Yokohama Math. J. **64**, 111–130 (2018)

[9] T. Kitagawa, M. S. Rudner, E. Berg and E. Demler, *Exploring topological phases with quantum walks*, Phys. Rev. A **82**, 033429 (2010)

[10] T. Komatsu and N. Konno, *Stationary amplitudes of quantum walks on the higher-dimensional integer lattice*, Quantum Inf. Process. **16**, 291 (2017)

[11] T. Komatsu and T. Tate, *Eigenvalues of quantum walks of Grover and Fourier types*, J, Fourier Anal. Appl. (in press)

[12] N. Konno, *A new type of limit theorems for the one-dimensional quantum random walk*, J. Math. Soc. Japan **57**, 1179–1195 (2005)

[13] N. Konno, *The uniform measure for discrete-time quantum walks in one dimension*. Quantum Inf. Process. **13**, 1103–1125 (2014)

[14] N. Konno, T. Luczak, and E. Segawa, *Limit measures of inhomogeneous discrete-time quantum walks in one dimension*, Quantum Inf. Process. **12**, 33–53 (2013)

[15] N. Konno and M. Takei, *The non-uniform stationary measure for discrete-time quantum walks in one dimension*, Quantum Inf. Comput. **15**, 1060–1075 (2015)

[16] A. Nayak and A. Vishwanath, *Quantum Walk on the Line*, arXiv:quant-ph/0010117 (2000)

[17] T. Tate, *Eigenvalues, absolute continuity and localizations for periodic unitary transition operators*, arXiv:1411.4215v2 (2017).

[18] S. E. Venegas-Andraca, *Quantum walks: a comprehensive review*, Quantum Inf. Process. **11**, 1015–1106 (2012)

[19] C. Wang, X. and Lu, W. Wang, *The stationary measure of a space-inhomogeneous three-state quantum walk on the line*, Quantum Inf. Process. **14**, 867–880 (2015)

[20] A. Wojcik, T. Luczak P. Kurzynski, A. Grudka, T. Gdala and M. Bednarska-Bzdega, *Trapping a particle of a quantum walk on the line*, Phys. Rev. A **85**, 012329 (2012)

第 V 部
応用的側面

12章

量子ウォーク同位体分離

［横山啓一・松岡雷士］

量子ウォークを利用することで将来どんな技術革新や応用分野が生まれてくるのか，とても楽しみであるが，一つの可能性として“同位体分離”がある．量子ウォークがもつ線形的拡散と局在化の性質を利用することで，原理的に飛躍した同位体分離技術が誕生するかもしれない．

12.1 同位体分離における量子ウォークの意味

放射性廃棄物の無害化技術開発や核反応利用技術の創出を考えるとき，重元素の精密同位体分離が鍵となることが多い．必要な技術は片方の同位体の「濃縮」ではなく2つの同位体を別々の相として取り出す文字どおりの「分離」であり，要請される分離性能は濃縮に比べて桁違いに高い．そのため，現状では最も優れている遠心分離法ですら役に立たず，まったく新しい分離原理の登場を待つしかないが，量子ウォークを用いた分離原理がその候補の一つになる可能性がある [1].

ここでは，量子ウォークを用いた分離原理が遠心分離法の原理とどこがちがうのか簡単に説明したい．遠心分離法では強力な遠心力により，同位体のわずかな質量差を利用して密度分布の差を発生させる．図 12.1(a) のような回転体容器に同位体を含む分子を希薄ガスとして充填し高速回転させる．半径方向の密度分布は無回転時は一定 (図 12.1(c) 上段) だが，回転時には外周側にほとんどへばりつく形になる．この分布のなかで内側は軽い同位体がわずかに多く，外側は重い同位体がわずかに多い．その実質的な密度差は 10% 程度である．これに対して，量子ウォークを用いた分離原理では，希薄ガスに光パルス列を照射する (図 12.1(b))．光の波長は分子の純回転遷移に対応した成分をカバーし，パルス列の間隔をどちらか一方の分子の古典的回転周期に一致させる．その結

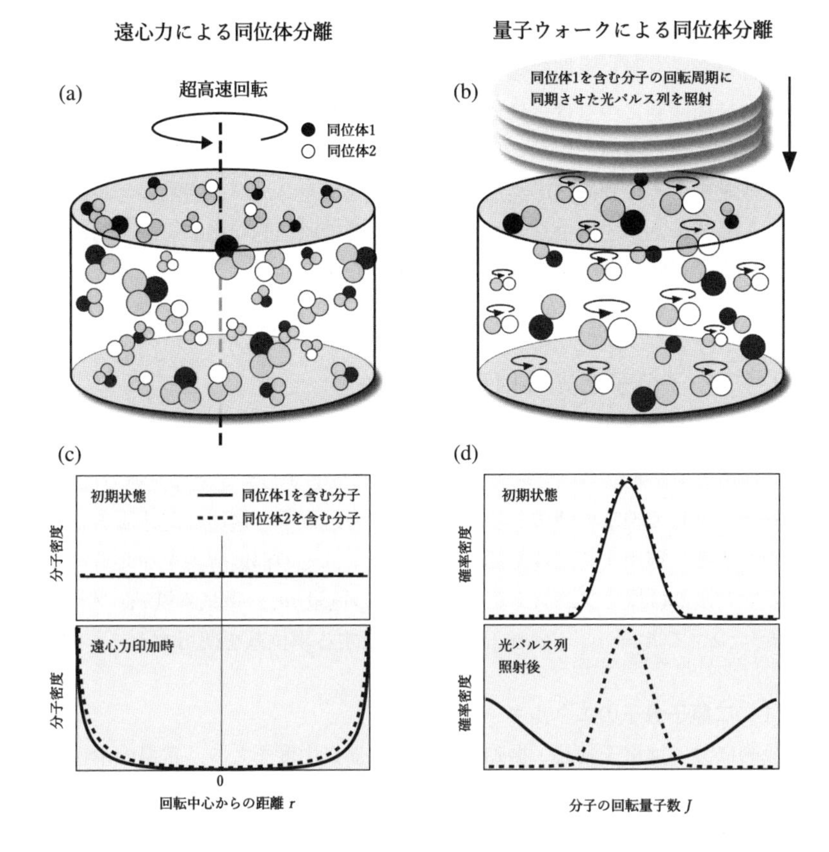

図 12.1 (a) 遠心分離法の原理．強大な遠心力により同位体の質量差を際立たせる．(b) 量子ウォーク同位体分離の原理．回転に同期させた光パルス列の照射により，同期した分子だけ回転遷移を繰り返し起こす．(c) 半径方向の分子密度分布における遠心力の影響．同位体によってわずかに密度差が生じるが，分布は横軸の全域で重なる．(d) 量子ウォークによる分布移動のようす．分布の重なりをほぼ完全に排除できる．

果，回転角運動量空間で量子ウォークが実装され，任意の初期分布から効率の良い分布移動が起こる (図 12.1(d))．量子ウォークの線形的拡散と逆釣り鐘型の極限分布関数のおかげである．それと同時に重要なのが，回転周期が同期していないほうの分子が初期分布からほとんど動かないことである (= 局在化)．これらの挙動が同時進行することにより，横軸のどこか一点で密度差が大きくなるのではなく，任意の点で分布が重ならない状態が出現する．このことが「濃縮」ではなく「分離」を期待させる源となっている．

実際の技術開発につなげるには光源や回収など要素技術の発展が必要であるが，原理的には不可能ではない．原理的な課題としては分子が複雑になったときの拡散挙動やその制御法，実用上ロバストなパルス波形の探索などがあげられる．ここでは，まず量子ウォーク同位体分離の原理的な意味を概念的に説明したが，次節以降では詳細な議論の一端を紹介する．

12.2　二原子分子と光の相互作用

本節では同位体分離のターゲットとして二原子分子を想定し，光パルス列との相互作用のモデルについて解説する．物理的に必ずしも完全な記述ではなく，数理モデルとして現象の特徴を量子ウォークの観点から適切に記述することを主目的とする．適用する近似や簡略化についてはその都度解説を加えるが，特に断らない限りは換算プランク定数 $\hbar$，電子の質量 m_e，電気素量 e，プランク定数 h について $\hbar = m_e = e = 1$，$h = 2\pi$ とする単位系を使用する．

12.2.1　二原子分子のエネルギー準位

一般的に分子は電子励起・振動・回転の内部自由度をもつ．常温の中性ガスにおいては電子は最も安定な基底状態にのみ存在すると考えてよい．二原子分子の振動と回転はそれぞれ一つずつの系列しか存在せず，各エネルギー準位は十分に離散的である．振動と回転は独立した自由度ではあるものの，それぞれは微弱に相互作用しており，その結果はエネルギー準位のシフトとして観測される．回転エネルギーは振動エネルギーと比較して通常 3 桁程度小さい．軽元素分子 (HCl 等) の場合は常温ではほぼすべての分子が振動基底状態にあるとみなせ，回転も基底状態から 20 程度の準位にほぼすべての分子があるとみなすことができる．一方，重元素分子 (CsI 等) の十分な蒸気圧が得られる温度環境下では振動は 20 程度，回転は 400 程度の準位に分布する．

振動をある準位に固定したときの二原子分子の回転エネルギー E_J は以下の式で与えられる．

$$E_J = 2\pi B_{\mathrm{M}} J(J+1) - 2\pi D_{\mathrm{v}} J^2 (J+1)^2. \tag{12.1}$$

ここで J は 0 以上の整数，B_{M} は分子の回転定数，D_{v} は分子の遠心力歪みによる効果に対応する係数である．B_{M} は分子を構成する 2 つの原子の換算質量の逆数に比例し，同位体によって数パーセント値が異なる．D_{v} の値は B_{M} と比較して小さい ($D_{\mathrm{v}}/B_{\mathrm{M}} \cong 10^{-5} \sim 10^{-7}$) が，この後の議論においては $J = 30$ 程度を考慮しただけでも十分に影響が現れる．実際はより高次の J に比例する項も存在するが，モデルとしての見通しをよくするために無視して考える．

異核二原子分子においては $\Delta J = \pm 1$ の光遷移が許容されている．準位 J から $J+1$ の遷移周波数は以下のように書くことができる．

$$\begin{aligned} \nu_J &= (E_{J+1} - E_J)/2\pi \\ &= 2B_{\mathrm{M}}(J+1) - 4D_{\mathrm{v}}(J+1)^3. \end{aligned} \tag{12.2}$$

12.2.2　時間依存シュレーディンガー方程式

ここからは二原子分子の回転準位を光遷移でつながれた 1 次元ネットワークであると考える．直線偏光した電場中の二原子分子の時間依存シュレーディンガー方程式は，相互作用表示を用いて以下のように書ける．

$$\begin{aligned} i\frac{d}{dt}C_J^{(M)}(t) = -\varepsilon(t)\Big[\ &\mu_{J-1}^{(M)} \exp\{(E_J - E_{J-1})it\}C_{J-1}^{(M)}(t) \\ &+ \mu_J^{(M)} \exp\{(E_J - E_{J+1})it\}C_{J+1}^{(M)}(t)\Big]. \end{aligned} \tag{12.3}$$

ただし $C_J^{(M)}(t)$ は回転準位 (J, M) の時間 t における複素振幅，$\varepsilon(t)$ は電場の振幅，$\mu_J^{(M)}$ は (J, M) から $(J+1, M)$ への双極子遷移モーメントである．準位 J における確率密度は $|C_J^{(M)}(t)|^2$ で表される．電場が直線偏光している場合，光遷移による M の変化は発生しない．このため，各 M ごとに独立した 1 次元ネットワークを考えることができる．M は $-J \leq M \leq J$ の整数で与えられるため，M を固定して考えると，J には $J \geq |M|$ という制約が与えられる．よって J は $|M|$ より小さい状態には遷移しないと考え，上式において $J-1 < |M|$ のときは $\mu_{J-1}^{(M)} = 0$ とし，近似的に半直線の 1 次元ネットワークを考えることになる．なお，磁場がない場合は M によってエネルギー E_J は変化しない．

12.2.3　光パルス列の数式表現

式 (12.2) において遠心力歪みを無視して $D_{\mathrm{v}} = 0$ とおくと，回転遷移の周波数は $2B_{\mathrm{M}}(J+1)$ となり，J に対して等間隔とみなすことが可能となる．ここでは，この等間隔の周波数を「回転コム」とよぶことにする．ここで同じく周波数に対してクシ状の電場振幅スペクトルをもつ「光周波数コム」を用いてすべての回転遷移を同時に励起することを想像する．この際，B_{M} は同位体によって異なるため，あくまで遠心力歪みの影響がないことを仮定したうえではあるが，選択した同位体分子中でのみカスケード的な回転励起を発生させることができる．

パルス電場としては，周波数 $2B_{\mathrm{f}}$ の自然数倍の周波数をもつコサイン波を足し合わせる以下の表現を用いる．

$$\varepsilon(t) = B_{\mathrm{f}}\varepsilon_{\mathrm{DC}} + 2B_{\mathrm{f}}\sum_{j=0}^{N-1}\varepsilon_j\cos\{4\pi B_{\mathrm{f}}(j+1)t\}, \tag{12.4}$$

ただし $\varepsilon_{\mathrm{DC}}$ は B_{f} でスケールされた電場の DC 成分，ε_j は $J=j$ から $J=j+1$ の遷移を引き起こすスペクトル成分のスケールされた電場振幅，N は光遷移によって接続したい J の最大値を表す．式 (12.4) の表現はデルタ関数のフーリエ展開になっており，$N\to\infty$ の極限で周期 $(2B_{\mathrm{f}})^{-1}$ のデルタ関数と一致する．

これと対応する形で $(2B_{\mathrm{M}})^{-1}$ は分子の古典回転周期とよばれており，$(2B_{\mathrm{M}})^{-1} = (2B_{\mathrm{f}})^{-1}$ の条件で分子の回転励起が効率的に発生することはすでによく知られている [2]．既往の研究では分子の配向 (orientation) や配列 (alignment) の観点での議論が多いが，配向度・配列度を高くすることは，より多くの回転準位に分子を励起させることとほぼ等価である．

12.3　連続時間量子ウォークの実装

本節では前節の数式を整理し，確率分布のダイナミクスを連続時間量子ウォークと対応づける．

12.3.1　広義回転波近似

式 (12.4) を式 (12.3) に代入して確率分布のダイナミクスを記述する．そのまえに多少ていねいすぎるかもしれないが，式 (12.4) を以下の形に展開しておく．

$$\varepsilon(t) = B_{\mathrm{f}}\varepsilon_{\mathrm{DC}} + B_{\mathrm{f}}\sum_{j=0}^{N-1}\varepsilon_j\left[\exp\{4\pi B_{\mathrm{f}}(j+1)ti\} + \exp\{-4\pi B_{\mathrm{f}}(j+1)ti\}\right]. \tag{12.5}$$

式 (12.5) を式 (12.3) に代入すると，$C_{J-1}^{(M)}(t)$, $C_{J+1}^{(M)}(t)$ それぞれについて多数の周波数で時間に対して振動する exp の項の和が乗される．ここで，両項それぞれについて最も周波数の小さい exp の項のみを取り出す近似をここでは

「広義回転波近似」とよぶことにする．広義回転波近似の結果，以下の式が得られる．

$$-i\frac{d}{dt}C_J^{(M)}(t) = B_\mathrm{f}\varepsilon_{J-1}\mu_{J-1}^{(M)}\exp\{4\pi it\Delta BJ - 8\pi itD_\mathrm{v}J^3\}C_{J-1}^{(M)}(t)$$
$$+ B_\mathrm{f}\varepsilon_J\mu_J^{(M)}\exp\{-4\pi it\Delta B(J+1) + 8\pi itD_\mathrm{v}(J+1)^3)\}C_{J+1}^{(M)}(t), \tag{12.6}$$

ただし，$\Delta B = B_\mathrm{M} - B_\mathrm{f}$ である．以降の議論のために，周波数をすべて B_f でスケールし，以下の式を用いる．

$$-i\frac{d}{dt}C_J^{(M)}(t) = \varepsilon_{J-1}\mu_{J-1}^{(M)}\exp\left\{4\pi it\frac{\Delta B}{B_\mathrm{f}}J - 8\pi it\frac{D_\mathrm{v}}{B_\mathrm{f}}J^3\right\}C_{J-1}^{(M)}(t)$$
$$+ \varepsilon_J\mu_J^{(M)}\exp\left\{-4\pi it\frac{\Delta B}{B_\mathrm{f}}(J+1) + 8\pi it\frac{D_\mathrm{v}}{B_\mathrm{f}}(J+1)^3\right\}C_{J+1}^{(M)}(t). \tag{12.7}$$

広義回転波近似の物理的意味は，パルス電場によって形成される光周波数コムの特定の成分が，それと最も遷移周波数の近い回転遷移のみに影響を与えることを仮定することに対応する．確率分布の伝搬が十分に低速であることが近似の条件であり，この近似が $\varepsilon_J\mu_J^{(M)} \lesssim 5$ の条件でほぼ厳密に成り立つことが数値的に確認できている [3]．さらに，以降で述べる量子共鳴の条件においては，伝搬速度に関係なく厳密な一致が確認できる．

確率分布のダイナミクスは広義回転波近似によって不連続変化から連続変化に近似される．近似を用いない場合，確率分布はパルス電場が存在する短い時間のなかでステップ状に変化する．これに対して広義回転波近似を用いた場合，確率分布は時間に対してゆるやかに，例えば最も理想的な条件では，第一種ベッセル関数の 2 乗に対応する形で確率密度が変化する．一見するとまったく異なる確率分布の時間変化が，周期的に全 J 準位において (近似的な) 一致を示すことは興味深い [3, 4]．

12.3.2 量子共鳴

式 (12.7) において $\Delta B = 0, D_\mathrm{v} = 0$ となる以下の条件は量子共鳴とよばれる状態に対応する．

$$-i\frac{d}{dt}C_J^{(M)}(t) = \varepsilon_{J-1}\mu_{J-1}^{(M)}C_{J-1}^{(M)}(t) + \varepsilon_J\mu_J^{(M)}C_{J+1}^{(M)}(t). \tag{12.8}$$

二原子分子においては，古典回転周期とパルス列の周期が完全に一致し，さらに遠心力歪みのない剛体回転子を想定することに対応する．このとき，式 (12.8) の形は最も単純な 1 次元連続時間量子ウォーク [5] と一致する．全 J について定数 γ を用いて $\varepsilon_J \mu_J^{(M)} = \gamma/2$ であると仮定し，初期状態として $J=0$ の端面の影響を受けない十分大きい J_0 を選んで $C_J^{(M)}(0) = \delta_{J,J_0}$ とおくと，時間発展は n 次の第一種ベッセル関数 $\mathcal{J}_n$ を用いて

$$C_J^{(M)}(t) = i^{|J-J_0|}\mathcal{J}_{|J-J_0|}(\gamma t), \qquad |C_J^{(M)}(t)|^2 = \mathcal{J}^2_{|J-J_0|}(\gamma t) \tag{12.9}$$

と書くことができる．

量子共鳴条件においては，$\varepsilon_J \mu_J^{(M)}$ が後で示す局在化 3 の条件に該当しなければ，確率分布は無限遠に向かって伝搬し続けることができる．しかしながら $J=0$ という端面の影響があるため，必ずしも分布のピークは伝播の先端部に出現するとは限らない．文献 [6] では，

$$\varepsilon_J \mu_J^{(M)} = \gamma\sqrt{\frac{(J+1)^2 - M^2}{(2J+1)(2J+3)}} \tag{12.10}$$

と書ける場合の極限分布が，直交多項式と停留位相法を用いて初期準位 (J_0, M) に依存する形で導出されている．上式は，物理的にはスペクトル強度が周波数に対して一様なパルス電場を二原子分子に照射することに対応する．結果として，M が高ければ高いほど初期準位付近に分布が残らない効率の良い回転励起が可能であることがわかった．実際のパルス電場のスペクトル強度は必ず有限の周波数で減少してゼロに漸近するため，この条件をこのまま正確に実装することはできない．しかしながら，ε_J で表される電場スペクトルを任意に整形することが可能となれば，初期状態付近に残留成分のない高効率な分子回転励起が可能となることが示唆されている．

12.3.3 4 つの局在化

式 (12.7) において以下の条件が満たされる場合，確率分布が無限遠まで伝搬できない現象「局在化」が発生する [7].

(1) パルス間隔と分子回転周期の不整合 ($\Delta B \neq 0$)

(2) 遠心力歪み ($D_\mathrm{v} \neq 0$)

(3) 電場スペクトル強度の 0 への漸近 ($\lim_{J\to\infty} \varepsilon_J \mu_J^{(M)} = 0$)

(4) 電場スペクトル強度の急激な局所的増加

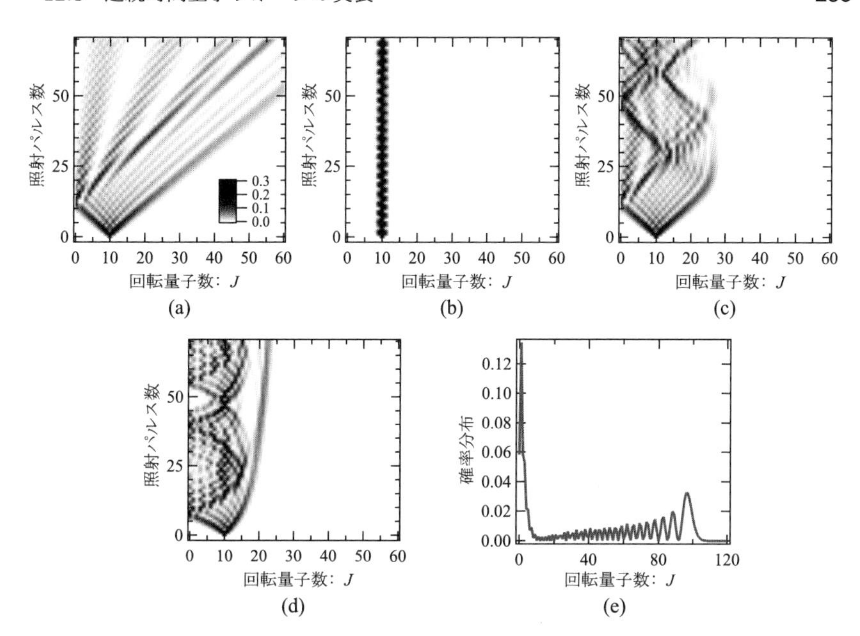

図 12.2　(a) 量子共鳴の時間発展の例，(b) 局在化 1 の時間発展の例，(c) 局在化 2 の時間発展の例，(d) 局在化 3 の時間発展の例，(e) 局在化 4 の確率分布の例 (文献 [7] の結果を再加工して作成)

$$(\text{例えば，} j \neq 0 \text{ において } \varepsilon_0\mu_0^{(0)} > \sqrt{2}\varepsilon_j\mu_j^{(0)} \text{ が成り立つ場合})$$

各局在化の計算例を図 12.2 に示す．局在化 1 と局在化 2 は電場強度の増加に応じて局在化の範囲が拡大する．局在化 2 のほうが局在化の度合いが弱いが，これは，D_{v} が $B_{\mathrm{M}}, B_{\mathrm{f}}$ に対して 10^5 から 10^7 程度小さいからである．局在化 1 と局在化 2 は互いに影響しあい，到達可能な J はさらに初期準位と電場強度によっても変化する．従来，最大到達 J は数値計算の結果としてしか得られていなかったが，文献 [3] においては，局在化 1 と局在化 2 を統一して記述できるパラメータが導出され，到達可能な J を簡単な有理多項式で見積もる手法が開発されている．

一方で，局在化 3 は電場強度を定数倍しても局在化の範囲は変化しない．時間発展を直接計算するよりも，簡単で高速な数値計算で局在化 1 から 3 の影響をすべて統一して評価できる手法の開発が進んでいる．局在化 4 は特殊な局在化であり，一部の確率分布は局在化するものの，その他の部分は無限遠まで伝搬を続ける．こちらは他の局在化と統一した扱いはできないが，数学的な証明の吟味が進められている．

12.3.4 同位体分離への適用に向けた課題

同位体分離のための選択励起を行うためには，特定の同位体分子のみを回転励起しつつ，その他の同位体分子には局在化を発生させることを想定する．同位体選択の原理は局在化 1 によって発生するが，励起させたい同位体について，いかにして局在化 2, 3, 4 の影響をなくすかが技術的な焦点となる．

局在化 4 は，意図的に急峻な変化のある電場設計を行わない限りは影響は現れない．局在化 3 については，できる限り広いスペクトル幅をもつテラヘルツ波をいかにして作成するかが課題となる．局在化 2 については，パルス電場の位相を遠心力歪みを補償する形に整形することで原理的には対処が可能である．具体的には，式 (12.4) を以下のように書き換える．

$$\varepsilon(t) = B_{\mathrm{f}}\varepsilon_{\mathrm{DC}} + 2B_{\mathrm{f}} \sum_{j=0}^{N-1} \varepsilon_j \cos\{4\pi B_{\mathrm{f}}(j+1)t - 8\pi D_{\mathrm{v}}(j+1)^3 t\}. \tag{12.11}$$

この式で表される電場は，周波数ごとに位相が異なるチャープパルスの列を形成する [4]．チャープの度合いはパルスごとに一様ではなく，すべてのパルスが違う形状をもつことになる．このパルス整形は技術的に大変困難であるため，技術的なブレークスルーが必要となる．

パルス整形を行わない範囲で電場強度とパルス間隔を適切に調整することにより，LiCl の同位体選択的光解離を実装できる可能性が数値計算によって示されている [8]．この計算中で用いられている電場への仮定は十分に現実的なものであるが，放射性セシウムへの適用は必要とされる電場強度の観点から現状は困難である．

12.4 量子セルオートマトンの実装

本節では，前節の実装を発展させ，離散時間量子ウォークに対応する量子セルオートマトンを実装する手法について述べる．

12.4.1 離散時間量子ウォークと量子セルオートマトン

前節においては，分子の古典回転周期に同期した光パルス列が，分子の回転準位のネットワーク上に連続時間量子ウォークを実装することを示した．連続時間量子ウォークの1ノードは1つの複素振幅で構成されており，回転準位1つが連続時間量子ウォークの1ノードの役割を果たす．一方，離散時間量子ウォークの場合，1ノードは2つの複素振幅で構成される．この2つの複素振幅は量子ビット，コイン自由度，カイラリティなどの言葉で表現される．量子セルオートマトンはこの量子ビットの考え方を使わずに，離散時間量子ウォークに類似する確率分布時間発展を実装したモデルである [9]．実際，連続時間量子ウォークと量子セルオートマトンは1対1対応の関係にあることが数学的に示されている [10]．

量子セルオートマトンの基本的な考え方を述べる．1次元ネットワークのノードを1つおきに結合 (例えば 0-1, 2-3, 4-5, $\cdots$) し，多数の二準位系に分割する．二準位系の相互作用が終わった後，結合のペアを変更 (0, 1-2, 3-4, 5-6, $\cdots$) する．この2つの操作を交互に繰り返すことで，離散時間量子ウォークと同一とみなせる確率分布のダイナミクスが発生する．

12.4.2　交替パルス列の数式表現

以降では，光パルス列を使って量子セルオートマトンを実装する手法について述べる．式 (12.3) において簡単のために $M=0$ の系列のみを考える．また遠心力歪みの影響をあらかじめ省略するため，$D_{\mathrm{v}}=0$ として考える．$J=0$ からはじまる半直線のネットワークに対し，$(0,1),(2,3),(4,5),\cdots$ の光結合準位ペアをつくる操作を U_{o} 操作とよび，$(1,2),(3,4),(5,6),\cdots$ の光結合準位ペア

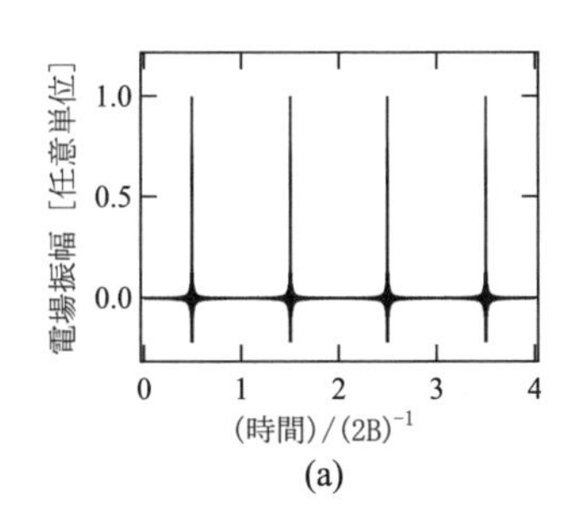

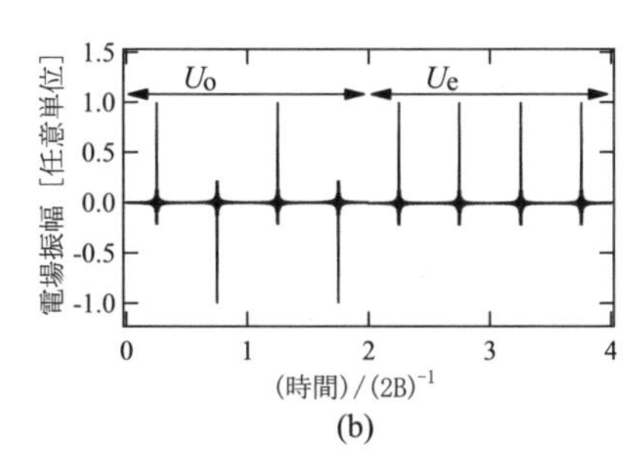

図 12.3　(a) 連続時間量子ウォークを実装するパルス列の例，(b) 量子セルオートマトンを実装するパルス列の例．(文献 [1] の結果を再加工して作成)

をつくる操作を U_e 操作とよぶことにする．

式 (12.4) についてあらかじめ $\Delta B = 0$ を想定して $B_\mathrm{f} = B_\mathrm{M}$ としておく．DC 成分は近似的に省略する．U_o 操作を与えるパルス電場として，とりあえず直観的に，式 (12.4) の cos 成分を 1 つおきに含んだ以下の電場 $\varepsilon_\mathrm{o}(t)$ を考える．

$$\varepsilon_\mathrm{o}(t) = 2B_\mathrm{M} \sum_{k=0}^{N/2} \varepsilon_{2k} \cos\{4\pi B_\mathrm{M}(2k+1)t\}. \tag{12.12}$$

また，U_e 操作を与えるパルス電場として，同じく以下の電場 $\varepsilon_\mathrm{e}(t)$ を考える．

$$\varepsilon_\mathrm{e}(t) = 2B_\mathrm{M} \sum_{k=0}^{N/2} \varepsilon_{2k+1} \cos\{4\pi B_\mathrm{M}(2k+2)t\}. \tag{12.13}$$

$\varepsilon_\mathrm{o}(t)$ は図 12.3 (b) の前半部のように時間間隔 $(4B_\mathrm{M})^{-1}$ でプラスとマイナスのパルスが交互にくる時間波形を呈する．一方 $\varepsilon_\mathrm{e}(t)$ は，同図後半部のように時間間隔 $(4B_\mathrm{M})^{-1}$ のプラスのみのパルス列となる．

12.4.3　量子セルオートマトンの実装と精度

式 (12.3) に式 (12.12)，もしくは式 (12.13) を代入して広義回転波近似を適用する．この際，それぞれのパルス電場はすべての回転遷移の周波数成分を含まないため，$\Delta B = 0, D_\mathrm{v} = 0$ の条件下であっても，exp 内の成分がゼロになるのは右辺のどちらか 1 つの項に限られる．連続時間量子ウォークの実装と比較して近似の精度は明らかに悪くなるが，ここでは大胆に exp がかかる項をすべてゼロとして近似する．結果として，ネットワークは以下の式で表現される多数の二準位系に分断される．

$$\frac{d}{dt}\begin{pmatrix} C_J(t) \\ C_{J+1}(t) \end{pmatrix} = i\begin{pmatrix} 0 & B_\mathrm{M}\mu_J\varepsilon_J \\ B_\mathrm{M}\mu_J\varepsilon_J & 0 \end{pmatrix}\begin{pmatrix} C_J(t) \\ C_{J+1}(t) \end{pmatrix}. \tag{12.14}$$

この連立微分方程式は簡単に解くことができ，二準位系内部での時間発展は次の式で書ける．

$$\begin{pmatrix} C_J(t) \\ C_{J+1}(t) \end{pmatrix} = \begin{pmatrix} \cos\gamma t & i\sin\gamma t \\ i\sin\gamma t & \cos\gamma t \end{pmatrix}\begin{pmatrix} C_J(0) \\ C_{J+1}(0) \end{pmatrix}. \tag{12.15}$$

ただし $\gamma = B_\mathrm{M}\mu_J\varepsilon_J$ とした．文献 [9] の量子セルオートマトンでは，一度のユニタリ操作で二準位系をちょうど半分ずつの確率分布に重ね合わせる $\pi/2$ パルスの相互作用が例として使われている．この相互作用は，式 (12.15) において

$\gamma t = \pi/4$ とした場合の行列に対応する．光パルス列の場合は複数のパルスで一つの操作を実装することになるが，パルスの強度を調整することで相互作用を調整する基本は変わらない．$U_{\mathrm{o}}, U_{\mathrm{e}}$ 操作はともに周期 $(4B_{\mathrm{M}})^{-1}$ のパルス列で構成されているため，1 つの操作に用いるパルス数には任意性がある．パルス数 n_d 個で 1 つの操作を実装するとき，$t = n_d(4B_{\mathrm{M}})^{-1}$ において $\gamma t = \pi/4$ となる条件，すなわち

$$\varepsilon_J = \frac{\pi}{n_d \mu_J} \tag{12.16}$$

が文献 [9] の量子セルオートマトンを実装する条件となる．このとき，U_{o} と U_{e} は以下のようにブロック行列で記述される．

$$U_{\mathrm{o}} = \frac{1}{\sqrt{2}} \begin{pmatrix} 1 & i & 0 & 0 & 0 & \cdots \\ i & 1 & 0 & 0 & 0 & \cdots \\ 0 & 0 & 1 & i & 0 & \cdots \\ 0 & 0 & i & 1 & 0 & \cdots \\ 0 & 0 & 0 & 0 & 1 & \cdots \\ \vdots & \vdots & \vdots & \vdots & \vdots & \ddots \end{pmatrix}, \tag{12.17}$$

$$U_{\mathrm{e}} = \frac{1}{\sqrt{2}} \begin{pmatrix} \sqrt{2} & 0 & 0 & 0 & 0 & \cdots \\ 0 & 1 & i & 0 & 0 & \cdots \\ 0 & i & 1 & 0 & 0 & \cdots \\ 0 & 0 & 0 & 1 & i & \cdots \\ 0 & 0 & 0 & i & 1 & \cdots \\ \vdots & \vdots & \vdots & \vdots & \vdots & \ddots \end{pmatrix}. \tag{12.18}$$

初期状態を，例えば $c_{49}(0) = 1/\sqrt{2}$, $c_{50}(0) = 1/\sqrt{2}$ の重ね合わせとして U_{o} と U_{e} を交互に適用すれば，$J = 0$ の反射壁の影響を受けない範囲で，よく知られた両端にピークをもつ離散時間量子ウォークの確率分布が得られる．

広義回転波近似の精度は，一操作の分割パルス数によって変化する．25 回の $U_{\mathrm{o}}U_{\mathrm{e}}$ 操作による検証では，近似後の完璧な分布を再現するために $n_d = 2^3$ では若干不足し，$n_d = 2^4$ で完全に一致することがわかっている [11]．

12.4.4　完全ポピュレーション移動の実装と精度

$\pi/2$ パルス相互作用を実装するパルス列の振幅を倍にすると，二準位系の確

率分布を逆転させる π パルス相互作用が得られる．これは，すなわち

$$\varepsilon_J = \frac{2\pi}{n_d \mu_J} \tag{12.19}$$

の条件を満たすパルス列 $\varepsilon_{\rm o}$ と $\varepsilon_{\rm e}$ の交互照射に対応する．このとき，それぞれの操作は以下の式で記述される．

$$U_{\rm o} = \begin{pmatrix} 0 & i & 0 & 0 & 0 & \cdots \\ i & 0 & 0 & 0 & 0 & \cdots \\ 0 & 0 & 0 & i & 0 & \cdots \\ 0 & 0 & i & 0 & 0 & \cdots \\ 0 & 0 & 0 & 0 & 0 & \cdots \\ \vdots & \vdots & \vdots & \vdots & \vdots & \ddots \end{pmatrix}, \tag{12.20}$$

$$U_{\rm e} = \begin{pmatrix} 1 & 0 & 0 & 0 & 0 & \cdots \\ 0 & 0 & i & 0 & 0 & \cdots \\ 0 & i & 0 & 0 & 0 & \cdots \\ 0 & 0 & 0 & 0 & i & \cdots \\ 0 & 0 & 0 & i & 0 & \cdots \\ \vdots & \vdots & \vdots & \vdots & \vdots & \ddots \end{pmatrix}. \tag{12.21}$$

この操作が実装されるとき，すべての初期状態は跡形も残さずに高い J の状態に励起される．ここではいま，このパルス列による分布移動を完全ポピュレーション移動 (Complete Population Transfer: CPT) と名づけ，量子ウォーク同位体分離の最終形態として位置づける．

CPT においても広義回転波近似の崩れが低い n_d でみられる．ただし，遠心力歪みを無視した CsI 模擬回転子による数値計算によれば，CPT は $n_d = 2^2$ で十分に実装可能であった [1]．しかしながら，$n_d = 2$ の場合では確率分布は初期状態周辺を含めて伝搬領域全体にほぼ均等に残留する．

12.4.5 同位体分離への適用に向けた課題

励起したい同位体分子に CPT を発生させ，励起したくない同位体分子に局在化 1 を発生させることが最も効率の高い同位体分離となる．局在化 1 は CPT 条件によっても問題なく発生する．問題となるのはやはり遠心力歪みによって引き起こされる局在化 2 である．連続時間量子ウォークの実装において局在化

2の影響を打ち消すパルス整形手法(式(12.11))は，CPTにおいても形を変えて応用可能である．しかしながら，必要とされるパルス数の桁が異なるため，電場の実験的実現性はさらに低下する．連続時間量子ウォークにおいては，パルス強度を上げることで選択性を多少犠牲にしながらもパルス数を減らすなどの策略を練ることができるが，CPTにおいては，逆に1ノードの遷移を数個のパルスで分割しなくてはならない．パルスの位相整形はパルス数が増えるほどにパルスの形を崩す．CPTにおいて局在化2をキャンセルする電場の形状はもはやパルスとよべるような代物ではなくなる．CPTによる回転励起は，発想のブレークスルーがなければ，いまだ技術的に実現不可能な手法であるといわざるをえない．

12.5　まとめと展望

本章では，分子回転励起を量子ウォークに対応づけて説明した．しかしながら，レーザープロセスの実証にはまだ取りかかることができておらず，同位体分離実現への道はまだ険しい．たとえ実証実験に成功したとしても，レーザープロセスは同位体分離のほんの一過程にすぎない．実際に放射性廃棄物を処理するためには，レーザープロセスに適したターゲットを廃棄物から取り出し，さらに分離後の生成物も適切に回収しなければならない．この技術開発に想定される苦労は小さなものではない．数学・理論物理の側面では量子ウォークのレーザー同位体分離への適用は一つのブレークスルーかもしれないが，実用化に向けては化学・工学の専門家との連携が必要不可欠である．

参 考 文 献

[1] L. Matsuoka, A. Ichihara, M. Hashimoto, K. Yokoyama, Theoretical Study for Laser Isotope Separation of Heavy-Element Molecules in a Thermal Distribution, *Proceedings of the International Conference Toward and Over the Fukushima Daiichi Accident (GLOBAL 2011)*, 392063 (CD-ROM) (2011).

[2] M. Leibscher, I. Sh. Averbukh, and H. Rabitz, Molecular Alignment by Trains of Short Laser Pulses, *Phys. Rev. Lett.* **90**, 213001 (2003).

[3] L. Matsuoka, Unified parameter for localization in isotope-selective rotational excitation of diatomic molecules using a train of optical pulses, *Phys. Rev.* A **91**, 043420 (2015).

[4] L. Matsuoka, T. Kasajima, M. Hashimoto, and K. Yokoyama, Numerical Study on Quantum Walks Implemented on Cascade Rotational Transitions in a Diatomic Molecule, *J. Korean Phys. Soc.* **59**, 2897 (2011).

[5] E. Farhi and S. Gutmann, Quantum computation and decision trees, *Phys. Rev.* A **58**, 915 (1998).
[6] L. Matsuoka, E. Segawa, K. Yuki, N. Konno, and N. Obata, Asymptotic behavior of a rotational population distribution in a molecular quantum-kicked rotor with ideal quantum resonance, *Phys. Lett.* A **381**, 1773 (2017).
[7] L. Matsuoka and E. Segawa, Localization in Rotational Excitation of Diatomic Molecules Induced by a Train of Optical Pulses, *Interdiscipl. Inform. Sci.* **23**, 51 (2017).
[8] A. Ichihara, L. Matsuoka, E. Segawa, and K. Yokoyama, Isotope-selective dissociation of diatomic molecules by terahertz optical pulses, *Phys. Rev.* A **91**, 043404 (2015).
[9] A. Patel, K. S. Raghunathan, and P. Rungta, Quantum random walks do not need a coin toss, *Phys. Rev.* A **71**, 032347 (2005).
[10] M. Hamada, N. Konno, and E. Segawa, Relation between coined quantum walks and quantum cellular automata, *RIMS Kokyuroku* **1422**, 1 (2005).
[11] L. Matsuoka and K. Yokoyama, Physical Implementation of Quantum Cellular Automaton in a Diatomic Molecule, *J. Comput. Theor. Nanosci.* **10**, 1617 (2013).

13 章

量子計算シミュレーションに向けて：光学と量子ウォーク

［松谷茂樹］

量子ウォークのアドバンテージは，波動性と時間とが自然に組み込まれた厳密な数学モデルであることにある．1 次元 2 状態に限れば，光学や量子デバイスでよく知られている転送行列法や S 行列法に，時間の概念を自然に付与したモデルとみることもできる．この特徴を利用して，光学や量子力学，音波などの現象において，波動の効果を時間による推移を含めて考察できる．薄膜系の設計などにおいては従来，静的な考察しかできなかったことを考えると，これは画期的なモデルである．本章では，S 行列法と量子ウォークとの関係を述べた後に，材料／デバイス・シミュレーションとしての基本的結果を示し，量子計算におけるデバイス・シミュレーションの可能性を提示する．

13.1　量子計算シミュレーション／光学と量子ウォークの背景

13.1.1　導　　入

近年，量子計算が現実のものとなるといわれている．デバイスとして機能する際には，量子コンピュータのアルゴリズムが実際に機能するか否かの物理シミュレーションが必須となり，物理シミュレーションを行うには，量子力学の波動性と時間の概念の両方を加味した物理モデルが必要になる．そのような時代的な背景もふまえ，光学や量子デバイスでよく知られている転送行列法，S 行列法を紹介し，それらと 1 次元量子ウォークのモデルの関係を述べ，量子ウォークを利用した材料／デバイス・シミュレーションを紹介する．

量子ウォークは，波動性と時間とが自然に組み込まれた厳密な数学モデルである．光学材料，光学デバイス，量子デバイスなどを対象とする材料／デバイス・シミュレーションという観点から眺めると，これはきわめて魅力的である．

数学的に整合性がとれ，時間と波動性の両方をバランスよく両立した数学モデル (物理モデル) は，(筆者が知る限り) 量子ウォーク以外に存在しない[1)]．本章では，主にこれを光学現象として考察する．

13.1.2　なぜ，量子ウォークなのか？

Richard P. Feynman はその著書「光と物質のふしぎな理論—私の量子電磁力学」[4] のなかで，一般市民に向けての講演で，光学を例にして自らの経路積分の考え方を示した．ある地点で発せられた光子は，各点で可能な方向に「散乱」されながら観測される地点に到達する．各点で四方八方に散乱されすべての経路に沿った経路長によって定まる複素量を足し合わせることにより，その短波長極限でフェルマーの最小原理も導出されることが概念的に述べられた．この Feynman のアイデアをそのまま構成した数学モデルが，量子ウォークであるという見方ができる．

量子力学においては，従来もさまざまな離散モデルが考案され，実際に物理現象を表現してきた．こうしたなか，量子ウォークの秀逸さは時間の概念がビルトインされていることにある．時間がモデルの中に組み込まれたことにより，オートマトンのように，因果関係により対象の変化を論じることができるようになった．もちろん，量子力学のモデルとしては，プランク定数や観測問題との対応などは議論されるべき事項である．「確率波は光速度を超えて空間前面に広がる」という考え方や，量子力学に現れる時間はパラメータにすぎないので相対論的量子力学においてのみ語られるべき，という主張はよく知られている．したがって，量子ウォークの時間の概念と量子力学での現実の時間との関係については，今後さらなる検討が必要となると思われる．

しかし，量子ウォークはまず厳密な数学モデルである．そのため，現実との関係に関しては，概念的な議論をしばらくおいて，まずは，「モデルにより，どのような数理的結論が得られるか？」ということに注力することには意味がある．本章では，その検討結果を利用して現実の問題を考察するという立場をとる．また，「量子」という言葉に引きずられすぎないために，古典光学の波動との対応をとおして，そのモデルとしての表現力を提示するという道筋を選ぶことにする．

---

1)　極限定理が得られていたり，グラフ理論との関係が得られている等，量子ウォークは数学的な知見がすでにあり，さらに発展している．「量子」という名前を飛び越えて今後，さまざまな分野に広がりをもつことが確実であると考えている．

そもそも量子ウォークにおける因果関係のルールは，情報が近傍のみに伝搬するというきわめてシンプルなものであり，考察に値する．この時間を離散的にして因果関係を明示的に提示できるという，量子ウォークの特徴によって得られるいくつかの興味深い結果について次節以降で紹介する．

まず 13.2 節では，量子ウォークの光学への応用として，光学の薄膜系を記述する転送行列模型に関して解説する．これは，離散化された数理モデルがあり，薄膜系での光の波動的性質を記述するものであるが，波動性という意味で，メゾスコピックな量子系などでの量子力学の問題にも適用できることはよく知られている．転送行列模型とは，単波長の波長の光やエネルギー一定の電子の定常的な振る舞いを予測するためのものでもある．この転送行列模型と量子ウォークとの対応を示す．

Konno [10, 11] が提示した量子ウォークの極限分布は，光学の立場にたつと物理光学での波面を示していると解釈できる．これは，Feynman が講演で説明したものを数理モデルとして厳密に示されたとも解釈できる．時間が導入されたことで，その波面の速度も厳密に定められ，量子ウォークによる現実の物理現象との対応物の基本的な例であると考えている．もちろん，このモデルではある単波長の光の位置的分布を示すことを意味しており，波動力学 (量子力学) の視点から，位置と波動の不確定性に反するようにも思われるが，経路積分の一種だと考えれば不思議な状況というわけではない．実際に求められる分布も位置に関して不確定性を示している．波面を分布として提示できるこのモデルの優位性は，強調しても強調し足りないということはない．時間を包含しているために，波面が表現できるのである．このような基本特性をふまえ，材料／デバイス・シミュレーションに向けた基本的な計算を 13.3 節で紹介をする．今後，量子状態を利用した量子コンピュータが発達する際に，このような時間発展を記述できることは必須であると思われる．

また，光学の波動状態を記述する際に重要となるのがディコヒーレンスである．これも量子計算の実装の際に鍵となることは確実である．13.4 節では，より根源的な課題の理解に向け，波動のディコヒーレンスについての計算を紹介する[2]．

2)　13.4 節で紹介するディコヒーレンス過程の性質は，音波の伝搬という視点から，近年，Haney and van Wijk [7] により，量子ウォークを使わないより現実的なモデルで研究され，報告されている．結果は，本章で紹介する筆者ら (井手，今野，松谷，三橋) が得た結果 [9] とほぼ同じである．このことは，量子ウォークのモデルの正当性を保証しているものとも読みとれる．量子ウ (→)

最終節である 13.5 節で，材料／デバイス・シミュレーションの可能性についてふれる．

13.2 転送行列，S 行列と量子ウォーク

量子ウォークの面白さにはさまざまなものがあるが，13.1.1 項の導入で述べたように，その一つは時間の概念がモデルのなかに組み込まれている点である．その事実を認識するために，波動光学の転送行列模型，S 行列模型と量子ウォークのモデルとしての類似性と差異をまず示す．

1 次元の光学系を取り上げる．キルヒホッフの波動光学の式から得られるスカラーのヘルムホルツ方程式は，1 次元の周波数 ω の光の場合，

$$\frac{d^2}{dz^2}\psi + \frac{\omega^2 \mathfrak{n}(x)}{c^2}\psi = 0 \tag{13.1}$$

となる [1]．ここで $\mathfrak{n}$ は屈折率 (optical index) である．よく知られていることであるが，

$$j(x) := \frac{d\overline{\psi}}{dx}\psi - \overline{\psi}\frac{d\psi}{dx} \tag{13.2}$$

は保存量となる．つまり，

$$\frac{dj}{dx} = 0. \tag{13.3}$$

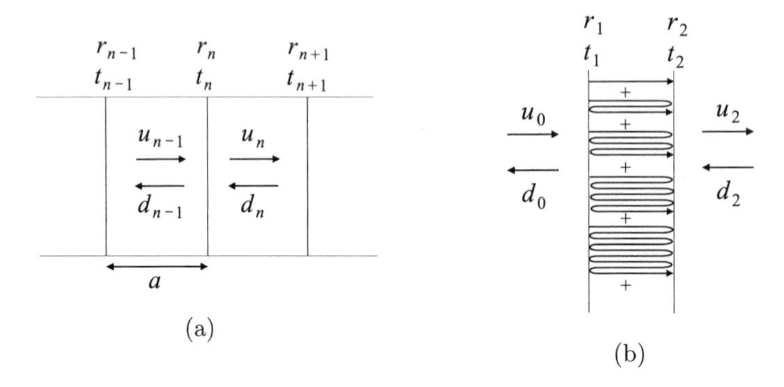

図 13.1　光学系．(a) 層状の薄膜系と (b) 1 層での光線の反射

(→) ォークに基づく検討は，Haney と van Wijk によるモデルよりはるかにシンプルであるので，量子ウォークモデルの優位性を示していることも意味している．

適当な有限領域でこの方程式を解くために，図 13.1(a) に示すように，1 次元の領域を等間隔 a で N 個の小領域 $[na,(n+1)a)$ $(n=0,1,2,\cdots,N)$ に分割する．さらに屈折率 $\mathfrak{n}$ は個々の小領域 $[na,(n+1)a)$ において一定と仮定する．これらは光学薄膜の層と考えてもよいし，均一な空間を便宜上区分的に表したと考えてもよい[3)]．

このとき，(13.1) の解として

$$\psi(x)=u_n\mathrm{e}^{\mathrm{i}k_n(x-na)}+d_n\mathrm{e}^{-\mathrm{i}k_n(x-na)},\quad x\in[na,(n+1)a) \tag{13.4}$$

を考える．ただし，$k_n^2=\omega^2\mathfrak{n}(x)/c^2$，i は虚数単位である．各点 $x=2an$ $(n=0,1,2,\cdots,N)$ において (13.1) の解であるためには

$$\psi(na)=\lim_{x\to na-0}\psi(x),\quad \left(\frac{d}{dx}\psi\right)(na)=\lim_{x\to na-0}\frac{d}{dx}\psi(x)$$

を満たしていなければならない．この条件は次のように書ける．

$$\begin{pmatrix}1&1\\k_n&-k_n\end{pmatrix}\begin{pmatrix}u_n\\d_n\end{pmatrix}=\begin{pmatrix}\alpha_{n-1}&1/\alpha_{n-1}\\k_{n-1}\alpha_{n-1}&-k_{n-1}/\alpha_{n-1}\end{pmatrix}\begin{pmatrix}u_{n-1}\\d_{n-1}\end{pmatrix}. \tag{13.5}$$

ここで $\alpha_n=\mathrm{e}^{\mathrm{i}k_na}$ とした．T_n^α と T_n とを

$$T_n^\alpha:=T_n\begin{pmatrix}\alpha_{n-1}&0\\0&1/\alpha_{n-1}\end{pmatrix},$$

$$T_n:=\begin{pmatrix}T_{n,11}&T_{n,12}\\T_{n,21}&T_{n,22}\end{pmatrix}=\frac{1}{2k_n}\begin{pmatrix}k_n+k_{n-1}&k_n-k_{n-1}\\k_n-k_{n-1}&k_n+k_{n-1}\end{pmatrix}=\frac{1}{\widehat{t}_n}\begin{pmatrix}1&\widehat{r}_n\\\widehat{r}_n&1\end{pmatrix},$$

ただし，

$$\widehat{t}_n:=\frac{2k_n}{(k_n+k_{n-1})},\quad \widehat{r}_n:=\frac{(k_n-k_{n-1})}{k_n+k_{n-1}}$$

とすると，(13.5) は

$$\begin{pmatrix}u_n\\d_n\end{pmatrix}=T_n^\alpha\begin{pmatrix}u_{n-1}\\d_{n-1}\end{pmatrix}=T_n\begin{pmatrix}\alpha_{n-1}&0\\0&1/\alpha_{n-1}\end{pmatrix}\begin{pmatrix}u_{n-1}\\d_{n-1}\end{pmatrix}$$

とできる．(13.3) の j が保存量となることに対応して，行列式には次の関係がある．

$$|T_n^\alpha|=|T_n|=\frac{k_{n-1}}{k_n}.$$

3) 薄膜層での光学系の取り扱いについては，さまざまな論文や解説書が出版されている [2, 3, 6, 16].

ここで，正則な行列 $A = \begin{pmatrix} a & b \\ c & d \end{pmatrix}$ とベクトル $x = \begin{pmatrix} x_1 \\ x_2 \end{pmatrix}$ と $y = \begin{pmatrix} y_1 \\ y_2 \end{pmatrix}$ とに対して，$y = Ax$ の状況を考える．このとき，

$$\begin{cases} y_1 = ax_1 + bx_2 \\ y_2 = cx_1 + dx_2 \end{cases} \quad \text{より} \quad \begin{cases} y_1 - bx_2 = ax_1 \\ \quad\ - dx_2 = cx_1 - y_2 \end{cases}$$

となるため，$A_1 = \begin{pmatrix} 1 & -b \\ 0 & -d \end{pmatrix}$，$A_2 = \begin{pmatrix} a & 0 \\ c & -1 \end{pmatrix}$ とベクトル $u = \begin{pmatrix} y_1 \\ x_2 \end{pmatrix}$ と $v = \begin{pmatrix} x_1 \\ y_2 \end{pmatrix}$ を導入すると，$A_1 u = A_2 v$ となる．ここで $d \neq 0$ と仮定すると，$A_1^{-1} A_2$ より

$$\begin{pmatrix} y_1 \\ x_2 \end{pmatrix} = \frac{1}{d} \begin{pmatrix} ad - bc & b \\ -c & 1 \end{pmatrix} \begin{pmatrix} x_1 \\ y_2 \end{pmatrix} \tag{13.6}$$

という関係式が得られる．

(13.6) の関係式を利用して，着目する小領域への入射光 u_{n-1} と d_n と，出射光 u_n と d_{n-1} との間の関係を表現する．この関係を表すのが，いわゆる S 行列である．(S 行列の S は散乱 (Scattering) の S である．）各点 $x = na$ での行列 S_n を

$$S_n = \begin{pmatrix} t_n & r_n \\ r'_n & t'_n \end{pmatrix} = \frac{1}{T_{n,22}} \begin{pmatrix} \det(T_n) & T_{n,12} \\ -T_{n,21} & 1 \end{pmatrix} \tag{13.7}$$

と定義すると，

$$\begin{pmatrix} u_n \\ d_{n-1}/\alpha_{n-1} \end{pmatrix} = S_n \begin{pmatrix} u_{n-1}\alpha_{n-1} \\ d_n \end{pmatrix}. \tag{13.8}$$

ここで r_n などは散乱率，t_n などは透過率で，関係式

$$r_n = -r'_n = \widehat{r}_n, \quad t'_n = \widehat{t}_n, \quad t_n = \frac{k_{n-1}}{k_n}\widehat{t}_n = \frac{2k_{n-1}}{k_n + k_{n-1}}$$

を満たす．S_n の行列式は 1 となる．$k_n = k_{n-1}$ のとき入射光の光量 (入射エネルギー) と出射光の光量 (出射エネルギー) は等しく保存されることを意味する．

$$|u_n|^2 + |d_{n-1}|^2 = |u_{n-1}|^2 + |d_n|^2.$$

これは，エネルギーが物質内に散逸されない条件，一種の保存則を示す．また，このとき，行列 S_n はユニタリ行列であることがわかる．転送行列に対す

る $\mathbf{T}_{0,N} = T_N^\alpha T_{N-1}^\alpha \cdots T_2^\alpha T_1^\alpha$ とする表現に対応して，

$$\begin{pmatrix} u_N \\ d_0/\alpha_0 \end{pmatrix} = \mathbf{S}_{0,N} \begin{pmatrix} u_0\alpha_0 \\ d_N \end{pmatrix}$$

も S_n を使って書き下すことができる．例えば，$N = 2$ 場合を図 13.1(b) に示した．

$$\mathbf{S}_{0,2} = \begin{pmatrix} t_2(1 + r_1 r_2 \alpha_2^2)^{-1} t_1 & r_2 + t_2 t_2'(1 + r_1 r_2 \alpha_2^2)^{-1} \\ r_1 + t_1 t_1'(1 + r_1 r_2 \alpha_2^2)^{-1} & t_2(1 + r_1 r_2 \alpha_2^2)^{-1} t_1 \end{pmatrix}. \tag{13.9}$$

導出には，$r_n^2 + t_n t_n' = 1$ と $r_n' = -r_n$ とする関係式を利用すればよい．

経路積分の計算においては，可能なすべての経路に対する複素振幅を足し合わせる (例えば [2] を参照)．個々の反射率には位相差 $(r_n' = -r_n)$ があることに注意すると，r_n や t_n などの積により振幅は定まる．例えば，図 13.1(b) に示したように単純な場合，すべての可能な経路に対する振幅の総和は，

$$1 - r_1 r_2 \alpha_2^2 + (r_1 r_2 \alpha_2^2)^2 - \cdots = \frac{1}{1 + r_1 r_2 \alpha_2^2}$$

とする展開公式により，経路積分 (経路総和) 法においても (13.9) を再現する (詳しくは Crook [2] に述べられている)．このような対応により，S 行列法は経路積分による方法と完全に対応する．

ここで，以下で述べる量子ウォークとの対応を考えよう．量子ウォークは時間発展を考えるので，離散の時間のパラメータ m を新たに用意し，波動関数 (13.4) を

$$\psi(x, t = m) = \sigma_{n+1,m}^{(+)} \mathrm{e}^{\mathrm{i}k_n(x-na)} + \sigma_{n,m}^{(-)} \mathrm{e}^{-\mathrm{i}k_n(x-na)}$$

と書き換えておく．関係式 $|u_n|^2 + |d_{n-1}|^2 = |u_{n-1}|^2 + |d_n|^2$ に注意して，ある時刻 m での振幅を $\begin{pmatrix} \sigma_{n,m}^{(+)} \\ \sigma_{n,m}^{(-)} \end{pmatrix} = \begin{pmatrix} u_{n-1}\alpha_{n-1} \\ d_n \end{pmatrix}$ にとる．さらに，

$$\begin{pmatrix} u_{n-1}\alpha_{n-1} \\ 0 \end{pmatrix} = \begin{pmatrix} \alpha_{n-1} t_{n-1} & \alpha_{n-1} r_{n-1} \\ 0 & 0 \end{pmatrix} \begin{pmatrix} u_{n-2}\alpha_{n-2} \\ d_{n-1} \end{pmatrix},$$

$$\begin{pmatrix} 0 \\ d_n \end{pmatrix} = \begin{pmatrix} 0 & 0 \\ \alpha_n r_{n+1}' & \alpha_n t_{n+1}' \end{pmatrix} \begin{pmatrix} u_n \alpha_n \\ d_{n+1} \end{pmatrix}$$

の関係を考慮に入れ，左辺を右辺から定まる時間発展方程式

$$\begin{aligned}\sigma_{n,m}^{(+)} &= \widetilde{t}_{n-1}\sigma_{n-1,m-1}^{(+)} + \widetilde{r}_{n-1}\sigma_{n-1,m-1}^{(-)},\\ \sigma_{n,m}^{(-)} &= \widetilde{r}'_{n+1}\sigma_{n+1,m-1}^{(+)} + \widetilde{t}'_{n+1}\sigma_{n+1,m-1}^{(-)}\end{aligned} \tag{13.10}$$

に置き換える．ただし，$\widetilde{t}_n = \alpha_n t_n$, $\widetilde{t}'_n = \alpha_{n-1} t_n$, $\widetilde{r}_n = \alpha_n r_n$, $\widetilde{r}'_n = \alpha_{n-1} r'_n$ とすれば，$k_n = k_{n-1}$ のとき明らかに関連する行列はユニタリ行列になる．

これは，以下で述べる 1 次元の量子ウォークのルールとまったく同一のものである．$k_n = k_{n-1}$ の場合を考察するので，少なくとも現状の対応では，均一な光学系を離散化したモデルが量子ウォークのモデルに対応するといえる．しかし，S 行列や転送行列で扱うものが静的な (あるいは定常的な) 状態の解析に限られるのに対して，量子ウォークには時間という概念が導入されていることが大きな違いである．これが量子ウォークのモデルとしての優位性である．また，定常状態 $\psi(x,m) = \psi(x,m-1)$, つまり (13.10) の左辺の m を $m-1$ に置き換えても成り立つ場合においては，上記の S 行列の結果を再現している．

13.3　量子ウォーク：波動シミュレーションとしての基本特性

13.3.1　記　　法

量子ウォークの本章での記法を述べる．ただし，$\mathbb{Z}$, $\mathbb{R}$, $\mathbb{C}$ はそれぞれ整数全体，実数全体，複素数全体とする．無限の 1 次元格子

$$\mathcal{N} = \{na \mid n \in \mathbb{Z}\}, \quad \mathcal{E} = \{[na, (n+1)a] \mid n \in \mathbb{Z}\}$$

とそこで定義される 2 次元の複素ベクトル値の関数全体を $\mathcal{S}(\mathcal{N}) := \{\sigma\}$ で表す．

$$\sigma = \left\{ \sigma_n := \begin{pmatrix} \sigma_n^{(+)} \\ \sigma_n^{(-)} \end{pmatrix} \;\middle|\; \sigma_{\pm,n} \in \mathbb{C},\ n \in \mathbb{Z} \right\}.$$

$\mathcal{S}(\mathcal{N})$ の部分集合 $\mathcal{S}_0(\mathcal{N})$，すなわち

$$\mathcal{S}_0(\mathcal{N}) = \left\{ \sigma \in \mathcal{S}(\mathcal{N}) \;\middle|\; |\sigma| := \sum_i (|\sigma_i^{(+)}|^2 + |\sigma_i^{(-)}|^2) = 1 \right\}$$

を考え，

$$\mathcal{F}_0(\mathcal{N}) = \left\{ d_n \in \mathbb{R} \;\middle|\; n \in \mathbb{Z},\ d_n \geq 0,\ \sum_{n \in \mathbb{Z}} d_n = 1 \right\}$$

と写像

$$p : \mathcal{S}_0(\mathcal{N}) \to \mathcal{F}_0(\mathcal{N}) \quad (p(\sigma) = \{|\sigma_i^{(+)}|^2 + |\sigma_i^{(-)}|^2\}_i)$$

を用意しておく．

$\mathcal{S}_0(\mathcal{N})$ の元 σ は量子ウォークの一つの状態を指定する．写像 $p(\sigma)$ は σ の確率密度を生成し，上記の光学の状況では光のエネルギー (強度) 密度に対応する．そこで，$\mathcal{S}_0(\mathcal{N})$ から自分自身への線形写像

$$\tau = \left\{ \tau_n := \begin{pmatrix} \tau_n^{(++)} & \tau_n^{(+-)} \\ \tau_n^{(-+)} & \tau_n^{(--)} \end{pmatrix} \;\middle|\; \tau_n \in \mathrm{U}(2),\ n \in \mathbb{Z} \right\}$$

を考える．ここで U(2) は 2×2 のユニタリ行列全体とする．これによる σ への作用である $\tau\sigma$ を

$$(\tau\sigma)_n = \begin{pmatrix} \tau_{n-1}^{(++)}\sigma_{n-1}^{(+)} + \tau_{n-1}^{(+-)}\sigma_{n-1}^{(-)} \\ \tau_{n+1}^{(-+)}\sigma_{n+1}^{(+)} + \tau_{n+1}^{(--)}\sigma_{n+1}^{(-)} \end{pmatrix} \tag{13.11}$$

とする．これら τ の全体の集合を $\mathcal{U}(\mathcal{N})$ と書くことにする．量子ウォークでは $\mathcal{U}(\mathcal{N})$ の元を量子コイン作用素とよぶ．

$\mathcal{U}(\mathcal{N})$ の元 τ^α が各 n に対して均一な場合の極限定理は，Konno によって得られている [10, 11, 14, 15]．各 τ_n^α が

$$\frac{\alpha}{\sqrt{2}} \begin{pmatrix} 1 & 1 \\ 1 & -1 \end{pmatrix}$$

となる場合を考える．ただし，α は (13.5) で導入した位相因子で $|\alpha| = 1, \alpha \in \mathbb{C}$ とする．$\alpha = 1$ のとき Hadamard 型とよばれるものである．後のために本章では α-Hadamard 型とよぶ．光学の S 行列との対応をみればわかるが，α は量子ウォークのモデルに波長の効果や位相の効果を与えるものである．大局的に定数倍するだけであるので，α は Konno の極限定理 [10] などには影響を与えないが，後で示す Fabry-Pérot 干渉計においては重要な役割をする．現実の世界とモデルの世界を結びつけるパラメータと考えてよい．ここでは一定な場合のみを取り扱う．ユニタリ性が破れることになるが，場所依存性をもたせることで，屈折率の場所依存性などを考察することも可能である．

初期分布

$$\sigma_n = \begin{cases} \dfrac{1}{\sqrt{2}} \begin{pmatrix} 1 \\ 1 \end{pmatrix}, & n = 0 \text{ の場合}, \\ \begin{pmatrix} 0 \\ 0 \end{pmatrix}, & \text{それ以外の場合} \end{cases} \tag{13.12}$$

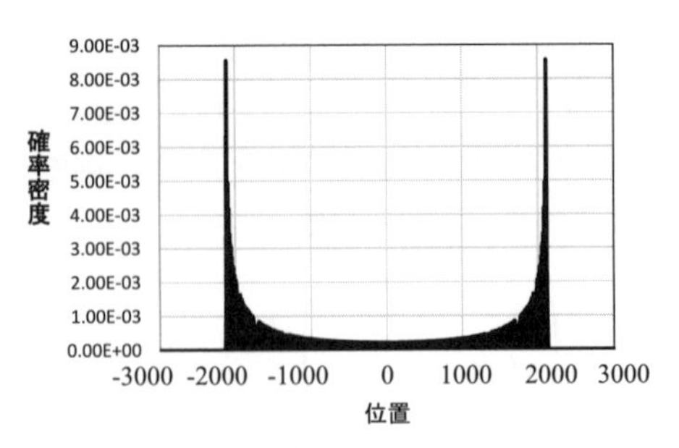

図 13.2　時間 $t=3000$ ステップでの α-Hadamard 過程での確率密度分布 $(\alpha=1)$

に対して，確率密度 $p(\sigma)$ は $t=3000$ において図 13.2 となる．また，その漸近形は Konno [10] により得られ，

$$\lim_{t\to\infty} P\left(u \le \frac{X_t}{t} \le v\right) = \int_u^v \frac{1}{\pi(1-x^2)\sqrt{1-2x^2}}\,dx \tag{13.13}$$

となる (今野分布とよばれる)．このように原点を中心として正負に方向性のある分布に対して，半直線上の重心を考える．

$$\mathrm{COG}(t) := \frac{\sum\limits_{n\ge 0} n\sigma_n^*\sigma_n}{\sum\limits_{n\ge 0} \sigma_n^*\sigma_n}. \tag{13.14}$$

ここで z^* はエルミート共役を示す，つまり，$z=\begin{pmatrix} z_1 \\ z_2 \end{pmatrix}$ に対して $z^*=(\overline{z_1},\overline{z_2})$．これを使うと，均質空間である Hadamard 過程では図 13.3 に示すようになり，これは

$$\mathrm{COG}(t) = \beta_0 t^{\alpha_0} \tag{13.15}$$

でフィッティングするとよく一致し，α_0 はピッタリ 1 になる．

13.1.1 項の導入において述べたように，この性質により，図 13.2 の密度が局在した包絡線のピークは，波動光学における波面と認識できる．また，今野分布 (13.13) は，この包絡線のピーク値の分散関係が $x=\pm t/\sqrt{2}$ で与えられていることがわかる．可能な経路のすべての和がフェルマーの最小原理を得るという Feynman の描像を具現化したとも認識できる [4, 5]．(13.15) で α_0 が 1 と一致するということは，ピークのみではなく，分布の局所的な空間と時間の振る舞いが 1 次の分散関係で記述されていることを意味する．このような重要で

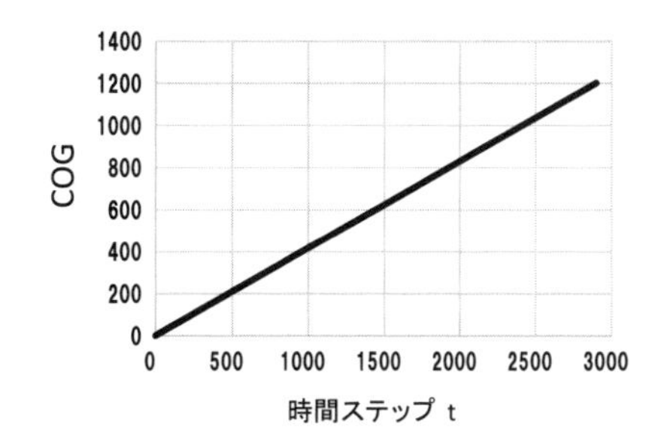

図 13.3 α-Hadamard 過程に対する半直線上の重心の時間依存性

かつ量子ウォークの特徴的な振る舞いを，以下，**弾道的**な振る舞いとよぶ.

13.3.2 量子ウォークモデルでのデバイス・シミュレーション

量子コンピュータのデバイスや光学デバイス，量子デバイスを想定した量子ウォークによるデバイス・シミュレーションを考える．これにより，ある種のアルゴリズムに対応して，時間経過とともにデバイス上で状態が変化してゆく様を考察することができる．従来，測定される系としてそのような状況を考えることはなかったが，近年，技術発展により時間を取り込んだモデルが必要となってきている．そこで，ここではまずはトイモデル (Toy model) として考察をする．

以下では，量子ウォークを利用したこのモデルのデバイス・シミュレーションとしての基本的な性質を検討する[4].

13.3.3 直進光と反射板

まず，直進光をみてみよう．そのために，初期分布

4) 筆者がこのモデルを考えたきっかけは，色材の研究に際し，コヒーレント光が拡散光に遷移してゆく状況を考察したことにはじまる．その物理モデルの基礎として，この量子ウォークモデルを現実の系に適用したのである．構造色と拡散色が入り混じった状況での発色の設計などでは，このような検討が必須となる．実際，ほぼ同じ状況である地質の内部構造を音波で計測・解析する際の基礎モデルにおいて，同様な数理モデルが提唱されている．量子ウォークによるモデルの強味は，本章のはじめで述べたように数学モデルとしての厳密性である．また，90 年代に提唱された量子デバイスの実用化においては，静的な考察だけではなく動的な検討が必須となる．それは量子コンピュータにおいてでもである．

$$\sigma_n = \begin{cases} \begin{pmatrix} 0 \\ 1 \end{pmatrix}, & n = 0 \text{ の場合}, \\ \begin{pmatrix} 0 \\ 0 \end{pmatrix}, & \text{それ以外の場合} \end{cases} \tag{13.16}$$

を考える．このとき，得られる確率分布の時間発展は図 13.4 のようになる．多少反射波が生じているが，異方性のある進行波が得られることがわかる．光が方向性をもって伝搬する性質を，量子ウォークは模擬できることを示している．

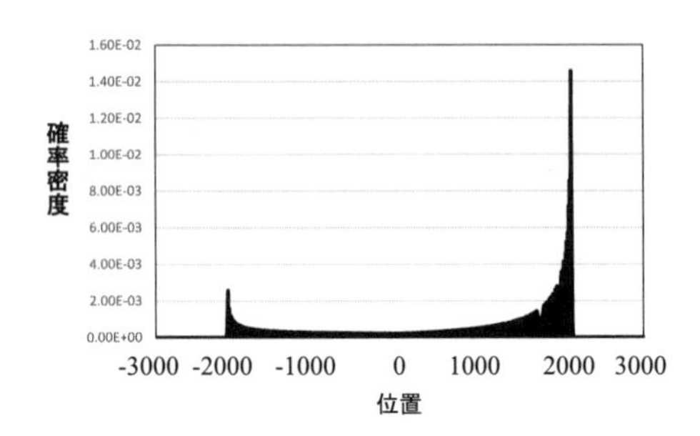

図 13.4 (13.16) に対する α-Hadamard 過程 ($\alpha = 1$)

それでは，もう少し現実系に近い系を考察しよう．そこで図 13.5 に示す反射板を考える．反射板を両側に付けてみる．正確にはすべてを α-Hadamard 過程の τ_n^α にしておいて，反射板のある n' ところだけ

$$\tau_{n'} = \begin{pmatrix} \sqrt{1-r} & \sqrt{r} \\ \sqrt{r} & -\sqrt{1-r} \end{pmatrix}$$

としておく．

$r = 1$ のときが完全反射である．初期値 (13.16) に対して時間発展の数値計算を行うと進行波は完全に反射されて，図 13.6 のように変化する．つまり，波面の方向が制御できることがわかる．興味深いことは，弾道的な振る舞いをす

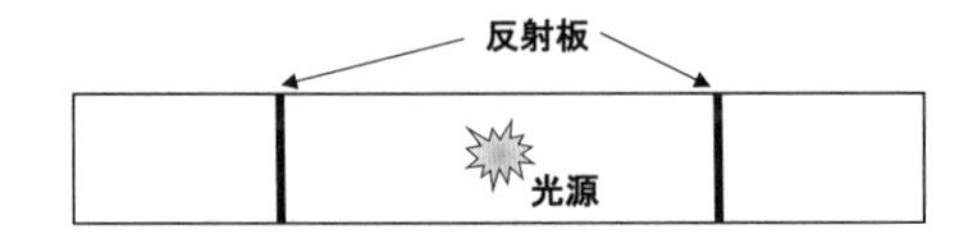

図 13.5 反射板をともなった系

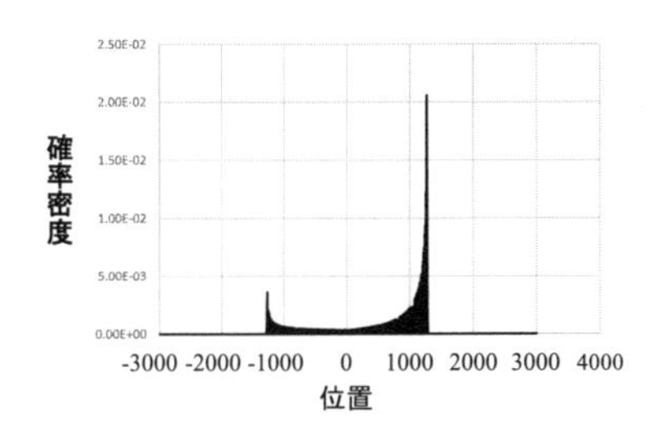

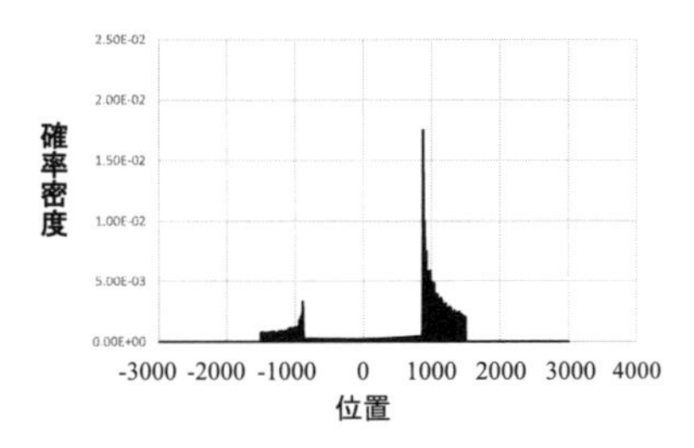

図 13.6　完全反射板による完全反射

る包絡線の形状が正に折り返した形をしていることである．波動効果が安定的に定まる系では，幾何学的な描像でその漸近挙動は決定されるのである．これは光学でいえば，光は波動として伝搬するものの，幾何光学で現実的な問題の多くが解決されることに相当する[5)]．

また，波動光学系においては，半透明板が重要な役割をする．そこで，$r = 0.9$ のときの半透明板の場合に対して数値実験を行うと図 13.7 のようになる．図より，透過光と反射光が分離されていることがわかる．それも，先に述べたのと同じように，透過光と反射光がそれぞれ弾道的に定まっている．

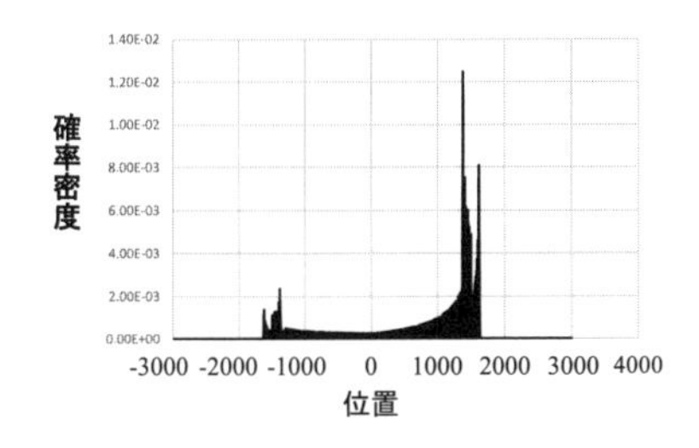

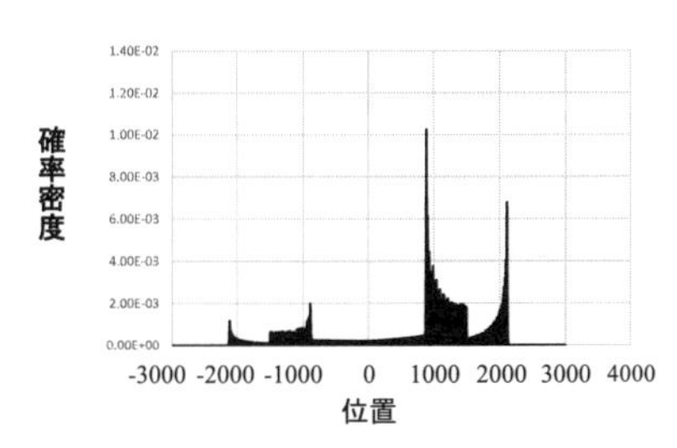

図 13.7　半透明板による反射と透過

13.3.4　Fabry-Pérot 干渉系型の数値実験

このような弾道的な性質を目にすると，量子ウォークが波動的効果を表現できないのではないかという疑念をもつかもしれない．そこで，Fabry-Pérot 干渉系型のシステムを取り上げる．

α-Hadamard 過程の量子ウォークでは，波長は (13.10) で述べたように転送行列理論の枠組みでは α に組み込まれている．そこで波長の違いにより確率密

5)　例えば，レンズを設計する際，幾何光学を利用すべきであり，波動光学で設計することが最善とはいえない．量子ウォークはこのような弾道的な性質も内包しているのは驚くべきことである．

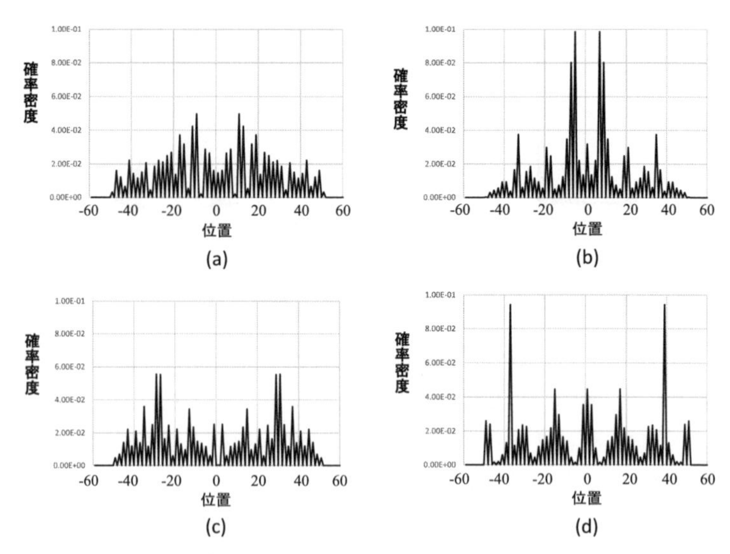

図 13.8　Fabry-Pérot 干渉系型のシミュレーション．(a) $ka = 2\pi$, (b) $ka = 0.05$, (c) $ka = 0.1$, (d) $ka = 0.2$

度が変化するか否かが判断する基準となる．

$\alpha = \mathrm{e}^{\mathrm{i}ka}$ とすると，$ka = 2\pi$ の通常の Hadamard 過程では規格化され干渉効果がみえない．そこで，反射板を ± 50 のところに用意し，十分時間が経った状態に相当する 10^4 ステップ後の状態を図 13.8 に示す．それぞれ (a) $ka = 2\pi$, (b) $ka = 0.05$, (c) $ka = 0.1$, (d) $ka = 0.2$ とした．波長の違いに相当して干渉縞に場所依存性が存在していることがわかる．

以上のように量子ウォークにより干渉の効果を取り込み，さらにその時間依存性を考察できることがわかる．これらにより，波動性を原理とするデバイスのシミュレーションが可能となる．例えば，量子コンピュータ [18] などで議論されている系のいくつかを実際に計算機上の仮想的な物理現象として，その時間発展をシミュレーションできることを意味する．もちろん，状態を 2 状態からさらに増やす必要があるが，それらの拡張には大きな困難はないこともわかる．

13.4　ディコヒーレント過程

さて，波動現象にかかわるデバイス・シミュレーションを提示できたので，ここではディコヒーレント過程について述べる．それは，最終節で述べるように，波動性をその動作原理とするデバイスにおいて，コヒーレンスの保持はきわめて大きな問題となるからである．そこで，ディコヒーレンスをモデル化し，その影響を計算機上で検討することを試みる[6)]．

量子ウォークとランダム系との対応は，Konno による結果があり [12, 14]，より広い視野から述べられている．また，一般的にはアンダーソン局在との関係などについても議論されているが，内容をシンプルにするために，ここでは Ide *et al.* [9] で提示されたモデルのみについて述べることにする．

文献 [12, 13] で，Konno はとても興味深い 2 つの量子ウォークのモデルをみつけている．それらは，次で与えられる τ^A と $\tau^B \in \mathcal{U}(\mathcal{N})$ である．

$$\tau_n^A = \begin{cases} \dfrac{1}{\sqrt{2}}\begin{pmatrix} e^{i\gamma} & 1 \\ 1 & -e^{-i\gamma} \end{pmatrix}, & n = 0 \text{ の場合}, \\ \dfrac{1}{\sqrt{2}}\begin{pmatrix} 1 & 1 \\ 1 & -1 \end{pmatrix}, & \text{それ以外の場合}, \end{cases}$$

$$\tau_n^B = \begin{cases} \dfrac{1}{\sqrt{2}}\begin{pmatrix} 1 & e^{i\gamma} \\ e^{-i\gamma} & -1 \end{pmatrix}, & n = 0 \text{ の場合}, \\ \dfrac{1}{\sqrt{2}}\begin{pmatrix} 1 & 1 \\ 1 & -1 \end{pmatrix}, & \text{それ以外の場合}. \end{cases}$$

前者を A-型 [12]，後者を B-型 [13] とよび，τ_0^A を不純物 A，τ_0^B を不純物 B とも名づける．初期状態 (13.12) に対し，時間発展を数値的に計算したものが図 13.9 である．不純物 A は局在を起こすが，不純物 B は局在を起こさないことがわかる．

そこで 6000 個の中に 300 個，不純物 A と不純物 B とを位置も γ も疑似乱数を利用してランダムに挿入し，初期状態 (13.12) に対する量子ウォークモデルに従って時間発展を数値的に計算する．このとき，図 13.10 が示すように，不純物の存在のために，弾道的な振る舞いは時間経過とともに弱まり，中心部に向け局在が起きている．これらの局在した分布は経時的に少しずつであるが，外

6)　本節では，筆者らが検討した [9] の内容を少しかいつまんで解説する．(詳しくは [9] を参考にせよ．)

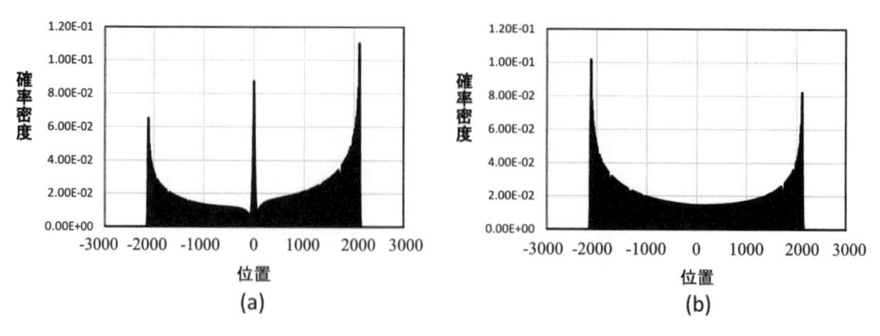

図 13.9　A-型と B-型過程の確率密度分布，(a) $\gamma = 0.3$ の A-型過程 (時刻 $t = 3000$)，(b) $\gamma = 0.3$ の B-型過程 (時刻 $t = 3000$)

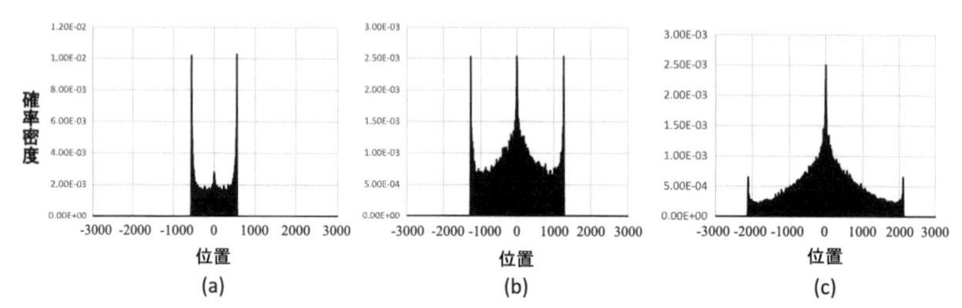

図 13.10　ランダムに不純物が存在する系での時間発展．(a) $t = 1000$, (b) $t = 2000$, (c) $t = 3000$

部に流れ出てゆくこともわかっている [9]．つまり，コヒーレントで弾道的な光から，局在，拡散する光に変貌している．これはとても興味深い事実である[7]．また，論文 [9] では，γ を系統的に変化させ，その傾向も定量的に議論している．

実験室を離れた現実の系での光学現象の多くは，幾何光学や拡散光などコヒーレンス性が顕著とならない性質によって支配されている．論文 [9] でディコヒーレンスが考察された理由は，発色現象で中心となる拡散光の理論が実験によく一致することに由来する．他方，ブロンズなどの酸化被膜による発色や玉虫の構造色など，コヒーレンス性が重要となる発色現象も観察される．光はコヒーレンス性をもっており，その波動性によって定まる現象もいくつか観察されるにもかかわらず，幾何光学や発色などの多くの現象においては，波動性は中心的役割を果たさない．これらの事実をうまく理解するためには，ディコヒーレ

7)　この現象と本質的にまったく同じ現象が，地質を音波で計測する際の基礎モデルとして，Haney と van Wijk により量子ウォークとは異なるモデルから出発して報告されている [7, 8]．しかし，彼らのモデルは仮定も多いため，量子ウォークのシンプルさを考えると，同じ結果を得るならば量子ウォークのほうが，数学的に明確で取り扱いが簡単であると考えている．

ンス現象を数理的にモデル化する必要がある．量子ウォークはこのような根源的な問題にも本質的役割を果たしえることを，上記の考察は示している．

上記の検討結果は，コヒーレンス性が失われる状況でいかに波動性を原理とするデバイスで波動性の機能を保持させるかの検討を，数値シミュレーションによって実施できることも意味している．もちろん，量子ウォークは数理的なモデルであり，場合によっては，現実との対応としてはトイモデルと認識しなければならないこともある．しかしこのような，根源的検討が可能で数学的によく検討されたモデルは多くはない．量子ウォークはじつにシンプルで，数学的にも振る舞いがよくわかっている系であり，さらに，根源的な検討が可能なモデルであることは強調すべき点である．

13.5 材料／デバイス・シミュレーションの可能性

前節において，ディコーヒレンスの推移を示した．量子ウォークの解析によると，散乱や局在を起こす物質がランダムに存在する状況では (現実の光学物質は通常このような性質をもっている)，その物質を透過する光 (例えばレーザー光) は直進しながらその弾道成分が Lambert 則に従い減衰する．エネルギー保存を仮定すれば，(吸収が起きない場合) その減衰によりトラップされた光量がそこを発光点とした拡散光として発光する描像を得る．このような描像は，経時的な因果律を含有したモデルである量子ウォークゆえに得られる結果である．

同様な考察が有効となる応用としては，

(1) 量子デバイスの設計技術
(2) 電磁場や音波などの波動による細胞や脳などを検査する医療技術
(3) 音波による地質調査
(4) 色材，ブロンズなどの構造色と通常の色材の融合効果などの発色材料の設計技術，化粧品などによる皮膚の光の透過現象
(5) 量子計算の実装技術

があげられる．特に (5) の量子計算の実装技術においては量子ウォークがデバイス・シミュレーションのよい数理モデルとなると考えている．現在，量子コンピュータのブームが訪れているが，それを遡ること 30 年前には波動光学を利用した光コンピュータのブームがあり，また 20 年前には量子デバイスブームがあった [17]．量子コンピュータにおいては，観測による効果を加味しているので以前の状況と単純に比較できるものではないが，デバイスとして単純な見方

としてはコヒーレンス性をいかに保つかが重要になることは明らかである．経時的なプロセスによってディコヒーレンスも考察できる量子ウォークの果たすべき役割は高まると思われる．

21 世紀に入って科学・技術は急激に進歩している．高度な科学・技術を記述するためには，高度な数学が必要になることがある．いままで言葉がなく表現することができなかった現象が，数学という言葉によって記述されるようになることで，技術はさらに進歩することが可能となる．21 世紀の科学・技術には 21 世紀の数学が必要なのである．筆者はそのような解析を先進数理解析とよんで，この量子ウォークによる新たな解析はその一つであると考えている．量子ウォークを用いたデバイス，材料シミュレーションが発展することを希望している．本章の解説がそれらに影響を与えられたならば喜びである．

参考文献

[1] M. Born and E. Wolf (草川 徹訳), 光学の原理 第 7 版 $\langle 1,2,3 \rangle$, 東海大学出版会, 2005–6.

[2] A. W. Crook, *The Reflection and Transmission of Light by Any System of Parallel Isotropic Films*, J. Opt. Soc. Am., **38** (1948), 954–964.

[3] M. P. Diebold, Application of Light Scattering to Coatings, Springer, 2014.

[4] R. P. Feynman (釜江常好・大貫昌子訳), 光と物質のふしぎな理論——私の量子電磁力学, 岩波現代文庫, 岩波書店, 1979.

[5] R. P. Feynman, A. R. Hibbs (北原和夫訳), 量子力学と経路積分, みすず書房, 1995.

[6] G. H. Goedecke, *Radiative transfer in closely packed media*, J. Opt. Soc. Am., **67** (1997), 1339–1348.

[7] M. M. Haney, K. van Wijk, *Modified Kubelka-Munk equations for localized waves inside a layered medium*, Phys. Rev. E, **75** (2007), 036601.

[8] M. M. Haney, K. van Wijk, R. Snieder, *Radiative transfer in layered media and its connection to the O'Doherty-Anstey formula*, Geophys., **70** (2005), T1-T11.

[9] Y. Ide, N. Konno, S. Matsutani, and H. Mitsuhashi, *New theory of diffusive and coherent nature of optical wave via a quantum walk*, Ann. Phys., **383** (2017), 164–180.

[10] N. Konno, *A new type of limit theorems for the one-dimensional quantum random walk*, J. Math. Soc. Japan, **57** (2005), 1179–1195.

[11] N. Konno, Quantum Walks. In: Quantum Potential Theory, Franz, U., and Schürmann, M., Eds., Lecture Notes in Mathematics: Vol. 1954, pp. 309–452, Springer-Verlag, Heidelberg, 2008.

[12] N. Konno, *One-dimensional discrete-time quantum walks on random environments*, Quantum Inf. Proc., **8** (2009), 387–399.

[13] N. Konno, *Localization of an inhomogeneous discrete-time quantum walk on the line*, Quantum Inf. Proc., **9** (2010), 405–418.

[14] 今野紀雄, 量子ウォークの数理, 産業図書, 2008.

[15] 今野紀雄, 量子ウォーク, 森北出版, 2014.

[16] L. Li, *Formulation and comparison of two recursive matrix algorithms for modeling layered diffraction gratings*, J. Opt. Soc. Am., **A13** (1996), 1024–1035.

[17] 松谷茂樹・鶴秀生・武田俊彦 他, 電子制御装置, 特許登録 3342046　2002.

[18] 宮野健次郎・古澤 明, 量子コンピュータ入門 (第 2 版), 日本評論社, 2016.

14章

量子ウォークの物理的実装方法

［鹿野 豊］

量子ウォークは数学的に面白い性質をもつだけでなく，物理的に実装可能なものであり，分子中の核スピンを用いた核磁気共鳴方式で実現されたのを契機に，光回路方式，冷却原子を用いた光格子方式，イオントラップを用いた方式が実現されている．本章では，なぜ，量子ウォークの物理的実装が必要になったのかを背景から解説した後，光回路方式で実現できる量子ウォークについて，その考え方と実現方法を解説する．

14.1　量子シミュレーションと量子ウォーク

14.1.1　量子シミュレーションの必要性

昨今，カナダのブリティッシュコロンビア州バーナビーを拠点とする D-Wave Systems という会社が話題となっている．その理由は，量子アニーリングとよばれる手法を用いることで，組合せ最適化問題などの計算機科学の問題を高速に解ける可能性を見いだしたからである．このもともとのアイディアは，東京工業大学の門脇正史 (現，デンソー) と西森秀稔により 1998 年に提唱され [1]，その後，量子情報科学において量子断熱計算と位置づけられ，今日まで発展を遂げてきた．この問題が高速に解くことができるということは社会的な文脈において，さまざまな応用例がある．例えば，物理学においても，ある実験において信号対雑音比を向上させるために複数の実験器具のパラメータの最適化が行われている．日常生活においては，ある場所からある場所に移動したいとき，WEB 上のツールとして電車の乗り換え案内などを用いていることもあろう．我々は詳細はわからずとも「最適化問題」とは日常的にふれあっている．

さて，量子アニーリングの原論文 [1] では**横磁場イジング模型**が用いられている．この手続きにおいて，まずイジング模型のハミルトニアン

$$H = -\sum J_{ij}\sigma_i^z\sigma_j^z \tag{14.1}$$

の基底状態を求めるという問題に，解きたい問題を表現し直す[1]．ここで，J_{ij} は i 番目のスピンと j 番目のスピンとの間にはたらく相互作用係数であり，σ_i^z は i 番目のスピンにはたらく z 軸方向のパウリ行列である．そして，これに横磁場項を加えた

$$H = -\sum J_{ij}\sigma_i^z\sigma_j^z - \Gamma(t)\sum \sigma_i^x \tag{14.2}$$

を初期システムとして用意し，量子ゆらぎの大きさを表す関数 $\Gamma(t)$ を時間 $t=0$ で非常に大きい値に設定し，t が増えるとともに 0 に向けて小さくしていく[2]．つまり，**イジング模型のハミルトニアンの基底状態を求めるという問題に組合せ最適化問題を置き換えたこと**が，物理的に実装できるようになった背景とも考えることができる．この観点を提唱したのが Feynman の「**量子シミュレーション**」という概念である．量子シミュレーションとは，ある計算機で計算するのが困難な問題に対し，**自然界に解かせる**というアイディアである．本例の量子アニーリングは横磁場の量子ゆらぎ項を巧みに制御し，あとは実装させた物理系のタイムスケールに従い，自然界に解かせている．この意味で，量子シミュレーションの一つであるといえる．

しかし，このような社会的・工学的な問題を解くことだけに「量子シミュレーション」という概念が使われているわけではなく，固体物性論の基本的な概念である相図を求めることを，人工的に模写した物理系のなかで**自然**に求めるということである．これにより，新しい相がみつかることがあったり，物質材料科学に応用することが期待されている．現在のスーパーコンピュータを駆使しても解くことができない計算物理領域を開拓するために，「量子シミュレーション」が実装可能な自由自在な物理デバイス (例えば，超伝導回路を用いた人工原子系や原子を光ポテンシャル中にトラップさせる光格子) の開発が現在もさかんに行われており，今日の量子情報科学の主要な研究テーマの一つとなっている．物理的な実装のためにはそれぞれ個々の量子系の性質を知る必要があり，さまざまな分野の知識を融合させる総合科学の研究として位置づけることもできる．

これまでは基底状態というある意味**静的**な物理現象に対して，量子シミュレーシ

---

1) ある種の最適化問題に対しては，表現のし直しにかかる計算量 (問題サイズ N に対してどれくらいのステップで計算が終了するか) として多項式時間で終わることが知られている．

2) もちろん，無限にゆっくりであればきちんと解が得られるわけであるが，実際，どれくらいの時間スケールが許されるのかという点が物理的な実装を考える面で重要になってくる．

ョンが役に立つという例を社会的観点と物理的観点両方から述べてきた．しかし，まだ変化させていないものがある．それは個々の物理系固有のタイムスケールである．物理系の動的な性質を調べることは，化学反応に代表されるように，相変化をともなったりすることで**物理系の機能**解明につながる大事なステップである．これにはシュレーディンガー方程式やディラック方程式を解くというやり方を忠実に実行すればよいと思われるかもしれない．しかし，これでは物理系にとって大事な「**環境と物理系との相互作用**」という概念が抜け落ちてしまう．一つのアプローチとしては，非平衡統計力学とあわせた開放量子散逸系のダイナミクスに関する理論を開拓することである．もう一方で，人工的に模写した物理系における時間発展を物理的に実装することで，環境と物理系との相互作用も変化させることにより従来の計算方法では調べることのできなかった物理系の機能発現を調べるツールとなりうる．

14.1.2　離散時間量子ウォークと量子シミュレーション

ここでは，$1+1$ 次元のディラック方程式のダイナミクスと 1 次元離散時間量子ウォークのモデルとの関係性について考察する [2]．まず，時間・場所に依存しない量子コインとして，パラメータ $\epsilon \in \mathbb{R}$ で特徴づけられたものを以下のように定義する．

$$C(\epsilon) = \begin{pmatrix} \cos\epsilon & -i\sin\epsilon \\ -i\sin\epsilon & \cos\epsilon \end{pmatrix} \tag{14.3}$$

ここで，$\Psi_n(x) \in \mathcal{H}_p \otimes \mathcal{H}_c$ をステップ n，位置 $x \in \mathbb{R}$ の離散時間量子ウォークのコインを含めた量子状態と定義すると，パラメータ ϵ がきわめて小さいとき，

$$\begin{aligned} \Psi_n(x) &= Q(\epsilon)\Psi_{n-1}(x-\epsilon) + P(\epsilon)\Psi_{n-1}(x+\epsilon) \\ &= Q(\epsilon)\left(1 - \epsilon\frac{\partial}{\partial x} + \mathcal{O}(\epsilon^2)\right)\Psi_{n-1}(x) \\ &\qquad + P(\epsilon)\left(1 + \epsilon\frac{\partial}{\partial x} + \mathcal{O}(\epsilon^2)\right)\Psi_{n-1}(x). \end{aligned} \tag{14.4}$$

ここで

$$Q(\epsilon) = \begin{pmatrix} 0 & 0 \\ 0 & 1 \end{pmatrix} - i\epsilon\begin{pmatrix} 0 & 0 \\ 1 & 0 \end{pmatrix} + \mathcal{O}(\epsilon^2), \tag{14.5}$$

$$P(\epsilon) = \begin{pmatrix} 1 & 0 \\ 0 & 0 \end{pmatrix} - i\epsilon\begin{pmatrix} 0 & 1 \\ 0 & 0 \end{pmatrix} + \mathcal{O}(\epsilon^2) \tag{14.6}$$

を用いている．さらに，$t = \epsilon\tau$ とスケール変換を行うと

$$\Psi_\tau(x) \sim e^{-i\left(\sigma_x + \sigma_z \frac{\partial}{\partial x}\right)t}\Psi_0(x) \tag{14.7}$$

となり，両辺を t で微分すると

$$\begin{aligned}\frac{\partial\Psi_t(x)}{\partial t} &\sim -i\left(\sigma_x + \sigma_z\frac{\partial}{\partial x}\right)e^{-i\left(\sigma_x + \sigma_z \frac{\partial}{\partial x}\right)t}\Psi_0(x) \\ &= -i\left(\sigma_x + \sigma_z\frac{\partial}{\partial x}\right)\Psi_t(x)\end{aligned} \tag{14.8}$$

を得る．これは $1+1$ 次元のディラック方程式にほかならない．量子コインがスピノルに対応していることがわかる．この拡張は $2+1$ 次元まではできるものの，任意の 3 次元格子から $3+1$ 次元のディラック方程式に対応する離散時間量子ウォークに対応するものはいまのところわかっていない．さらには，離散時間量子ウォークから連続時間量子ウォークを模写することもできることが知られており，クライン–ゴルドン方程式との関係もすでに示されている [3]．さらには，人工的な電磁場を模写することもでき，重力場の方程式との関係も指摘されている [4]．

上記のように，離散時間量子ウォークは，物理系の時間発展を模写できるため，量子技術の一つのベンチマークとして，さまざまな物理系において実装されている．

14.2 光回路による量子ウォーク

以下では，基本的には 1 次元離散時間量子ウォークの実現方法について解説する．2005 年にトランス型クロトン酸 ($C_4H_6O_2$) 中の ^{13}C の核スピンを量子ビットを用いて，核磁気共鳴法を適用することにより，離散時間量子ウォークは初めて実験的に実現された [5]．離散時間量子ウォークは元来，数学的な対象として研究されていた経緯がある[3)]が，量子ウォークが量子アルゴリズム開発などの量子情報科学とも関連することから，数理的な道具としてだけでなく，

3) Aharonov らによって定義された「量子ランダムウォーク」[6] も量子ウォークを提案した仕事としてよく引用される．量子ランダムウォークは物理的な実装を念頭においた定義ではあったが，数学的には離散時間量子ウォークとは定義自体が違うことに留意されたい．詳しくは文献 [7, 8] で解説されている．しかし，依然として「量子ランダムウォーク」とよばれていたりする．また，離散時間量子ウォークは「コイン付量子ウォーク」とよばれていたりもする．一方で「コイン無量子ウォーク」は連続時間量子ウォークのことである．

実験的な実現方法もさまざまに議論されるようになった．

本節では，2019 年 1 月現在，最も多くのステップ数が実現されている光回路を用いた量子ウォークの実現方法を解説する．まず，光回路の必要最低限な要素である線形光学の簡単な解説を行いたい．

偏　光： 光の伝播に関しては，マクスウエル方程式の解として与えられる．その際，電場および磁場は光の伝播方向に対して直交する 2 次元平面に振動している．その振動方向に関して，規則的な振動をしているものを「偏光」とよぶ．2 次元平面内を不規則に振動する光の状態は，「無偏光」状態とよばれている．2 次元平面の振動として書き下すことができることから，規格化された 2 次元のベクトルの複素重ね合わせとして表現することができ，結果として 3 つの実数自由度をもつ球上に表現することができる．この表現のことは**ポアンカレ表現**とよばれ，結果として量子ビットの表現 (=規格化された 2 次元の複素ヒルベルト空間の元) と一致する．

空間モード： 光源から位相がそろった波 (**コヒーレント光**とよぶ) が発せられるとき[4]は，ある特定の方向に伝播する．つまり，空間的に特定の方向に伝播すると考えてよいので，これを「モード」とよび，同じ光源から出た光においても，別々の空間に伝播する光は別のモードの光として区別することができる．

時間ビンモード： コヒーレント光を時間的に区切られたパルス光にすることができた際，同じ空間モードの光においても，時間のラベルを付けることにより，この光を区別することができる．これを「時間ビンモード」とよぶ．一般的には，レーザーの発振器の中で励起光源としてパルス化しているものと，光と物質の非線形相互作用を利用したパルス化技法が確立しており，パルスレーザーとよばれている．

ビームスプリッター： 入射光を所定の分割比で 2 つの光に分割する光学部品である．一般的に光は物質中 (例えば，ガラス) に入射する際，物質中の屈折率 (ガラスの場合 1.52) であることから，透過と反射の両方が実現される．それをビームスプリッター面に光学特性を調整された薄膜をコーティングすることで作成される．

偏光ビームスプリッター： ある種の物質 (例えば，方解石) では，偏光状態に応じて屈折率が変化する．これを「複屈折」とよぶ．この複屈折特性を組

4) 太陽光のように光源から自然放出して出てきた光に関しては，光の位相は一般にそろっていない．物理的には**誘導放出**とよばれる原理を用いてコヒーレント光を出力している．

み合わせて，特定の偏光は透過し，その直交する偏光を反射するビームスプリッターのことを「偏光ビームスプリッター」とよぶ．その性能は「消光比」として評価される．

波 長 板： 複屈折材料などを利用して直交する 2 つの偏光成分に光路差をつけて，入射偏光の状態を変える素子のこと[5]．

ビームスプリッターや波長板は，物質の屈折率特性を用いるので，光の波長，物質の温度に依存している．そのため，光回路を実装する際には，光源に応じた光学素子を用いる必要がある．

14.2.1 空間自由度と偏光を用いた実装

1 次元の離散時間量子ウォークの最も簡単な実現方法して，2 次元の量子コイン状態を「偏光」とし，量子ウォーカーはそのまま「空間モード」とする方法が考えられる．$|L\rangle$ と $|R\rangle$ を偏光成分と解釈すると，シフト演算子は偏光ビームスプリッターまたは方解石などの偏光依存で空間的に分離できるもので表現され，量子コインは波長板で実装される．例えば，アダマールコインを実装する際には，半波長板で偏光を 45° 回転させて実装できる．確率分布は空間的に分離されているので，そこにフォトダイオードを置くことで光強度から算出す

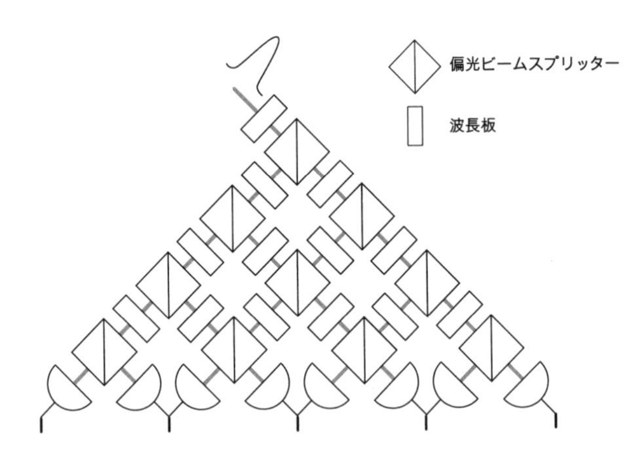

図 14.1 光回路における離散時間量子ウォークの実現方法

5) 一方，特定の偏光だけを透過するものは「**偏光子**」とよばれている．つまりは，他の偏光成分は吸収されてしまうので，入射強度が変化する．この物理原理にも複屈折プリズムを 2 つ組み合わせた配置のもの (ニコルプリズム，グラン–トムソンプリズムなど)，反射および散乱を巧みに組み合わせたもの (ネレンベルグの偏光器)，特定の偏光成分のみを強く吸収する 2 色性のある物質 (電気石，ポラロイドなど) などで構成されている．

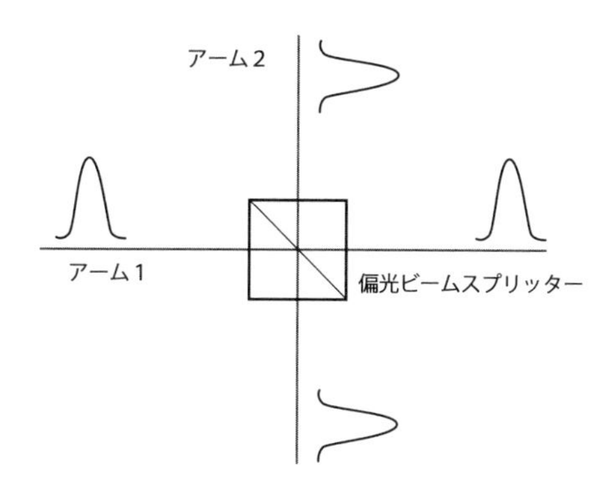

図 14.2　量子干渉を引き起こすための光パルス

ることが可能である．よって，図 14.1 に示す光回路で実現できる．

ただ，この方法では 10 ステップにも満たないくらいのサイズの離散時間量子ウォークの小規模ダイナミクスでしか実現されていない．その理由について以下で考察する．この例では，光の干渉効果を離散時間量子ウォークの特徴を生み出す量子干渉と考える．そのため，光の干渉をたくさん作り出さなければならないが，これがどれほど難しいかを解説する．図 14.2 の具体例で考えてみよう．100 fs の光パルスを干渉させるためには，最低でも 2 つの入射パルスが 100 fs 以下の精度で同タイミングに偏光ビームスプリッターに入射しなければならない．そのため，アーム 1 と 2 の長さは 30 μm の精度で同じ長さにしなければならない[6]．しかし，これでは 1 ステップも実現できない．もし，100 ステップを実現させようと思えば，まず，$\sum_{m=0}^{100} 2^m \simeq 10^{30}$ のアームに対して，そのそれぞれが 300nm 以下の精度で同じ長さにしなければならない．また，$\sum_{m=0}^{100} m \simeq 10^3$ 個の偏光ビームスプリッターは同じ角度でそろえておかなくてはならない．例えば，5 mm 角の偏光ビームスプリッターとアームの長さをそれぞれ 15 mm (たいていの光学定盤の 3 ピッチ分) と仮にすると，最低でも 2 m の正方形のスペースが必要となる．これが 1000 ステップ実現時には要求精度がもう 1 桁上がり，さらにスペースとしても 20 m の正方形スペースが最低でも必要になる．実装させるのがどれくらい難しいことであるか想像できるであろう．

6)　超短パルスの光学干渉を本来考えなければならないが，ここでは簡単化のために無視していることに留意したい．

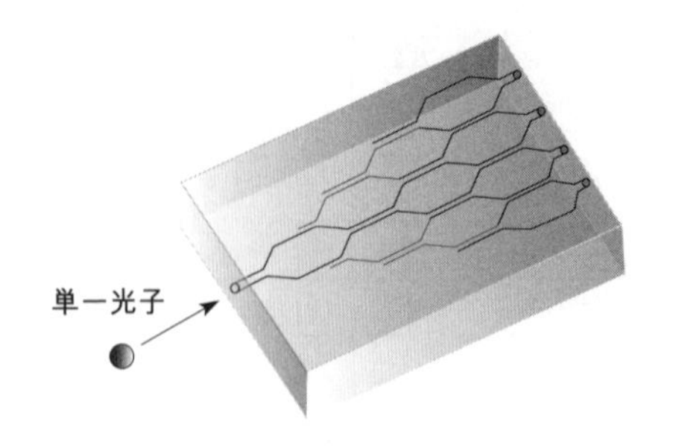

図 14.3　光導波路技術を用いた光回路

そのため近年，光回路として注目されているのが光導波路技術を用いた設計である (図 14.3 参照)．サイズとして光回路が手のひらサイズになるまでコンパクトになる一方で，温度変化による屈折率の変化が生じ，長さが変化してしまうなどの効果を取り込んで計算しなくてはならない．このような方法で実装できるのは 10 ステップもいかない程度が現状であり，精度要求値がきわめて高いことを示している．同じことが光量子コンピュータの実装にもあてはまる．ただ，偏光を用いた実装には大いなる利点がある．それは**光の輝度温度**がきわめて高いということである．そのため，外乱からの影響をほぼ受けずにいる．

実際，光の輝度温度を計算してみる．波長 $\lambda = 500$ nm の単一光子を仮定し，エネルギーは $E = hc/\lambda \sim 4 \times 10^{-19}$ J となる．ここで，h はプランク定数，c は光速とする．これが黒体輻射をしていると仮定すれば，

$$T_{\text{photon}} = \frac{E}{k_B} \sim 4 \times 10^4 \text{ K} \tag{14.9}$$

となる．これは室温 300 K に比べて 2 桁も大きい．他の量子系 (例えば，スピン系や冷却原子系) は環境の温度が非常に高く，例えば，冷凍機で環境自身も低温にするなどの工夫をしなくては孤立量子系としての性質を保つことができない．ただ，光はその点大きく違ってくる．対象としている光自身は影響しないが，前述のとおり，アライメントする難しさや精度要求値の高さなどが欠点としてあげられる．

14.2.2　時間自由度と偏光を用いた実装

前節の空間モードを用いた実装方法では，フォトディテクター (光検出器) の位置を変化させない限り，各ステップごとの確率分布を計測することができな

い．また，近年，実装されている光導波路を用いたチップ型の実装では，チップを一度作った際に，実現されるステップ数が決まってしまう欠点がある．そのため，各ステップごとにビームスプリッターを置くことで各ステップごとの確率分布を計測することができる．しかし，ビームスプリッターの数は空間的に広がってしまったウォーカーの数だけ必要になるため，ステップ数 n に対して，$2n$ 個のフォトダイオードとビームスプリッターが必要となる．しかし，これでは個々のビームスプリッター，フォトディテクターの特性の均一性が確率分布に影響してしまうため，あまり現実的ではない．そこで，空間的なモードを時間モードに変化させ，ループの中に閉じ込めることにより，空間的なサイズを大幅に削減させ，さらには毎回のステップごとの確率分布を 1 つのフォトディテクターで実装することができる．図 14.4 は，Silberborn らのグループによるループファイバーを用いた時間ビンモードの離散時間量子ウォークの実装例である [9]．初期の偏光状態をループ光回路に入射する前に用意し，その後はループ光回路の部分において，自由空間伝播部分が 1.5 m，ファイバー部分は 7 m および 8 m であり，1 周は短いループで 40 ns で，偏光状態の違う光は 5 ns の時間差ができる．入射パルスの幅は 88 ps であるため，5 ns の時間差は十分に光パルスを分離することができる．最初の報告 [9] では，5 ステップ目ま

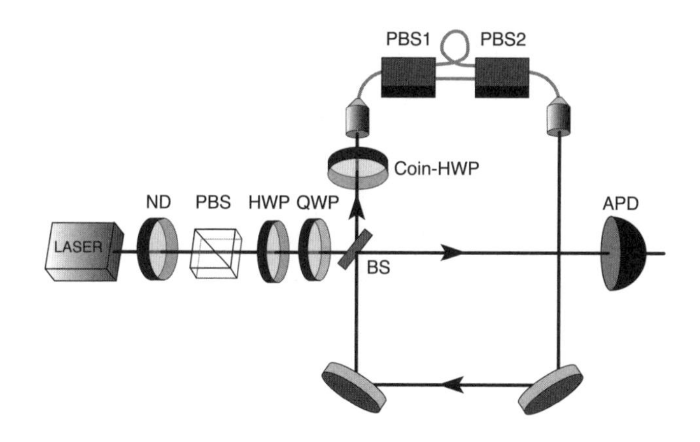

図 14.4 時間ビンモードを用いた光回路実装．ND は光学フィルター，PBS は偏光ビームスプリッター，HWP は半波長板，QWP は 1/4 波長板，BS はビームスプリッター，APD はアバランシェフォトダイオードのこと．(本実験図は論文 [9] を改変したものである．)

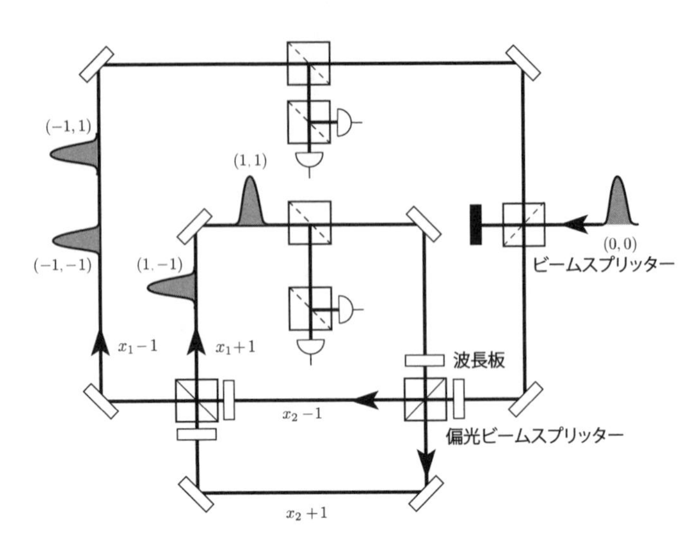

図 14.5　2 次元離散時間量子ウォークの時間ビンモードを用いた実装

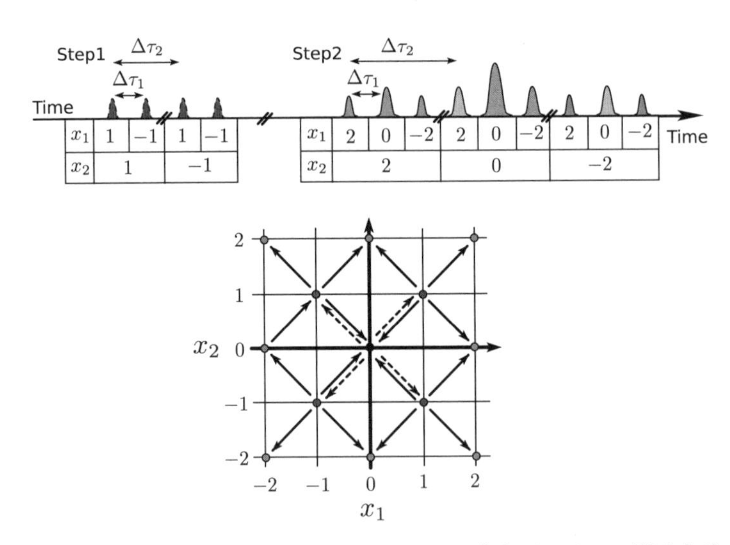

図 14.6　2 次元離散時間量子ウォークのステップダイナミクス. (論文 [10] を改変したものである.)

での実装が報告された．光ファイバーの距離は長くなるが，実装上は何かに巻き付けることができるため，自由空間伝播より実際のサイズを小さくすることができる．しかし，この実装方法では9ステップ目の最短でループを回ってきたものと8ステップ目の最長でループを回ってきたものが時間的に重なってしまうため，実装できるサイズに制限があることがわかる．または，$\mathbb{Z}_8$ 上の量子ウォークを実装するというように考えてもよい．

また，空間モードを用いた量子ウォークの実装方法は2次元に拡張することは原理的には可能であるが，時間ビンモードでは難しいと考えられていた．しかし，論文 [10] の実装方法の提案により，時間モードを多重に用いることにより，初めて2次元離散時間量子ウォークが実装された．図 14.5 の光回路を実装させることにより，2つの時間差ループを考える．図 14.6 にあるように，最初の時間差でできた時間ビンモードを大きな時間差を用いることで，1ステップを実現させることに成功している．

14.3 量子ウォークとボソンサンプリング

光回路を用いた離散時間量子ウォークは，前節までで解説したように線形光学のなかで実現されている．そのため，論文 [11] で指摘されていた「**ボソンサンプリング**」回路も同じ光回路を用いることで実装することができる [12, 13, 14, 15].

ここで「**ボソンサンプリング**」とは，以下の問題である．n 個の単一光子と $m\ (> n)$ 個の空間モードを考える．

$$\begin{aligned}|\psi\rangle_i &\equiv |1_1, 1_2, \cdots, 1_n, 0_{n+1}, \cdots, 0_m\rangle \\ &= a_1^\dagger a_2^\dagger \cdots a_n^\dagger |0_1, 0_2, \cdots, 0_m\rangle. \end{aligned} \tag{14.10}$$

ここで，$a_i^\dagger$ は i モードの光子の生成演算子である．これを光回路 (ユニタリ行列 U) に入れ込んだ際，

$$U a_i^\dagger U^\dagger = \sum_{j=1}^{m} U_{i,j} a_j^\dagger \tag{14.11}$$

で変換される．n 光子はアウトプット状態として

$$|\psi\rangle_o = \sum_S \gamma_S |n_1^{(S)}, n_2^{(S)}, \cdots, n_m^{(S)}\rangle \tag{14.12}$$

で与えられ，S はアウトプットモードの配置であり，$n_i^{(S)}$ は配置 S の元でのアウトプット i モードにおける光子数である．その際，係数 γ_S は

$$\gamma_S = \frac{\mathrm{Per}(U_S)}{\sqrt{n_1^{(S)} n_2^{(S)} \cdots n_m^{(S)}!}} \tag{14.13}$$

で与えられる．ここで，U_S は光回路行列 U から計算される正方行列であり，

$$\mathrm{Per}(A) := \sum_{\sigma \in S_n} \prod_{i=1}^{n} a_{i,\sigma(i)}, \quad A := (a_{i,j}) \tag{14.14}$$

で与えられる．ただし，S_n は n 次対称群であり，$\sigma(i)$ は i を n 次対称群の元 σ で置換したものである．これは，行列式

$$\det(A) := \sum_{\sigma \in S_n} \mathrm{sgn}(\sigma) \prod_{i=1}^{n} a_{i,\sigma(i)}, \quad A := (a_{i,j}) \tag{14.15}$$

とよく似た定義であることに気づくであろう．しかし，これらの計算量は違うことが知られている．n 次正方行列の行列式の計算量は $\mathcal{O}(n^3)$ である一方，(特殊な場合の) Permanent の計算量クラスは #P 完全とよばれるクラス[7)]に属していることが知られている [16]．そのためもし，Permanent の計算量が多項式アルゴリズムでみつけることができれば，P=NP を証明することさえできる．

一方，配置の総数 $|S|$ は

$$|S| = \binom{n+m-1}{n} \tag{14.16}$$

となるので，これは多項式で書き下すことができる．そのため，Permanent を効率良く計算する手法として，ボソンサンプリングは知られている．光回路 (ユニタリ行列 U) は量子ウォークの実装で用いたものをそのまま転用し，初期条件としてより多くの位置からスタートさせ，多光子を同時発生させ，その量子干渉[8)]を用いることができれば，直接 Permanent を計算することができる．

14.4 他の量子ウォークの実装方法

本章では，線形光学素子を用いた光回路上で実装される量子ウォークの実現方法を解説してきたが，他にも冷却原子を用いた光格子方式，イオントラップを

7) #P とは，NP に属している問題に対する数え上げ問題という意味である．つまり，NP に属している問題よりは計算量的には難しい問題である．そのなかで，#P 完全とは，任意の #P に属する問題を多項式時間で #完全の問題に問題を変換することができることを意味している．

8) ここでの量子干渉とは，ボソンの性質を用いた多光子干渉を含んでいる．その実装として，Hong-Ou-Mandel ディップとよばれる 2 光子干渉が実装技術として必要になる．

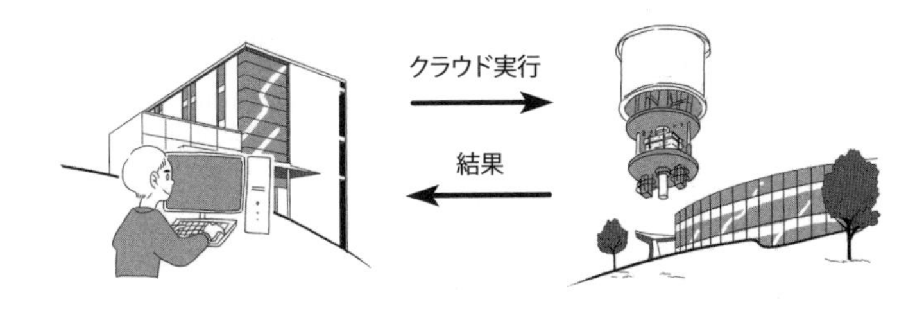

図 14.7　クラウド型量子計算の概念図

用いた方式が実際に実現されている [17]．これらの考え方も基本的には同じで，中性原子またはイオン原子の 2 準位系を実現させて，状態に依存するトラップを実現する．それを周波数を変調させて，物理的に移動させるか，原子をトンネルさせて実現させる方法が考えられる．いずれの技術も原子物理の高い量子状態制御技術に基づいており，ここでは割愛する．また，異なる量子系を組み合わせた「ハイブリッド量子系」を用いた量子ウォークの実装方法も提案されている．

最後に，近年注目されているクラウド型量子計算機による離散時間量子ウォークに関する実現方法に関して簡単にふれておく (図 14.7 参照)．それぞれの量子ビットを量子コインだと解釈すれば，量子コインは各量子ビットにかける単一の量子ゲート操作に対応し，シフト演算子は CNOT ゲートを用いて実装することができる．実装例としては論文 [18] の結果が知られているが，現在使われている超伝導量子ビット型の離散時間量子ウォークではコヒーレンス時間に制限があり，さらに，ゲートエラー，測定時のエラーも十分ではないので，理想的な離散時間量子ウォークの確率分布を得ることは難しい．今後，一つのベンチマークとして問題が使われる可能性はあるが，どのような分布がでてくれば，離散時間量子ウォークがきちんと実現されているのか？　という指標をつくらなければならない．それが今後の課題であろう．

謝辞：　本原稿を執筆するにあたり，保坂有杜氏との有益な議論に感謝する．また，本章の図は田中まゆ子氏に描いていただいた．

参 考 文 献

[1] T. Kadowaki and H. Nishimori, Quantum annealing in the transverse Ising model. Phys. Rev. E **58**, 5355–5363 (1998).

[2] F. W. Strauch, Connecting the discrete- and continuous-time quantum walks. Phys. Rev. A **74**, 030301 (2006).
[3] C. M. Chandrashekar, S. Banerjee, and R. Srikanth, Relationship between quantum walks and relativistic quantum mechanics. Phys. Rev. A **81**, 062340 (2010).
[4] G. Di Molfetta, M. Brachet, and F. Debbasch, Quantum walks in artificial electric and gravitational fields. Physica A **397**, 157–168 (2014).
[5] C. A. Ryan, M. Laforest, J. C. Boileau, and R. Laflamme, Experimental implementation of a discrete-time quantum random walk on an NMR quantum-information processor. Phys. Rev. A **72**, 062317 (2005).
[6] Y. Aharonov, L. Davidovich, and N. Zagury, Quantum random walks. Phys. Rev. A **48**, 1687–1690 (1993).
[7] 鹿野 豊，量子動力学シミュレーション入門～量子ウォークを例にして～ (第 61 回 物性若手夏の学校 集中ゼミ)．物性研究 **6**, 064210 (2017).
[8] Y. Shikano, From Discrete Time Quantum Walk to Continuous Time Quantum Walk in Limit Distribution. J. Comput. Theor. Nanosci. **10**, 1558–1570 (2013).
[9] A. Schreiber, K. N. Cassemiro, V. Potoček, A. Gábris, P. J. Mosley, E. Andersson, I. Jex, and Ch. Silberhorn, Photons Walking the Line: A Quantum Walk with Adjustable Coin Operations. Phys. Rev. Lett. **104**, 050502 (2010).
[10] A. Schreiber, A. Gábris, P. P. Rohde, K. Laiho, M. Štefaňák, V. Potoček, C. Hamilton, I. Jex, and Ch. Silberhorn, A 2D Quantum Walk Simulation of Two-Particle Dynamics. Science **336**, 55–58 (2012).
[11] S. Aaronson and A. Arkhipov, The Computational Complexity of Linear Optics. Proceedings of the Forty-third Annual ACM Symposium on Theory of Computing, 333–342 (2011).
[12] M. Tillmann, B. Dakić, R. Heilmann, S. Nolte, A. Szameit, and P. Walther, Nat. Photo. **7**, Experimental boson sampling. 540–544 (2013).
[13] A. Crespi, R. Osellame, R. Ramponi, D. J. Brod, E. F. Galvao, N. Spagnolo, C. Vitelli, E. Maiorino, P. Mataloni, and F. Sciarrino, Integrated multimode interferometers with arbitrary designs for photonic boson sampling. Nat. Photo. **7**, 545–549 (2013).
[14] M. A. Broome, A. Fedrizzi, S. Rahimi-Keshari, J. Dove, S. Aaronson, T. Ralph, and A. G. White, Photonic Boson Sampling in a Tunable Circuit. Science **339**, 794–798 (2013).
[15] J. B. Spring, B. J. Metcalf, P. C. Humphreys, W. S. Kolthammer, X.-M. Jin, M. Barbieri, A. Datta, N. Thomas-Peter, N. K. Langford, D. Kundys, J. C. Gates, B. J. Smith, P. G. R. Smith, and I. A. Walmsley, Science **339**, Boson Sampling on a Photonic Chip. 798–801 (2013).
[16] L. G. Valiant, The complexity of computing the permanent. Theor. Comput. Sci. **8**, 189–201 (1979).
[17] K. Manouchehri and J. Wang, *Physical Implementation of Quantum Walks* (Springer-Verlag, Berlin, 2014).
[18] R. Balu, D. Castillo, and G. Siopsis, Physical realization of topological quantum walks on IBM-Q and beyond. Quantum Sci. Technol. **3**, 035001 (2018).

15章

トポロジカル絶縁体と量子ウォーク

[小布施秀明]

量子ウォークにおけるトポロジカル相は，2010年以降，さかんに研究されてきたテーマの一つである．この研究の当初の目的は，2005年以降，物性物理学の分野で活発に研究されてきたトポロジカル絶縁体と同様の物理現象を量子ウォークで再現することにあった．実験において系のパラメータを高精度に制御することが可能であり，さらに確率分布を直接観測することができる量子ウォークは，トポロジカル絶縁体に関する理論予測の検証に適していたからである．物性物理学では，ほとんどの場合ハミルトニアンにより系を定義するのに対し，量子ウォークでは時間発展作用素により系を定義するため，初期の研究は，トポロジカル絶縁体の理論を量子ウォークに"翻訳"することに重点がおかれた．しかし，本章の最後に述べるように，量子ウォークの実験では粒子の流出入効果も制御可能であるため，開放量子系特有のトポロジカル相の研究に適していることが明らかになり，非エルミート系におけるトポロジカル相や開放量子系の基礎研究においても，量子ウォークの重要性が高まっている．

15.1 トポロジカル絶縁体

本節ではまず，過去10年間，物性物理学の分野でさかんに研究されてきたトポロジカル絶縁体の基礎について説明を行う．

15.1.1 トポロジカル絶縁体とは

トポロジカル絶縁体とは，物質の内部 (以後，バルクとよぶ) の電気的特性は絶縁体であるが，その物質の表面にのみ電流が流れる特殊な状態が現れるため，従来の金属や絶縁体とは大きく異なる量子状態を有する物質群である．

物質内部の電子状態を記述するハミルトニアンのスペクトル (固有エネルギー) の観点から，金属・絶縁体・トポロジカル絶縁体について説明する．以下では，

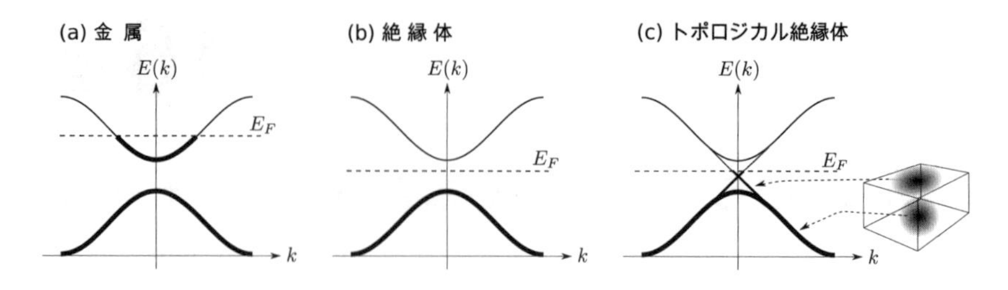

図 15.1　(a) 金属，(b) 絶縁体，(c) トポロジカル絶縁体における電子状態を記述するハミルトニアンのスペクトル E の波数 k 依存性 (分散関係) の概念図．太線 (細線) は，電子が占有している (していない) 絶対連続スペクトルを表す．破線は，フェルミエネルギー E_F を表す．

立方体のような境界のある物質の電子状態を記述するハミルトニアンのスペクトルに注目する．まず，系の内部 (すなわちバルク) で固有状態の成分が有限値となるスペクトルに対応する E_b と，表面近傍のみで固有状態の成分が有限値となるスペクトルに対応する E_s という 2 種類のスペクトルに大別する．E_b は，通常の物質では，ある区分内で絶対連続スペクトルであると考える．E_s についても，本節では，ある区分内で絶対連続スペクトルであるとして説明を行うが，完全に局在した表面状態は孤立した固有値となる．次節で説明するように，1 次元系における表面状態がこれに対応する．

簡略化した状況では，図 15.1(a), (b) に示すように，金属，絶縁体では，バルクのスペクトル E_b のみが区分的に存在し，その区分をエネルギーバンドとよぶ．一方で，スペクトルが存在しない区分が存在し，その区分をエネルギーギャップとよぶ．(フェルミ粒子である) 電子は，物質固有のパラメータであるフェルミエネルギー E_F 以下のスペクトルを，値が低い方から順に占有する性質がある．金属ではフェルミエネルギー E_F がスペクトル E_b の中にあるので，E_F 直下のスペクトルまで電子が占有し，微小な電場を物質に印加するだけで電子を励起できる．一方， 絶縁体では，E_F がエネルギーギャップ中に存在するため，微小な電場では電子を励起することができず，電流は生じない．

トポロジカル絶縁体の場合，図 15.1(c) に示すように，バルクのスペクトルにはエネルギーギャップが存在し，フェルミエネルギー E_F はそのエネルギーギャップ中に存在する．よって，先に説明した絶縁体と同様に，バルクの電気的性質は絶縁体になる．しかし，トポロジカル絶縁体では，物質表面に特殊な

電子状態 E_s が現れ，この電子状態は，上下 2 つのバルクのスペクトル E_b の間のエネルギーギャップを埋め尽くすようなスペクトル E_s を構成する．したがって，図 15.1(c) に示すように，フェルミエネルギー E_F は，表面近傍のスペクトル E_s 中に存在することになる．すると，金属と同様に，微小な電場により表面近傍の電子のみを励起することが可能となる．結果として，トポロジカル絶縁体では，表面にのみ電流が生じる．このような物質群は，通常バルクの波動関数を用いて定義されるトポロジカル不変量により特徴づけられるため，トポロジカル絶縁体とよばれる．

このようなトポロジカル絶縁体特有の表面状態を示すものの代表例として，1980 年代にさかんに研究された量子ホール絶縁体 (量子ホール効果) がある．量子ホール効果とは，強い垂直電場を印加した 2 次元電子系において，横伝導度が量子化されることにより，磁場の強度を変化させても，横伝導度がとびとびの値しかとれなくなる現象である．このような特殊な電気伝導特性は，2 次元の端に電気抵抗がゼロとなる 1 次元的な表面状態が現れるためである．その後の理論研究により，この系の横伝導度は，チャーン数に比例することが明らかとなった．

それから約 20 年後の 2005 年，磁場を外部から印加せずとも，量子ホール効果と類似の物理現象を生じることが可能であることが示された [15]．スピン–軌道相互作用とよばれる，電子スピンと電子の軌道運動とが結合する効果が，有効的に互いに逆向きの垂直磁場が印加した 2 つの 2 次元電子系を組み合わせた系に対応するためである．そのため，個々の 2 次元電子系には表面に逆向きの 1 次元完全伝導チャネルが存在するが，系全体としては磁場は相殺しているという点で，量子ホール効果とは異なる．この量子スピン・ホール効果とよばれる現象は，2007 年にドイツの研究グループが，HgTe の 2 次元電子系に対して，外部磁場を印加せずとも量子化された電気伝導度を観測することにより，実験的に確認された [20]．

量子スピン・ホール絶縁体の研究により，トポロジカル絶縁体の表面状態がより普遍的に生じうることが明らかとなり，トポロジカル絶縁体の研究が爆発的に加速するようになった．その後，このようなトポロジカル絶縁体は，2 次元系に限らず任意の空間次元で存在することが理論的に示され，スピン–軌道相互作用の強い Bi_2Se_3 などが 3 次元トポロジカル絶縁体であることが実験により確認されている．

15.1.2 ベリー位相とトポロジカル数

次に，トポロジカル絶縁体において重要なトポロジカル不変量であるトポロジカル数について説明をする．トポロジカル不変量を説明するために，1984 年に Berry により提案されたベリー位相 [5] を考える．ベリー位相は以下のように定義される．

まず，時間 t に依存するハミルトニアン $H[\mathbf{R}(t)]$ を考える．ここでパラメータ $\mathbf{R}(t)$ は，時間に依存するベクトル量であり，$\mathbf{R}(t+T)=\mathbf{R}(t)$ のように周期 T により周期的に時間変化する．例えば，磁場の大きさと方向が時間に対し周期的に変化すると考えるとよい．ここで時間 t をパラメータとして，ある瞬間 t における定常状態のシュレーディンガー方程式を考えると，n 番目の固有値 $E_n[\mathbf{R}(t)]$，および固有状態 $|n,\mathbf{R}(t)\rangle$ は，

$$H[\mathbf{R}(t)]|n,\mathbf{R}(t)\rangle = E_n[\mathbf{R}(t)]|n,\mathbf{R}(t)\rangle$$

を満たす．$|n,\mathbf{R}(t)\rangle$ は，一般には，時間に依存するシュレーディンガー方程式

$$i\hbar\frac{\partial}{\partial t}|\psi_n,t\rangle = H[\mathbf{R}(t)]\,|\psi_n,t\rangle \tag{15.1}$$

の解ではない．(ここで $\hbar$ はプランク定数 h を 2π で割ったものである．) しかし，$\mathbf{R}(t)$ がゆっくりと時間変化するとし，他の固有状態への遷移が無視できる断熱極限において，時間が経っても常に n 番目の状態に留まると仮定することができる．すると，時刻 t における量子状態 $|\psi_n,t\rangle$ は n 番目の固有状態 $|n,\mathbf{R}(t)\rangle$ に，高々位相因子がついたものであると考えられる．その位相の一部は，各時刻における固有値 $E_n(t)$ を積算したものとして，位相は

$$e^{-i\phi(t)}, \quad \phi(t)=\hbar^{-1}\int_0^t dt'\,E_n[\mathbf{R}(t')]$$

となると期待される．ベリー位相は，さらに，固有値 $E_n[\mathbf{R}(t)]$ とは無関係な付加的な位相 $e^{i\gamma_n(t)}$ である．すなわち，断熱極限における (15.1) 式の解は，

$$|\psi_n,t\rangle = e^{i\gamma_n(t)}e^{-i\phi(t)}|n,\mathbf{R}(t)\rangle \tag{15.2}$$

となる．(15.2) 式を (15.1) 式に代入し，外部パラメータが，t から $t+T$ へ 1 周する間に波動関数が獲得するベリー位相を求めると次式を得る．

$$\gamma_n = \oint_C d\mathbf{R}\cdot\mathbf{A}_n, \quad \mathbf{A}_n = i\langle n,\mathbf{R}|\nabla_{\mathbf{R}}|n,\mathbf{R}\rangle. \tag{15.3}$$

ここで，$\mathbf{A}_n$ をベリー接続とよび，積分経路 C は，パラメータが $\mathbf{R}(0)$ から $\mathbf{R}(T)$

まで変化するとき，$\mathbf{R}$ が描くパラメータ空間内における閉曲線を表す．γ_n が有限値をとるかどうかは，この経路による．ベリー位相が幾何学的位相とよばれる由縁である．(15.3) 式に対して，ストークスの定理を用い，閉曲線 C に囲まれる領域 S として，線積分を面積分に書き直すと，

$$\gamma_n = \int_S d\mathbf{S} \cdot \mathbf{\Omega}_n, \quad \mathbf{\Omega}_n = \nabla_{\mathbf{R}} \times \mathbf{A} \tag{15.4}$$

となる．ここで，$\mathbf{\Omega}_n$ はベリー曲率とよばれる．

ここまでは，パラメータ $\mathbf{R}(t)$ が，時間の周期関数であるとした．しかし，結晶中の電子は，原子の結晶構造にともなう離散並進対称な実空間周期性を有するため，時間周期変動場がなくても，電子状態を表す波動関数にベリー位相が生じうる．ブロッホの定理により，実空間ベクトルを波数空間ベクトル $\mathbf{k}$ に変換すると，$\mathbf{k}$ は，(等方的な結晶を仮定し) 格子間隔を a としたとき周期 $2\pi/a$ の周期関数となるため，閉曲線を描く．n 番目のエネルギー・バンドの固有状態を $|n(\mathbf{k})\rangle$ とし，(15.3), (15.4) 式を以下のように書き直す．

$$\gamma_n = \oint_C d\mathbf{k} \cdot \mathbf{A}_n \tag{15.5}$$

$$= \int_S d\mathbf{S} \cdot \mathbf{\Omega}_n, \tag{15.6}$$

$$\mathbf{A}_n = i\langle n(\mathbf{k})|\nabla_{\mathbf{k}}|n(\mathbf{k})\rangle, \quad \mathbf{\Omega}_n = \nabla_{\mathbf{k}} \times \mathbf{A}_n.$$

したがって，時間変動する外場を印加することなく，結晶中の電子の波動関数に有限のベリー位相が付随しうることになる．この結晶中の電子状態に対するベリー位相が量子化された有限値をとり，フェルミエネルギーがエネルギーギャップ中に存在する物質がトポロジカル絶縁体である．

1 次元系の場合は，(15.5) 式の波数ベクトル $\mathbf{k}$ をスカラーである波数 k に置き換えることになり，

$$\gamma_n = i\int_0^{2\pi} dk \, \langle n(k)|\partial_k n(k)\rangle \tag{15.7}$$

となる．後に説明するようにカイラル対称性を有する系では，ベリー位相は，巻き付き数 ν (整数) を用い，$\gamma_n = \pi\nu$ となる．

また 2 次元系の場合は，(15.6) 式を用い，2 次元面がデカルト座標の xy 平面にあるとし，x, y 軸方向の波数を k_x, k_y とすると，

$$\gamma_n = i\int_S dk_x dk_y \left[\nabla_{\mathbf{k}} \times \langle n(\mathbf{k})|\nabla_{\mathbf{k}}|n(\mathbf{k})\rangle\right]_z$$
$$= i\int_S dk_x dk_y \big(\langle \partial_x n(\mathbf{k})|\partial_y n(\mathbf{k})\rangle - \langle \partial_y n(\mathbf{k})|\partial_x n(\mathbf{k})\rangle\big)$$

となり，ベリー位相は，チャーン数 c (整数) を用い，$\gamma_n = 2\pi c$ となる．

15.1.3 バルク–エッジ対応

バルクの波動関数より計算されたトポロジカル数から，表面状態の存在を導くのに重要となるのが，バルク–エッジ対応である．例えば，2 つのトポロジカル絶縁体を接合したとき，バルク–エッジ対応は，以下の式で表される．

$$N = |\nu_1 - \nu_2|.$$

ここで，整数 N は接合面に局在するエッジ状態 (固有状態) の数，ν_1, ν_2 は，それぞれのトポロジカル絶縁体のトポロジカル数を示す．すなわち，トポロジカル数の差の絶対値が，表面状態 (固有状態) の数を与えるのである．また，真空のトポロジカル数はゼロであるため，孤立したトポロジカル絶縁体の表面には，トポロジカル数と同じ数の表面状態が現れることが期待される．

以上のように，トポロジカル絶縁体の理論は，トポロジカル数とバルク–エッジ対応を用いることにより，トポロジカル数が変化する境界近傍に局在する表面状態の存在を予言する．

15.1.4 対称性とトポロジカル相の分類

トポロジカル数が有限になるか否か，すなわちトポロジカル絶縁体となるか否かは，電子状態を表すハミルトニアンに対する基本的な対称性の有無が重要であることが知られている [28]．不純物に対する安定性から結晶構造などの微視的な構造によらないと考え，この基本的な対称性は，時間反転対称性，粒子–ホール対称性，カイラル対称性の 3 つとする．時間反転対称性・粒子–ホール対称性・カイラル対称性を有するとは，ハミルトニアン H とそれぞれの対称性作用素 $\mathcal{T}, \Xi, \Gamma$ とが，以下に示すように，可換または反交換可能であるとして定式化される．

$$\text{時間反転対称性：} \quad [\mathcal{T}, H] = 0, \quad \mathcal{T}^2 = \pm 1, \tag{15.8}$$
$$\text{粒子–ホール対称性：} \quad \{\Xi, H\} = 0, \quad \Xi^2 = \pm 1, \tag{15.9}$$
$$\text{カイラル対称性：} \quad \{\Gamma, H\} = 0, \quad \Gamma^2 = 1. \tag{15.10}$$

表 15.1 $d = 1, 2, 3$ 次元におけるトポロジカル相の分類表．TRS, PHS, CS は，それぞれ時間反転対称性，粒子–ホール対称性，カイラル対称性を示す．該当する対称性がない場合は 0，対称性がある場合は $(\pm)1$ とする．TRS と PHS の場合に ± 1 となるのは，これらの対称性作用素が非ユニタリ作用素であるため，その 2 乗が ± 1 となることに対応する．ここで，$\mathbb{Z}$ と $\mathbb{Z}_2$ は，それぞれトポロジカル数が整数，2 値をとることを表す．

対称性クラス名	TRS	PHS	CS	$d=1$	$d=2$	$d=3$
A	0	0	0	-	$\mathbb{Z}$	-
AI	+1	0	0	-	-	-
AII	−1	0	0	-	$\mathbb{Z}_2$	$\mathbb{Z}_2$
AIII	0	0	1	$\mathbb{Z}$	-	$\mathbb{Z}$
BDI	+1	+1	1	$\mathbb{Z}$	-	-
CII	−1	−1	1	$\mathbb{Z}$	-	$\mathbb{Z}_2$
D	0	+1	0	$\mathbb{Z}_2$	$\mathbb{Z}$	-
C	0	−1	0	-	$\mathbb{Z}$	-
DIII	−1	+1	1	$\mathbb{Z}_2$	$\mathbb{Z}_2$	$\mathbb{Z}$
CI	+1	−1	1	-	-	$\mathbb{Z}$

ただし，物理的要請から，時間反転対称性作用素と粒子–ホール対称性作用素は，複素共役作用素 K を含む反ユニタリ作用素であるが，カイラル対称性作用素 Γ はユニタリ作用素となる．また，これらの対称性は，基本的には系に不規則性があっても成立するものなので，場所に依存しないはずである．この 3 つの対称性の有無の組合せにより，表 15.1 に示すように 10 種類のクラスに分類できる [28]．ある空間次元 d において，トポロジカル絶縁体になりうるのは，このうちの 5 つであることがわかっている．

トポロジカル不変量は，系に対し連続的な変形を行っても，不変に保たれる．したがって，トポロジカル絶縁体におけるトポロジカル数も，系を連続的に変形しても，不変に保たれるはずである．逆に，トポロジカル絶縁体における不連続な変形が何であるのかというと，一つ目は，トポロジカル絶縁体に対して，その対称性を変えるような操作を系に対して行うことである．二つ目は，対称性を変えない場合でも，フェルミエネルギーが存在するエネルギーギャップを閉じるような変形である．エネルギーギャップが閉じると，トポロジカル数が定義できないためである．

ここでは 3 つの対称性のみを考慮したトポロジカル数の分類を紹介したが，

その後のトポロジカル絶縁体の研究により，現在では結晶構造の対称性 (すなわち点群) など，より多様な対称性を考慮した分類も行われている [10].

15.2 量子ウォークにおけるトポロジカル相と局在化

前節のトポロジカル絶縁体についての解説をふまえ，本節では量子ウォークにおけるトポロジカル相とその表面状態について説明する．この研究は，2010 年の Kitagawa らによる研究 [17, 18] から幕を開け，現在も活発に研究が行われている．ここでは，主に 1 次元量子ウォークにおけるトポロジカル相とその表面状態について解説する．15.1.1 項で説明したように，1 次元系におけるトポロジカル相の表面状態は，図 15.2 に示すように，トポロジカル数が変化する境界近傍に局在する状態となる．1 次元系であるため，他の方向に拡がることができないため，完全に局在した状態であり，前節までと異なり，孤立した固有値の固有状態となる．この局在状態は，2004 年以降に量子ウォークの局在化としてさかんに調べられてきた研究 [12, 13, 14, 21] とも密接に関係している．すなわち，以前から研究されていた量子ウォークの局在化をトポロジカル絶縁体の観点から，理解することができる．

15.2.1 時間発展作用素

まず，本章で用いる量子ウォークを定義する．話を簡単にするため，2 つの内部自由度を有する粒子が 1 次元格子空間を運動する，離散時間量子ウォーク

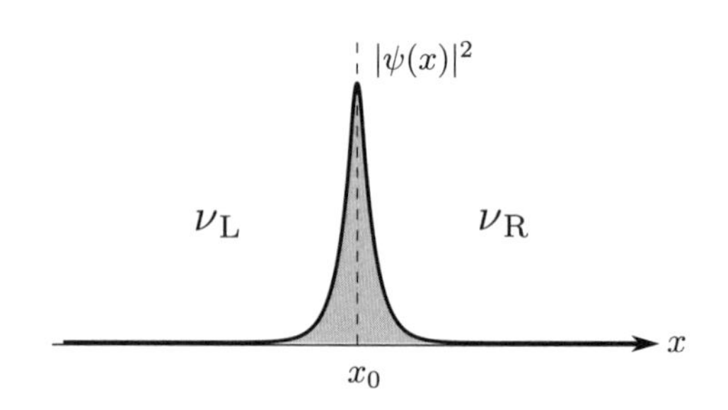

図 15.2 1 次元系における表面状態の概念図．位置 x_0 より左側 (右側) のトポロジカル数を ν_{L} (ν_{R}) とし，$\nu_{\mathrm{L}} \neq \nu_{\mathrm{R}}$ のとき，x_0 近傍に局在した表面状態が現れる．この表面状態は，量子ウォークの時間発展作用素の孤立した固有値に対応する固有状態 $\psi(x)$ である．

に限定する．この粒子の時刻 t $(\in \mathbb{Z})$ における量子状態は，以下のように表すことができる．

$$|\psi(t)\rangle = \sum_{x\in\mathbb{Z}} \sum_{s=L,R} \psi_s(x,t)\,|x\rangle \otimes |s\rangle. \tag{15.11}$$

ここで，$|x\rangle$ は 1 次元格子空間の位置基底，$|s=L,R\rangle$ は内部自由度に関する基底を表し，$\psi_s(x,t)$ は，時刻 t，位置 x，内部自由度 s における波動関数振幅を表す．また，$\otimes$ は直積を表す．内部自由度 L, R は，それぞれ，左進行子 (Left mover) と右進行子 (Right mover) 成分を表す．この内部自由度は，実際の実験系では，光子の縦・横偏光成分や、冷却原子のアップ・ダウンスピンなどに対応する．

この量子状態に作用する 2 つのユニタリ作用素であるコイン作用素とシフト作用素を導入する．コイン作用素は粒子の内部自由度の状態を変化させ，シフト作用素は，粒子の内部自由度 (左・右進行子成分) に応じ，粒子の位置を変化させる．本節では，具体的に以下のコイン作用素とシフト作用素を考える．内部自由度の基底を $|L\rangle = (1,0)^T$, $|R\rangle = (0,1)^T$ (上添字 T は転置を表す) とする．そのうえで，コイン作用素とシフト作用素を次のように定義する．

$$C(\theta) = \sum_{x\in\mathbb{Z}} |x\rangle\langle x| \otimes \widetilde{C}[\theta(x)], \tag{15.12}$$

$$\widetilde{C}[\theta(x)] = \begin{pmatrix} \cos\theta(x) & -\sin\theta(x) \\ \sin\theta(x) & \cos\theta(x) \end{pmatrix} = e^{-i\theta(x)\sigma_2}, \tag{15.13}$$

$$S = \sum_{x\in\mathbb{Z}} \Big(|x-1\rangle\langle x| \otimes |L\rangle\langle L| + |x+1\rangle\langle x| \otimes |R\rangle\langle R| \Big). \tag{15.14}$$

ここで，パウリ行列 $\sigma_1, \sigma_2, \sigma_3$，すなわち

$$\sigma_1 = \begin{pmatrix} 0 & 1 \\ 1 & 0 \end{pmatrix}, \quad \sigma_2 = \begin{pmatrix} 0 & -i \\ i & 0 \end{pmatrix}, \quad \sigma_3 = \begin{pmatrix} 1 & 0 \\ 0 & -1 \end{pmatrix},$$

および 2 次元単位行列 σ_0 は，内部自由度に作用するとする．この 2 つの基本的な作用素の組合せにより，量子ウォークの 1 タイムステップの時間発展作用素を定義する．よく用いられるものとして，シフト作用素の数で区別される単一ステップ量子ウォーク，2 ステップ量子ウォークがあり，それぞれの時間発展作用素 U_1, U_2 は，以下のように定義される．

$$U_1 = SC[\theta(x)], \tag{15.15}$$

$$U_2 = SC[\theta_2(x)]SC[\theta_1(x)]. \tag{15.16}$$

ここで，C と S はユニタリ作用素なので，U_1, U_2 もユニタリ作用素である．

このような時間発展作用素 U を初期状態 $|\psi(0)\rangle$ に t 回繰り返し作用させることにより，t タイムステップ後の状態は

$$|\psi(t)\rangle = U^t|\psi(0)\rangle \tag{15.17}$$

となる．

15.2.2 時間発展作用素の対称性

トポロジカル数が有限になるかどうかは，系の次元と対称性によって決まる対称性クラスが重要となることを 15.1.4 項のトポロジカル相の分類で述べた．1 次元系の場合，カイラル対称性を有するカイラルクラス (表 15.1 の BDI, AIII, CII) は，巻き付き数によって特徴づけられるトポロジカル絶縁体になることが知られている．そこで，カイラル対称性を有する 1 次元量子ウォークに着目することとする．

量子ウォークにおける対称性の議論において，1 タイムステップ時間発展作用素 U により定義される量子ウォークに対し，ハミルトニアンに対する対称性の関係式 (15.8)〜(15.10) を用いるのは不便なので，まずは時間発展作用素に対する対称性の関係式を導く必要がある．ハミルトニアンは時間発展作用素の生成作用素であるため，時間に依存しない有効ハミルトニアン H_{eff} を導入すると，

$$U = e^{-iH_{\text{eff}}t/\hbar} \tag{15.18}$$

なる関係が成り立つ．(15.18) 式を用いて，3 つの対称性 [(15.8)〜(15.10) 式] を時間発展作用素に対する対称性に書き直すと以下のとおりである．

$$\text{時間反転対称性:} \quad \mathcal{T}\,U\,\mathcal{T}^{-1} = U^{-1}, \quad \mathcal{T}^2 = \pm 1, \tag{15.19}$$

$$\text{粒子–ホール対称性:} \quad \Xi\,U\,\Xi^{-1} = U, \quad \Xi^2 = \pm 1, \tag{15.20}$$

$$\text{カイラル対称性:} \quad \Gamma\,U\,\Gamma^{-1} = U^{-1}, \quad \Gamma^2 = 1. \tag{15.21}$$

時間反転対称性やカイラル対称性の場合，右辺は U^{-1} となることに注意が必要である．

以下では，(15.15) 式の単一ステップ量子ウォークの時間発展作用素 U_1 の対称性を明らかにする．(15.13), (15.14) 式で与えられるコイン作用素とシフト作用素は，その成分が実数であるため，U_1 は，$\Xi = \sum_{x\in\mathbb{Z}} |x\rangle\langle x| \otimes \sigma_0\mathcal{K}$ ($\mathcal{K}$ は複素共役作用素) と定義することにより，粒子–ホール対称性 (15.20) を満たすこと

が容易に確認できる．

一方，時間反転対称性 (15.19) 式とカイラル対称性 (15.21) 式については，U_1 に対して，これらの関係式を満たす対称性作用素を求めると，その作用素は場所に依存する局所的な作用素になってしまい，不純物に対する安定性が保証されないことになる．この問題を解決するために，対称時間軸 [2, 25] という手法を用いる．この手法では，対称性作用素がグローバルな表式になるよう，時間発展作用素の時間の原点を再定義する．(15.16) 式の U_1 のうち最初のコイン作用素を $C(\theta_1) = C(\theta_1/2)C(\theta_1/2)$ と分離し，$C(\theta_1/2)$ に要する時間だけ，時間の原点を正の方向に移動した時間発展作用素を再定義する．

$$U_1' = C(\theta_1/2)SC(\theta_1/2). \tag{15.22}$$

このように時間発展作用素を選ぶと，$\mathcal{T} = \sum_{x\in\mathbb{Z}} |x\rangle\langle x| \otimes \sigma_1 \mathcal{K}$ としたとき，U_1' は (15.19) 式を満たすため，時間反転対称性はグローバルな対称性になる．同様にカイラル対称性についても，$\Gamma = \sum_{x\in\mathbb{Z}} |x\rangle\langle x| \otimes \sigma_1$ とすると，U_1' は (15.21) 式を満たす．さらに，$\mathcal{T}^2 = +1$, $\Xi^2 = +1$ より，U_2 は，トポロジカル相の分類表 15.1 のクラス BDI に属する．1 次元系のクラス BDI は，$\mathbb{Z}$ トポロジカル相を有するため，この系にはトポロジカル相に起因する表面状態が現れることがわかる．

じつは，対称時間軸により再定義された時間の原点は一意には決まらず，2 つ存在する．それは，対称時間軸の考え方が，時間発展作用素 U を $U = U_a U_b$ の 2 つの作用素の積であるとし，以下の関係式を満たすことを仮定するためである．

$$XU_aX^{-1} = U_b^{-1} \qquad (\text{ここで } X \text{ は，} \mathcal{T} \text{ か } \Gamma \text{ を表す}).$$

この関係式を満たすのであれば，U_aU_b だけではなく，U_bU_a もまた，同じ対称性を有する．具体的には，U_1 に対しては，U_1' の他に，

$$\begin{aligned} U_1'' &= S_+ C(\theta_1) S_-, \\ S_+ &= \sum_{x\in\mathbb{Z}} \Big(|x\rangle\langle x| \otimes |L\rangle\langle L| + |x+1\rangle\langle x| \otimes |R\rangle\langle R| \Big), \\ S_- &= \sum_{x\in\mathbb{Z}} \Big(|x-1\rangle\langle x| \otimes |L\rangle\langle L| + |x\rangle\langle x| \otimes |R\rangle\langle R| \Big) \end{aligned} \tag{15.23}$$

も，まったく同じ対称性作用素を用いて，クラス BDI に属する．じつはこの 2 つの時間発展作用素の存在が，量子ウォークのトポロジカル数を計算するうえ

で，本質的に重要になる．

15.2.3　$\mathbb{Z} \times \mathbb{Z}$ トポロジカル数

本項では，(15.21) 式を満たすようなカイラル対称性を有する量子ウォークを前提に議論を行う．通常，量子ウォークの時間発展作用素はユニタリ作用素であるので，$U|\psi\rangle = \lambda|\psi\rangle$ という固有値方程式において，固有値 λ の絶対値は 1 になる．そこで，物理的な議論を行う際は (15.18) 式をふまえ，

$$\lambda = e^{-i\varepsilon}$$

とするのが都合がよい．ここで，ε は擬エネルギーとよばれ，2π 周期性を有する．ただし $\hbar = 1, t = 1$ とした．

カイラル対称性 (15.21) 式が成立するとき，$U|\psi\rangle = e^{-i\varepsilon}|\psi\rangle$ を満たす固有状態があれば，擬エネルギーの符号が反転した固有状態 $U(\Gamma|\psi\rangle) = e^{+i\varepsilon}(\Gamma|\psi\rangle)$ も存在することが保証される．ここで $\varepsilon = 0$ のときは注意が必要となり，$\Gamma|\psi\rangle = \pm|\psi\rangle$ というように，位相を除いてもとの波動関数にもどるような特殊な固有状態が存在する場合がある．じつは，このような $\varepsilon = 0$ の固有状態が，トポロジカル相による局在状態に対応する．ただし，ε は 2π 周期性を有するため，同様の議論は $\varepsilon = \pi$ の固有状態に対しても成り立つ．このことから，量子ウォークの場合，$\varepsilon = 0$ に加え $\varepsilon = \pi$ に対するトポロジカル数 ν_0 と ν_π を導入する必要がある．

この 2 つのトポロジカル数を計算する方法は Asbóth *et al.* [2] で提案された．まず，前項で導入したカイラル対称性を有する 2 つの時間発展作用素 U', U'' から，それぞれ，巻き付き数 ν', ν'' を計算する (具体的な計算は次節で述べる)．さらに，ν' と ν'' から，$\varepsilon = 0$ と $\varepsilon = \pi$ に対するトポロジカル数 ν_0 と ν_π を次式により得ることができる [2]．

$$\nu_0 = \frac{\nu + \nu'}{2}, \qquad \nu_\pi = \frac{\nu - \nu'}{2}. \tag{15.24}$$

この方法により，量子ウォークに対しトポロジカル数 ν_0 と ν_π を求め，そのトポロジカル数が代わる境界において，局在状態が現れることになる．

15.2.4　具体例：単一ステップ量子ウォークのトポロジカル数

ここでも，(15.15) 式の単一ステップ量子ウォークの時間発展作用素 U_1 を例として，トポロジカル数の計算を行う．トポロジカル数は連続変形に対して不変であ

るため，コイン作用素のパラメータ θ が空間的に一様な系を仮定し，計算が容易な波数空間を考える．波数空間では，コイン作用素は $C(\theta) = \int dk\,|k\rangle\langle k|e^{-i\theta\sigma_2}$，シフト作用素が $S(k) = \int dk\,|k\rangle\langle k|e^{ik\sigma_3}$ となることを用いると [22]，U' と U'' の固有値・固有ベクトルは，2 次正方行列の固有値問題を解くことにより導出される．さらに固有値問題の簡単化のため，U' に対し，$e^{i\pi/4\sigma_2}U'e^{-i\pi/4\sigma_2}$ とユニタリ変換すると，固有値は $\lambda'_\pm = \cos k\cos\theta \mp i\sqrt{1-\cos^2 k\cos^2\theta}$ となり，対応する固有ベクトル $|\lambda'_\pm(k)\rangle$ は

$$|\lambda'_\pm(k)\rangle = \frac{1}{\sqrt{2}}\begin{pmatrix}\pm e^{i\phi(k)} \\ 1\end{pmatrix}, \quad e^{i\phi_\pm(k)} = \frac{\sin k - i\cos k\sin\theta}{\sqrt{1-\cos^2 k\cos^2\theta}}$$

となる．$|\lambda'_+(k)\rangle$ を (15.7) 式に代入し，ベリー位相を計算し，π で割ると

$$\begin{aligned}\nu' &= \frac{1}{2\pi}\oint d\phi(k) = \frac{\phi(2\pi)-\phi(0)}{2\pi} \\ &= \begin{cases} +1, & 2n\pi < \theta < (2n+1)\pi, \\ -1, & (2n+1)\pi < \theta < 2(n+1)\pi \end{cases} \qquad (n \in \mathbb{Z})\end{aligned} \tag{15.25}$$

となり，ν' が巻き付き数であることがわかる．U'' に対しても同様の計算を行うと，$\nu'' = 0$ となる．したがって，(15.24) 式より，

$$(\nu_0, \nu_\pi) = \begin{cases} \left(\dfrac{1}{2}, \dfrac{1}{2}\right), & 2n\pi < \theta < (2n+1)\pi, \\ \left(-\dfrac{1}{2}, -\dfrac{1}{2}\right), & (2n+1)\pi < \theta < 2(n+1)\pi \end{cases} \tag{15.26}$$

を得る．

15.2.5 表面状態と量子ウォークの局在化

前項の結果を用い，トポロジカル相の観点から，単一ステップ量子ウォークの局在化を考える．前節では，θ が一定の一様系を仮定したが，ここでは θ は位置 x に依存するとする．(15.26) 式に従い，θ を適切に空間変化させることによりトポロジカル数を変えれば，バルク–エッジ対応より，トポロジカル数が変化する境界近傍に表面状態が現れるはずである．バルク–エッジ対応を確認するため，θ を以下のように変化させることを考える．一つ目は

$$\theta_A(x) = \begin{cases} \pi/8, & x < 0, \\ \pi/4, & x \geq 0 \end{cases} \tag{15.27}$$

とした場合であり，(15.26) 式より，$x<0, x\geq 0$ におけるトポロジカル数は

$$(\nu_0, \nu_\pi) = \begin{cases} \left(\dfrac{1}{2}, \dfrac{1}{2}\right), & x < 0, \\ \left(\dfrac{1}{2}, \dfrac{1}{2}\right), & x \geq 0 \end{cases} \tag{15.28}$$

となり，すべての x で同じ値となる．すなわち，バルク–エッジ対応より，表面状態は現れないと考えられる．二つ目は，

$$\theta_B(x) = \begin{cases} -\pi/8, & x < 0, \\ \pi/4, & x \geq 0 \end{cases} \tag{15.29}$$

とした場合であり，$x<0, x\geq 0$ におけるトポロジカル数は

$$(\nu_0, \nu_\pi) = \begin{cases} \left(-\dfrac{1}{2}, -\dfrac{1}{2}\right), & x < 0, \\ \left(\dfrac{1}{2}, \dfrac{1}{2}\right), & x \geq 0 \end{cases} \tag{15.30}$$

となり，$x=0$ 近傍において，擬エネルギー $\varepsilon = 0, \pi$ (固有値 $\lambda = 1, -1$) の表面状態が現れることが期待される．

そこで，(15.27) 式の $\theta_A(x)$，(15.29) 式の $\theta_B(x)$ を用いて，単一ステップ量子ウォークの 100 タイムステップ後の確率分布を数値計算により求めた結果を図 15.3 に示す．初期状態は，$x=0$ において $\dfrac{1}{\sqrt{2}}(|L\rangle + i|R\rangle)$ とし，確率分布 $P(x)$ は，

$$P(x) = |\psi_L(x, 100)|^2 + |\psi_R(x, 100)|^2$$

を表す．$\theta_A(x)$ の場合 (図 15.3(a))，確率分布のピークは両端に現れることがわかる．一方，$\theta_B(x)$ の場合 (図 15.3(b))，確率分布のピークは両端に加え，原点 $(x=0)$ 近傍にも現れることがわかる．この原点近傍のピークは，タイムステップを増加させても，残り続ける．この確率分布のピークは，トポロジカル相により誘起された表面状態に由来する．以上は数値計算の結果であるが，コイン演算子が $x=0$ の左右で異なる二相系量子ウォークにおいて，量子ウォークの局在化を示す固有値，定常測度，時間平均極限測度などの厳密解が得られており [6, 7, 8]，その結果は，バルク–エッジ対応による予測と一致することが確か

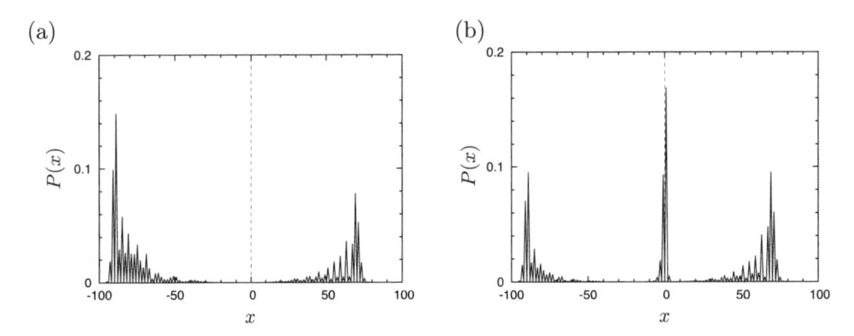

図 15.3 $x \geq 0$ において $\theta = \pi/4$，かつ $x < 0$ において (a) $\theta = -\pi/8$，(b) $\theta = \pi/8$，とした単一ステップ量子ウォークの 200 タイムステップ後の確率分布 $P(x)$．初期状態を $x = 0$ において $\frac{1}{\sqrt{2}}(1, 1)$ とした．

められている．また，図 15.3(b) に示すような原点における確率分布のピークは，光子や古典レーザー光を用いた量子ウォークにより，実験で観測されている [19, 3]．

これまでは 1 次元系の量子ウォークのみ議論してきたが，最近では 2 次元系における量子ウォークのトポロジカル相の研究も行われている [1, 9]．2 次元系では，トポロジカル数も 2 次元空間で変化させることが可能なため，トポロジカル数の変化する境界が 1 次元的な場合，表面状態は境界に垂直方向には局在し，境界面に沿った方向には拡がった状態となる．このとき，表面状態は，図 15.1(c) に示すようなエネルギーギャップを埋めるような連続スペクトルになる．したがって，1 次元系とは異なるより多彩な現象が現れる．今後，高次元系量子ウォークにおけるトポロジカル相に関する研究がよりいっそうさかんになると考えられる．

15.3 非ユニタリ量子ウォークのトポロジカル相と開放量子系

本章の最後に，量子ウォークのトポロジカル相に関する最近の研究として，非ユニタリな時間発展作用素に対するものを紹介する．ここで考える非ユニタリな時間発展作用素は，現象論的に粒子の流出入効果を取り入れた非エルミートな開放量子系のダイナミクスを記述するものと考える．このような非ユニタリな時間発展作用素は，古典レーザー光はもとより，光子の流出効果を高精度に制御することにより，量子系の実験においても実現可能である．量子ウォークは量子情報・量子計算への応用という点が期待されているが，この研究は，開放量子系における非平衡・非定常状態に関する基礎的研究という点でも重要である．本節では特に，開放量子系のなかでも，近年注目を集めているパリティ–時間反転対称性 (Parity と Time-reversal symmetry の頭文字をとり，PT 対称性とよぶ) を有する量子ウォークについて説明する．PT 対称性を有する量子ウォークは，非ユニタリ作用素でありながら，その固有値の絶対値が 1 になるなど，数学的にも興味深い性質を有する．

15.3.1　非エルミート・ハミルトニアンにおける PT 対称性

まずは，非エルミート・ハミルトニアンにおける PT 対称性について説明する．この研究は，1998 年に発表された Bender と Boettcher の研究 [4] からはじまった．量子力学では，エネルギーを含む観測可能な物理量が実数であるためには，物理量はエルミート作用素 (正確には，自己共役作用素) であることが要請される．しかし，Bender と Boettcher は，ポテンシャル項が複素数で表される非エルミートなハミルトニアンであっても，空間反転操作 (すなわちパリティ) と時間反転操作を同時に行った際に系が不変に保たれるのであれば，系の固有エネルギーが実数になりうることを示した．

より明確に定義すると，PT 対称性作用素は，空間反転操作を行うユニタリ作用素 $\mathcal{P}$ と時間反転操作を行う反ユニタリ作用素 $\mathcal{T}$ の積で表される反ユニタリ作用素 $\mathcal{PT}$ として定義される．非エルミートなハミルトニアン H_{PT} と PT 対称性作用素 $\mathcal{PT}$ が可換であるとき，すなわち

$$[\mathcal{PT}, H_{\mathrm{PT}}] = 0 \tag{15.31}$$

を満たすとき，非エルミート・ハミルトニアン H_{PT} は PT 対称性を有し，H_{PT} を PT 対称なハミルトニアンとよぶ．さらに，$|\Psi\rangle$ を非エルミート・ハミルトニアン H_{PT} の (一般に複素数の) 固有エネルギー E に対応する固有状態としたとき，位相因子を除いて，

$$\mathcal{PT}|\Psi\rangle = |\Psi\rangle \tag{15.32}$$

が満たされる場合，非エルミート・ハミルトニアンの固有エネルギーが実数になる．注意として，(15.31) 式を満たす H_{PT} であっても，H_{PT} の固有状態 $|\Psi\rangle$ が (15.32) 式を満すか否かは，ハミルトニアン H_{PT} の構造やパラメータに依存するということである．PT 対称な開放系の固有状態が (15.32) 式を満たすと

き，その固有エネルギー E は実数となり，そのパラメータ領域を PT 対称性が破れていない相 (PT-symmetry unbroken phase) とよぶ．一方，(15.32) 式を満たさないとき，固有エネルギーは複素数となり，そのパラメータ領域を PT 対称性が破れた相 (PT-symmetry broken phase) とよぶ．

非エルミート・ハミルトニアンの一例は，ポテンシャル項が複素数で与えられる場合であるが，ポテンシャル項の虚数部は，現象論的には粒子の流出入効果，いい換えると増幅–減衰効果，を表すため，このような非エルミート・ハミルトニアンは，現象論的な開放量子系とみなすことができるのである．

非エルミートなハミルトニアンの固有エネルギーが実数に保たれることは，数学的には興味深いことである．さらに，PT 対称な開放系は，レーザー光を用いた古典光学実験により実証されているため [11, 27, 26]，開放系を制御し，新規応用デバイスの開発につながるという点からも注目されている．

一方，量子系においては，実験系における粒子の流出入の効果と，理論で扱う現象論的な虚数ポテンシャルを含むハミルトニアンとの対応を定量的に評価することが困難であるため，信頼できる実験を行うことができず，PT 対称な量子力学による理論結果が現実の物理現象を正しく予測可能であるのかは，未解決問題として残されていた．

15.3.2　PT 対称な非ユニタリ量子ウォークとそのトポロジカル相

このようななか，量子ウォークを用いることにより，実験可能な PT 対称な開放量子系の理論提案が行われ [23, 24]，さらに開放量子系特有のトポロジカル相とエッジ状態の振る舞いが調べられた [16]．さらに，この理論結果は，光子を用いた量子ウォークの実験により実証されたことにより [29]，量子系においても PT 対称性による記述が有効であることが確かめられた．

まずは，PT 対称な非ユニタリ量子ウォークを定義する．粒子の流出入効果を取り入れるため，量子ウォークの新しい基本作用素として，現象論的な流出入作用素 G を導入する．

$$G = \sum_{x\in\mathbb{Z}} |x\rangle\langle x| \otimes \widetilde{G}, \quad \widetilde{G} = \begin{pmatrix} g & 0 \\ 0 & g^{-1} \end{pmatrix} = e^{\gamma\sigma_3}, \quad g = e^{\gamma}. \tag{15.33}$$

ここで，$\widetilde{G}$ は粒子の内部自由度に作用する．$\gamma \geq 0$ としたとき，$g = e^{\gamma}$ は 1 以上の実数であり，波動関数振幅を g 倍大きくする増幅因子であるため，現象論的に粒子の流入効果を表す．反対に g^{-1} は減衰因子であり，粒子の流出効果を表す．$\gamma > 0$ のとき，G は非ユニタリ作用素となる．

通常のユニタリなコイン作用素 $C(\theta)$ とシフト作用素 S に加え，流出入作用素 G を用いると，一般に量子ウォークの時間発展作用素は非ユニタリ作用素となる．ユニタリ作用素と区別するために，非ユニタリな量子ウォークの時間発展作用素を V と表記する．$V = e^{-iH_{\mathrm{eff}}t/\hbar}$ より，この時間発展作用素の有効ハミルトニアン H_{eff} は，非エルミート作用素となる．ここで，(15.19) 式の導出に用いた議論と (15.31) 式を用いると，V が PT 対称性を有するためには，関係式

$$(\mathcal{PT})V(\mathcal{PT})^{-1} = V^{-1} \tag{15.34}$$

を満たせばよいことがわかる．15.2.2 項で説明したように，時間反転対称性と同様に，右辺が V^{-1} となることから，PT 対称な時間発展作用素とその対称性作用素を得るには，対称時間軸を用いるのがよい．結果を示すと，そのような非ユニタリ時間発展作用素として次のものが考えられる．

$$V_2 = G^{-1}SC(\theta_2)GSC(\theta_1). \tag{15.35}$$

この V_2 は，粒子の流出入がない $(\gamma = 0)$ ときは，(15.16) 式のユニタリな 2 ステップ量子ウォーク U_2 と一致する．対称時間軸を用いると，やはり 2 つの時間発展作用素 $V_2' = V_aV_b$ と $V_2'' = V_bV_a$ が定義できる．ここで

$$V_a = C(\theta_1/2)G^{-1}SC(\theta_2/2), \qquad V_b = C(\theta_2/2)GSC(\theta_1/2)$$

である．PT 作用素を

$$\mathcal{PT} = \sum_x |-x\rangle\langle x| \otimes \sigma_3\mathcal{K} \tag{15.36}$$

とし，$\theta_{1,2}(x) = \theta_{1,2}(-x)$ であるとき，V_2' と V_2'' が (15.34) 式を満たす．

この系の擬エネルギーが実数に保たれるのか否かについて調べるため，一様系を仮定すると，V_2 の固有値 λ は，

$$\lambda = d_0(k) \pm i\sqrt{1 - [d_0(k)]^2}, \tag{15.37}$$

$$d_0(k) = \cos\theta_1\cos\theta_2\cos(2k) - \sin\theta_1\sin\theta_2\cosh(2\gamma) \tag{15.38}$$

となる．したがって，$[d_0(k)]^2 \leq 1$ では，V は非ユニタリ作用素でありながら $|\lambda| = 1$ を満たすため，擬エネルギー ε が実数となる．しかし，γ が増加すると，(15.38) 式の右辺第 2 項が大きくなるため，ある閾値を超えると，$[d_0(k)]^2 > 1$ となり，ε は複素数になる．これは，流出入量により PT 対称性の自発的破れ

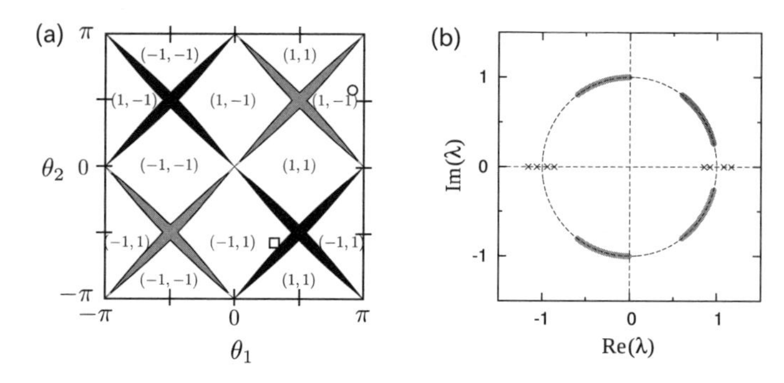

図 15.4 (a) PT 対称な非ユニタリ量子ウォーク V_2 のトポロジカル数 (ν_0, ν_π) の θ_1, θ_2 依存性．黒，グレーの領域は，擬エネルギーギャップが閉じている領域を示す．(b) θ_1, θ_2 の値を (a) の ∘ と □ で指定される 2 つの異なる値に選んだ場合の量子ウォークの非ユニタリ時間発展作用素の固有値分布．

が起こることを示す．

さらに，この系のトポロジカル数を計算すると，図 15.4(a) に示す結果を得る (詳細は [16] にゆずる)．この結果に従い，$x = 0$ の左右でトポロジカル数が異なるようにした二相系量子ウォークの固有値を数値計算により計算し，複素平面上に表示したものが図 15.4(b) である．実軸上の点 (×) を除き，すべての固有値は単位円上に乗っていることから，非ユニタリ作用素の固有値でありながら，PT 対称性により，固有値の絶対値が 1 となることが確認できる．実軸上の点は表面状態の固有値であるため，表面状態のみ PT 対称性を破り，擬エネルギーが複素数となることを表している．この系の時間発展を考えると，時間とともに，表面状態の成分が指数関数的に増加することが期待される．以上の理論結果は，光子を用いた量子ウォークにおいて実証された [29]．これにより開放量子系も，PT 対称性を有する非ユニタリ時間発展作用素，あるいは非エルミート・ハミルトニアンによる記述が有効であることが明らかとなった．

2019 年になり，非エルミート系に関する研究が世界的に一段と盛上がりをみせている．量子ウォークは，非エルミート系に関する実証実験を行う理想的なセットアップであるため，非エルミート系や開放量子系に関する研究分野において量子ウォークの重要性がよりいっそう増していくものと考える．

参 考 文 献

[1] J. K. Asbóth and J. M. Edge: Edge-state-enhanced transport in a two-dimensional quantum walk, Phys. Rev. A **91**, 022324 (2015).
[2] J.K. Asbóth and H. Obuse: Bulk-boundary correspondence for chiral symmetric quantum walks, Phys. Rev. B, **88**, 121406(R) (2013).
[3] S. Barkhofen, T. Nitsche, F. Elster, L. Lorz, A. Gábris, I. Jex, and C. Silberhorn: Measuring topological invariants in disordered discrete-time quantum walks, Phys. Rev. A **96**, 033846 (2017).
[4] C. M. Bender and S. Boettcher: Real Spectra in Non-Hermitian Hamiltonians Having PT Symmetry, Phys. Rev. Lett. **80**, 5243 (1998).
[5] M. V. Berry: Quantal Phase Factors Accompanying Adiabatic Changes, Proc. R. Soc. Lond. **A392**, 45 (1984).
[6] S. Endo, T. Endo, N. Konno, E. Segawa, and M. Takei: Limit theorems of a two-phase quantum walk with one-defect, Quantum Information and Computation **15**, 1373 (2015).
[7] S. Endo, T. Endo, N. Konno, E. Segawa, and M. Takei: Weak limit theorem of a two-phase quantum walk with one defect, Interdisciplinary Information Sciences **22**, 17 (2016).
[8] T. Endo, N. Konno, and H. Obuse: Relation between two-phase quantum walks and the topological invariant, arXiv:1511.0423.
[9] T. Endo, N. Konno, H. Obuse, and E. Segawa: Sensitivity of quantum walks to a boundary of two-dimensional lattices: approaches based on the CGMV method and topological phases, J. Phys. A: Math. Theor. **50**, 455302 (2017).
[10] L. Fu: Topological Crystalline Insulators, Phys. Rev. Lett. **106**, 106802 (2011).
[11] A. Guo, G. J. Salamo, D. Duchesne, R. Morandotti, M. Volatier-Ravat, V. Aimez, G. A. Siviloglou, and D. N. Christodoulides: Observation of PT-Symmetry Breaking in Complex Optical Potentials, Phys. Rev. Lett. **103**, 093902 (2009).
[12] N. Inui, Y. Konishi, and N. Konno: Localization of two-dimensional quantum walks, Phys. Rev. A **69**, 052323 (2004).
[13] N. Inui and N. Konno: Localization of multi-state quantum walk in one dimension, Physica A **353**, 133 (2005).
[14] N. Inui, N. Konno, and E. Segawa: One-dimensional three-state quantum walk, Phys. Rev. E **72**, 056112 (2005).
[15] C. L. Kane and E. J. Mele: Z_2 Topological Order and the Quantum Spin Hall Effect, Phys. Rev. Lett. **95**, 146802 (2005), Quantum Spin Hall Effect in Graphene, Phys. Rev. Lett. **95**, 226801 (2005).
[16] D. Kim, K. Mochizuki, N. Kawakami, and H. Obuse: Floquet Topological Phases Driven by PT Symmetric Nonunitary Time Evolution, arXiv:1609.09650.
[17] T. Kitagawa, M. S. Rudner, E. Berg, and E. Demler: Exploring topological phases with quantum walks, Phys. Rev. A **82**, 033429 (2010).
[18] T. Kitagawa: Topological phenomena in quantum walks; elementary introduction to the physics of topological phases, Quantum Information Processing **11**, 1107–1148 (2012).
[19] T. Kitagawa, M. A. Broome, A. Fedrizzi, M. S. Rudner, E. Berg, I. Kassal, A. Aspuru-Guzik, E. Demler, and A. G. White: Observation of topologically protected bound states in a one dimensional photonic system, Nature Communications **3**, 882 (2012).
[20] M. König, S. Wiedmann, C. Brüne, A. Roth, H. Buhmann, L. W. Molenkamp, X.-L. Qi, and S.-C. Zhang: Quantum Spin Hall Insulator State in HgTe Quantum Wells, Science **318**, 766 (2007).
[21] N. Konno, T. Luczak, and E. Segawa: Limit measures of inhomogeneous discrete-time quantum walks in one dimension, Quantum Information Processing **12**, 33

(2013).
[22] 今野紀雄, 量子ウォーク (森北出版, 2014).
[23] K. Mochizuki, D. Kim, and H. Obuse: Explicit definition of PT symmetry for non-unitary quantum walks with gain and loss, Phys. Rev. A **93**, 062116 (2016).
[24] K. Mochizuki and H. Obuse: Effects of disorder on non-unitary PT symmetric quantum walks, Interdiscplinary Information Sciences **23**, 95 (2017).
[25] H. Obuse, J. K. Asbóth, Y. Nishimura, and N. Kawakami: Unveiling hidden topological phases of a one-dimensional Hadamard quantum walk, Phys. Rev. B **92**, 045424 (2015).
[26] A. Regensburger, C. Bersch, M-A. Miri, G. Onishchukov, D. N. Chistodoulides, and U. Peschel: Parity-time synthetic photonic lattices, Nature **488**, 167 (2012).
[27] C. E. Rüter, K. G. Makris, R. El-Ganainy, D. N. Christodoulides, M. Segev, and D. Kip: Observation of parity time symmetry in optics, Nat. Phys. **6**, 192 (2010).
[28] A. P. Schnyder, S. Ryu, A. Furusaki, and A. W. W. Ludwig: Classification of topological insulators and superconductors in three spatial dimensions, Phys. Rev. B **78**, 195125 (2008).
[29] L. Xiao, X. Zhang, Z. H. Bian, K. K. Wang, X. Zhang, X. P. Wang, J. Li, K. Mochizuki, D. Kim, N. Kawakami, W. Yi, H. Obuse, B. C. Sanders, and P. Xue: Observation of topological edge states in parity time-symmetric quantum walks, Nat. Phys. **13**, 1117 (2017).

16章

量子ウォークを用いた金融の時系列解析

[尹 熙元・今野紀雄]

本章では，量子ウォークを用いた新しい時系列モデルについて，特に金融の立場より紹介したい．

16.1 序

量子ウォークは，ランダムウォークを量子の世界へ拡張することによって，従来の手法では説明が困難であった現象へアプローチする新しい取り組みである．ランダムウォークは拡散という物理現象を記述する一方で，金融分野においてもリスク管理やデリバティブと行った金融商品の組成に必須なツールであり，経済を支える一つの根幹を成している．その根幹を拡張する新たな試みが量子ウォークであり，その可能性の重要さを強調してもしすぎることはない．

本節では，金融時系列解析における量子ウォークの活用を図るための導入部として，これまでの金融時系列解析の足取りを示し，量子ウォークに期待される背景を記す．

16.1.1 ランダムウォークのはじまり

1900年3月29日，フランス ソルボンヌ大学の博士課程に籍をおく学生バチェリエ (Louis Jean-Baptiste Alphonse Bachelier) は，博士論文「投機の理論 (Théorie de la Spéculation)」を大学に提出した．この論文は審査教官たちの間で物議を醸すものであったが，指導教官であった数学者ポアンカレ (Jules-Henri Poincaré) は，その独創性を高く評価したといわれている．バチェリエが評価された論点は，ギャンブルとして認識されていた金融市場での価格変動がランダムな上下運動の連鎖として表現できることを数学的に定式化したことであった．この定式化がランダムウォークの数学的記述の原点といわれている．

16.1.2 ブラック–ショールズ方程式

1973 年，ブラック (Fischer Sheffey Black) とショールズ (Myron S. Scholes) は，金融派生商品 (デリバティブとよぶ) の一つであるオプションの評価式に関する論文をシカゴ大学が発行している Journal of Political Economy に投稿して受理される．この論文が金融工学の論文として最も引用される論文の一つとなる「The Pricing of Options and Corporate Liabilities」である [1]．彼らが提唱したブラック–ショールズ方程式 (16.1) とは，「金融資産価格 (例えば，株式の価格) を確率変数と見立ててランダムウォークをしている前提」をおき，『派生商品 (オプション) と金融資産 (株式) の空売りのポートフォリオを保有する状態 (デルタ・ポートフォリオ) において，裁定取引 (どちらかが割高や割安になった場合に，それを是正するための取引) が無制限に実行されるためにはオプションがいくらとなるべきか』を算出する確率偏微分方程式である．

$$\frac{\partial f}{\partial t} + \frac{1}{2}(\sigma S)^2 \frac{\partial^2 f}{\partial S^2} + rS\frac{\partial f}{\partial S} = rf. \tag{16.1}$$

ここで S は金融資産価格，f はオプション価格，σ は金融資産価格のボラティリティ，r は金融資産価格のトレンド (決定論的な要因による資産価格 S の期待収益率) であり，オプション価格はこのブラック–ショールズ方程式 (16.1) を解くことによって算出される．

このオプション価格の算出に際して，ブラックはオプション価格が市場参加者 (投資家) の期待値によるのではなく，金融資産価格のボラティリティ σ (資産価格リターン時系列の標準偏差) によって評価されることを認識していたといわれている．この認識が今日の金融分野においてリスクと定義されることにつながることになる．すなわち，金融における『リスクとは市場参加者の直接的な思惑から発生するのではなく，市場参加者が市場取引を通して間接的に市場を評価した “結果” として算出される』という解釈になる．

16.1.3 金 融 危 機

ブラック–ショールズ方程式が導き出したリスク概念は，昨日までの過去の結果によって将来の不確かな状態を評価することになるため，その後，さまざまな混乱を誘発することになる．2008 年に世界を混乱させたリーマンショックという未曾有の金融危機は，ブラック–ショールズ方程式に端を発するデリバティ

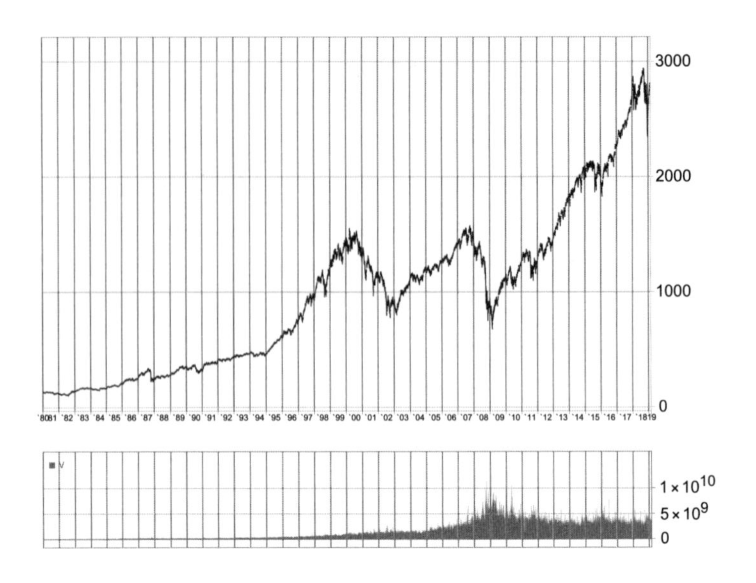

図 16.1 米国株式市場 (S&P500) の価格変動：1980 年 1 月～2019 年 2 月

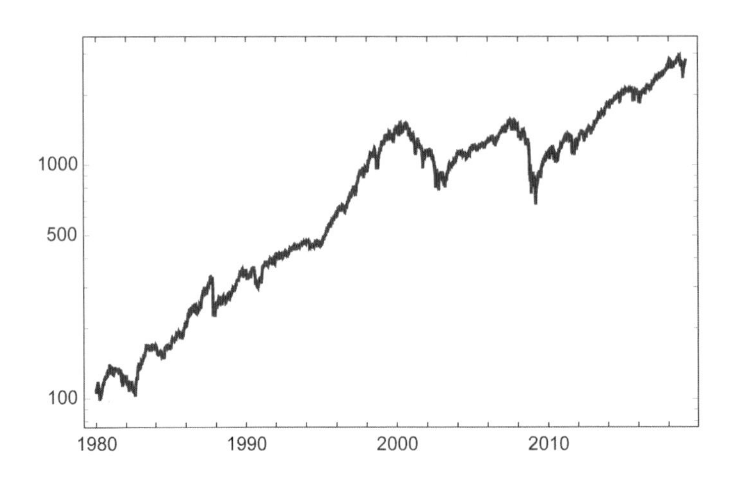

図 16.2 米国株式市場 (S&P500) の価格変動：対数軸，1980 年 1 月～2019 年 2 月

ブ理論がもたらした過剰なレバレッジ (資金を借り入れて資産の購入を増やす行為) が原因であることは事実である[1].

図 16.1 は S&P500 (米国株式市場に上場されている 500 社の平均株価) の 1980 年からの価格変動を示すものである．図 16.2 は図 16.1 を対数グラフにしたものであるが，両図からも 2008 年下半期の下落がそれまでのトレンドから外れ，いかに顕著であったかがわかる．

16.1.4　金融市場のメカニズム

金融市場が大きく下落した後に必ず言及されるトピックが，暴落の予兆に関するデータである．これまでの金融時系列解析は，価格変動がランダムであることを前提としているため，期待値は計算できても暴落の予兆を見いだすことは理論上，矛盾をきたす．暴落の予兆を分析するためには，ランダムであることを前提にしない時系列解析手法が必須となる．また，金融市場の時系列解析は価格情報を主たる分析対象とするが，市場において売り手と買い手は『価格のみならず取引数量についても合意する』ことが通常である．すなわち，金融市場の時系列解析は，価格という 1 次元データではなく，価格と数量という 2 次元データとして分析することが本源的である．

経済学では，需要と供給が価格によって調整され，均衡に向かうことを前提とするが，今日の多くの金融市場は需要と供給を価格によって一致させる取引慣行を採用しているわけではない．日本の株式市場では取引の開始時と終了時，および，急激な注文のインバランス発生時に，市場参加者に需要と供給に関する情報を周知させることによって価格を決定するが，その他の時間帯では，その時点までに注文表に提示された注文に対する逐次の処理を行う．そのため，価格は瞬時の需給の同時性を反映しない (売り手と買い手の注文時間は通常は異なる)．近年の HFT (High Frequency Trade：高速売買と訳される) とよばれる売買手法は，注文表に対してあらかじめ注文を発することを控える傾向があり，さらには，注文表に自分が対象とする注文が現れると即座に注文を発するため，売り手と買い手の注文時間の時差を狭める効果となっている．ただし，HFT によって売り手と買い手の注文時間の時差が縮小されても，そのことが必ずしも価格によって需要と供給のインバランスを調整することにはならないこ

1)　事後的な視点から金融市場の変動を解説することは，その時点で認識されている情報の解釈を歪める可能性があるため，本章では市場変動に対する直接的な言及は控える．

とに気をとめるべきである.

本章の残りの構成は以下である. 16.2 節では, 本章で考える量子ウォークの定義を与える. 16.3 節で, Konno [4] で提案された量子ウォークを用いた時系列モデルを紹介し, 16.4 節では, 典型的な例である 2 状態 1 次元モデルについて詳しく解説する. 最後に, 16.5 節で今後の展望を述べる.

16.2 量子ウォークの定義

最初に, d 次元超立方格子 $\mathbb{Z}^d$ 上の m 状態量子ウォークの定義をする. 量子ウォークが定められるヒルベルト空間は, 以下のテンソル積で与えられる.

$$\mathcal{H} = \mathcal{H}_p \otimes \mathcal{H}_c.$$

ここで, $\mathcal{H}_p$ は

$$\mathcal{H}_p = \mathrm{Span}\{|\mathbf{x}\rangle\,;\, \mathbf{x} \in \mathbb{Z}^d\}$$

で定義される場所の空間で, $\mathcal{H}_c$ は

$$\mathcal{H}_c = \mathrm{Span}\{|C_1\rangle, |C_2\rangle, \ldots, |C_m\rangle\}$$

で与えられる m 状態の内部自由度をもつコイン空間である. 例えば, $m = 2$ かつ $d = 1$ の場合 (2 状態 1 次元量子ウォーク), 1 次元格子 $\mathbb{Z}$ 上の量子ウォーカーは 2 状態, あるいは, カイラリティ $|L\rangle = |C_1\rangle$ (左状態) と $|R\rangle = |C_2\rangle$ (右状態) をもつ. 各ステップで, その状態に従って, 左, あるいは, 右に移動する. このときコイン空間は, 以下のように, これら 2 状態で張られる.

$$\mathcal{H}_c = \mathbb{C}^2 = \mathrm{Span}\{|L\rangle, |R\rangle\}.$$

ただし,

$$|L\rangle = \begin{bmatrix} 1 \\ 0 \end{bmatrix}, \qquad |R\rangle = \begin{bmatrix} 0 \\ 1 \end{bmatrix}.$$

ここで, $\mathbb{C}$ は複素数全体の集合である. 時系列モデルの設定では, $|L\rangle$ は価格が 1 単位だけ下がることに対応し, 一方, $|R\rangle$ は価格が 1 単位だけ上がることに対応する.

量子ウォークの系全体は, 下記のユニタリ作用素 $U^{(s)}$ で定められる. ここで, (s) はシステム (system) の s を表す.

$$U^{(s)} = S \cdot (I_p \otimes U).$$

ただし，S はシフト作用素，I_p は場所空間 $\mathcal{H}_p$ の恒等作用素，U はコイン空間 $\mathcal{H}_c$ 上のユニタリ作用素，すなわち量子コインを表す．例えば，$m = 2$ かつ $d = 1$ の場合 (2 状態 1 次元量子ウォーク)，S は以下のように表される．

$$S = \sum_{x \in \mathbb{Z}} (|x-1\rangle\langle x| \otimes |L\rangle\langle L| + |x+1\rangle\langle x| \otimes |R\rangle\langle R|).$$

(なお，ここで与えた定義と同値なパスの数え上げによる別の定義は，16.4 節で紹介する．) もし，量子コインとして下記のアダマール行列

$$U = \frac{1}{\sqrt{2}} \begin{bmatrix} 1 & 1 \\ 1 & -1 \end{bmatrix}$$

をとると，その量子ウォークはアダマールウォークとよばれる，量子ウォークでは最も研究されているモデルになる．

次に，パラメータ空間 $\Theta_1 \subset \mathbb{R}^{M_1}$ と $\Theta_2 \subset \mathbb{R}^{M_2}$ を定義する．ただし，$M_1, M_2 \in \mathbb{Z}_>$．ここで，$\mathbb{R}$ は実数の集合，$\mathbb{Z}_> = \{1, 2, \ldots\}$ である．

各パラメータ $\theta_k = (\theta_k^{(1)}, \theta_k^{(2)}, \ldots, \theta_k^{(M_k)}) \in \Theta_k \, (k = 1, 2)$ に対して，それに対応する量子コイン $U = U(\theta_1) = U(\theta_1^{(1)}, \theta_1^{(2)}, \ldots, \theta_1^{(M_1)})$ と原点での初期状態 $\varphi = \varphi(\theta_2) = \varphi(\theta_2^{(1)}, \theta_2^{(2)}, \ldots, \theta_2^{(M_2)})$ を考える[2)]．

例 16.1. 2 状態 1 次元量子ウォークの場合は，$\Theta_1 = [0, 1], \Theta_2 = [0, \pi/2]$ $(M_1 = M_2 = 1)$ かつ $\theta_1 = \theta_1^{(1)}, \theta_2 = \theta_2^{(1)}$ とおく．さらに，量子コインの 1 パラメータ集合を以下で定める．

$$U = U\left(\theta_1^{(1)}\right) = \begin{bmatrix} \theta_1^{(1)} & \sqrt{1 - (\theta_1^{(1)})^2} \\ \sqrt{1 - (\theta_1^{(1)})^2} & -\theta_1^{(1)} \end{bmatrix}. \tag{16.2}$$

ただし，$\theta_1^{(1)} \in \Theta_1 = [0, 1]$．ここで，コインパラメータ $\theta_1^{(1)} = 1/\sqrt{2}$ で定まる量子ウォークはアダマールウォークになる．さらに，初期状態の 1 パラメータ集合を以下で定義する．

$$\varphi = \varphi\left(\theta_2^{(1)}\right) = \begin{bmatrix} \cos \theta_2^{(1)} \\ i \sin \theta_2^{(1)} \end{bmatrix}. \tag{16.3}$$

2) 2 状態 1 次元量子ウォークの集合に基づく時系列モデルの詳細は 16.4 節で紹介する．

ここで，$\theta_2^{(1)} \in \Theta_2 = [0, \pi/2]$.

さて，Konno [2] の測度の対称性に関する Theorem 4 (あるいは，今野 [3] の定理 3.2) を用いると，パラメータ $(\theta_1^{(1)}, \theta_2^{(1)})$ をもつ量子ウォークの確率測度は，"$\theta_2^{(1)} = \pi/4$" のときのみ，任意の時刻 $n \in \mathbb{Z}_{\geq}$ で原点対称となることがわかる．ここで，$\mathbb{Z}_{\geq} = \{0, 1, 2, \ldots\}$ である． □

例 16.2. 時系列データ $\{x_0, x_1, x_2, \ldots\}$ のなかのいくつかが同じ値をとる場合，例えば，$x_n = x_{n+1}$ のようなときは，2 状態ではなく，3 状態の 1 次元量子ウォークを用いて時系列解析を行う．具体的には，Stefanak *et al.* [6] によって導入された 3 状態 1 次元量子ウォークの集合がその候補の一つとして考えられる．このとき，場所空間は

$$\mathcal{H}_p = \mathrm{Span}\{|\mathbf{x}\rangle\,;\,\mathbf{x} \in \mathbb{Z}\}$$

で，コイン空間は

$$\mathcal{H}_c = \mathbb{C}^3 = \mathrm{Span}\{|L\rangle, |S\rangle, |R\rangle\}$$

とする．ただし，

$$|L\rangle = \begin{bmatrix} 1 \\ 0 \\ 0 \end{bmatrix}, \qquad |S\rangle = \begin{bmatrix} 0 \\ 1 \\ 0 \end{bmatrix}, \qquad |R\rangle = \begin{bmatrix} 0 \\ 0 \\ 1 \end{bmatrix}$$

である．1 次元格子 $\mathbb{Z}$ 上の量子ウォーカーは，$|L\rangle$ の状態のとき左に動き，$|R\rangle$ の状態のとき右に動き，$|S\rangle$ の状態のときその場所に留まる[3]．

さらに，$\Theta_1 = [0, 1]$, $\Theta_2 = [0, 2\pi]^2$ $(M_1 = 1,\ M_2 = 2)$ かつ $\theta_1 = \theta_1^{(1)}, \theta_2 = (\theta_2^{(1)}, \theta_2^{(2)})$ とおき，以下のような，量子コインの 1 パラメータ集合を導入する．

$$U = U\left(\theta_1^{(1)}\right)$$
$$= \begin{bmatrix} -(\theta_1^{(1)})^2 & \theta_1^{(1)}\sqrt{2\left(1-(\theta_1^{(1)})^2\right)} & 1-(\theta_1^{(1)})^2 \\ \theta_1^{(1)}\sqrt{2\left(1-(\theta_1^{(1)})^2\right)} & 2(\theta_1^{(1)})^2 - 1 & \theta_1^{(1)}\sqrt{2\left(1-(\theta_1^{(1)})^2\right)} \\ 1-(\theta_1^{(1)})^2 & \theta_1^{(1)}\sqrt{2\left(1-(\theta_1^{(1)})^2\right)} & -(\theta_1^{(1)})^2 \end{bmatrix}. \tag{16.4}$$

3) 価格を表すモデルでは，$|S\rangle$ は価格が変わらないことに対応する．

ただし，$\theta_1^{(1)} \in \Theta_1 = [0,1]$．ここで，コインパラメータが $\theta_1^{(1)} = 1/\sqrt{3}$ のとき，$\mathbb{Z}$ 上の 3 状態グローバーウォークになる．さらに，初期状態の 2 パラメータ集合を以下で定義する．

$$\varphi = \varphi\left(\theta_2^{(1)}, \theta_2^{(2)}\right) = \frac{1}{\sqrt{3}} \begin{bmatrix} 1 \\ \exp(i\,\theta_2^{(1)}) \\ \exp(i\,\theta_2^{(2)}) \end{bmatrix}. \tag{16.5}$$

ここで，$(\theta_2^{(1)}, \theta_2^{(2)}) \in \Theta_2 = [0, 2\pi]^2$ である． □

例 16.3. さらに，別の例を考えることもできる．例えば，仮想通貨 (cryptocurrency) の価格を予想するとき，市場情報だけでなくブロックチェーン上の情報も考えることがある[4)]．そのようなときは，以下のような 4 状態 2 次元の量子ウォークによる時系列モデルを導入する．この場合，場所空間は

$$\mathcal{H}_p = \mathrm{Span}\{|\mathbf{x}\rangle\,;\, \mathbf{x} \in \mathbb{Z}^2\}$$

で，コイン空間は

$$\mathcal{H}_c = \mathbb{C}^4 = \mathrm{Span}\{|L\rangle,\, |R\rangle,\, |D\rangle,\, |U\rangle\}$$

となる．ただし，

$$|L\rangle = \begin{bmatrix} 1 \\ 0 \\ 0 \\ 0 \end{bmatrix}, \qquad |R\rangle = \begin{bmatrix} 0 \\ 1 \\ 0 \\ 0 \end{bmatrix}, \qquad |D\rangle = \begin{bmatrix} 0 \\ 0 \\ 1 \\ 0 \end{bmatrix}, \qquad |U\rangle = \begin{bmatrix} 0 \\ 0 \\ 0 \\ 1 \end{bmatrix}$$

である．2 次元格子 $\mathbb{Z}^2$ 上の量子ウォーカーは，$|L\rangle$ の状態のとき左に動き，$|R\rangle$ の状態のとき右に動き，また，$|D\rangle$ の状態のとき下に動き，$|U\rangle$ の状態のとき上に動く．

さらに，$\Theta_1 = [0,1]$, $\Theta_2 = [0, 2\pi]^3$ ($M_1 = 1$, $M_2 = 3$) かつ $\theta_1 = \theta_1^{(1)}, \theta_2 = (\theta_2^{(1)}, \theta_2^{(2)}, \theta_2^{(3)})$ とおく．以下のような，(Watabe *et al.* [7] によって導入・研究された) 量子コインの 1 パラメータ集合を考える．

4) 仮想通貨の代表格であるビットコイン (Bitcoin) に関しては，2008 年の Satoshi Nakamoto の論文 [5] により，運用がはじまった．

$$U = U\left(\theta_1^{(1)}\right)$$

$$= \begin{bmatrix} -\theta_1^{(1)} & 1-\theta_1^{(1)} & w\left(\theta_1^{(1)}\right) & w\left(\theta_1^{(1)}\right) \\ 1-\theta_1^{(1)} & -\theta_1^{(1)} & w\left(\theta_1^{(1)}\right) & w\left(\theta_1^{(1)}\right) \\ w\left(\theta_1^{(1)}\right) & w\left(\theta_1^{(1)}\right) & -\left(1-\theta_1^{(1)}\right) & \theta_1^{(1)} \\ w\left(\theta_1^{(1)}\right) & w\left(\theta_1^{(1)}\right) & \theta_1^{(1)} & -\left(1-\theta_1^{(1)}\right) \end{bmatrix}. \tag{16.6}$$

ただし，$\theta_1^{(1)} \in \Theta_1 = [0,1]$, $w(x) = \sqrt{x(1-x)}$．ここで，コインパラメータが $\theta_1^{(1)} = 1/2$ のとき，$\mathbb{Z}^2$ 上の 4 状態グローバーウォークになる．さらに，初期状態の 3 パラメータ集合を以下で定義する．

$$\varphi = \varphi\left(\theta_2^{(1)}, \theta_2^{(2)}, \theta_2^{(3)}\right) = \frac{1}{2}\begin{bmatrix} 1 \\ \exp(i\,\theta_2^{(1)}) \\ \exp(i\,\theta_2^{(2)}) \\ \exp(i\,\theta_2^{(3)}) \end{bmatrix}. \tag{16.7}$$

ここで，$(\theta_2^{(1)}, \theta_2^{(2)}, \theta_2^{(3)}) \in \Theta_2 = [0, 2\pi]^3$ である． □

この節では，“式 (16.2) と式 (16.3)”, “式 (16.4) と式 (16.5)” かつ “式 (16.6) と式 (16.7)” でそれぞれ定義された 3 つの例を紹介したが，もちろん他の選択肢もある．

16.3 時系列モデル

本節では，量子ウォークを用いた新しい時系列モデルを紹介する．まず，時系列データをベクトル列 $D_n = \{\mathbf{x}_0, \mathbf{x}_1, \mathbf{x}_2, \ldots, \mathbf{x}_n\}$ で表す．ただし，各データ $\mathbf{x}_t = (x_t^{(1)}, x_t^{(2)}, \ldots, x_t^{(d)}) \in \mathbb{R}^d$ $(t = 0, 1, 2, \ldots, n)$ は実数値 d 次元ベクトルとする．例えば $d = 2$ の場合，各時刻 t の仮想通貨のデータ $\mathbf{x}_t = (x_t^{(1)}, x_t^{(2)}) \in \mathbb{R}^2$ は，$x_t^{(1)}$ が価格を表し，$x_t^{(2)}$ が時価総額をそれぞれ表す．

もし時刻 n までのデータ D_n が与えられたとする．このとき，量子コインが $U = U(\theta_1) = U(\theta_1^{(1)}, \theta_1^{(2)}, \ldots, \theta_1^{(M_1)})$ で定められ，さらに，原点での初期状態が $\varphi = \varphi(\theta_2) = \varphi(\theta_2^{(1)}, \theta_2^{(2)}, \ldots, \theta_2^{(M_2)})$ で定義された量子ウォークを用いて，

次の時刻 $n+1$ の値 $\mathbf{x}_{n+1}$ を予測することを考える．この $\mathbf{x}_{n+1}$ を予測するために，以下の時刻に依存する評価関数 $V_n = V_n(\theta_1, \theta_2)$ を導入する．

$$V_n = V_n(\theta_1, \theta_2) = \sum_{t=0}^{n} \sum_{||x||_1 \le t} ||\mathbf{x} - \mathbf{x}_t||_2^2 \, \mu_t(\mathbf{x}).$$

ただし，$\mathbf{x} = (x^{(1)}, x^{(2)}, \ldots, x^{(d)}) \in \mathbb{R}^d$ に対して，$||\mathbf{x}||_p = (|x^{(1)}|^p + |x^{(2)}|^p + \cdots + |x^{(d)}|^p)^{1/p}\,(0 < p < \infty)$．また，$\mu_t(\mathbf{x})$ は場所 x かつ時刻 t の量子ウォークの確率測度である．

ここで，一般性を失うことなく，初期データ $\mathbf{x}_0$ は，ゼロベクトル $\mathbf{0}$ と仮定する．この仮定は，量子ウォークが原点から出発することに対応する．

さて，以下が Konno [4] で提案された，与えられたデータ $D_n = \{\mathbf{x}_0 = \mathbf{0}, \mathbf{x}_1, \ldots, \mathbf{x}_n\}$ から $\mathbf{x}_{n+1}$ を予測する新しいアルゴリズムである．

ステップ 1. $V_n(\theta_1, \theta_2)$ の最小値をとるパラメータの組 $(\theta^*_{1,n}, \theta^*_{2,n})$ をすべて求める．

ステップ 2. 上記のステップ 1 で求めた $(\theta^*_{1,n}, \theta^*_{2,n})$ に対して，$E(X_{n+1})$ を計算する．ただし，$E(X_{n+1})$ は時刻 $t = n+1$ での量子ウォーカーの場所の期待値である．もし $(\theta^*_{1,n}, \theta^*_{2,n})$ がただ一つに決まるならば，$E(X_{n+1})$ を $\mathbf{x}_{n+1}$ の予測値と考える．もし $(\theta^*_{1,n}, \theta^*_{2,n})$ にいくつかの候補がある場合には，予測値 $\mathbf{x}^*_{n+1}$ はそれらの $E(X_{n+1})$ の相加平均とする．また，任意の θ_1, θ_2 に対して $V_n = V_n(\theta_1, \theta_2)$ が定数の場合には，$\mathbf{x}^*_{n+1} = \mathbf{x}_n$ とおく．

ステップ 3. 上記のステップ 1 とステップ 2 のプロセスを繰り返し行い，予測値の列ベクトル $\{\mathbf{x}^*_1, \mathbf{x}^*_2, \ldots, \mathbf{x}^*_n, \ldots\}$ を得る．

次の節で，最も簡単な 2 状態 1 次元系の場合のアルゴリズムについて詳しく解説する．

16.4　2 状態 1 次元モデル

本節の前半では，パスの数え上げによる 2 状態 1 次元モデルの定義を与える．これは，16.2 節で与えた定義と同値である．まず，2 状態に対応する 2 つの内部自由度 $|L\rangle$ (左向き移動) と $|R\rangle$ (右向き移動) を以下で定める．

$$|L\rangle = \begin{bmatrix} 1 \\ 0 \end{bmatrix}, \qquad |R\rangle = \begin{bmatrix} 0 \\ 1 \end{bmatrix}.$$

そして，量子コイン U を以下の 2×2 ユニタリ行列で与える．

$$U = \begin{bmatrix} a & b \\ c & d \end{bmatrix}.$$

ただし，$a, b, c, d \in \mathbb{C}$ である．さらに，U を次のように 2 つの行列に分解する．

$$P = \begin{bmatrix} a & b \\ 0 & 0 \end{bmatrix}, \quad Q = \begin{bmatrix} 0 & 0 \\ c & d \end{bmatrix}.$$

ここで，$U = P + Q$. 重要な点は，P と Q がそれぞれ，ランダムウォークの左向きに移動する確率 p と q に対応していることである．また，原点での初期状態として，$\varphi = {}^T[\alpha, \beta]$ とする．ただし，$\alpha, \beta \in \mathbb{C}$ は $|\alpha|^2 + |\beta|^2 = 1$ を満たす．ここで，^{T} は転置を表す．

$\Xi_n(l, m)$ は，時刻 n で，左に l 回，右に m 回移動したすべてのパス全体の和を表すとする．ただし，$n = l + m$ である．例えば，

$$\Xi_2(1,1) = PQ + QP,$$

$$\Xi_4(2,2) = P^2Q^2 + Q^2P^2 + PQPQ + QPQP + PQ^2P + QP^2Q.$$

原点から初期状態 $\varphi = {}^T[\alpha, \beta]$ で出発し，場所 x $(\in \mathbb{Z})$ で時刻 n $(\in \mathbb{Z}_{\geq})$ での確率測度を

$$P(X_n = x) = ||\Xi_n(l, m)\,\varphi||^2$$

で定める．ただし，$n = l + m$ かつ $x = -l + m$，また，$|\alpha|^2 + |\beta|^2 = 1$ が成立していることに注意していただきたい．さらに，$\mu_n(x) = P(X_n = x)$ とおく．この定義より，

$$\mu_0(0) = 1,$$

$$\mu_1(-1) = ||P\varphi||^2, \quad \mu_1(1) = ||Q\varphi||^2,$$

$$\mu_2(-2) = ||P^2\varphi||^2, \quad \mu_2(0) = ||(PQ + QP)\varphi||^2, \quad \mu_2(2) = ||Q^2\varphi||^2$$

が成り立っている．場所 x で時刻 n での確率振幅を

$$\Psi_n(x) = \begin{bmatrix} \Psi_n^L(x) \\ \Psi_n^R(x) \end{bmatrix}$$

とおくと，

$$P(X_n = x) = ||\Psi_n(x)||^2 = |\Psi_n^L(x)|^2 + |\Psi_n^R(x)|^2$$

を得る．ここからは，式 (16.2) と式 (16.3) で与えられるのと本質的に同値な以下の設定で，量子ウォークによる時系列モデルを考える．

$$U = U(\theta) = \begin{bmatrix} \cos\theta & \sin\theta \\ \sin\theta & -\cos\theta \end{bmatrix}, \tag{16.8}$$

$$\varphi = \varphi(\xi) = \begin{bmatrix} \cos\xi \\ i\sin\xi \end{bmatrix}. \tag{16.9}$$

ただし，$\theta_1 = \theta_1^{(1)} = \theta$ と $\theta_2 = \theta_2^{(1)} = \xi$ $(0 \le \theta, \xi \le \pi/2)$ に注意されたい．ここで，$\mu_n = \mu_n(\theta, \xi)$ は量子ウォークの時刻 n での確率測度であったので，$\{\mu_0, \mu_1, \ldots, \mu_n, \ldots\}$ は，確率測度の列である．

$D_n = \{x_0, x_1, \ldots, x_n\}$ を時刻 n までの実数値の時系列データとしたとき，ある適切なパラメータの組 (θ, ξ) によって定まる量子ウォークを用いて次の時刻の値 x_{n+1} を推定することを考えた．具体的にはそのために，以下で与えられる時間依存の評価関数 $V_n = V_n(\theta, \xi)$ を用いる．

$$V_n = V_n(\theta, \xi) = \sum_{t=0}^{n} \sum_{x=-t}^{t} (x - x_t)^2 \mu_t(x).$$

ここで注意すべきことは，量子ウォークの場合には，$P(X_t = x,\, X_{t+1} = y)$ のような異なる時間の間の結合分布は定義できないということである．

すでに述べたことの復習になるが，与えられたデータ $D_n = \{x_0, x_1, \ldots, x_n\}$ から x_{n+1} を予測するアルゴリズムを再度以下に述べる．

ステップ 1. $V_n(\theta_1, \theta_2)$ の最小値をとるパラメータの組 $(\theta_{1,n}^*, \theta_{2,n}^*)$ をすべて求める．

ステップ 2. 上記のステップ 1 で求めた $(\theta_{1,n}^*, \theta_{2,n}^*)$ に対して，$E(X_{n+1})$ を計算する．ただし，$E(X_{n+1})$ は時刻 $t = n+1$ での量子ウォーカーの場所の期待値である．もし $(\theta_{1,n}^*, \theta_{2,n}^*)$ がただ一つに決まるならば，$E(X_{n+1})$ を x_{n+1} の予測値と考える．もし $(\theta_{1,n}^*, \theta_{2,n}^*)$ にいくつかの候補がある場合には，予測値 x_{n+1}^* はそれらの $E(X_{n+1})$ の相加平均とする．また，任意の θ_1, θ_2 に対して $V_n = V_n(\theta_1, \theta_2)$ が定数の場合には，$x_{n+1}^* = x_n$ とおく．

ステップ 3. 上記のステップ 1 とステップ 2 のプロセスを繰り返し行い，予測値の列ベクトル $\{x_1^*, x_2^*, \ldots, x_n^*, \ldots\}$ を得る．

ここから，式 (16.8) と式 (16.9) で与えられるモデルで，時刻 $n = 0, 1$ に対するステップ 1 とステップ 2 を実行してみよう．

最初に，時刻 $n = 0$ の場合を扱う．時刻 $n = 0$ でのデータ $\{x_0 = 0\}$ から，時刻 $n = 1$ での予測値 x_1^* を計算したい．じつはこの場合は自明で，$x_1^* = x_0 = 0$ となる．実際，

$$V_0 = V_0(\theta, \xi) = (0 - x_0)^2 \mu_0(0) = 0$$

なので，任意のパラメータ θ, ξ に対して $V_0 = V_0(\theta, \xi) = 0$ となる．ゆえに，(θ_0^*, ξ_0^*) を決められないので，提案のアルゴリズムより $x_1^* = x_0 = 0$ とおく．

次に，時刻 $n = 1$ の場合を扱う．同様に，時刻 $n = 1$ までのデータ $\{x_0 = 0, x_1\}$ から，時刻 $n = 2$ での予測値 x_2^* を計算したい．

ステップ 1. まず，$V_0 = 0$ と $\mu_1(0) = 0$ に注意すると，

$$\begin{aligned}
V_1 = V_1(\theta, \xi) &= \sum_{t=0}^{1} \sum_{x=-t}^{t} (x - x_t)^2 \mu_t(x) \\
&= V_0 + \sum_{x=-1}^{1} (x - x_1)^2 \mu_1(x) \\
&= (-1 - x_1)^2 \mu_1(-1) + (0 - x_1)^2 \mu_1(0) + (1 - x_1)^2 \mu_1(1) \\
&= \left(x_1^2 + 2x_1 + 1\right) \mu_1(-1) + \left(x_1^2 - 2x_1 + 1\right) \mu_1(1)
\end{aligned}$$

のように計算できる．ゆえに，

$$V_1 = \left(x_1^2 + 2x_1 + 1\right) \mu_1(-1) + \left(x_1^2 - 2x_1 + 1\right) \mu_1(1) \tag{16.10}$$

が得られる．次に，$\mu_1(-1)$ と $\mu_1(1)$ を計算する．まず，以下の計算を行う．

$$P\varphi = \begin{bmatrix} \cos\theta & \sin\theta \\ 0 & 0 \end{bmatrix} \begin{bmatrix} \cos\xi \\ i\,\sin\xi \end{bmatrix} = \begin{bmatrix} \cos\theta\cos\xi + i\,\sin\theta\sin\xi \\ 0 \end{bmatrix},$$

$$Q\varphi = \begin{bmatrix} 0 & 0 \\ \sin\theta & -\cos\theta \end{bmatrix} \begin{bmatrix} \cos\xi \\ i\,\sin\xi \end{bmatrix} = \begin{bmatrix} 0 \\ \sin\theta\cos\xi - i\,\cos\theta\sin\xi \end{bmatrix}.$$

これらを用いると，

$$\mu_1(-1) = ||P\varphi||^2 = \cos^2\theta\,\cos^2\xi + \sin^2\theta\,\sin^2\xi, \tag{16.11}$$

$$\mu_1(1) = ||Q\varphi||^2 = \sin^2\theta\,\cos^2\xi + \cos^2\theta\,\sin^2\xi \tag{16.12}$$

が導かれる．ここで，

$$\mu_1(-1) + \mu_1(1) = 1 \tag{16.13}$$

に注意．さらに，式 (16.10)〜(16.13) を用いると，

$$\begin{aligned} V_1 &= \left(x_1^2 + 2x_1 + 1\right)\mu_1(-1) + \left(x_1^2 - 2x_1 + 1\right)\mu_1(1) \\ &= \{\mu_1(-1) + \mu_1(1)\}\,x_1^2 + 2\,\{\mu_1(-1) - \mu_1(1)\}\,x_1 + \{\mu_1(-1) + \mu_1(1)\} \\ &= x_1^2 + 2\cos(2\theta)\,\cos(2\xi)\,x_1 + 1 \end{aligned}$$

が得られる．ゆえに，

$$V_1 = V_1(\theta,\xi) = x_1^2 + 2\cos(2\theta)\,\cos(2\xi)\,x_1 + 1. \tag{16.14}$$

さらに，

$$\frac{\partial V_1}{\partial\theta} = -4\sin(2\theta)\,\cos(2\xi)\,x_1, \tag{16.15}$$

$$\frac{\partial V_1}{\partial\xi} = -4\cos(2\theta)\,\sin(2\xi)\,x_1. \tag{16.16}$$

ここで，x_1 の値に従い，3 つの場合，(i) $x_1 > 0$, (ii) $x_1 = 0$, (iii) $x_1 < 0$ を以下で考える．

(i)　$x_1 > 0$ の場合．式 (16.14)〜(16.16) により，以下の 4 つの場合を考える．

もし $(\theta_1,\xi_1) = (0,0)$ ならば，$V_1 = V_1\,(0,0) = x_1^2 + 2x_1 + 1$,

もし $(\theta_1,\xi_1) = \left(0,\frac{\pi}{2}\right)$ ならば，$V_1 = V_1\left(0,\frac{\pi}{2}\right) = x_1^2 - 2x_1 + 1$,

もし $(\theta_1,\xi_1) = \left(\frac{\pi}{2},0\right)$ ならば，$V_1 = V_1\left(\frac{\pi}{2},0\right) = x_1^2 - 2x_1 + 1$,

もし $(\theta_1,\xi_1) = \left(\frac{\pi}{2},\frac{\pi}{2}\right)$ ならば，$V_1 = V_1\left(\frac{\pi}{2},\frac{\pi}{2}\right) = x_1^2 + 2x_1 + 1$.

ここで，$x_1 > 0$ なので，$x_1^2 + 2x_1 + 1 > x_1^2 - 2x_1 + 1$ となることに注意．したがって，

$$(\theta_1^*,\xi_1^*) = \left(0,\frac{\pi}{2}\right),\ \left(\frac{\pi}{2},0\right)$$

かつ

$$V_1 = V_1\,(\theta_1^*,\xi_1^*) = x_1^2 - 2x_1 + 1$$

を得る．

(ii)　$x_1 = 0$ の場合．このとき，任意のパラメータ θ, ξ に対して，$V_1 = V_1(\theta, \xi) = 1$ となる．

(iii)　$x_1 < 0$ の場合．(i) の場合と同様に，

$$(\theta_1^*, \xi_1^*) = (0, 0)\,,\ \left(\frac{\pi}{2}, \frac{\pi}{2}\right)$$

かつ

$$V_1 = V_1\left(\theta_1^*, \xi_1^*\right) = x_1^2 + 2x_1 + 1$$

が得られる．

ステップ 2. パラメータ $(\theta, \xi) = (\theta_1^*, \xi_1^*)$ で定まる量子ウォークに対して $E(X_2)$ を以下のように計算する．

$$\begin{aligned} E(X_2) &= \sum_{x=-2}^{2} x\,\mu_2(x) = (-2)\,\mu_2(-2) + 2\,\mu_2(2) \\ &= (-2)\,||P^2\varphi||^2 + 2\,||Q^2\varphi||^2 \\ &= -2\,\cos^2\theta\,\cos(2\theta)\,\cos(2\xi). \end{aligned}$$

ゆえに，

$$E(X_2) = -2\,\cos^2\theta\,\cos(2\theta)\,\cos(2\xi). \tag{16.17}$$

式 (16.17) を用いて，次のように予想値 x_2^* を導く．

(i)　$x_1 > 0$ の場合．さらに，次の 2 つの場合を考える．

(a) もし $(\theta_1^*, \xi_1^*) = (0, \pi/2)$ ならば，式 (16.17) より，以下を得る．

$$E(X_2) = 2. \tag{16.18}$$

(b) もし $(\theta_1^*, \xi_1^*) = (\pi/2, 0)$ ならば，式 (16.17) より，以下を得る．

$$E(X_2) = 0. \tag{16.19}$$

この場合，x_2^* として上記 2 つの候補がある．ゆえに，2 つの候補 $(\theta_1^*, \xi_1^*) = (0, \pi/2)$ と $(\theta_1^*, \xi_1^*) = (\pi/2, 0)$ を等確率 1/2 で採択すると仮定する．したがって，式 (16.18) と式 (16.19) より，

$$x_2^* = 2 \times \frac{1}{2} + 0 \times \frac{1}{2} = 1$$

となり，最終的に $x_2^* = 1$ を得る．

(ii) $x_1 = 0$ の場合．このとき，x_2^* を決められないので，$x_2^* = x_1\,(= 0)$ とおく．

(iii) $x_1 < 0$ の場合．(i) の場合と同様に，次の 2 つの場合を考える．

(a) もし $(\theta_1^*, \xi_1^*) = (0, 0)$ ならば，式 (16.17) より，以下を得る．

$$E(X_2) = -2. \tag{16.20}$$

(b) もし $(\theta_1^*, \xi_1^*) = (\pi/2, \pi/2)$ ならば，式 (16.17) より，以下を得る．

$$E(X_2) = 0. \tag{16.21}$$

この場合も，x_2^* として上記 2 つの候補がある．ゆえに，2 つの候補 $(\theta_1^*, \xi_1^*) = (0, 0)$ と $(\theta_1^*, \xi_1^*) = (\pi/2, \pi/2)$ を等確率 1/2 で採択すると仮定する．したがって，式 (16.20) と式 (16.21) より，

$$x_2^* = (-2) \times \frac{1}{2} + 0 \times \frac{1}{2} = -1$$

となり，最終的に $x_2^* = -1$ を得る．

以上から，時刻 $n = 1$ の場合を表 16.1 にまとめる．

表 16.1

x_0	x_1	x_2^*
$x_0 = 0$	$x_1 > 0$	$x_2^* = 1$
$x_0 = 0$	$x_1 = 0$	$x_2^* = x_1 = 0$
$x_0 = 0$	$x_1 < 0$	$x_2^* = -1$

ステップ 3. 上記のステップ 1 とステップ 2 により，与えられたデータ $\{x_0 = 0, x_1\}$ に対して，予測値の列 $\{x_1^* = x_0 = 0, x_2^*\}$ が求められた．これを表 16.2 にまとめる．

表 16.2

x_1^*	x_2^*
0	1 $(x_1 > 0)$
0	0 $(x_1 = 0)$
0	-1 $(x_1 < 0)$

もし一般の $n\,(\geq 2)$ の場合を計算するときは，Konno [2] の X_n のモーメントに関する Proposition 2 (あるいは，今野 [3] の系 3.1 (i)) で与えられる以下の表現を用いると，$n \geq 3$ かつ $\theta \in [0, \pi/2)$ に対する $E(X_n)$ を計算するのに役立つであろう．

$$E(X_n) = -(\cos\theta)^{2(n-1)} \Bigg[n\cos(2\theta) + \sum_{k=1}^{[\frac{n-1}{2}]} \sum_{\gamma=1}^{k} \sum_{\delta=1}^{k} \left(-\frac{\sin^2\theta}{\cos^2\theta}\right)^{\gamma+\delta} \binom{k-1}{\gamma-1}\binom{k-1}{\delta-1}\binom{n-k-1}{\gamma-1}\binom{n-k-1}{\delta-1} \times \frac{(n-2k)^2}{\gamma\delta}\{n\cos(2\theta)+\gamma+\delta\} \Bigg] \cos(2\xi).$$

ただし，$[x]$ は，$x \in \mathbb{R}$ の整数部分を表す．実際，これを使うと，例えば $n = 3$ のとき，

$$E(X_3) = -\left\{\left(3\cos^4\theta + \sin^4\theta\right)\cos(2\theta) + \sin^2\theta\,\sin^2(2\theta)\right\}\cos(2\xi)$$

のように計算できる．なお，$\theta = \pi/2$ のときは自明な場合である．さらに，n が大きな場合に x_n^* を決めるには，数値的な解析が有益であろう．

16.5　今後の展望

本章では，量子ウォークを定義し，それをふまえて時系列モデルを示した．そして，事例として 2 状態 1 次元モデルの具体的な演算ステップを解説した．量子ウォークを導入する意味を，今後の展望をふまえて考察してみる．

(1)　量子という演算　　量子ウォークは観測される事象ではなく，内部自由度をもつコインの空間での状態推移によって規定される．状態推移行列がユニタリ行列となることによって，その事象の推移が 100% の確率で実現されることを保証するが，16.4 節に記したとおり，その推移状態が 2 状態になるような事象が想定される．経済学では，市場において財は一物一価になることを説いているが，量子力学では観測される事象 (取引結果) が 1 つであっても，その事象の発生の裏には複数の可能性が存在していることを示している．これは原因が 1 つであっても複数の事態が起こりうることを示しており，金融や経済に多様な可能性の存在を前提とした政策の立案や対策を促すことを問うている．

(2)　仮想通貨とブロックチェーン　　16.2 節において仮想通貨の価格予想について言及したが，それは仮想通貨が通常の金融資産とは異なり，ブロックチェーンとよばれる『財の移転記録ネットワーク』を中心とする独立公開帳簿によって運営される様が内部自由度をもつコイン空間に対応するためである．

仮想通貨の特徴は，管理者が存在しない自律系において，取引相手の信用を前提にしなくても財の交換を可能にする点にある．これをトラストレスとよぶが，そのための仕組みとしてブロックチェーンとよばれる技術が構築され，2009年1月3日からビットコインを交換するためのブロックチェーンが稼働している．現在，さまざまなブロックチェーンが存在しており，ビットコインのブロックチェーンはそのなかの一つである．ビットコインのブロックチェーンは，ビットコインの移転しか記録しないため，法定通貨とよばれる国家が発行する通貨(ドルや円など)との交換は，ブロックチェーンとは直接的には関係のない取引所や交換所において行われる(正確には，各取引所や交換所の最終移転記録もブロックチェーンには記録される)．すなわち，仮想通貨は取引所での取引とは独立にブロックチェーン上で移転数量や存在数量という情報が記録され，その配信情報は各取引所での取引に影響を及ぼす．この形態が，通常の金融市場での価格変動による時系列とは異なり，仮想通貨の全体の内部変化を考慮すべきことに対応するため，量子ウォークが仮想通貨取引市場での時系列解析に適当であると考えられる理由である．

(3) 広がる金融時系列解析の可能性　近年の金融市場は，技術の発展によって人間が知覚できない速さで取引が実行されたり，さまざまな場所で運営されることによって，観測される時系列データだけでは十分な解析が困難である．これは，情報が不足しているという観点からではなく，情報のめぐる構造が複雑であることに起因している．量子ウォークは，情報がめぐる構造の複雑さを紐解く有力な手段であり，今後の金融時系列解析において大きな可能性を秘めている．

参 考 文 献

[1] Black, F., Scholes, M.: The pricing of options and corporate liabilities. Journal of Political Economy, **81**, 637–654 (1973)
[2] Konno, N.: Quantum random walks in one dimension. Quantum Information Processing, **1**, 345–354 (2002)
[3] 今野紀雄：量子ウォーク，森北出版，2014
[4] Konno, N.: A new time-series model based on quantum walk. Quantum Studies: Mathematics and Foundations, **6**, 61–72 (2019)
[5] Nakamoto, S.: Bitcoin: A peer-to-peer electronic cash system. `https://bitcoin.org/bitcoin.pdf` (2008)
[6] Stefanak, M., Bezdekova, I., Jex, I.: Continuous deformations of the Grover walk preserving localization. The European Physical Journal D, **22**, 142 (2012)
[7] Watabe, K., Kobayashi, N., Katori, M., Konno, N.: Limit distributions of two-dimensional quantum walks. Physical Review A, **77**, 062331 (2008)

索　引

さ　行

た　行

な　行

は　行

ま　行

や　行

ら　行

執筆者一覧 (執筆順：2019 年 7 月現在)

今野 紀雄　（横浜国立大学大学院工学研究院教授）【編者，0 章，16 章】

佐藤　 巌　（小山工業高等専門学校名誉教授）【1 章】

森田 英章　（室蘭工業大学理工学基礎教育センター准教授）【1 章】

三橋 秀生　（法政大学理工学部応用情報工学科教授）【2 章】

楯　 辰哉　（東北大学大学院理学研究科教授）【3 章】

瀬川 悦生　（横浜国立大学大学院教育強化推進センター准教授）【4 章】

鈴木 章斗　（信州大学学術研究院工学系准教授）【5 章】

大野 博道　（信州大学学術研究院工学系准教授）【6 章】

町田 拓也　（日本大学生産工学部専任講師）【7 章】

行木 孝夫　（北海道大学大学院理学研究院数学部門教授）【8 章】

西郷 甲矢人　（長浜バイオ大学バイオサイエンス学部准教授）【9 章】

酒匂 宏樹　（新潟大学工学部准教授）【9 章】

井手 勇介　（金沢工業大学数理工教育研究センター講師）【編者，10 章】

遠藤 隆子　（日本学術振興会特別研究員 RPD）【11 章】

小松　 尭　（神奈川大学理学部非常勤講師）【11 章】

横山 啓一　（日本原子力研究開発機構研究主幹）【12 章】

松岡 雷士　（広島大学大学院工学研究科助教）【12 章】

松谷 茂樹　（金沢大学大学院自然科学研究科教授）【13 章】

鹿野　 豊　（慶應義塾大学大学院理工学研究科特任准教授）【14 章】

小布施 秀明　（北海道大学大学院工学研究院助教）【15 章】

尹　 煕元　（株式会社シーエムディーラボ代表取締役）【16 章】

編著者略歴

今野紀雄（こんの のりお）

1982年　東京大学理学部数学科卒
1987年　東京工業大学大学院理工学研究科博士課程単位取得満期退学
1994年　東京工業大学　博士(理学)
現　在　横浜国立大学大学院工学研究院教授

主要著書

量子ウォークの数理（産業図書，2008）
無限粒子系の科学（講談社，2008）
量子ウォーク（森北出版，2014）

井手勇介（いで ゆうすけ）

2003年　横浜国立大学工学部知能物理工学科卒
2009年　横浜国立大学大学院工学府博士後期課程修了
2009年　横浜国立大学　博士(工学)
現　在　金沢工業大学数理工教育研究センター講師

主要著書

複雑ネットワーク入門（共著，講談社，2008）
ランダム グラフ ダイナミクス
（共訳，産業図書，2011）
横浜発 確率・統計入門
（共著，産業図書，2014）

2019年 8 月27日　初 版 発 行

量子ウォークの新展開
数理構造の深化と応用

編著者　今 野 紀 雄
　　　　井 手 勇 介
発行者　山 本　 格

発行所　株式会社　培　風　館
東京都千代田区九段南4-3-12・郵便番号102-8260
電 話(03)3262-5256(代表)・振 替00140-7-44725

平文社印刷・牧 製本

PRINTED IN JAPAN

ISBN978-4-563-01162-8　C3041